犯罪心理学

法官、法律工作者和法科学生读本

—— 完整无删减版 ——

[奥]汉斯·格罗斯　著
刘静坤　张蔚　译

北京理工大学出版社
BEIJING INSTITUTE OF TECHNOLOGY PRESS

版权专有　侵权必究

图书在版编目（CIP）数据

犯罪心理学 /（奥）汉斯·格罗斯著；刘静坤，张蔚译. —北京：北京理工大学出版社，2021.1（2022.11月重印）
ISBN 978-7-5682-9242-9

Ⅰ.①犯…　Ⅱ.①汉…　②刘…　③张…　Ⅲ.①犯罪心理学　Ⅳ.①D917.2

中国版本图书馆CIP数据核字（2020）第222986号

出版发行 / 北京理工大学出版社有限责任公司	
社　　址 / 北京市海淀区中关村南大街5号	
邮　　编 / 100081	
电　　话 /（010）68914775（总编室）	
（010）82562903（教材售后服务热线）	
（010）68944723（其他图书服务热线）	
网　　址 / http：//www.bitpress.com.cn	
经　　销 / 全国各地新华书店	
印　　刷 / 天津光之彩印刷有限公司	
开　　本 / 710毫米×1000毫米　1/16	
印　　张 / 28	责任编辑 / 赵兰辉
字　　数 / 486千字	文案编辑 / 赵兰辉
版　　次 / 2021年1月第1版　2022年11月第5次印刷	责任校对 / 周瑞红
定　　价 / 68.00元	责任印制 / 施胜娟

图书出现印装质量问题，请拨打售后服务热线，本社负责调换

推荐序

最近在梳理法律心理学的学术发展史，专心回顾与思考这门学科的历史价值，希望就其在普及、应用与发展的状况不尽如人意的缘由上追根溯源。作为一门有着140年历史并且被人们耳熟能详的"显学"，心理学在法律领域的推广与应用差强人意，与行为经济学、认知科学、管理学、教育心理学等有着强大心理学内涵并且对人类社会发展功不可没的交叉类学科相比，差距明显。

心理学以研究人类的心理现象、精神功能和行为的发生、发展规律为己任，应该说有人的地方就有它的用武之地。法律领域的外延广阔，属于"思维密集型产业"，法律本身也是以调整人与人之间关系为目的的规范。而令人费解的是，心理学介入法律领域的研究历史几乎与心理学的历史同步，但其被法学界的接受程度却长期处于徘徊状态，至今仍然是在方法论层面如临床技术而非认识论层面对法律界产生有限的影响。知不足，然后能自反也；知困，然后能自强也。为摆脱困境，寻求自我，法律心理学界也在不断从自身反思，比较共识的认识大体可以总结为三点。一是学科思维方式上的差别。法学以逻辑、经验、定性为基底，心理学以实证、数据、定量为依据。二是语境上的各说各话，至今缺少令二者共识的概念，同一个现象使用不同的表述。三是法律心理学界的微观研究只能涉足法学领地的个别角落，视角上的短板影响到学科的长足发展。还有一点是我个人长期以来深有感触但又不敢轻言的，那就是法律与政治高度关联，政治与统治密不可分。法律本身的权威性和身处上层建筑的高屋建瓴，限制了它接受相邻学科观念与知识的主动性，特别是那些别生枝节的观点。

我本人是法学专业的学术背景，大二开始对青少年犯罪心理有兴趣，毕业时经罗大华老师"钦点"进入法律心理学、犯罪心理学领地，如果对自己的"原生家庭"攻瑕指失似乎不太合适，多年来寻求同道者的想法有，但结果差。机缘巧合，学生张蔚向我推荐了他与刘静坤老师共同翻译的这本由刑事侦查学先驱、法学家、犯罪学家汉斯·格罗斯在1897年出版的第一版《犯罪心理学》，并且把写序这一神圣的工作交代给我，手捧经典、咬文嚼字，竟然豁然贯通。125年前，这位也是法学背景的刑事侦查与犯罪学先哲，已经为心理学介入司法的必要性给出了充分的注脚。这本呈现给法官、法律工作者、法科学生的犯罪与司法心理学巨著的出发点竟然是曾经担任过法官的汉斯·格罗斯从反思司法与执法中的各类不公平、不公正而引发的深层次思考。

客观是本书贯穿始终的关键词，这也是一个严谨的刑侦专家最基本的秉性。汉斯·格罗斯说："我们已经意识到，要想准确理解现有科学的基本理念，不能寄希望于既定的方法论；我们还必须清醒地看到，犯罪学家要想查明事实真相，不能寄希望于周遭事物表象上的真实性。我们有义务确保这些事物具有实质上的真实性。只有熟悉心理学的基本原理，并知晓如何在实践中运用这些原理，才能实现这一目标。"在这段论述中，倡导创新、不依赖经验与相信表象、使用心理学已经掌握的有关人的心理规律从事司法等前瞻性论断，时至今天仍然对法学界有着划时代的意义。汉斯·格罗斯说："让我们铭记这个基本原则：从证人（这一主要证据来源）那里，犯罪学家获得的更多是主观推断而非观察结论，这是我们在实践中屡次犯错的根源。我们在宣誓作证程序中反复强调，证人只能陈述其所亲身感知的事实；对证据进行推理是法官的职责。但是我们并未严格遵守这一原则，实际上，证人所宣称的事实和感知的内容，很多都不过是未经确证的主观判断，尽管证人在作证时态度极其诚恳，但其并未提供确切的真相。"如何真正实现客观，在当时的历史背景下，汉斯·格罗斯为法学界指出了运用心理学知识的光明大道。这不禁让我想起另一位被誉为"司法心理学之父"的有心理学背景的大咖——德国心理学家H.闵斯特伯格。他的心理学巨著《在证人席上》（1908年第一版）从错觉、目击证人的记忆、识别犯罪、情绪的痕迹、不实供述、法庭上的暗示、催眠与犯罪、犯罪预防八个方面论证了用当时实验心理学中有关错觉、记忆、情绪等的知识乃至实验方法对解决司法公平公正和预防犯罪的可行性和必要性，该书也拉开了法学与心理学互补共赢的序幕。可惜的是，H.闵斯特伯格远没有汉斯·格罗斯在法学界的权威地位，虽然抱着雪中送炭的初衷上路，却由于夸大了心理学的价值，甚至提出由心理学家评估法官资格等在今天看来也属于天鹅之梦的理想主义理念而铩羽而归。

简言之，心理学难以介入法律，抑或说法学界不愿意接受心理学，导致法律心理学即便已有140年历史却仍然无法花繁叶茂的主要原因还在于这门学科所扮演的角色，尤其是在我们国家。回望历史，欧美等国的法律心理学、司法心理学定位与中国有一定区别，前者的价值取向是从当事人包括犯罪人的权利出发，从减少与避免执法者、司法者恣意裁判的层面发挥心理学的科学价值，进而维护法律的公平、公正。后者由于发展尚为初级阶段，价值取向是服务于执法与司法系统，利用心理学知识提高工作效率，这种附属身份影响了中国法律心理学独立人格的养成，也就没有了敢于说不的可能性，作为一门锦上添花的学科我们可以天长地久，但是如果我们还兼顾褒善贬恶、弹射利病的功效就不太招人喜欢了。

希望读者特别是从事法律工作的读者有兴趣翻阅本书，我认为您会开卷有益。首先，本书作者的复合性知识结构在今天仍有榜样的意义。作为法学背景的学者，作者不仅擅长以物理学、化学、生理学为基础知识的刑事侦查学，还畅游于以生物学、统计学、实验为基底的心理学领域。他高度非凡的上位思考也就能够说服人。其次，本书在犯罪心理学、刑事司法心理学界有相当的历史地位。但它不是我们今天按照心理学范式完成的法学家问、心理学家答的解读性著作，而是充满内省与思辨，由法学家自己审视自身的反思性著作，目的是如何实现最大的公平公正。这对于任何时代的法律工作者来说都是不可多得的"警世名言"。最后，本书用了很大的篇幅去细化讨论被审查人在刑事调查过程中可能会出现的客观情况，从心理到行为，从生理因素到环境因素，构建了其后犯罪心理研究的雏形。阅读本书还应回到当时的历史时期，更应考究的不是其心理学观点的对错，而是要把作者看作一位启蒙者、反思者、设计师，从中去看法律心理学的历史，去悟法律领域应该从谏如流拥抱心理学的必要性。

感谢两位译者，有胆量翻译这本历史价值非凡的巨著，令我们每一位从事法律心理学工作的人更加有了努力的自信与勇气。

马皑

译 序

怀着崇敬的心情,我研读并翻译汉斯·格罗斯教授的这本经典学术著作。这本著作,如同匣中美玉,尚待学人停下匆忙脚步,驻足静心鉴赏。关于汉斯·格罗斯其人、其著作、其洞识、其贡献,可讲的很多,需讲的也很多。但本人目前对其著作所学有限,领悟亦有限,不敢妄发评论、随意评价,故此处仅做概要介绍。[1]

汉斯·格罗斯(1847—1915):奥地利刑事法学家、心理学家、侦查学家,现代侦查学和犯罪心理学的奠基人。1847年12月16日,格罗斯出生于奥地利东南部的斯蒂利亚省。1869年,他从法学院毕业后,开始从事法院实务工作,随后在当地大学取得法学博士学位。他最初在斯蒂利亚担任预审法官。当时,奥地利司法系统并没有专业侦查人员,多由退役士兵从事犯罪调查工作。由于缺乏专业知识和技术手段,这些执法人员仅仅凭借常识和经验办案。此种情况下,犯罪调查工作在很大程度上都由预审法官负责。这些预审法官仅仅具备法学院的法律知识,为了有效侦破案件,往往需要向那些有经验的执法人员请教。

格罗斯从业不久就深刻地认识到,他在学校所学的法律知识,根本无法用于查明案件事实。鉴于事实调查领域缺乏专门知识,格罗斯决定填补这个教育空白。在他看来,不仅要自己积极补课,还要为法学院的所有学生提供知识储备。

基于长期司法实践,他认真研究每个案件。只要询问证人,或者讯问犯罪嫌疑人,他就同步开展心理学研究。经过多年实务锤炼,格罗斯积累了大量司法经验。通过深入研究物理学和技术科学领域的知识，格罗斯提出了"刑事科学"的概念，并在警察科学领域创立了一门新的学科。

1883年，格罗斯出版了经典著作《预审法官手册》。在他看来，刑事科学是一项纯粹的研究工作。刑事案件就是一个科学问题；法官的职责就是借助科学技术的辅助，解决这个科学问题，进而查明案件事实真相。

格罗斯意识到，在刑事司法领域，心理学应当引起特殊关注。他随即投入对犯罪心理学的研究，并于1897年出版了这本经典的《犯罪心理学》。作为一门独立的重要学科，犯罪心理学旨在研究人性问题，特别是刑事司法活动所涉人员的特殊心理，这是刑事司法领域极为重要的研究课题。

关于犯罪心理学的研究，格罗斯没有陷入理论窠臼，而是试图不带偏见地研究人性问题。在《犯罪心理学》一书中，格罗斯探讨了人性善恶等一般问题，以及衣着、面相、姿态、手势等具体问题。随后，他又分析了感知、意志、情感等领域对心理的影响。同时，他还从性别、年龄、职业和习惯等方面，分析了讯问过程的互动影响。对于司法实践中的诸多重要问题，例如说谎、做梦等异常情形，他也在书中进行了专门分析。

总体上讲，格罗斯始终强调，司法人员应当进行仔细观察和客观分析，不能对事实证据作出随意解释。尽管实物证据越来越重要，但格罗斯并未贬低证人证言等言词证据的价值，只是努力揭示各类证据的局限和风险。

需要强调的是，格罗斯的研究兴趣广泛，并未局限于侦查学和犯罪心理学领域。他与李斯特建立了非常密切的合作关系，两者的研究相辅相成、相得益彰。

1898年，格罗斯创建了《犯罪人类学和刑事科学档案》。在对这个新期刊的介绍中，格罗斯指出，犯罪心理学的重要任务，就是找出证人、专家和法官对同样的案件事实产生不同认识的原因。1912年，格罗斯在格拉茨大学创立刑事科学协会，首次整合了教学和研究功能，并取得了巨大的成功。

格罗斯的所有著作，都散发着一种独特的风格，那就是：没有刻意雕饰的抽象理论，只有自然流畅的经验智慧！他在长期的司法工作中，时刻注意总结司法经验，并且注重将科学方法传授给年轻法官。他的研究成果，为犯罪学、犯罪心理学、侦查学、刑事科学等领域的发展奠定了坚实的基础。

至于这本《犯罪心理学》，当年被纳入美国刑法和犯罪学协会资助的"现代刑事科学丛书"（The Modern Criminal Science Series）。丛书的编委会包括斯密瑟斯、弗洛伊德、帕美莱、庞德、斯科特和威格摩尔等世界著名专家。丛书所含书目也非常经典，包括龙勃罗梭所著的《犯罪及其成因与矫治》、加罗法洛所著的《犯罪学》以及菲利所著的《犯罪社会学》等。

最后，谈谈学习和翻译这本经典学术著作的感想。2018年，我在最高人民法院工作期间，张坤编辑从网上找到我的邮箱，发邮件询问我是否有兴趣翻译这本书。实际上，我此前一直都有翻译汉斯·格罗斯教授有关著作的打算。早期本科求学期间，邹明理教授就多次提到，汉斯·格罗斯教授是现代侦查学的奠基人，但国内一直没有相关译著。2008年，我进入最高人民法院工作，被派往山东省泰安市中级人民法院锻炼。其间，我着手翻译《犯罪重建》一书，该书反复强调汉斯·格罗斯教授有关著作的重要性。基于这些缘由，当张坤编辑联系我时，我就毫不犹豫地答应了翻译这本书的计划。

当我拿到该书电子版后，立即着手翻译样章，此时发现，由德文原著转译的英文版比较晦涩难懂。2018年6月，我调入中国政法大学工作，利用暑期时间集中精力开始翻译工作。由于新学期备课任务较重，还需撰写其他著作和论文，翻译工作进展较为缓慢。为推进翻译进度，我决定邀请张蔚博士参与该著作翻译。张博士一直从事心理学研究，对此亦有浓厚兴趣。按照分工，我负责开篇到第46节的翻译和校对，张蔚博士负责第47节到文末的翻译和校对。鉴于转译难度较大，加上水平有限，错漏之处在所难免，还请读者批评指正。

因本书参考的文献年代久远，而且绝大部分都没有中文译本，把这部分翻译出来的价值就变得很有限。考虑到有些读者或许有兴趣深度研究某一主题，便把原版注释放在该章的结尾处，方便查阅、研究。

回顾汉斯·格罗斯教授的职业生涯和学术贡献，他始终孜孜不倦，善于从司法实践中提炼问题，并致力于真正解决问题，无论是研究视野、研究目标，还是研究思路、研究方法，都值得认真学习。不禁想起自己走过的路，同样曾经从事司法工作，同样转型从事学术研究，如何更好地整合理论与实践，如何创作务实管用的成果，尚需思考琢磨。虽然这本译著即将出版，但实际上，更深层次的学习研究才刚刚开始！

刘静坤

注释

[1] 本序有关内容，主要参考了罗兰德·格拉斯伯格教授（Roland Grassberger）所著的《犯罪学先驱：汉斯·格罗斯（1847—1915）》（Pioneer in Criminology: XIII Hans Gross），the Journal of Criminal Law, Criminology, and Police Science, Vol 47（1956）。

作者序言

本书是第一本严肃客观地探讨犯罪、司法心理学的著作,全面地分析了法官、专家、陪审团、证人等的心理状态,以及罪犯的心理状态。关于前者的研究,实际上与有关后者的研究同等重要,这一重要性越来越得到认可。本书涉及的若干主题,例如证人宣誓作证、感知因素、病理谎言、迷信、概率、幻觉、推论、性别差异等,已经得到学界广泛关注。

美国刑法和犯罪学协会提议翻译本书,我感到非常荣幸。我很高兴本书能够与英美国家的读者见面。德语国家的读者们看到了美国学术界取得的重大成就,也意识到可以互相取长补短。

我谨希望本书能够对整个法律职业有所裨益。

汉斯·格罗斯

导 论

在刑事司法领域，除了法律之外，最为重要的学科都与心理学存在渊源。在这些科学知识指引下，人们学会如何在工作中与各色人等相处。时至今日，心理科学发展出不同的分支。就原初的心理学而言，不过是一些天性聪明的人在实践中培养的敏锐洞察力，他们尽管并不知晓那些据以确定案件事实的法则，甚至压根没有意识到那些法则的存在，却能作出正确的判断。许多人都拥有这种朴素的心理分析能力，不过这距离刑事学家的内在要求还相去甚远。

在一些大学和预科学校，法学家们会开设一些科学心理学课程，作为"哲学预科教育"，但是我们都知道，这些课程过于简单，远远不能适应司法实践需要。鉴于这种现状，我们也很难期望刑事学家能够开展严肃的心理调查。

法律心理学就是基于上述考虑创设的一个新的心理学门类，沃尔克玛[1]对这门学科在德国的发展进行了论述。此后，在梅茨格[2]和普拉特纳[3]的推动下，这门科学发展成为犯罪心理学。从医学角度开展的研究，特别是舒朗对《法律问答》的汇编，仍然很有参考价值。霍夫鲍尔[4]、格罗曼[5]、海因洛特[6]、绍曼[7]、蒙克[8]、艾卡绍森[9]等人，进一步推动了犯罪心理学的发展。在康德时代，这一学科成为学界论争的焦点，康德代表着哲学学派，梅茨格、霍夫鲍尔和福莱斯[10]代表着医学学派。此后，法律心理学被精神病学合并，完全归属到医学领域，勒尼奥[11]曾经试图将之重新归入哲学领域，但最终未能如愿，对此，弗里德里希[12]的著作（以及威尔布兰德[13]的著作）有过详细记载。现阶段，在克劳斯[14]、克拉夫特·埃宾[15]、莫兹利[16]、霍尔岑多夫[17]、龙勃罗梭[18]等人的推动下，犯罪心理学已经成为犯罪人类学的分支。这一学科的价值在于对犯罪动机的分析，或者如李斯特所言，其价值在于对罪犯心理状态的研究。由此一来，犯罪心理学的研究范围实际上大为缩减。[19] 关于犯罪心理学彻底归入犯罪人类学的情况，纳克[20]、库雷拉[21]、布洛伊勒[22]、达雷玛尼[23]、马尔罗[24]、艾丽斯[25]、贝尔[26]、科赫[27]、马斯卡[28]、汤姆森[29]、菲利[30]、邦飞利[31]、科尔[32]等人的著作均有所阐述。

从字面上看，犯罪心理学是指应对犯罪问题的一类心理学，并不限于针对罪犯的精神病理分析，即犯罪心理的发展史。即便从字面意义看，这也不能涵盖刑事学家所需的所有心理学知识。毫无疑问，犯罪是客观的行为。即便亚当和夏娃在当时已经离世，该隐实际上仍然杀死了亚伯。但是对我们而言，犯罪行为只有当我们亲身感知时，或者通过媒体对案件的报道而实际获悉时，才具有存在感。进一步讲，媒体的报道也是基于法官以及相关人员（例如证人、被告人和专家）的实际感知，这些感知一定是在心理层面得到确证的感知。关于心理确证原则的有关知识，需要一种专门的心理学——这种实用型心理学能够分析各种心理状态，还能够据以对犯罪行为进行判断和裁决。本书的目的就是构建这样一种心理学。柏拉图在《会饮篇》中写道，如果我们都是神，就不再需要哲学；同理，如果我们的感知更加真实和敏锐，就不再需要心理学。鉴此，我们必须努力确定我们观察和思考的方式，我们必须理解现行法律框架下司法系统的运作过程，否则我们就将在感知、误解和意外之间无所适从。我们必须搞清楚，司法系统的所有人，包括法官、证人、专家和被告人，究竟是如何观察和感知的；我们必须搞清楚，他们是如何思考的，如何辩白的；我们必须搞清楚，人类究竟有哪些推理和观察方法，可能会有哪些错误和幻想，人们如何回忆和记忆，年龄、性别、品性和教育究竟有哪些影响；我们还必须搞清楚，哪些因素会对所有这些情形产生实质性的影响，导致它们偏离正常的轨道。本书大量篇幅聚焦证人和法官，因为我们首先需要了解具有指引意义的知识材料。不过，有关罪犯的心理学也必须予以重视，该问题虽然与罪犯的精神状态无关，却与证据的有效性紧密相关。

我们的方法是所有心理调查通用的基本方法，主要包括三个部分：[33]

1. 为心理现象的审查做好准备。

2. 研究因果关系。

3. 确定心理活动的基本原则。

一方面，我们要关注心理科学早已深入研究的主题，不过自始至终是从刑事法官的视角进行研究，并且服务于审判的目的。另一方面，我们关注的素材全部来自刑事学家的实践观察活动，并且基于这些素材检验心理学的基本原则。

我们并不崇尚虔信主义、怀疑主义或者批判主义，我们只是考察那些引起刑事学家关注的个体现象。通过分析这些现象，我们确定它们可能为刑事学家带来哪些价值，判断其中哪些因素可能帮助刑事学家发现事实真相，判断刑事学家可能面临哪些潜在的风险。我们已经意识到，要想准确理解现有科学的基本理念，不能寄希望于既定的方法论；我们还必须清醒地看到，刑事学家要想查明事实真相，不能寄希望于周遭事物表象上的真实性。我们有义务确保这些事物具有实质上的真实性。只有熟悉心理学的基本原理，并知晓如何在实践中运用这些原理，才能实现这一目标。鉴此，贝利那句耳熟能详的比喻，"如同作曲家对声学的厌恶一样，心理学家非常反感生理学研究"，可能已经不再合乎时宜。我们不是诗人，我们是真相的调查者。如果我们想要顺利实现预期目的，就必须严格遵循现代心理学、生理学的基本原理。反之，如果缺乏必要的辅助手段，却想要在适当的时候发现真相，就如同未经训练的新手想要弹奏小提琴一样不切实际。我们必须未雨绸缪，尽早做好知识准备，一旦时机来临，就不要错过机遇。

让我们铭记这个基本原则：从证人（这一主要证据来源）那里，刑事学家获得的更多是主观推断而非观察结论，这是我们在实践中屡次犯错的根源。我们在宣誓作证程序中反复强调，证人只能陈述其所亲身感知的事实，对证据进行推理是法官的职责。但是我们并未严格遵守这一原则，实际上，证人所宣称的事实和感知的内容，很多都不过是未经确证的主观判断，尽管证人在作证时态度极其诚恳，但其并未提供确切的真相。"与柏拉图为友，更要与真理为友。"

毫无疑问，作为法学家，我们越来越认识到心理学研究对司法职业的重要意义。但是，贵在知行合一。著名的贝茨神父在布鲁塞尔刑事学家大会上指出，现代刑法科学的发展趋势要求我们认真观察日常生活的事实。这种观察涉及我们工作的方方面面；我们只有把握各种感官表象的内在脉络，才能进行有效的观察，而决定这种内在脉络以及感官表象呈现方式的法则，就是因果定律。但是，我们就像普通人一样，经常忽视因果定律的重要性。在这个领域，只有心理学能够为我们提供必要的知识。因此，遵守心理学的基本原理是应当恪守的重要职责，这也是指导实践的首要原则。关于这一问题，我们过去走了不少弯路。如果说吃一堑长一智，现在就应当认识到，我们之前一直强调学习法律及其评注，却摒弃了其他可能对我们有所帮助、为法律职业夯实根基的科学领域。格奈斯特[34]曾经指出，当代法律教育之所以停留在较低层次，根本原因在于历史惯性，其在司法领域也扮演着重要角色。门格尔[35]并未明确提到历史惯性问题，但他坦诚地指出，在所有与当今社会紧密相关的学科中，法律科学是最为僵化滞后的学科。我们应当承认，这些批评都是十分中肯的，诚如斯托尔泽尔[36]和现代国民教育的创始人所言："我们应当看到，法理学究其实质，只不过是对法律问题的理性认识而已。"但究竟什么是"理性的心智"，却无法仅仅从法律条文中寻找答案。戈尔德施密特[37]在实验室中向学生们讲述如何成为一名著名的科学家时，曾经说过这样的话："你们想从这里得到什么？如果你们什么都不知道，什么都不理解，又什么都不做，那么，你们干脆去当法律人算了。"这种说法真的让我们感到十分难堪。

现在，让我们看看为何法律职业会面临这些令人难堪的批评。不容否认，我们未曾将法理学看做一门科学，也从未将之作为经验研究的对象；先验性的传统观念始终与科学保持着一定距离，我们也缺乏查明真相的调查方法和努力，这使得法理学缺乏科学性的基本要素。为了取得科学上的正当性，我们首先要借鉴所有与法律工作直接相关的科学领域的理论知识。只有经由这种方法，我们才能通过精神自由实现精神独立，这不仅是戈尔德施密特所称的高等研究的制度基础，也是我们职业生涯的奋斗理想。这项任务并非不可企及。阿洛伊斯·冯·布林茨在隆重的就职致辞中大声疾呼，[38]"生命在于运动"，"生命不只在于思想自身，而在于知行合一。"

值得欣喜的是，自从本书第一版出版以来，法律界已经推出许多包含宝贵素材的研究成果。关于证人证言的性质及其价值，以及记忆和复述的类型，现在已有相当规模的文献资料。各个领域的专家们，包括心理学家、医学家和法学家，都已积极投身相关领域的研究工作。如果他们继续顺利推进这项事业，我们就能够改变前人因为愚昧无知和不加批判地滥用素材所导致的不利局面。

注释

[1] W. Volkmann v. Volkmar: Lehrbuch der Psychologie (2 vols.). Cöthen 1875.

[2] J. Metzger: "Gerichtlich-medizinische Abhandlungen." Königsberg 1803.

[3] Ernst Platner: Questiones medicinae forensis, tr. German by Hederich. Leipzig 1820.

[4] J.C.Hoffbauer: Die Psychologie in ihren Hauptanwendungen auf die Rechtspflege. Halle 1823.

[5] G. A. Grohmann: Ideen zu einer physiognomischen Anthropologie. Leipzig 1791.

[6] Johann Heinroth: Grundzüge der Kriminalpsychologie. Berlin 1833.

[7] Schaumann: Ideen zu einer Kriminalpsychologie. Halle 1792.

[8] Münch:Über den Einfluss der Kriminalpsychologie auf ein System der Kriminal-Rechts. Nürnberg 1790.

[9] Eekartshausen:Über die Notwendigkeit psychologischer Kenntnisse bei Beurteilung von Verbreehern. München, 1791.

[10] J. Fries: Handbuch der psychologischer Anthropologie. Jena, 1820.

[11] E. Regnault: Das geriehtliehe Urteil der Ärzte ütber psychologisehe Zustände. Cöln, 1830.

[12] J. B. Friedreieh: System der geriehtliehen Psychologie. Regensburg 1832.

[13] Wilbrand:Geriehtliehe Psychologie. 1858.

[14] Kraus: Die Psychologie des Verbreehens. Tübingen, 1884.

[15] V. Kraffb-Ebing: Die zweifelhaften Geisteszustände. Erlangen 1873.

[16] Maudsley: Physiology and Pathology of the Mind.

[17] V. Holtzendorff — articles in "Rcehtslexikon."

[18] Lombroso: L'uomo delinquente, etc.

[19] Aschaffenburg: Articles in Zeitscheift f.d. gesamten Strafreehtwissensehaften, especially in XX, 201.

[20] Dr. P. Näcke: Über Kriminal Psychologie, in the above-mentioned Zeitsehrift, Vol. XVII.

Verbreehen und Wahnsinn beim Weibe. Vienna, Leipsig, 1884.

Moral Insanity: Ärztliche Sachverständigen-Zeitung, 1895; Neurologisehes Zentralblatt, Nos. 11 and 16. 1896.

[21] Kurella: Naturgesehiehte des Verbreehers. Stuttgart 1893.

[22] Bleuler: Der geborene Verbreeher. München 1896.

[23] Dallemagne: Kriminalanthropologie. Paris 1896.

[24] Marro: I caratteri dei deliquenti. Turin 1887. I earcerati. Turin 1885.

[25] Haveloek Ellis: The Criminal. London 1890.

[26] A. Baer: Der Verbreeher Leipzig 1893.

[27] Koch: Die Frage naeh dem geborenen Verbrecher. Ravensberg 1894.

[28] Masehka: Handbueh der Geriehtliehen Medizin (vol. IV). Tübingen 1883.

[29] Thomson: Psychologie der Verbreeher.

[30] Ferri: Geriehtl. Psychologie. Mailand 1893.

[31] Bonfigli: Die Natugesehiehte des Verbrechers. Mailand 1892.

[32] Corre: Les Criminels. Paris 1889.

[33] P.Jessen: Versuch einer wissenschaftlichen Begründung der Psychologie. Berlin 1855.

[34] R. Gneist: Aphorismen zur Reform des Rechtsstudiums. Berlin 1887.

[35] A. Menger: in Archiv für soziale Gesetzgebung v. Braun II.

[36] A. Stölzel: Schulung für die Zivilistiche Praxis. 2d Ed. Berlin 1896.

[37] S. Goldschmidt: Rechtsstudium und Prüfungsordnung. Stuttgart 1887.

[38] A. v. Brinz: Über Universalität. Rektorsrede 1876.

| 目 录 |

第一部分　证据的主观条件：法官的心理活动

第一篇　收集证据的条件

专题 1　方法
　　第 1 节　基本考量　/ 004
　　第 2 节　自然科学的方法　/ 006

专题 2　心理学课程
　　第 3 节　基本考量　/ 010
　　第 4 节　证人的可信度　/ 012
　　第 5 节　证言的准确性　/ 013
　　第 6 节　取证的基本假设　/ 015
　　第 7 节　自我主义　/ 019
　　第 8 节　秘密　/ 021
　　第 9 节　兴趣　/ 028

专题 3　现象学：有关精神状态外在表征的研究
　　第 10 节　概述　/ 033
　　第 11 节　一般的外部条件　/ 033

第 12 节　品性的一般征象　/ 042

第 13 节　特殊的品性征象　/ 048

第 14 节　身体的品性特征　/ 054

第 15 节　刺激的致因　/ 056

第 16 节　残忍　/ 060

第 17 节　想家　/ 061

第 18 节　反射行为　/ 062

第 19 节　衣着　/ 065

第 20 节　人相学与相关主题　/ 066

第 21 节　手　/ 078

第二篇　界定理论的条件

专题 4　作出推论

第 22 节　概述　/ 090

第 23 节　证明　/ 091

第 24 节　因果关系　/ 099

第 25 节　怀疑主义　/ 108

第 26 节　案例研究的经验方法　/ 114

第 27 节　类比　/ 120

第 28 节　概率　/ 123

第 29 节　偶然　/ 132

第 30 节　说服与解释　/ 133

第 31 节　推论和判断　/ 136

第 32 节　错误的推论　/ 145

第 33 节　道德情况统计　/ 147

专题 5　知识

第 34 节　概述　/ 151

第二部分　刑事侦查的客观条件：被调查者的心理活动

第三篇　一般条件

专题 6　感官 - 感知

　　第 35 节　概述　/160

　　第 36 节　一般考虑因素　/160

　　第 37 节　视觉——一般考量因素　/167

　　第 38 节　色彩视觉　/173

　　第 39 节　盲点　/176

　　第 40 节　听觉　/177

　　第 41 节　味觉　/180

　　第 42 节　嗅觉　/181

　　第 43 节　触觉　/183

第四篇　感知和概念

　　第 44 节　概述　/190

专题 7　想象

　　第 45 节　概述　/199

专题 8　智识过程

　　第 46 节　概论　/205

　　第 47 节　思维的机制　/208

　　第 48 节　潜意识　/211

　　第 49 节　主观条件　/213

专题 9　联想

　　第 50 节　概述　/218

专题 10　回忆和记忆
　　第 51 节　概述　/ 222
　　第 52 节　记忆的本质　/ 222
　　第 53 节　复制的形式　/ 225
　　第 54 节　复制的特点　/ 229
　　第 55 节　记忆错觉　/ 235
　　第 56 节　记忆技术　/ 238

专题 11　意志
　　第 57 节　概述　/ 240

专题 12　情绪
　　第 58 节　概述　/ 243

专题 13　证言的形式
　　第 59 节　概述　/ 246
　　第 60 节　表达形式多样性的一般研究　/ 246
　　第 61 节　方言的形式　/ 251
　　第 62 节　不正确的表达方式　/ 253

第五篇　作证的差异条件

专题 14　一般差异
　　第 63 节　女性——总则　/ 262
　　第 64 节　男性与女性间的差异　/ 267
　　第 65 节　性别的独特性——总则　/ 270
　　第 66 节　月经　/ 271
　　第 67 节　怀孕　/ 275
　　第 68 节　性欲方面　/ 276
　　第 69 节　隐藏的性因素　/ 279

第 70 节　特殊的女性化特质——智力　/ 287

第 71 节　感觉　/ 288

第 72 节　判断　/ 290

第 73 节　与女人争吵　/ 291

第 74 节　诚实　/ 294

第 75 节　爱、恨、友情　/ 301

第 76 节　情感因素和相关主题　/ 308

第 77 节　脆弱　/ 310

第 78 节　孩子　/ 312

第 79 节　总则　/ 312

第 80 节　孩子作为证人时　/ 313

第 81 节　少年犯罪　/ 316

第 82 节　老年人　/ 318

第 83 节　观念上的差异　/ 320

第 84 节　先天与后天　/ 327

第 85 节　后天的影响　/ 328

第 86 节　未受教育者看待问题的角度　/ 330

第 87 节　片面教育　/ 333

第 88 节　倾向性　/ 334

第 89 节　其他区别　/ 336

第 90 节　聪明和愚蠢　/ 338

专题 15　**孤立的影响**

第 91 节　习惯　/ 345

第 92 节　遗传　/ 348

第 93 节　偏爱　/ 350

第 94 节　模仿和群体　/ 352

第 95 节　激情和情感　/ 353

　　　　第 96 节　荣誉　/ 357

　　　　第 97 节　迷信　/ 358

专题 16　错觉

　　　　第 98 节　总则　/ 359

　　　　第 99 节　视觉错觉　/ 362

　　　　第 100 节　听觉错觉　/ 376

　　　　第 101 节　触觉错觉　/ 381

　　　　第 102 节　味觉错觉　/ 383

　　　　第 103 节　嗅觉错觉　/ 384

　　　　第 104 节　幻觉和错觉　/ 386

　　　　第 105 节　富有想象力的想法　/ 389

　　　　第 106 节　误解——言语误解　/ 395

　　　　第 107 节　其他误解　/ 398

　　　　第 108 节　谎言——一般考虑因素　/ 401

　　　　第 109 节　病态型谎言　/ 405

专题 17　独立的特殊情况

　　　　第 110 节　睡眠和梦　/ 407

　　　　第 111 节　醉酒　/ 410

　　　　第 112 节　暗示　/ 414

第一部分

证据的主观条件：法官的心理活动

| 第一篇 |
收集证据的条件

专题 1　方法

第 1 节　基本考量

苏格拉底在《美诺篇》中探讨美德的可教性问题时，通过美诺的一个奴隶，证明绝对确定的先验知识的可能性。这个奴隶需要确定一个长方形的长度，这个长方形的面积是另一长度为 2 英尺①的长方形的两倍；但是，他此前并不掌握与此有关的知识，也并未得到苏格拉底的直接指导。他的任务是自己计算问题的答案。实际上，这个奴隶最初得出了错误的答案。他认为，既然这个长方形的面积是另一长度为 2 英尺的长方形的两倍，那么，其长度也应当是另一长方形长度的两倍，也就是 4 英尺。据此，苏格拉底向美诺指出，这个奴隶即便经过思考，事实上也不知道真正的答案，但是他却认为自己知道答案。在此基础上，苏格拉底用其特有的苏格拉底式方法，引导这个奴隶得出了正确的答案。这种十分特殊的哲学分析程序，被古根海姆[1]视为对先验知识本质的充分展示；当我们需要科学地审查判断证人提供的证言时，就会从苏格拉底式方法中发现最简单的工作范例。我们必须始终铭记：绝大多数人无论接触什么事物，都通常会认为，他们知道并重复着真相；即便当他们含糊其辞地说"我相信——这看起来"这种试探性的语气也决不仅是敷衍塞责。当某人说"我相信——"，这只是意味着他试图使自己免受其他知识渊博人士的反驳而已；不过，他当然不会对自己陈述的内容心存疑虑。然而，当某些事实陈述（当时在下雨，当时是 9 点钟，他的胡须是棕色的，或者当时是 8 点钟）面临争议时，并不会对叙述者造成困扰；如果他在陈述

---

① 1 英尺 =0.304 8 米。

此类事实时使用了"我相信"的表述，就表明他实际上并不确信。只有当叙述者有意地隐匿观察所得、结论和判断时，才值得予以关注。此类案件涉及另外一个因素——欺骗；证人断言自己确定某些事物，仅仅是因为他作出断言而已，"我相信""可能""看起来"之类的表述仅仅是为了以防万一。

一般而言，即便叙述者并不十分确定，他们所作的陈述也通常毫无保留，言之凿凿。在日常生活中遇到的事情，并且也会经常在出庭证人的身上发生，对于关键事实尤为如此。任何亲历过审判的人都会发现，证人并不知道他们所宣称知道的事情，他们通常会作出完全确信的断言。然而当这些证言接受严格的交叉询问，对其基础和来源进行严格检验后，只有很少一部分证言能够保持不变。当然，人们也可能会有一些过头的做法。即便在日常生活中，人们也可能会通过激烈的批判和质疑，促使他人对原本最坚定的确信而心存疑虑。那些认真细致和开朗乐观的人很容易受到此类疑虑的影响。一旦某些人叙述了一起事件，就会有人质疑事实的可信度，或者怀疑是否存在欺骗情形；叙述者可能随之变得心存疑虑，转而认为，他可能由于富于想象力而相信自己看见一些事情，但实际情况并非如此，以至于最终保守地认为，事实情况也有可能与他的陈述并不相同。这种情况在审判过程中屡见不鲜。出庭作证对许多人来说都是一件新奇的事情，如果证人意识到自己的证言具有或者可能具有重要价值，就将进一步强化这种兴奋的心理；同时，司法官员的权威形象也促使许多证人迎合他们的意见。令人疑惑的是，当证人对自己证言的准确性心存确信的情况下，他们为何会在面临法官的质疑时就失去确信呢？

刑事学家最为困难的任务之一就是在此类案件中查明事实真相，他们既不能盲目地、不加批判地接受证人证言，也不能使那些原本可以吐露真相的证人变得摇摆不定、心存疑虑。不过，即便证人没有故意作伪证，只是观察出现失误或者得出错误结论，也很难像苏格拉底引导奴隶一样，在审判过程中引导证人陈述案件事实真相。按照时下流行的说法，这并不是法官的职责；证人需要宣誓作证，其证言需要接受检验，而法官只是负责判断。然而不容否认，法庭的职责是查明实质的真相，形式的真相并不足够。进一步讲，如果我们注意到错误的观察结论，并听之任之，那么在某些情况下，我们就会丧失一些重要的证据材料，整个案件也将变得扑朔迷离。这至少导致有关证据被排除在法庭之外。鉴此，我们应当按照苏格拉底的方式行事。不过，考虑到我们处理的不是数学问题，而是更加复杂棘手的证明问题，我们应当更加审慎地行事，并保持必要的怀疑精神。一方面，我们只能在极少数案件中认识到自身没有犯错，因此，在没有额外证据的情况下，不能引导他人认同我们的判断；另一方面，我们必须提醒自己，不要误导证人偏离原本可靠的证言。我在这里不想探讨暗示问题，如果我认为他人比我更了解实际情况，进而听从他人意见，就不存在暗示问题。这种单纯的交换意见以及开诚布公，是我们经常遇到的情形。如果有人能够纠正证人明显的错误观念，引导他发现自身的错误，进而陈述事实真相，并且适可而止，不做脱离事实的推论，那么，他就是这个领域的行家里手。

第 2 节　自然科学的方法 [2]

如果此刻有人问，我们应当如何规划自身的工作，应当遵循哪些方法，那么，首先必须认识到，仅仅确立本领域的科学原则是远远不够的。如果我们想要取得进步，还必须要科学地管理我们的日常行为。每一句话、每一次调查、每一个官方行为，都必须满足整个法律科学共同信守的基本要求。只有通过这种方式，我们才能超越平凡乏味、令人厌恶的体力劳动，摆脱纷繁琐碎的千篇一律，摒弃法律和正义面临的严峻风险。一旦法理学家仅仅研究僵死的法律条文，并持续不断地对其进行解释，人们就可能会提出质疑，认为我们必定已经丧失了科学研究的勇气。这是由于法律作为一门科学，一直费力地从早已过时的条文及其解释中寻求自身的正当化。至于法理学，则仅仅剩下一具空洞的躯壳，耶林[3]形象地将之比作"卖弄杂耍把戏的马戏团"。

然而，科学的标准就摆在那里，我们只需掌握科学的方法。因为一个世纪以来的实践表明，科学方法对我们是极其有益的。自从沃恩克尼格[4]1819年提出："法理学必须成为一种自然科学"，人们就开始为这一口号而不懈努力（斯皮泽尔[5]）。尽管这种误解导致了某些方向性的失误，但它的确看起来像是法律原理及其应用的科学发展方向。我们都很清楚，凡事欲速则不达。每当人们最初怠于正事，然后又仓促上阵，就会犯急于求成的毛病。这不仅在日常生活中十分常见，在刑事学界也是如此，例如龙勃罗梭等人近期急于抛出的研究结论，尽管基于细致的观察，但观察并不充分，而且推理存在缺陷和瑕疵。我们很难从此类研究中提炼科学方法。[6]我们的任务是收集事实，并且进行研究。至于更进一步的推理，可以留给后人继续进行。但是在常规工作中，这种科学程序往往遭到不同程度的扭曲。我们可能基于正确而又简单的观察得出特定的推理结论。就像奥廷丁[7]所说的那样："从事实到理念"。"几千年来，人类试图使客观世界与人的预期相符合，但最终未能如愿。现在，认识客观世界的程序已经反转过来。""由事实到理念"，这才是我们的正确认识路径，让我们超越建立在成见之上的偏见和教条，认真观察现实生活中的事实；让我们构建纯粹的事实，摒弃无关的杂质。如此这般，当我们发现事实已经无可怀疑时，就可以对其进行理论概括，并且谦虚审慎地得出推论。

所有的事实调查都必须首先确定主题的性质。这是极负盛名的《论愚蠢》[8]一书信奉的基本准则。所有的法律工作，尤其是刑事司法，必须坚持这项基本原则。我们在审查成千上万的证言之后，仍然可能得出这样一个令人疲惫厌倦的结论：证人和法官都没有明确审判这一主题的性质，他们都不清楚各自希望从对方那里得出什么。其中一方说的是一回事，而另一方说的是另外一回事；但是，审判想要查清的事情，最终却语焉不详，一方并不知情，另一方也没有告诉他。然而，问题的根源并不在于证人，而在于另外一方的所作所为。

只有当真正的主题确定之后，现代意义上的科学调查才宣告开始。在我看来，艾宾浩斯[9]是这方面做得最好的表率。具体言之，首先要努力维持为实现既定目标所需的所有恒定必要条件；随后调整这些条件，即按照编排好的顺序筛选分离各个条件；最终按照可量化的顺序，结合既定目标确定附随的改变。

这是确定刑事科学领域基本原理唯一正确的方法，此处不再予以赘述。我们可以在办理刑事案件的过程中检验这种方法的可行性，判断该方法能否真正作为全面查清事实的唯一方法。如果答案是肯定的，那么，该方法就不仅能够适用于整个审判阶段，包括对证据的审查判断，还适用于每项犯罪事实要件及其相互关系的检验。

让我们首先考察整个审判的情况。

既定目标是认定 A 有罪的证据。实现这一目标的条件是收集证据的各种手段；个体条件就是各种证据来源，包括证人证言、现场勘验结论、尸体解剖、侦查实验等。

恒定条件包括现有做法的标准化：如果具备类似的条件，例如基于相同的取证手段，就能够获取有罪证据。关于这一目标的附随改变，例如，据以证明有罪的证据必须要接受检验，相应地，个体条件如证据来源必须予以确定，其证明价值也要接受评估并作出调整。最后,既定目标的附随改变(基于证据的定罪结论)也要接受检验。最后一个程序有必要再做分析,其他部分都是不言自明的。在司法过程中,筛选分离各项条件比较容易,各种陈述、视觉印象以及目标都很容易抽象概括。但是,相应的价值分析是比较困难的。如果我们清醒地认识到,有必要明确表述各项证据来源的实际价值,接下来的工作就仅仅是确定各项证据的比较价值,那么,此类事实的可能性就能够以较高的确信程度确定下来。关于证据价值的判断需要考虑两个方面:一是证据的可靠性(主观的和相对的);二是证据的重要性(客观的和绝对的)。一方面,证据的价值必须通过举证方的评估予以检验,同时要考虑证据发挥重要价值的有关条件;另一方面,从证据自身角度看,影响证据可靠性的因素也能够影响既定的目标。鉴此,当我们审查证人证言时,首先必须确定,该证人是否能够并且愿意陈述事实真相;进一步讲,当该证言可能改变案件事实的结构时,它具有哪些重要价值。

当条件发生变化时,由此可能导致既定目标发生哪些变化,即对现有材料进行批判性解释,这是最为重要也是最为困难的一项任务。具体到司法个案,问题是这样自我呈现的:我在不考虑其他证据的情况下,对证据的每个细节都进行了审查,然后又对该证据可能发生的改变进行了分析。我认为,证人的每个陈述都可能是谎言,只是程度不同而已,它们可能是不准确的观察、错误的推理等。然后我又扪心自问:有罪证据,审判的证明过程,还是公正的吗?如果答案是否定的,它是否取决于其他相关的条件?我是否掌握这些条件?如果充分考虑这些变量,指控仍然具有公正性,那么,事实真相的证明程度就得到了检验,被告人就将被定罪;但是,前提是符合这些条件。

在整个审判过程中,包括其中的证据出示环节,都应当遵循上述程序的要求。让我们再举一个例子。这次的既定目标是确定特定证据信息(例如证人的陈述、相貌等)的客观真实性。有关条件包括可能影响证据真实性的各种影响因素,包括证人不够诚实、现场勘查不够完善、物证不够可靠、专家存在疏忽等。我们需要确定其中哪些因素可能对现有证据产生影响,以及相应的影响程度。条件的标准化包括,比较当前案件与其他案件的条件。条件的变化包括从证据细节中概括归纳可能存在错误的问题,然后从不同的视角予以纠正,最后观察条件变化对既定目标的影响。

这种程序,一旦应用于新证据的准备和判断领域,就能够在已有取证方法的限度内避免错误发生。除此之外还需考虑一个因素,即专门细致地研究在所有自然科学领域都不可或缺的因果关系问题。"在涉及自然现象的所有真理领域,那些处理因果关系问题的真理最为重要。掌握了这些真理,就能更加明智地预测未来。"(密尔)[10]忽视这一原则是导致我们犯错的最主要的原因。我们必须在审查判断证据时坚持这一原则。只要涉及对既定目标的影响问题,因果关系总会成为最重要的因素。只有当我们对因果关系进行认真审查,才能有效识别错误和虚妄。

简言之,我们已经简要地分析了法律工作应当坚持的准则。接下来需要更加深入地研究法律工作的对象。鉴此,我们需要回到问题的原点,也就是我们一直关注的问题;不过,我们所立足的自然科学,也需要并且正在以公开和坦诚的方式重新出发。古代医学首先寻找的是万能良药,并且热衷熬制汤剂;当代医学重视解剖,使用显微镜,开展临床试验,结果发现没有所谓的万能良药,只有少数特效药。现代医学已经发现了问题所在。然而,我们法律人时至今日仍在熬制汤剂,对最为重要的研究——有关实践问题的研究,却未能给予足够的重视。

专题2　心理学课程

第3节　基本考量

　　刑事学家最重要的职责是与司法过程的参与者打交道，包括证人、被告人、陪审员、同事等，这些都是至关重要的工作。在每个案件中，刑事学家的成功都取决于他的技能、策略、对人性的了解、耐心和行为方式。任何从事司法工作的人都会很快发现，具备这些能力的人，与那些不具备这些能力的人相比，工作成效存在很大的差异。

　　这些问题，不仅对证人和被告人而言具有毋庸置疑的重要性，对其他人也是如此。预审法官和专家之间的交流，是日常观察的重要主题。一位法官会依照法律规定提出问题，并且希望得到重视。他不想公开显露出对案件漠不关心的态度，但是，专家们很容易观察到这一事实。另一位法官描述案件情况，向专家们说明案件的各种可能性，判断是否需要专家们阐释有关问题以及需要作出何种阐释，可能还会关注专家们解决有关问题的方式方法，努力通过自己特有的方式了解案情，并对专家们面临的疑难（却又经常遭到忽视的）问题表现出特殊的兴趣。法官们如此这般地办理一个又一个案件，结果相差无几。即便专家们没有普通人的性格缺陷，也会受到勤勉尽职或者漠不关心等心态的影响。试想一下，除了高等法院的预审法官，如果每个法官、所有的警察和司法官员都是一副漠不关心的态度，情况将会怎样！这种情况下，即便是最为尽职的专家，也会感到心灰意冷，进而仅仅关注分内之事。相比之下，如果法院里面的所有人员都勤勉尽职，坚持严格依法办事，情况又将发生怎样不同的变化！这种情况下，即便是最漠不关心、消极怠工的专家，也会切身感受到热烈工作氛围的助推影响，进而意识到自身工作的重要性，最终全身心地投入工作。

| 第一部分 | 证据的主观条件：法官的心理活动

对于法院院长、陪审员和参审法官，情况也是如此。司法实践中，我们经常可以看到，有些主审法官将原本十分有趣的刑事案件变得枯燥乏味；审判虽然持续进行，但人们仅仅关注最终的裁判结果。也有一些主审法官（还好他们占了大多数）知道如何吸引大家的注意力，进而使那些最简单的案件也显得与众不同。无论哪个地方的法官，都肩负着相同的使命，为了作出公正的判决而不遗余力。这里所提到的区别，并不在于法官性格方面的差异，而仅仅在于能否正确把握诉讼参与者的心理。在每个案件中，法官都必须积极引导诉讼参与人，促使他们对审判保持关注、倾注热情并加强合作。为了实现这一要求，刑事法官必须要加强专门的教育培训。无论涉及被告人、证人、参审法官还是专家，面临的都是同样的问题。

从这个角度看，有关人性的知识对于刑事学家而言至关重要，同时，这些知识也无法从书本中得来。令人惊奇的是，关于这一主题，现在已有大量研究成果，不过我怀疑，这些成果（例如沃尔克玛列举的普克尔、赫兹、米斯特、恩格尔、加索克斯等人的著作）对于该领域的研究者并没有多大益处。关于人性的知识，只有通过长期的观察、比较、总结和深入分析才能获得。一旦获得此类知识，人们很快就能崭露头角，并且不再受制于其他人赖以改变无知状态的大量信息。这在许多案件中都有直接的体现。无论谁与诈骗犯、说谎的贩马商、古董商和魔术师打交道，都会很快认识到哪些人在各自行业混得风生水起，至少会对他们的行业有更多的了解。贩马商并不是鉴别良马的行家，古董商不能鉴定古董的价值、年代和成色，魔术师也仅仅知道少数简单的魔术，凭借这些魔术只能蒙骗那些最天真的人们。然而，他们都拥有丰厚的收入，这仅仅是由于他们了解交往的对象，并且通过反复实践演练他们的知识和技能。

当然，我并不是说刑事学家不需要学习法律知识，仅仅研习关于人性的知识即可。我们所需要的知识数量，无疑要比贩马商多得多，但是我们不能缺少有关人性的知识。法官的工作之所以任务繁重，就在于他除了具备法律知识外，还要具备许多其他方面的知识。他首先必须是一名法理学家，而不能仅仅是一名刑事学家；他不仅需要充分掌握为其职业所需的那些知识，还要了解相关科学领域的最新进展。如果他忽视了纯粹的理论知识，就将沦为单纯的司法劳工。基于工作需要，他不仅要熟悉成百上千的事物，与各行各业的人们和谐共处，还要将法律提供的各种素材尽可能地转化为司法的力量。

第4节　证人的可信度

　　刑事法官的一项重大失职，就是仅仅向证人提出问题，然后让证人随意作出回答。如果他选择这样做，就无异于让证人凭良心陈述事实真相。在这种情况下，证人当然要对其不真实和有保留的陈述承担责任，但更大的责任在于法官，因为法官未能尽可能地挖掘证人证言的全部价值，并对被告人的罪责问题漠不关心。基于这种考虑开展的法律教育，并不是为了把所有公民都培养成适格的证人，而是让那些需要出庭作证的证人成为适格、可靠的证人，因为证人一生可能只有一次出庭作证的机会。在每个司法案件中，这种证人训练都要关注两个问题：一是让证人希望陈述事实真相；二是让证人能够陈述事实真相。第一个要求不仅是为了防止证人说谎，还要培养证人的司法良知。通过训练很难让证人理性地对待谎言，但却可以让证人在接受询问时作出认真负责的回答。我们并不认为出庭作证的证人会完全抹杀真相，或者是彻头彻尾的说谎者，或者天生喜欢造谣诽谤。我们所考虑的仅仅是，证人并不知道如何全面客观地陈述事实真相，他们在日常生活中习惯于含糊其辞的表述，从未有机会认识到准确陈述的重要性。不容否认，绝大多数人在谈论或者回忆过去发生的事件时都会感到有些迷茫。他们往往不会直截了当地解决问题，而是选择迂回战术："如果我不能走捷径，就可以绕弯路；如果今天不行，就可以选择明天；如果我确实无法到达那里，我可以选择去别处。"这些人并没有真正定居的住所，只有随遇而安的旅店——如果他们不在某处，就会在其他地方。

　　当这些人如此这般地作出陈述后，一旦某人对他们的含糊其辞表示不满，他们就会感到慌张，或者毫不在意地说："哦，我想这可能并不十分准确。"这种良知的匮乏，这种对真相的漠视，给司法职业带来了深远的负面影响。我认为，这种做法的严重危害甚至大于明目张胆的谎言，因为与混淆视听的虚妄相比，不加掩饰的谎言更加容易识别。同时，当证人对某些事情说谎时，我们往往会因各种原因引起警惕，然而，那些含糊其辞的证人看起来并不值得怀疑。[11]

　　这种良知的匮乏，在不同年龄、不同性别、不同行业的人群中都十分常见。但是，在那些没有实业的群体中，这种现象更为常见、更为典型。那些在日常生活中偏于虚幻的人们，在应当保持绝对诚实的场合仍然会偏于虚幻。其中最为危险的群体，无疑是以表演和展示为生的人们。他们之所以缺乏良知，是由于他们的所作所为没有实际价值；他们的所作所为之所以没有实际价值，是因为他们缺乏良知。这些群体包括流动小贩、街头商贩、旅店老板、某些商店老板、马车车夫、艺术家等，特别是妓女（参见龙勃罗梭等人的著作）。所有这些人从事的都是有些棘手的职业，但是他们并没有实业，也不愿从事有规律的实际工作。他们拥有较多的空闲时间，即便是在工作时间，他们或者讲些闲言碎语，或者到处闲逛，或者游手好闲。简言之，由于他们四处游荡并以此谋生，所以当人们发现他们在作证时言语不着边际，说话含糊其辞，也就不足为奇了。我们很难在上层社会的群体中发现类似的人员。

最可恨也是最危险的群体，当属那些无业游民，他们不愿从事工作，并且醉心于无所事事的生活。如果一个人不能认识到这个世界上并没有懒汉的位置，在上帝的土地谋生必须要付出劳动，那么，他就是一个没有良知的人。从这些人身上，我们很难期望获得有良知的证言。基于长期的司法实践，刑事学家能够得出这样一条确定的规则：真正的无业游民，无论是何种性别、何种职业，都不可能秉承良知而出庭作证——罗马人，这个家伙心肠很黑，一定要小心提防！

第 5 节　证言的准确性

对证人陈述事实真相的能力进行训练，应当立足于以下条件：(1) 法官对影响正确观察和复述的所有条件所具备的知识；(2) 法官对当前案件中哪些条件发生作用的清醒认识；(3) 法官为消除证人造成的负面影响所付出的努力。最后一项在许多案件中是很难做到的，但并非不可企及。证人所犯的错误通常很容易被发现，需要指出的是，"出庭作证和采信证言"是两回事；识别哪些是准确的证言，以及用实际的观察结果取代主观意见，这些都是法官所面临的难题。

如果证人既不愿陈述事实真相，也不能实现这一目标，就需要通过有效的方法对其进行训练。对证人保持足够的耐心，这可能是最为重要的因素。当诉讼时间紧迫时，往往很难保持耐心；在当前审判超负荷的情况下，往往没有足够的时间。但是，这种情况必须予以改变。法官必须有能力让每个人免于超负荷的工作。如果国家不能在审判领域投入足够的资金，就不可能构建令人满意的法院体系，"no checkee no washee"，换言之，天下没有免费的午餐。只有拥有足够时间的人，才能拥有足够的耐心。

耐心是所有取证工作的必要条件。许多证人都习惯于陈述很多无关紧要的琐碎事情，同时，许多司法人员都习惯于打断证人，让证人作出简要的陈述。这种做法是愚蠢的。如果证人故意兜圈子，就像被告人故意为自己的行为寻找辩解理由一样，当他发现询问人员不喜欢这一点时，他就会更加天马行空。让询问人员心生反感，恰恰就是他想要达到的目的，他不会受到询问人员缺乏耐心的影响。几乎所有的被告人在刻意作出回答时，都会滔滔不绝地讲个不停，但所谈到的往往是无关紧要的问题，由此遗漏许多证据信息。此外，当证人有意作出长篇大论的陈述时，他不想说任何浮于表面的事情，即便他实际上就是这样做的，也往往不会意识到这一点。即便他知道自己说得太多（在很多时候，他能从倾听者缺乏耐心的表情中观察出来），他也不会提到超越边际的话。相应地，即便询问人员让他简短陈述，他也不会为之所动，或者至多从头开始复述；如果他选择听从询问人员的要求，就会忽略重要的事情，甚至包括最重要的环节。需要强调的是，有很大比例的证人都为出庭陈述进行了准备，或者打好了草稿。如果他们不能按照原计划进行陈述，就会变得无所适从，无法进行连贯有序的陈述。通常情况下，证人在法庭上说得越多，他们事先对证言的准备越充分。那些仅仅在法庭上回答"是"或者"不是"的证人，往往不能按照连贯的方式作出陈述；只有那些有故事可讲的人，才会滔滔不绝地讲个不停。当证人在陈述过程中发生停顿时，最好让他继续讲下去；只有当证人根本停不下来时，才有必要通过提出适当的问题打断证人。打断冗长的陈述，对审判是有益的，但必须把握好时机，只有当证人准备陈述很长的一系列事件（例如人数众多的打架斗殴）时，才有必要进行干预。如果一名或者多名证人已经全面陈述了整个事实真相，那么，当接下来的证人出庭作证时，就可以对他进行提示："请从X进入房间的环节开始陈述。"如果没有对证人进行提示，法官就不得不聆听所有证人在案件发生之前所作的事情，在各自的开场白结束之后，再分别以各自的方式转入案件事实。不过，如果你设定了陈述的主题，证人就会略过之前准备的开场白部分，并且不影响证言的连贯性。这种提示程序非常简单：只需告诉证人，"从这个或者那个环节开始陈述"。证人面对这种提示，通常会停顿一下，回顾并略过他事先准备的陈述内容，不再对提示的时间点之前的事情进行陈述。不过，如果法官对主题的提示不起作用，证人认为他需要从更早的时间点开始陈述，就应当让他自由陈述。否则，如果证人很难按照提示的时间点开始陈述，就会打乱既定的思路，进而影响作证的成效。

在交叉询问环节，也需要对获取证人证言保持足够的耐心。不仅是儿童和愚笨之辈，就连聪明伶俐的人，也通常仅仅回答"是"和"不是"而已；[12] 对于这些简短的回答，如果想继续刨根问底地询问一些问题，更加需要保持足够的耐心。大家或多或少都会认识到，当询问人员试图向那些保守的证人提出暗示性问题，进而了解证人原本不会陈述的事情时，缺乏耐心的危险是显而易见的。事实上，并非所有在法庭上寡言少语的证人都天性如此，但归根结底，这种性格特征的人通常都是如此，他们确实不能长篇大论地连贯表达自己的想法。如果证人仅仅作出简短的回答，形成了一个逻辑连贯的故事，当法庭向证人宣读其当庭提供的证言时，他通常都不会注意到其中的虚假成分。由于他非常不习惯进行长篇大论，因此，当他发现自己居然讲了这么多内容时，至多只是感到惊讶而已，根本不会发现失真的内容。即便他注意到当庭陈述中的错误，也会非常谨慎地避免这些错误引起关注，直至所有的当庭证言宣读完毕。鉴此，对于这些寡言少语的证人，需要给予足够的耐心，让他们连贯地陈述自己的证言，即便证言非常简短。

第 6 节　取证的基本假设

关于取证规则，最重要的一条就是：不要假定任何证人能够熟练地陈述自己记忆的内容。即便是管教儿童，也像福勒贝尔[13]所说的那样，"必须让人们畅所欲言，而不能刨根问底"。这种做法在司法领域最为有效，也最难付诸实施，因为与经年累月进行教育的老师相比，法律人往往只与证人有几个小时的接触时间。不过，我们必须努力让证人畅所欲言，即便这种做法最初并未奏效，无论如何也不能轻易放弃。

首要的一点是评估证人的知识水平，然后因势利导。当然，我们不可能在短期内使他提高到专业水平。"指导的目的"（兰格[14]）"是为了让学生具备更好的认知能力，让他实现智识上的自由。随后就需要挖掘他的'内心想法'，并且注意不要给予过多的引导"。这些论断包含着深刻的道理。对我们来说，培养人的认知能力并不算难事，然而，问题在于我们不是对其进行终生教育，而是着眼于当前的特定目标。如果我们想要实现这一目标，让证人实现智识上的自由，就必须让他独立地审视我们所关注的问题，让他免受各种无关暗示和推理的影响，并且让他感受到，外界没有对他施加任何直接或者间接的影响。要想实现这一目标，不仅需要消除特定的影响，也要摒弃其他人就争议事项向他提出的意见，还要向他说明恐惧[15]、愤怒等心理状态可能产生的影响，究其实质，就是要让证人能够像没有受到各种因素影响之前那样，以一种公正无偏的方式陈述事实真相。与上述因素相比，意见、评论、偏见、迷信等因素，是更加复杂的可能导致混淆和干扰的因素。只有当所有的积弊都被清除殆尽，证人才能具有清醒的认知，对他所陈述的内容负责，进而有资格当庭作证。

如果我们认识到第二项规则，并深入研究证人的"内心想法"，这种必要的作证准备工作就并非难事。实际上，两个人在交谈时，如果没有意识到彼此的"内心想法"，他们就是在对牛弹琴。许多非常严重的误解都来源于此。这不单单是语词含义的变化所导致的理解偏差；实际上还涉及整个人的心理状态。人们通常认为，只要了解证人提到的语词的含义，就足以理解证言的内容。实际上，这种理解只是外在的、非常表面的理解；只有了解证人的思维习惯，并结合全案情况予以考察，才能对证言的内容形成真正透彻的理解。我至今还记得一起因嫉妒引发的谋杀案，最为重要的证人是被害人的兄弟，一个诚实、质朴的伐木工人，他从荒野中被传唤出庭作证，看起来毫不愚钝。他的证言非常简洁、确定和理智。该案中，谋杀动机是最重要的争议问题，当我针对这个问题进行询问时，问这起案件是否因为一个女孩引发，他耸耸肩膀，回答说："是的，有人这样说。"通过进一步询问，我很惊讶地发现，这名证人对"嫉妒"一词十分陌生，完全不了解嫉妒的实际含义。他能够想起的唯一一个女孩离他而去，二人从未发生争吵，从来没有人向他说过其他人的痛苦和情感，他也从未想过这样的人生体验，因此，"嫉妒"一词对他而言完全不知所谓。毫无疑问，他所听到的传言完全不是那么一回事，我对他的证言所作的判断基本上都是错误的。对于该案中这个非常重要的普通语词，他的"内心想法"实在是过于匮乏。

毫无疑问，识别他人的"内心想法"并非易事。但是，发现证人和被告人的内心想法至少在客观上是可行的。对于陪审团审判的案件，尽管也需要这样做，却很难付诸实施，这也导致陪审团审判制度容易沦为乌托邦式的梦想。陪审团法庭的主持者很容易与陪审员建立熟识的关系，却很难通过深入交流了解陪审员的"内心想法"。在法庭上，每当陪审员提出一个问题，人们就会形成一个大致的印象，然后当公诉人和辩护人发表意见时，人们就会观察陪审团的表情变化，但是此时往往为时已晚。即便能够在早些时候发现这一点，也往往于事无补。尽管我们可能了解特定个体的心理状态，但是要想在事先并不熟悉的情况下，准确把握12个陪审员的心理状态，则是不现实的。

　　第三项福勒贝尔式规则是"假定越少越好"，这是一项必须严格遵守的规则。我对此并不担忧，因为我们法律人通过不断的实践，能够更加容易接受这项规则，更加深刻理解该项规则的意义以及如何避免违反规则，并且更加清楚如何遵守规则的要求。然而实践中，我们通常忘记这项规则的要求，向外行的诉讼参与者，包括一些受教育人士提供过多的证据材料。应当认识到，多数证人都未曾接受专门的法律教育，我们实际上很难像他们一样思考，也很难理解他们面对大量奇怪的材料时所产生的不满。由于我们并不了解证人的思维方式，所以通常会对证人提出过多的要求，进而导致事与愿违。在一些案件中，即便证人知识非常渊博，我们仍然可能存在失误，因为我们已经习惯和未受教育的证人打交道，一旦面对知识渊博的证人，就会假定他了解我们所拥有的专门知识。单靠经验并不能解决这些问题。另一方面，专门训练是否会妨碍证人作出自然流畅的陈述，或者从职业角度看，教育是否会让我们产生过于理想的期望，无论如何，我们最为关注的往往是那些受教育程度最高的证人。有一次，一位著名学者需要对一起纠纷作证，我试图针对他的证言起草一份作证指南，这是一项棘手的工作。他或者不赞同我所设定的条款，或者对有关条款的确定含义心存疑虑。与此同时，我也浪费了一两个小时的时间，所谓的作证指南经过反复修改，已经满是涂改痕迹。这件事最终不了了之。这件事从一开始就预示着失败的结局。这种做法是不明智的，甚至是不切实际的。随后发现，由于许多证人提供了毋庸置疑的证言，这名学者变得非常谨慎、仔细和较真，以至于根本记不清自己究竟看到了什么。他的证言显得毫无证明价值。我经常遇到类似的经历，其他人也是如此。问题在于：对哪些事情不能做出过多假定？答案是：所有事情。首先，对于证人的观察能力，我们不能随意作出假定。他们声称曾经听到、看到或者感受到某些事情，但是他们实际上并未听到、看到或者感受到那些事情，或者说实际上有完全不同的体验。他们坚称了解、接触、思考或者分析了某些事情，但通过严格审查发现，他们仅仅是沿途瞥了一眼而已。当证人所证实的事情仅靠普通的观察难以实现，而是需要非常敏锐的感官或者信息时，情况将会变得更糟。人们通常相信传统方法，因此，当现实情况需要进行仔细观察时，往往缺乏必要的科学知识。鉴此，如果假定某个证人具有特定的专门知识,就将导致严重的错误。通常情况下,证人并不具备此类专门知识,或者并未运用这些专门知识。

类似地,我们通常假定证人倾注了特殊的关注和兴趣,但随后往往吃惊地发现,证人对自身事务也往往敷衍了事。鉴此,对于那些与自身关联较小的事物,我们更加不能假定证人有专门知识,因为涉及对客观事物进行实际理解的情形,人类的无知程度远远超出所有的假定。许多人都知道客观事物的表象,并且认为自己同样知道客观事物的实质,因此当接受询问时,总是格外确信地作出断言。不过,如果你轻信此类知识,就将导致十分危险的危害后果,因为此后极少有机会来识别这种危害。

当法庭就某个新问题询问证人时,首先有必要了解证人对该问题的一般知识,包括他如何看待这个问题,以及他对这个问题有哪些看法。如果你判断证人对此一无所知,就会对他的问题和答案作出相应的评估,至少不会犯方向性的错误,并且尽快选择其他的解决方案。

与此同时,对证人的询问过程应当尽可能缓慢有序地进行。卡勒斯[16]就此指出,在一名学者经过努力确实无法发现某个事物之前,不要向他公布答案。任何能力都要先行培养,然后才能付诸实践。尽管这种方法难度较大,但它是教育儿童的重要方法,也是十分有效的方法。它实际上是一种例证教育方法。我们通常结合过去类似的经历,教育儿童认识新的事物,例如,通过比较儿童过去遭受的痛苦,让他人认识到类似行为对动物造成的痛苦。无论是教育儿童还是训练证人,这种类比方法都很有效。当某人被粗暴对待时,如果要求证人回忆自己的经历,对这起事件的长篇描述就可能会存在较大差异。最初,证人可能认为这可能是一个"夸张的玩笑",不过如果让他回忆自己面临的类似经历,并且将两起事件进行比较,证人就会改变自己的陈述。由于案件细节千差万别,具体例证也因案而异,但例证方法通常非常有效。这种例证方法也可能适用于被告人,只要被告人具有类似的生活经历,就可以让他结合自身经历更好地了解犯罪行为。

在陪审团审判的案件中,也可以使用这种有效的技巧。只要将当前案件与陪审员经历的类似事件进行类比分析,就能够让他们更好地理解案件事实。这里面临的困难仍然在于,陪审员由陌生人组成,而且数量上有12个人之多。找到一个能够为所有陪审团所熟悉的类似事件,并且与当前案件进行很好的类比,这项工作的难度很大。如果能够做到这一点,就将具有令人欣喜的显著效果。

不过,仅仅找到与当前案件类似的案件还并不足够。如果想让证人理解并参考类似的案件，这种类比还应当在事件、动机、意见、行为和表现等方面具有可识别性。理念与人一样，都有最初的起源；了解人的祖上，就能够识别后代的同辈。

第 7 节　自我主义

如同在日常生活中一样，自我主义的内在属性在法律领域也有突出的表现。歌德曾经对自我主义的后果投入了极大的研究热情。他写到（与艾克曼的对话，第一卷），"让我告诉你一些事情"，"所有倒退或者转型的时期都是主观性的。相反，所有进步的时期都是着眼于外部的。整个当代文明因其具有主观性，所以都是保守的。所谓的重要性，无非是人们试图显示自己的权势。在社会生活各个方面，我们都看不到人们放下身段寻求社会和睦的些许努力。"

这些谆谆教诲所反映的情况，在现代社会仍然普遍存在，甚至可能比歌德所处的时代更为突出。每个人都过于强调自身利益，这是我们时代的特征。相应地，人们往往仅仅关注自身或者周遭的环境，仅仅理解自己知晓和感受的事物，仅仅为了实现个人利益而努力工作。可以说，只有充分考虑这种极端的自我主义，并将之作为重要考量因素，才能确保工作不出偏差。即便是最微不足道的事情，也能反映出自我主义的影响。当一个人拿到电话号码本时，尽管他已经知道其中有自己的姓名，仍然会翻到印有自己姓名的那一页，并从中获得满足感；当他翻阅大家的集体照时，也会认为自己在其中是永恒的重要存在。当人们谈论他的个人品质时，他会感到很开心，并且通常会说："我天性就是这样。"如果人们讨论国外的城市，他就会谈到自己的家乡，或者曾经参观过的城市，并且讲述自己在当地亲身经历的一些独特的故事。每个人都努力展现那些表明自己身份地位的事情，包括生活的状态或者独特的事物。如果有人提到自己度过了一段美好的时光，那么毫无疑问，他一定会将自己摆在最为重要的位置。

拉扎勒斯[17]专门提到了这种人类天性在历史上的重要性："伯利克里认为，他的政治影响力在很大程度上源于他能记住所有雅典市民的姓名。汉尼拔、沃伦斯坦、拿破仑一世，他们之所以能够让自己的军队充满士气，甚至超越了手足之情、对国家和自由的热爱，就是由于他们知道并且能够说出每一个士兵的名字。"

我们在日常实践中经常会遇到自我主义的情形，即便证人因长途跋涉出庭作证而心存怨怒，以至于不愿配合、消极排斥，只要你显示出对他个人的尊重，对他个人状况的理解，或者对他个人观点和做事方式的认同，就能够促使证人提供有价值的证言。同时，人们往往是结合对自身职业的理解来对他人作出评价。如果农民嘲笑医生："如果他连播种燕麦都不会，还能指望他知道什么呢？"这可不只是个玩笑，而是人们思维习惯的正常表现。这种思维习惯十分常见，那些长期从事某项职业的人们，例如士兵、骑手、水手、猎人等，在这方面表现得尤为突出。如果无法理解这种自我心理，又要与这些职业人士打交道，那么，比较明智的做法是至少对此表示理解，对他们的职业表现出一定的兴趣，并且让他们相信，你的确认为人们都有必要知道如何正确地安装马鞍，或者在千步开外准确区分德国猎鸟犬和英国猎犬。这样做不是为了显示对法官个人的尊重，而是为了帮助法官履行职责，换句话说，就是让证人觉得自己在为法官个人提供帮助。如果证人形成这种尊重的心态，他就会觉得，通过自己努力回忆来帮助法庭解决案件难题，这项工作尽管费心费力，却很有价值。如果将反感抵触的证人和热心积极的证人进行比较，你会发现两者的作证效果存在显著差异。这种差异不仅在证言的数量上有所体现，更重要的是体现在证言的真实性和可靠性方面。

　　此外，传统的自爱观念在询问被告人过程中具有十分重要的影响，我们不能据此诱骗被告人作出供述。不过，既然要查明事实真相，就应当采用更为明智的方式对待不认罪的被告人，否则，即便是费尽心思，也很难让被告人吐露实情。我们经常发现，正是由于那些拒不认罪的被告人提到涉及自身的一些事情，或者提到有据可查的明确线索，给我们提供了循迹调查的契机，才最终得以查明案件事实。在询问那些已知身份的被告人时，也经常面临这种情形——尽管案件事实已经显而易见，但是需要基于证据证明案件事实。

　　类似的动机还包括自我主义的其他表现形式，例如固执己见。具体言之，人们面对矛盾质疑时通常会感到恼怒，以至于陷入绝望；相反，当人们面对妥帖的待遇时就会感到自身很有价值。这是我从老管家那里获得的经验。他曾是一名非常正直的士兵，类似喜剧片中的人物，却有着极其顽固的性格，我一度拿他一点儿办法也没有。每当我提出某些工作方案或者建议时，等待我的总是这样一番回答："这样不行，先生。"最终，我找到了解决问题的办法："西蒙，你之前曾经说过应当做这件事，现在就可以做了。"这时，他看看我，努力思考他何时说过这件事，然后离开并且把这件事做好了。这里面的窍门在于，你的建议能够基本符合被告人的需求。一旦采用这种变通方法，就需要注意避免自相矛盾，否则就会增加解决问题的难度。你不需要说谎或者耍花招，只需要避免直接的矛盾，让交谈对象陷入问题之中，当你发现顽固的对象已经认识到自己的错误，就可以迂回地向他提出问题。然后，你就可以成功为他提供一个台阶，或者至少为他提供一条后路，让他不知不觉地按照你的方案行事。这种情况下，无论多么顽固的人都不会重蹈覆辙，他只有当别无选择时才会固执己见，即便如此，也可以反复强调问题所在。不过，如果问题已经得以明确，就应当不假思索地直奔主题，从而从根本上确定既定的问题，这就像是摇醒沉睡者，再给他吃一剂安眠药。

通俗地讲，这里想要强调的规则是：自利、懒惰和欺骗是人类根深蒂固的行为动机。喜爱、忠诚、诚实、宗教和爱国，即便坚如磐石，也可能会崩塌瓦解。我们可以坚信某人具备这些品质，连试十次也不为过，但是到了第十一次，这个人的品质就可能像纸牌屋一样崩塌了。如果我们认为某人具有自利和懒惰的品性，那么，成百上千次的实验也不会改变这种现状。进一步讲，懒惰和欺骗仅仅是自利主义的变体而已。在与人打交道时，始终要牢记自我主义是人类行为的动机。有些案件，即便其他事实均已查清，但如果有线索表明犯罪嫌疑人可能是无辜者，那么，此时诉诸荣誉、良心、人性和宗教都是多余的，只需强调自爱的动机即可，事实真相也将不言自明。自我主义是检验事实真相的最佳标准。假定已经对特定行为构建了融贯的解释链条，那么，法庭就需要通过审查被告人的动机来评估这种解释的真实性。如果整个链条的各个环节都能够与行为动机相契合，至少表明该链条本身可能并不存在错误。相应地，从行为动机角度看，情况又将怎样呢？如果行为动机是高尚的，包括友谊、爱情、人性、忠诚、怜悯等，那么，整个链条本身就可能是正确的，实际情况也通常是这样的；但是，这并不意味着结果必然如此。当然，如果行为的结构立足于各种形式的自我主义，并且在逻辑上是融洽的，那么，整个案件就得到了全面和可靠的解释。这种解释链条毫无疑问是正确的。

第 8 节　秘密

如果不是由于人们发现实践中很难保守秘密，法律领域查明真相的目标将会面临更多的障碍。这种十分明显但又难以捉摸的现象，已经为大众所熟知。所有民族都有与之相关的格言，其中经常提到，在女人中间保守秘密尤为困难。意大利人常说，如果女人不能说话，她就很容易憋到爆炸；德国人认为，保守秘密的负担会损害女人的健康，并让她未老先衰；英国人也有类似的但更为粗俗的说法。许多经典格言讲述了类似的主题，不计其数的童话、小说和故事都曾刻画了保持沉默的不易，一部非常流行的现代小说《沉默的负担》（作者斐迪南德·屈恩伯格）还将之作为行文主线。洛策[18]用一句格言概括了保持沉默之难：我们很早就学会了表达，却很晚才学会沉默。刑事学家无论与被告人还是证人打交道，都可以从这些至理名言中获得启发，因为证人基于各种原因，总想对某些事情保持沉默。如果证人被迫出庭作证，试图回避案件中真伪不明的争议问题，最终又不得不作出半真半假的回答，这种做法是非常危险的。如果证人语焉不详，其证言就值得质疑，因为"半真半假的真相，危害要甚于彻头彻尾的谎言"。因为谎言显示出它的主题、意图和质疑空间，而似是而非的真相，基于联想和认知所限，很容易因为当事人的身份及其涉案的具体情形而导致令人恼怒的错误。鉴此，刑事学家必须对秘密这一问题保持足够的警惕。

当证人保持沉默时，我们必须对此进行辩证分析。他不愿吐露秘密，这一事实非常明显，简直不言自明。吐露秘密的行为并不光彩，以至于我们通常认为，这种事情不可能发生。但是司法实践中，刑事法官，特别是那些年轻或者急躁的法官，经常会据此作出一些推断。他们仅仅提到事实本身，并未提到任何名字、地点或者时间，也没有提到任何敏感的事情，看似没有造成任何伤害。然而，正是通过这种方式，他们吐露出最为重要的要点。最糟糕的是，正是由于陈述者并不知晓有关姓名或者具体信息，所以很可能会扭曲有关事实，并且牵涉一些无辜人员。需要指出的是，只有在热点案件中才会涉及上述问题，由于某个或者多名证人反复讲述相同的故事，据此可以通过各种方式归纳案件事实，此类犯罪容易引起公众的特别关注。通过此类方式，很容易促使人们对案件材料进行各种推测和联想。我们应当对此提高警惕，让我们先来回顾一则经常被提及的古代轶事，这是薄伽丘最先讲述的故事：一位年轻有为的修道院院长，在一群妇女的怂恿下，讲述他第一次听到的忏悔。他犹豫了很长时间，认为只要隐去忏悔者的姓名，即便向众人讲述忏悔者所忏悔的内容，也不算什么罪过，并最终向那些妇女讲述了他所听到的第一次私密的忏悔。仅仅过了几分钟，又来了几位客人，其中就包括侯爵和他迷人的妻子。侯爵和他的夫人嗔怪年轻的神父，为何很久没有到家中做客。侯爵夫人大声说道："你不应当忘记我呀，我是你的第一个忏悔者。"这则逸事对司法职业而言非常重要，因为它以一种极富哲理的方式告诉我们，所谓"完全安全"的"纯粹事实"是如何被公之于众的。倾听者无须对事实进行整合，诸多事实自身会通过意想不到的方式整合起来，最终，那些原本需要严格保密的、非常重要的案件事实变得众人皆知。案件中的保密信息非常重要，必须在各个方面严格保密，并不仅仅是对细节保密而已。

　　刑事司法过程必须保密的另外一个方面，主要与证人和被告人相关。如果通常情况下，人们之间密切交流的原因是善于言谈，那么，在司法案件中，这种现象的原因是特定人员在自负心理驱使下作出陈述。无论是法官希望向被告人表明他已经掌握了很多案件信息，或者他是基于足够证据得出相应的结论，还是法官希望向证人表达自己对案件事实的确信，他们都将严重影响案件事实的准确认定。如果法官急于求成，并且试图表明自己一开始就消息灵通，但实际上却说出诸多错漏之处，就很难成功办好案件。被告人通常会任由法官形成错误的假定，他们还会对证人进行各种暗示，最终的结果可想而知。这种情况下，很难坚守法律的正当程序。当然，如果从不公开已知的事实证据，就将丧失对这些事实证据进行审查的宝贵机会；这些事实证据也将因此而无法作为相应的依据。但是，如果先入为主或者多嘴多舌，就将面临更加糟糕的后果。就我的亲身经历而言，我从未因为保持沉默而后悔；特别是当我已经说出某事的时候，情况尤为如此。关于这一问题，应当信守的规则不言自明。切记不要迈向错误之途，切记不要超出自己实际掌握的事实而虚张声势。抛开这种做法内在的不诚实性，披露有关秘密信息还将面临巨大的风险。

　　除此之外，大家可能已经意识到，这种做法还存在另外一个重大风险，即轻信虚假信息的风险。越是有才能和勇气的人，面临的上述风险越大，因为这些人非常喜欢进行分析、推理和预测，并且倾向于将那些至多只是可能的事情视为毋庸置疑的客观事实。无论是故意编造的谎言，抑或仅仅是过于天真而轻信的虚妄，结果都是一样的。因此，对此无须给予特别的注意。我们只需认识到，我们可以从那些健谈的人那里知道某些事情。我们很容易发现，身边某人十分健谈，如果能够对健谈的原因及其影响进行认真分析，就很容易对照司法案件获得启示。关于保守他人秘密这一主题，如果想要避免对他人造成伤害，首要的问题就是确定究竟什么是秘密，以及需要对哪些事情保密。如果我们确认某个事情属于真正的秘密，就需要审慎考虑，究竟是保守秘密还是公开秘密，哪一个将会导致更严重的损害。如果情况允许,就可以考虑保守秘密,因为一旦通过刑讯方式从证人处逼取秘密,通常会导致损害,而且是非常严重的损害。不过,如果有理由确信,必须要知悉有关秘密,例如无辜者正在面临危险,就要穷尽各种方法和手段获取有关秘密。考虑到这种情形下,哪怕一点点恶意也是必须要避免的,这项任务的难度不言而喻。

首要的规则是不要过于急切地获取预期的秘密。秘密越是重要,对它的干预就应当越少,最好是不要直接获取秘密。秘密将会自我呈现,对于重要的秘密,情况尤为如此。对于许多原本毫不设防的事实,就是由于获取者过于急切,导致这些事实成为密不透风的秘密。当我们需要查明某些事实的时候,一旦其他方法都已宣告失败,就不妨谨慎地告诉证人更多的犯罪信息,尽管通常更适宜控制向证人透露的信息量。随后,应当谨慎地提及这些犯罪信息,连带提及预期的秘密,进而提升秘密的重要性。如果证人认识到,他一旦公开秘密就能提供重要的事实,令人惊奇的结果将会随之而来。

相对更为重要的秘密就是某人的罪行,以及与之相关的极具暗示性的供述;被告人供述是一种非常特殊的心理现象。[19] 在许多案件中,被告人作出供述的理由显而易见。罪犯认为,现有证据已经非常充分,他即将面临被定罪的结局,进而通过供述来寻求从轻处罚,或者希望通过更加详细地叙述犯罪事实,让其他同案人承担更重的罪责。此外,供述中还包含着虚荣的成分,例如一些年轻的农民供认的盗窃数额远远大于他们的实际盗窃数额(通过观察他们供述犯罪时的夸大其词,很容易识别这种情形)。还有一些供述源自谨慎和防卫等心理,例如基于"坚定确信"的供述(常见于政治犯等情形)。此外,还有基于崇高目的、为拯救亲密朋友而作出的供述,以及旨在进行欺骗而作出的供述,特别是在预谋犯罪和意图争取时间等情形(例如为真正的罪犯逃跑争取时间,或者为了破坏既定目标)。在后一种情况下,通常只有当犯罪计划已经成功实施,被告人才会认罪;随后,法官吃惊地看到被告人提供的完美的犯罪时不在现场的证明。有时,被告人之所以会承认一些轻罪事实,目的是为其他重罪事实提供犯罪时不在现场的证明。最后,还存在天主教徒[20]以忏悔方式作出的供述,以及临终供述。前者的特点是,被告人自愿作出供述,并不试图减轻罪行,而是为了弥补过错,即便自己发现过错难以弥补;有的甚至希望进行特殊的补赎。临终供述可能带有宗教色彩,或者是试图避免无辜者遭到惩罚或者再次伤害。

尽管前文列举了许多类型的供述,但并未穷尽所有的类型。这些只是我们在

| 第一部分 | 证据的主观条件：法官的心理活动

司法实践中遇到的很小一部分供述而已，还有许多类型的供述尚未得到充分的认识。米德迈尔[21]早已对这些供述进行了深入研究，并且援引了许多与该主题相关的案例和传统研究文献。一些案件中，被告人之所以作出供述，可能是迫于良心的压力，特别是当被告人头脑中充斥着被害人鬼魂前来复仇的臆想，进而陷入歇斯底里或者紧张焦虑的情形，或者被告人耳中始终回响着偷盗而来的钱币叮当作响的情形等。如果供述者仅仅试图摆脱这些令人困扰的臆想，以及供述将会导致的刑罚，就不属于良心发现的范畴，而不过是一种伴随异常想象的疾病而已。[22]不过，当不存在这些幻象和宗教影响，被告人仅仅是基于压力而主动供述，就属于良心发现的情形。[23]我并未发现人的本性中与这种供述类似的成分，即尽管这样做对被告人没有任何看得见的好处，但是他仍然选择作出有百害而无一利的供述。我们通常很难对此类案件作出合理解释。一种可能的解释是，被告人仅仅是由于愚蠢或者冲动而作出供述，还有些人只是简单地否认这种供述的存在。不过，被告人天性愚蠢这种说法很难为实务工作者所认同，因为即便我们赞同，有些被告人先是愚蠢地作出供述，随后认识到自己的错误，进而非常后悔，我们仍然发现许多被告人并不后悔曾经作出供述，而且他们的智商并不存在缺陷。同时，简单地否认此类供述的存在，这种做法看似简便，却是错误的，因为我们都会接触到许多案件，其中难以查明被告人供述的动机。被告人之所以作出供述，就是由于他们想要这样做，仅此而已。

在普通人看来，只要被告人作出供述就万事大吉，但实际上对法官而言，严肃的工作才刚刚开始。基于审慎的考虑，所有的法律都要求，只要当供述与其他证据完全一致时，才能作为证据使用。供述是证明的一种手段，而不是全部。法律要求供述获得客观的、在证明上补强的支持和确证。不过，基于相同的法律要求，补强证据的价值应当取决于其所具有的独立的来源和基础。供述的存在本身，将会对法官、证人、专家以及所有的利害关系人产生很强的心理影响。一旦被告人作出供述，案件中所有其他的证据都会将之作为参照物，实践充分表明，这种心理将会扭曲诉讼证明的进程。人们非常倾向于先入为主，并将所有观察到的事物归入既定的解释，由此导致先前的解释得以强化，相关的事实遭到浓缩和裁剪，直至两者能够互相契合。大家都曾遇到过这种奇特的现象：我们所有的感知最初都是灵活可塑的，很容易根据先前的印象而逐步趋于定型。只有当我们长期进行感知，并且使感知达至一种平衡，它们才会变得坚定不移。在此基础上，我们的观察就会沿着既定的观念进行，对可塑的观察材料进行加工，将各种冗余或者矛盾的材料排除在外，并填补感知的空隙；同时，如果条件允许，还可以对观察结论进行各种调整。相应地，如果我们已经形成一种新的、截然不同的观念，就很容易对观察资料作出调整，只有当时隔较长时间之后，我们的观察结论已经固化定型，才很难作出新的改变。这就是我们的生活经验，无论在职业领域还是在日常生活中都是如此。每当我们面对一起犯罪案件，就会审视早期的证据材料。例如，基于各种理由，我们开始怀疑 A 就是罪犯。据此，我们对所有证据材料的审查判断，都会始终围绕这一假说进行。无论是尸检结论还是证人证言，一切证据都与早期的假说趋于吻合。尽管证据材料也有不一致之处，但是这些矛盾分歧都会被搁置一边，并被视为不准确的观察结论，总而言之，在案证据都是不利于 A 的。现在，假定 B 承认自己才是真正的罪犯；这一事实是如此重要，以至于颠覆了所有早期不利于 A 的分析结论，侦查假说也随之开始围绕着 B 进行。此时，所有的证据材料都必须与 B 建立关联，尽管这些材料早期都与 A 的嫌疑吻合，现在看来，这些材料又都能够认定 B 与犯罪的关联。尽管证据材料仍然存在矛盾分歧，但是就像最初那样，这些矛盾分歧又被搁置一边。

如果对书面的、无法更改的证据都能这样操作，那么可以想见，对于证人证言就更加容易加以调整，一旦犯罪嫌疑人作出供述，就可以据此对证人证言进行加工处理。关于这一问题，我们既要关注法官及其助手，也要关注证人本身。

对法官而言，他必须时刻铭记，审判的目的不是为了使所有的证言与已有的供述相符合，并将其他证据仅仅作为供述证据的点缀，而是为了基于供述证据以及其他证据各自独立地证明案件事实。现代文明国家的立法者已经正确地认识到，我们每个人都曾遇到过虚假供述，基于种种原因，例如被告人因为身患重病而主动寻死，[24] 或者试图包庇真正的罪犯，由于被告人供述很可能是虚假的，只有揭示出供述与其他证据之间的矛盾，才能有效识别虚假供述。然而，如果法官仅仅寻求证据之间的印证，就会丧失发现事实真相的机会。需要强调的是，虚假供述并不仅仅发生在谋杀案件之中。那些重大案件，包括涉及多人的案件，也经常出现虚假供述。在盗窃、打架和暴乱等类型的案件中，只有一两名犯罪嫌疑人被抓捕归案，他们却揽下了所有的罪行。我再重申一遍：供述具有很强的暗示效应，实践中很难排除这种偏见影响，很难均衡评估此类证据的证明价值和偏见风险。不过，如果不想自欺欺人，就必须消除这种偏见影响。

对于证人证言，必须采取更为审慎的态度，由于证人证言的审查判断难度很大，就需要投入更多的精力。最为简便的方法就是摒弃供述的影响，要求证人在毫无偏见的情况下作出陈述。不过，即便证人没有说谎，对证人证言的审查也往往会陷入窘境，因为在许多案件中，证人可能已经知道被告人早已作出供述，因此很难在毫无偏见的情况下提供证言。这种情况下，特别是基于其他考虑而觉得可行的情况下，询问人员的唯一选择就是告诉证人，被告人已经作出供述，同时提醒证人，被告人的供述还不是经过查证属实的证据，证人必须基于自己感知的情况作证，进而防止证人根据被告人供述的内容作出陈述。关于这一问题，实践显示，证人证言可能面临的影响更多地来自法官，而不是证人本身。如果法官理性中立，就可以引导那些非常兴奋的证人冷静客观地陈述案件事实；相反，如果法官放弃了客观事实的司法底线，原本极为冷静的证人也可能提供极具误导性的证言。

　　对于那些非常聪慧的证人（并不限于接受高等教育的群体），法官可以在他们宣誓作证之后作出有效的指示，告诉他们，法官将在不考虑被告人供述的前提下审判案件。绝大多数证人，特别是农民，如果得到法官的正确引导，都会听从法官指示提供证言。这种情况下，法官就需要深入分析证言的细节。这种分析难度很大，但极为重要，因为法官必须要确认，证言中的哪些内容是实质性的细节，哪些内容仅仅是一般情况。假定有一起打架事件，被害人被刺伤，A供称自己刺伤被害人。有位证人作证指出，A首先进行言语威胁，然后开始进行打斗，接着从包里掏东西，随后离开现场，就在A参与打斗和离开现场的过程中，被害人遭到刺伤。在这个简单的案件中，法官必须考察各个时间片段，并对各个时间片段进行分析。具体言之，假定A尚未作出供述，应当如何看待威胁的含义？这难道不是攻击者对被害人的犯罪意图吗？他从包里掏东西的行为是否有其他的解释？他难道仅仅是为了掏刀吗？他是否有足够时间打开刀并捅刺被害人？被害人难道不可能在案发之前就已经受伤了吗？基于上述分析，我们可能认为，有关A的所有证据都不能作为不利于他的证据，但是，如果我们把这些证据与A的供述建立关联，那么，这些证据几乎等同于证明A实施犯罪行为的直接证据。

　　不过，如果个体的感知与结论相混同，同时还要考虑其他同等条件下的感知，例如其他人的现场感知，这种分析就会变得非常复杂，尽管如此，仍然需要开展相应的分析。

　　对于那些不甚聪慧的证人，由于他们很难接受有效的指示，就必须为其提供一般性的参考规则。通过要求证人保持绝对的准确性，并强调无论如何都要坚持自己确信的理由，也能够将原本不甚确定的感知转化为值得信赖的证言。在司法实践中，很少能够发现不真实的供述，但一旦发现这种情形，并与其他证据进行细节比对，就很容易发现根据供述内容调整其他证据的情况。证人通常不愿意陈述任何虚假情况，法官同样希望查明案件事实，然而，为了确定被告人有罪，最终还是对证人证言进行了相当程度的扭曲改变。这种审查判断非常有助益性，不应当随意忽略。所有的证言都能呈现一幅完整的犯罪图景。这些证据能够与被告人有罪的假说符合，也能与真正的罪犯有罪的假说符合，但是总有一些细节被人为改变，而且被改变的细节数量还往往较多。如果有机会再次询问相同的证人，询问程序仍然非常有助益性。证人（假定他们希望诚实地吐露实情）通常会确证那些与真正的罪犯符合的证据，如果要求证人对原本指向被告人的证言作出解释，那么答案是不言自明的，这些不真实的证言并非无意为之，而是在被告人此前作出的供述暗示之下导致的结果。[25]

当其他有罪证据被收集在案，就会与供述一样产生强有力的影响，并导致类似供述一样的歪曲效应。在这些案件中，法官的职责要比证人更为简单，他无须告诉证人已经收集在案的其他证据。人们通常会受到先前形成的怀疑的影响，这在日常生活中非常普遍。兹举一例予以说明。一个人在夜间遭到攻击，并遭到身体伤害，基于他对罪犯的描述，犯罪嫌疑人被抓捕归案。次日，犯罪嫌疑人被带到被害人面前，由其进行辨认。被害人非常确定地辨认出犯罪嫌疑人，但是由于他对罪犯的描述与犯罪嫌疑人并不十分吻合，办案机关对其进行询问，了解他为何能够如此确信。被害人的回答令人十分吃惊："噢，如果他不是真正的罪犯，你们当然不会把他带到这儿来。"仅仅由于犯罪嫌疑人是基于被害人描述的特征而被抓捕归案，并穿着监狱囚服让被害人辨认，被害人就以为这是对其陈述的确证，于是就作出了确定性的辨认结论，这纯粹就是人为诱导，犯罪嫌疑人实际上并未基于其对罪犯体貌特征的准确记忆而作出辨认。我相信，刑事学家如何在司法实践中坚持知行合一，可能是他所面临的最为艰巨的挑战。

第 9 节　兴趣

任何真正想要努力工作的人，必须尽可能地激起并维持同事的兴趣。对于法官而言，他的职责就是向同事提供规范、系统、完备而又不失简洁的案卷材料，

| 第一部分 | 证据的主观条件：法官的心理活动

同时要非常熟悉整个案件情况。如果能够满足上述要求，就能够激起同事的兴趣，并引起他们的关注，即便在最为常见和简单的案件中也是如此；相应地，这也有助于更好地行使审判权力。这些基本上都是大家公认的事实。不过，在特定情形下，专家面临着更多的要求。对于专家而言，无论他是非常谦逊的工匠，还是十分著名的学者，都必须首先确信法官对他的工作充满兴趣，认识到法官评估专家证据及其知识基础的权力，了解法官根据法律要求不在法庭上发问，而是仅仅听讼的做法，并认识到法官需要真正理解专家的工作成果。

尽管专家可以致力于解决案件中的专门问题，但如果他不能在工作中寻求合作、激发兴趣并获得理解，就很难满怀激情地投入工作。应当认识到，我们之所以未能在其他科学领域获得足够的尊重（实事求是地讲，这就是实际情况），主要是由于我们和科学专家之间的联系交流不甚理想。他们从中发现，我们对于那些重要事项是如此茫然无知和无动于衷。如果专家们提到我们时总是心存蔑视，这种态度一旦蔓延开来，形成常态，结果可想而知。我们不能期望一名刑事法官在法律知识之外，还能够全面了解其他科学领域的知识，这是专家的知识范畴，不过，由于专家证据与审判息息相关，为了避免被缺乏资质的专家所误导，为了更好地与专家合作并有效评估专家证据，法官当然需要适当了解有关的专业知识。相应地，法官需要对专家证据给予更多的关注。如果法官被动地接受专家报告并机械地适用法律，从未表现出对裁判结果的关心，并仅仅将之视为例行公事，那么毫无疑问，专家也会将自身的工作视为例行公事，进而丧失应有的兴趣。除非工作本身饶有兴趣，否则没有人会对其产生兴趣，专家也不例外。当然，我们不是说法官要假装对审判饶有兴趣，这种做法无疑更加糟糕；法官应当对审判抱有兴趣，否则就没有必要担任法官。不过，兴趣也是可以培养和强化的。如果法官认为，专家意见对案件审判非常重要，他就至少会对专家意见产生一定的兴趣。如果对专家意见有兴趣，法官就会认真地进行阅读，并且发现一些不容易理解的事项，进而要求专家加以解释。随着一个又一个问题不断浮现，一个答案又一个答案不断产生，就会形成对专门问题的理解，这种理解又会催生不断增长的兴趣。有人可能担心，要求专家向法官解释专业问题可能面临各种困难，这种担心是不必要的。在我的职业生涯中，我从未遇到这种情况，也从未听到任何抱怨。相反，通过这种交流，双方都会切身感受到内心愉悦和工作成效，在此基础上，国家成为最终的受益者。之所以会出现这种局面，显而易见的理由就是专家对本职工作充满兴趣，相比之下，数量众多的法律工作者则对本职工作缺乏足够热情。

这也隐含着一个令人忧伤的事实。化学家、物理学家等科学家群体投身本领域的研究，是为了成为化学家、物理学家等科学家；相比之下，法律人研究法律，却不是为了成为法律人，而是为了成为司法官员，由于他没有特殊的兴趣，之所以会选择从事国家司法职业，就是为了获得更好的仕途。这是令人心痛的真相，也是司法职业的通行规则，那些真正希望研究法律和法律科学的人才实际上少之又少，鉴此，我们有必要向普通人、向专家学习，培养对法律职业真正的兴趣。所幸，兴趣是可以培养的，随着兴趣持续增长，知识将会同步增长，工作本身和事业成就的快乐指数也将随之增长。

关于兴趣这一主题，最大的难题当属激发证人的兴趣，因为这纯粹是需要培训才能解决的问题。得到关注是激发兴趣的前提；相应地，给予充分关注，就能获得准确的证言，这是审判工作最为重要的任务。沃尔克玛指出："没有兴趣，就没有关注。"[26]"全新的事物并不会形成刺激，那些难以理解的事物，也往往难以引起关注。"对于我们而言，最为重要的一点就是"全新的事物并不会形成刺激"，这是我们经常忽视的一个问题。如果我们以一种十分惊奇的姿态告诉一个文化程度不高的人，我们在维罗纳发现了塔西佗失传的名著《编年史》，或者在冰层中发掘了保存完好的恐兽，或者在默诺拉天文台观测到了火星运河，所有这些非常有趣的新闻对他简直毫无兴奋点可言；尽管这些都是全新的事物，但是他并不理解这些事物的意义，也不知如何加以理解，他对这些事物毫无兴趣。[27] 我在审判过程中经常会遇到类似的情形，设想一个重大案件，我十分兴奋地告诉一个很有教养却对案件不感兴趣的人，我终于发现了一个重要的书证，可以据此解释整个案件的来龙去脉。如果对方对案情一无所知，或者不了解有关书证的重要性，就很难期望他对这个书证产生兴趣、给予关注和充分了解。尽管万事万物都有自然规律可循，并且可以作出合理解释，但我们仍然每天重复着相同的故事。我们向证人抛出一个我们认为非常重要的问题，证人对问题非常熟悉，但他可能认为这个问题毫不相关、没有意义，进而对此失去兴趣。如果这样的话，如何指望那些毫无兴趣的证人真正关注案件，并且提供有效的、审慎的证言？[28] 我曾听到这样一场对话，当法官询问证人某天的天气情况时，证人回答说："看哪，大老远把我带到这来，难道就是为了询问天气情况，那天……"这个证人的回答非常切中时弊，因为这个毫不相关的问题让人摸不着头脑。但是，如果法官详细地向他解释，当天的天气情况对案件非常重要，并且说明个中缘由及其证言的重要性，证人就会对这一问题给予密切的关注，并且绞尽脑汁回忆当天的天气情况，陈述与之相关的各种事件，最终提供许多有重要价值的信息。这是引起证人关注的唯一途径。如果证人仅仅是被要求关注某些事实，那么，结果就如同其被要求大声说话一样，他可能会暂时作出回应，随后就又回到从前的状态。注意力可以被激发，但不能被命令；只有采用适当的方法，才能在各种场合有效激发他人的注意力。对此，首要的要求就是树立并展现自身的兴趣。如果你自身对某事都没有兴趣，就很难指望激发其他人对该事的兴趣。证人在庭审中接受索然无味的询问，并作出敷衍塞责的回答，没有比这更令人无聊和乏味的事情了。另一方面，当我们带着兴趣询问证人，并由证人基于兴趣作出回答时，就会得到意想不到的良好效果。这种情况下，那些昏昏欲睡的证人，即便寡言少语，也会打起精神：他们的兴趣不断高涨，关注度也将逐步提升；他们的知识能力不断提高，陈述的可靠性也随之增强。这仅仅是由于，他们认识到法官的工作热忱、争议问题和案件的重要性、犯错的严重后果、审慎作证对查明真相的助益，以及通过提高关注度避免错误的必要性。通过这种方式，尽管证人最初可能显得无动于衷，最终却能提供非常有益的证言。

如果法官自身已经满怀兴趣，并且致力于激发证人的兴趣，就有必要认真研究与证人沟通的方法，知晓如何向证人透露案件信息，包括那些已经得到确证的事实，以及仅仅收集在案但有待确证的有用信息。一方面，告知证人的细节信息越多，证人就会越有兴趣，进而提供更为确定和有价值的信息。[29]另一方面，基于审慎等考虑，对于可信度尚未确定的证人，不宜向其告知重要的细节信息。如果想要告知证人已有的假说和推断，或者告知证人其证言将会改变案件的事实认定，情况就将变得更为复杂。由于这种做法容易产生暗示效应，因此必须限于特定的情形。通常情况下，只有当证人证言及其部分内容看似不甚重要，但实际上非常重要时，才能透露有关信息。为了向证人表明其证言的重要性，唯一可行的办法是告知其证言可能对案件产生的影响，如果他认识到这种影响，就会尽其所能提供证言，并且审慎地作出回答。我们都曾经遇到过这种情况，证人最初基于无关紧要的心态提供证言之后，法庭对他作出必要的提示，当他认识到自身证言的含义及其实际影响之后，就开始认真思考并提供一个完全不同的答案。

关于如何以及何时对证人作出提示，并无固定规则可循。总体上，既要足以激发证人的兴趣，又不能因信息过多而导致风险，这是一种考验智慧的司法策略。这里给出一项建议：在预审过程中尽量审慎地与证人接触，不要向其透露那些已知或者可疑的信息；通过这种方式，有助于激发证人的关注度和兴趣。不过，如果情况显示，提供更多的信息有助于促使证人对重要事项作出详细陈述，就可以随后再次传唤证人，促使证人基于新的兴趣点修正已有的证言，并且提供更多有价值的信息。这种情况下，对于所有的司法部门而言，只有通过更多的努力才能获得成功。由于证人的兴趣非常重要，值得各部门付出共同的努力。

| 第一部分 |　证据的主观条件：法官的心理活动

专题3　现象学：有关精神状态外在表征的研究

第10节　概述

通常认为，现象学是有关外在表征的科学。在我们看来，它就是对内在过程引起的外在表征予以系统整理，同时反过来从外在表征推断内在过程。一般来说，这门学科可以被视为对个体习惯和行为举止的研究。不过究其实质，只有基于那些外在表征，才能够据以推断内在的精神状态，所以，现象学也可以被视为普通心理学的符号学体现。这门科学在法律领域具有极其重要的意义，但是尚未被用于揭示如何从内在过程的大量外在表征中得出毋庸置疑的推论。此外，观察活动的数量尚不够多，准确度尚不够高，心理学研究也不够发达。意大利实证主义学派（自称为精神病现象学派）的研究显示，草率运用上述知识将会导致非常危险的错误。不过，如果我们的现象学仅仅致力于框定有关外在表征的科学范畴，那么，它至少可以对从此类表征中得出的常规推论开展批判性研究，并且可以避免对个别现象的解释能力和证明价值作出夸大性解读。尽管我们的任务看起来可能带有一定的解构性，但是，如果我们能够为这门科学开拓未来的发展空间，并且在审查判断基础上摒弃那些没有价值的材料，这也不失为一项重要贡献。

第11节　一般的外部条件

亥姆霍茨[30]指出："每种心理状态都有其生理关联"，这一论断蕴含着解决我们所有困惑的真理。每个心理事件都存在某种形式的关联生理事件，[31]因此是可以感知的，也是有迹可循的。当然，特定的心理状态并不必然拥有对应的身体反应，无论是对于不同的个体，还是对于不同时段的同一个体，情况都是如此。现代的归纳概括方法总是存在各种危险和差错，我们对此怎么谨慎都不过分。如果归纳概括方法是可行的，那么，心理事件将如同生理过程那样清晰可辨，但是基于种种原因，归纳概括方法并不可行。首先，生理反应很少是对心理活动的直接而又简单的外在表征（例如在威胁某人时攥紧拳头）。通常情况下，两者并没有因果关联，因此，从生理学、解剖学甚至遗传学角度作出的解读，往往只是近似性或者假说性的推论。其次，附随习惯和遗传因素也具有较大的影响，尽管其不会改变外在表征，但会产生一种型塑效应，能够潜移默化地重塑一种非常自然的表征，进而使得外在表征看起来令人难以理解。这种现象在许多案件中是因人而异的，因此，每个个体都需要专门加以研究。同时，这种现象极少稳定不变，例如当谈到习惯问题时，我们通常说，"他在感到尴尬的时候，习惯于咬紧下巴"，但是这种习惯很容易发生改变。此外，单纯的生理特征有许多不同的表现（例如脸红、发抖、大笑、[32]哭泣、结巴等），最后，很少有人希望向他人公开展现自己的想法，因此，人们很难从符号学角度对他人的身体表征进行整合分析。不过，他们仍然在努力这样做，而且这种努力不是晚近的事情，千百年来都是如此。人们的身体表征世代相传，与此同时又在不断调整变化，时至今日已经很难识别。从本质上讲，欺骗他人的愿望也有自身的先天局限，当人们的语言出错的时候，就通常会出现言行不一致的局面。例如，当你听某人说道："她蹲下了。"与此同时，他的手却向上指往站起来的方向。这种情况下，他的语言是错误的，而手势却是正确的。说话者不得不将精力聚焦于自己的语言，而他的手却在潜意识的作用下出卖了自己。

　　关于这种现象，有一起非常典型的杀害儿童案件。一个女孩说道，她在无人帮助的情况下生下了一个孩子，她为孩子洗净了身体，并把孩子放在床上。她注意到，床单一角盖在了孩子的脸上，并认为这可能会妨碍孩子的呼吸。但是此时她昏厥了，没有能够帮孩子把床单拿开，最终孩子窒息死亡了。在她哭泣着讲述整个过程的同时，她展开左手的手指，按在自己的大腿上，就仿佛她将某些柔软的物品，例如床单的一角，盖在了孩子的脸上，然后再按压一下。这个动作非常明显，让人不得不想到，她是否就是这样捂死了自己的孩子。最终，她抽泣着承认了这起事实。

在类似的另一起案件中，一名男子信誓旦旦地说，他与他的邻居相处十分愉快，与此同时却攥紧了拳头。这种行为表现表明，他并非像他说的那样与他的邻居和平相处。

当然，需要指出的是，当我们对肢体语言的观察面临困难时，如果赋予此类肢体语言过多的价值承载，就将严重影响最终信念的确定性。获取证言和开展观察都并非易事，观察肢体语言也有很大的难度。因此，我们很容易错误地将无关的或者习惯性的肢体语言视为重要表征，或者轻信自己能够观察到比预期更多的信息，或者在开展观察时表现得过于明显，以至于证人立即收敛自己的肢体语言。简言之，这项工作的难度很大，但是一旦克服这些困难，就将取得预期的成效。

需要强调的是，我们要尽量从日常生活中的简单案件入手开展研究，不要一开始就着眼于谋杀和抢劫等重大案件，这样就不会犯重大的错误，同时，在简单案件中开展观察也会更容易一些。肢体语言是定型的习惯，人人概莫能外，并且通常具有非同寻常的意义。我们可以观察一个正在打电话的人，他空着的另外一只手正在做着手势。他使劲攥着拳头，一个接一个地伸出手指，仿佛正在计算着什么；他跺着脚，仿佛很生气的样子；他将手指放在头上，仿佛并不理解对方的话，这些肢体语言显示出，他的交谈对象仿佛此刻站在他的面前。这种根深蒂固的肢体语言，始终如影随形地伴随着我们。即便在我们说谎的时候，肢体语言也不会消失；如果一个人在说谎时，还有意无意地思考着真相，那么可以想象，与那些临时所说的谎言相比，有意说谎的想法会对说谎者的肢体语言产生更大的影响。这一问题的关键是心理影响的强度，因为每个肢体语言都是心理反应的产物，但只有那些强有力的心理反应才会形成肢体语言。在赫伯特·斯宾塞看来，[33]任何超出一定强度的心理反应，都通常会表现为肢体行为，这是一项重要的规则。这一论断对于我们而言非常重要，因为我们在实践中很少涉及那些轻微、浮于表面的情感反应。在许多案件中，当事人的情感反应都"超出了特定的强度"，所以我们能够观察到体现为肢体语言形式的身体表征。

老派的英国医生查尔斯·贝尔审慎地指出，[34]我们所谓的外在情感表征，只不过是身体结构或者身体状态主导下的无意识活动的附随现象而已。随后，达尔文和他的朋友们将之概括为所有肢体语言的真正动因。例如，听到令人厌恶的事情时就会表现出防卫的姿势，愤怒时就会攥紧拳头；相应地，野生动物会露出牙齿，公牛会低垂头部等。随着时代的发展，各种类型的行为开始变得令人难以理解，只有经过长期实践才能理解相应的含义。同时，这种行为表现因人而异，因此很难令人理解。这种差异化现象随着时代发展而保持相对稳定，最终凝结为特定的行为模式，这一点已经众所周知。当搬运工、杂技演员或者击剑运动员锻炼自己的肌肉时，那些最能反映心理状态的身体组成部分，例如脸部和手部，相应部位的肌肉也会随着固定的表情或者运动模式而形成定型。相应地，当我们谈到粗糙的、野蛮的、激情的或者温和的面孔，以及正常的、紧张的或者情感化的双手时，就会观察到特定的身体姿态。这也促使人们开始对这些现象进行科学解读，随后又误入歧途，形成了龙勃罗梭的"罪犯标记"理论，这个草率提出的理论仅仅建立在粗糙、简单和缺乏研究的素材基础之上。所谓的罪犯标记理论，并没有什么理论创新，并不是龙勃罗梭的发明。根据康德在《人类学》一书中顺便作出的评论，最早试图对这些古老现象进行科学解释的人是德国人弗里德里希，[35] 他曾经明确指出，特定的身体病理现象可能与一些精神变态同步存在。这一现象已经在许多类型的案件中得到明确的体现。例如，纵火犯罪的行为人往往存在性行为异常问题，投毒犯罪也往往是变态性冲动所致，溺亡是过度饮酒的结果等。现代精神病理学对这些奇特现象缺乏深入理解，当前提到类似的事情时，也无法作出合理解释。不过，有些现象之间存在紧密关联，而且通过精细的观察，就能够发现更多的现象，这一点有待进一步研究。[36] 如果我们通常看到的都是日常生活中的现象，并且熟知这一事实，即每个人都能一眼看出老练的猎人、退休的警察、演员、贵妇，那么，我们实际上还可以更进一步：那些更加专业的观察者能够认出商人、官员、屠夫、鞋匠、流浪汉、极客、性变态者等。这意味着一条重要的法则：如果我们能够准确识别那些以原初形态显现的事物，那么，即便事物展现为更加微妙的形态，我们也能够予以准确识别。特定的事物是否展现为原初形态，并没有截然区分的界限。这取决于观察者的技能、特定事物的性质以及观察工具的优劣，因此，没有人能够确定观察能力的可能性边界。关于可以识别的各类事物，我们所能提出的所有问题都必须立足相应的前提，而且每个普通人都是基于自身经验开展日常活动。当某人提到愚蠢和智慧的面孔时，他是一个面相学家；当他看到宽阔智慧和窄小的前额时，他是一个头盖学者；当他观察到恐惧和喜悦的表情时，就体会到模仿的方法；当他对比漂亮优雅和肥胖粗鄙的双手时，就会认同手相学的效用；当他发现一种笔迹工整流畅，而另一种矫揉造作、令人生厌，就在运用笔迹学的基本原理，所有此类观察和推理都是无法质疑的，而且没有人能够确定它们的可行性边界。

因此，我们唯一所能做的事就是摒弃那些缺乏根据、未经证实的断言。不过，我们也应当认识到，那些影响深远的论述仍然缺乏证实，为了对其进行验证，我们应当开展更加精确和审慎的观察，获取更加丰富的资料，并且使用更加优良的工具。

例如，当赫伯特·斯宾塞提到说话"音质"在情感状态中的重要性时，他的观察结论非常独到，产生了一系列丰硕的、得到核实确证的研究成果。此前从未有人考虑这一因素，也未曾考虑到从这个简单的因素中得出任何重要的成果。达尔文对此有深刻的认识，并基于自身考量加以运用。[37] 他指出，当某人正在抱怨不公待遇，或者正在遭遇不公，就通常会提高说话音量；沉重的叹息或者高亢刺耳的尖叫，意味着正在遭受极度痛苦。我们法律人经常会观察到类似的情形。但凡我们有类似的经历，就能够立即从陌生人的说话音量中判断其实际意图。例如，当犯罪嫌疑人被带到法庭，却不知道具体缘由时，就往往会使用疑问的口气，同时又语焉不详。当人被严重致伤时，声音就会沙哑而紧促。当那些无事生非的人说别人的坏话，而又对所讲的话半信半疑时，他们窃窃私语的语气就暴露了内心的真实想法。大量案件早已表明，当犯罪嫌疑人否认犯罪事实时，他们的声音会体现出许多类似的心理征象；在神经刺激的影响下，他们的嘴部会有标志性的闭合动作，并且伴有反射性的吞咽倾向。此外，这种心理还会导致心脏紊乱，引起血压异常和心悸，进而在右侧动脉（在右侧颈部中间耳朵下方约手掌宽度的位置）形成明显可见的悸动反应。左侧动脉之所以没有悸动反应，可能是由于右侧动脉与主动脉的关联更为紧密。所有此类因素汇总在一起，导致犯罪嫌疑人出现语气加重、轻微颤动、冰冷僵硬的音调，这在犯罪嫌疑人否认犯罪事实的案件中经常出现。这种现象很少能够欺骗侦查专家。

然而，这些多样化的音质也给刑事学家带来了不容低估的风险。一旦刑事学家深入研究人的音质问题，就可能轻易形成先入为主之见，即便他曾经在成百上千的案件中作出准确识别，仍然可能会出现失误，进而对其视为"极其典型"的声音作出错误的判断。有人认为，音质可能带有欺骗性，或者说声音是可以模仿的，我不赞同这种观点。有人经常试图改变自己的声音，但是这样做需要集中全部精力，而且只能持续极短时间。在他谈到某个事情的瞬间，他需要关注谈话的内容，此时，他的声音会不自觉地回到自然的音调，谈话者音质的这种变化，将会直接暴露声音的伪装。我们可以认为，有效地模仿声音是一件很难做到的事情。

需要指出的是，早期的错误观察和不当推论，在当前会有新的表现形式，并且很容易产生误导作用。如果将之作为对事实的佐证，对声音的判断可能会有较大的价值；但是，如果仅仅关注声音自身，这一事物仍然缺乏研究，其价值仍然尚待确证。

不过，还有另外一类事物，与声音和姿势的表现方式截然相反。拉萨路斯注意到，击剑比赛的看客们情不自禁地模仿击剑者的行为，如果他们手上碰巧拿着可以摇晃的物体，就会模仿击剑者的姿势晃来晃去。斯特里克[38]在旁观操练或者行军的士兵时，也对从众型行为得出了类似的观察结论。许多日常生活中的现象，例如与身旁的路人保持相同步伐；像投掷运动员一样，将铅球抛掷出去后仍然扭转身体试图调整铅球的飞行轨迹；跟随音乐的节拍，伴随马车碾压鹅卵石的韵律；当人们热烈地交谈时，保持适当的身体姿势，都是类似的情形。同理，当人们表示赞同时会点头，表示反对时会摇头，表示无所谓时会耸肩。当人们进行口头表达时，自然会流露相应的表情，无须借助身体姿势的辅助，但身体姿势往往会自然而然地表现出来。

另一方面，人的声音也会受到表情和姿势的影响。如果我们保持特定的表情，或者表现出非常兴奋的身体姿势，我们就会发现，自身将或多或少受到情绪的影响。这是莫兹利提出的论断，其真理性不言而喻，并且在日常生活中屡试不爽。该论断也是设身处地型思维方式的有效确证。试想，一个非常愤怒的人通常会是这样的姿态：紧皱的眉头、攥紧的拳头、紧咬的牙关、嘶哑的声音，你不妨模仿一下。此时，虽然你与世无争、心态平和，也会变成非常愤怒的样子，尽管这种模仿只能持续很短时间。通过形象地模仿身体姿态的变化，你可以设身处地想象任何可以设想的心理状态，以及相应的外部情感表现。我们每个人都有这样的经历：犯罪嫌疑人经常表现出激动的表情，以至于他们的情感看起来非常可信；诸如此类的例子很多，例如无辜的犯罪嫌疑人、深陷困境的人或者被亲信仆人弄到破产的主人，都会表现出愤怒的表情。在刑事法庭上，诸如此类的表情每天都会上演，这些情感表达是如此真挚，以至于经验丰富的法官也信以为真，认为这种表情是无法模仿的，因为模仿的难度太大并且难以保持。但实际上，这种情感表达并非十分困难，而且谈不上任何技能；任何人想要表现愤怒的表情，都必须作出适当的姿态（这根本不需要艺术才能），而当他作出相应姿态时，这种情感内在的要求又会促使其表现出其他适当的姿势，这些因素会对声音产生影响。因此，无须任何哑剧技能，整个表演就会自然形成，毫无违和感并且令人信服。需要引起警惕的不是语言本身，而是语言和姿势的互动影响，在许多案件中，这种影响都是可以通过观察予以识别的，尽管人们最终往往相信自己的主观判断。如果人们要想维持微妙的心理平衡，就可能会发展成为疑病患者。对于笔迹以及文字内容，也可以适用与身体姿势一样的分析方式；这些因素也会对声音与行为表现产生类似的影响，因此，无论语言、行为还是写作、思想，在本质上并没有什么差异。只要你曾经写过普通信件，就自然会认同这一事实。

尽管这种激动的姿态很容易予以观察识别，但观察行为必须同步进行。如果证人最初表现得并不自然，随后在语言激励下表现出更加自然的姿态，那些虚假失真的表现就将无法识别。但是，最初的情况是无法伪装的；如果他的姿态实际上缺乏专业技能，那么在最初阶段，他的内心想法而非虚假表现就是可以识别的；人的姿态比语言更加具有表现力，因此并不难以识别。只要观察到上述情形，就需要审查语言和姿态之间是否具有内在的一致性，因为对前面提到的许多人来说，言行缺乏一致性是一种习惯性表现。对于那些言行有些夸张，身体姿势丰富的人而言，情况尤为如此。不过，如果语言和姿势逐渐互相吻合，尤其是经历一段相当生动的表现之后，你就要认识到，这个人已经熟练地进入表演状态，或者识别他究竟想要表达什么意图。除了认真观察这一现象的重要性之外，这种观察虽然比较费力，但却会有很大的收获。

与这些现象存在紧密关联的因素就是脸色变化，不幸的是，后者经常被赋予过高的重要性。[39] 容貌失色非常少见，并且很少引起怀疑，因此，并未得到足够的关注。人们在谈到模仿问题（特别是癫痫情形）时，通常认为容貌失色无法被模仿，但实际情况并非如此，因为基于特定的生理过程，可能人为地导致脸色苍白的效果。例如，人的胸部猛烈收缩，声门关闭，呼吸器官的肌肉随之收缩。不过，这个问题没有多大的实践价值，一方面，这种把戏通常要耗费很多气力，另一方面，这种做法在法庭上没有任何实际用处，因此，很难想象哪个人会刻意展现苍白的脸色。实践中有人可能模仿癫痫，但由于这种模仿需要人突然摔倒在地，因此，通常也没有人做这种把戏。

众所周知，要想变得脸色苍白，需要收缩静脉附近的肌肉，通过血管变窄来限制血液流量。不过，只有当人处于极端愤怒、恐惧、痛苦、害怕、疯狂的状态时，才会发生这种静脉肌肉收缩；简言之，人们通常没有理由模仿这种心理状态。脸色变白无助于分辨人的心理状态，因为当人担心被揭穿真相或者遭到无端怀疑而愤怒时，都可能会脸色变白。

关于脸色变红，情况也是如此。[40] 这一现象涉及一系列短暂性的神经损伤，由此形成小动脉的阻隔，进而导致血管肌纤维放松，增加血液流量。一些人可能刻意制造脸红的状态。此种情况下，人的胸部完全扩张，声门关闭，呼吸器官的肌肉收紧。但是，这一事实仍然对我们没有特殊的价值，因为模仿脸红至多是当女子试图显得谦虚得体时才有用处。即便是这种特殊情形，模仿脸红也没有多大帮助，因为此举需要耗费很多精力，以至于很容易被发现。此外，通过其他手段也可以变得脸红，例如吸入某些化学物品，但不是所有人都愿意在法庭上做这样的尝试。

至于有罪还是无辜，脸红本身并不是证据，很多人并不是因为有负罪感而变得脸红。对此，最有启发性的当属自我观察，也就是说，当事人回想起自己脸红的理由时，能够更好地评价这一现象的价值。我本人从孩童时起，一直到学生时代结束后很长时间，就属于那种无缘无故脸红的人；我只要听到一些令人羞愧的行为，例如盗窃、抢劫、杀人等，就会变得满脸通红，以至于旁边的人可能认为我就是罪犯。自从我年幼时起，在我的老家有一位老妇人，她因为倾慕我的祖父而始终单身。在我看来，她是一位非常有诗意的人，但人们提到她的长相非常丑陋时，我站在她的立场上，认为她并不十分难看。大家都嘲笑我的品位，从那以后，只要人们提到这位夫人或者她所居住的街道，甚至仅仅提到她的皮衣（她过去经常喜欢穿昂贵的皮衣），我就会满脸通红。她的年龄实际上已经很大了。现在，我所经历的尴尬情形，经常也会发生在其他人身上；令人难以置信的是，脸红仍然经常被视为富有价值的证据。不过同时，在一些案件中，脸红也可能具有重要的价值。

尽管我们对影响神经纤维的内在过程所知甚少，但这一事项本身是非常有趣的。脸红是人类的普遍生理现象，无论是野蛮人还是我们，它的发生原理和过程都是相同的。[41] 无论是受教育者还是文盲群体，都会存在脸红的现象。有人认为，脸红通常发生在受教育者身上，农民很少发生脸红现象，我过去也曾这样认为，但实际情况并非如此。劳动人民，尤其是那些常年在户外劳动的群体，通常有较多的色素沉积和更深的肤色，因此，他们的脸红现象显得并不明显。不过，与其他群体一样，他们在特定情形下也会脸红。基于同样的原因，有人认为吉卜赛人从不脸红，当然，对于那些缺乏羞耻感和尊荣感的群体，脸红可能很少发生。不过，只要你曾经与吉卜赛人打过交道，就会知道他们也会脸红。

考虑到脸红与年龄之间的关联，达尔文指出，孩提时代很少知道脸红的事。与老年人相比，年轻人更加容易脸红；与男人相比，女人更容易脸红。笨蛋很少脸红，盲人和遗传性白化病患者很容易脸红。脸红的生理过程，如同达尔文所讲的那样，是非常特殊的。在脸红现象出现之前，首先是眼皮快速收缩，仿佛是为了阻止血液进入眼睛。随后，多数情况下眼睛会随即低垂，即便脸红的原因是愤怒或者懊恼；最后，脸红现象通常是不规则地出现，先有几处红点，最后覆盖整个面部。如果你试图避免证人脸红，就需要在最初采取措施，在证人眼睛开始转动时不要给予关注，不要盯着他看，而是直接谈论有关问题。这种做法是可取的，因为许多人都深受脸红现象的困扰，甚至因此而变得语无伦次。脸红和心理困扰的原因并不复杂：脸红本身就是心理困扰的原因。只要你有脸红的习惯，并有因此而遭遇心理困扰的经历，就无疑会赞同这一论断。我从来不敢确信脸红时所做的陈述。弗里德里希注意到，与那些经常出席法庭的人相比，初次接触法庭审判程序的人更加容易脸红失色，因此，这种陌生的场景也容易导致心理困扰。迈内特[42]就此指出："脸红通常是一系列神经关联过程的结果，即同期活跃的神经要素完全饱和，妨碍了心理过程的有序运动，同时，大脑同期活动的简化也决定了关联功能的范围。"具体到当前讨论的主题，这一定义是很有说服性的。设想某人被指控实施了犯罪行为，并初次在法庭上面对指控，法官在当庭出示证据的基础上，非常专业地构建有罪的证明体系。即便被告人是无辜者，我们也可以想象他头脑中活跃的思想活动。这一事实对他而言是完全陌生的，他必须要开展想象；当指控方出示的任何关联证据（例如，被告人案发时出现在犯罪现场，与案件结果有利害关系，是现场物品的所有人等）进入他的头脑中时，他就必须清醒地认识这种证据关联，与此同时，还要快速思考各种无罪辩解理由，例如自己有案发时不在犯罪现场的证明，不是现场物品的所有人等。随后，他要思考控诉方认定犯罪嫌疑的特定理由，在某种程度上将之具体化并评估内在风险，并针对各个理由提出独立的无罪辩解。此处，我们可以发现大量的思维线索，这些思维线索同时运转并相互交织。如果此时，控诉方提出一个特别有力的证据材料，被告人认识到自身面临的风险，并因为害怕而变得脸红，法官就会认为："现在，我终于找到了罪犯，因为他脸红了！让我们快点继续，加快审判进程，把那些含糊其辞的回答写进案卷之中！"如果随后被告人推翻此前的供述，主张他因被栽赃陷害才做出认罪供述，谁又会相信他呢？

因为你脸红，所以你说谎，你就是罪犯！这种理念造成了许多罪恶，既包括责罚幼小的孩童，也包括从凶恶的窃贼处获取认罪供述。

最后不应忽视的是，在一些案件中，脸红与心理过程没有任何关联。路德维希·迈耶[43]称之为"虚假脸红"（实际上是物理因素导致的脸红），并列举了相应情形，例如容易过敏的妇女可能因为极小的摩擦而导致脸红，包括脸部接触枕头，用手摩擦脸部等，这种脸红与通常的脸红根本无法区分。我们容易想象这种场景，那些容易过敏的妇女可能在法庭上面临指控，她们用手盖住自己的脸部并因此变得脸红，而其他人并不知道她们是因为过敏而脸红。随后，人们可能据此认为整个犯罪事实简直"显而易见"。

第 12 节　品性的一般征象

弗里德里希·格斯特克尔在一次心情极佳的时候谈到，一个男人的品性好坏，取决于他佩戴帽子的方式。如果他垂直佩戴帽子，就是一个诚实、学究气而又无聊的人。如果他略微侧戴帽子，就是一个品性极佳并且极有趣的人，非常聪明而又令人愉快。如果他歪戴着帽子，就意味着他是一个举止轻浮、专横跋扈的人。如果他把帽子戴在脑后，就意味着他是一个目光短浅、性情温和、自负、耽于声色而又铺张浪费的人。帽子戴得越靠后，这个人的处境就越危险。如果他用帽子覆盖住太阳穴位置，就意味着他是郁郁寡欢、状态不佳的人。这是一位具有丰富阅历和经验的作家，我初次阅读他的上述论断时，已经是多年之前了。我无数次地慨叹，他的论断是多么正确，同时也注意到，还有许多类似的品性标志，和佩戴帽子的方式一样具有启发性。实践中有许多类似的品性迹象：有人试图观察他人穿着和选择鞋子的方式；有人试图分析他人手持雨伞的姿势；心细的母亲告诉她的儿子，新娘应当如何对待躺在地上的新郎，以及如何食用奶酪——奢侈的新娘会厚厚地切掉奶酪的硬壳，而吝啬的新娘则会吃掉硬壳，适当的做法是尽量薄地切掉硬壳。许多人都会对家庭、旅馆客人和城市居民进行评判，他们的评判并不是随意进行的，而是主要观察厕所的舒适度和清洁度。

拉扎勒斯想到了虔诚的冯·施密特的箴言，其中提到一个聪明的男孩，他躺在树下观察路人的状态。他说道："这是多好的木料呀！""早安，木匠。""这是多好的树皮呀！""早安，皮匠。""这是多好的树枝呀！""早安，漆匠。"这个重要的故事告诉我们，只要进行哪怕一丁点观察，都很容易发现那些原本隐而不见的事物。这个故事用简明扼要的语言表明，唯我主义让每个人在多数情况下仅仅观察到那些自我认为更加重要的事物。此外，人们通常渴求他人深入观察他们的内心世界，我们只需张开双眼——观察和解释是如此简单的事情！我们每个人几乎每天都会经历极有启发的事情；例如透过我的书房窗户，我可以看到一个美丽的花园，那里正在建造一座房屋；当木匠晚上离开时，他们在入口处放了两块石头，并把一块木板交叉放在上面。随后，一群孩童每天晚上都会将那里当成游乐场。这些孩子越过障碍物的方式，促使我观察他们的个人品性。一个孩子奔跑速度很快，很容易跳了过去，这意味着他能够在人生中快速进步。另一个孩子小心地走过去，慢慢地爬上木板，随后谨慎地翻过去，这是一个谨慎、善于思考和靠谱的孩子。第三个孩子爬上去，又跳了过去，这是一个毫无目的、率性而为、缺乏思考的孩子。第四个孩子活泼地跑到障碍物边，停下来，然后直接从底下爬了过去，这个做法十分难看，但却完成了任务。第五个孩子过来了，他跳了起来，但跳得太低，跌倒在地；他站起来后，擦擦膝盖，往后退了几步，再次奔跑起来，然后一跃而过，他将度过一个精彩的人生，因为他无所畏惧，敢于坚持，不会退却。第六个孩子飞跑过来，一脚踏在木板上，木板和石头都跌落在地，但是他骄傲地跨过障碍物，随后过来的孩子们一拥而过，他是人生中的探路者，伟大的人物就是这样产生的。

当然，所有这些分析都只是一个游戏，我们不能仅仅通过此类观察，就对自身从事的重要工作得出所谓的结论。不过，如果很好地开展观察，将大量观察素材统合起来，并从适当的案例中得出适当的类比推论，此类观察也具有重要的佐证价值。同时，这种立足于日常生活的观察技能，很容易加以培养完善；如果观察活动得以有效进行，加以准确的理解，并得出适当的推论，就很容易得出相应的观察结论，并将之储存在记忆之中，在适当的时候得以灵活运用。但是，它们仅仅具有参考价值，只是意味着："那个案例可能与今天的案件大致相同。"这在实践中大有用武之地；据此可以形成审查判断证据的基本视角，尽管不能决定证明或者特定证据的采用，但是却显示出接受证据的一种方式，当然也可能是错误的方式。如果审慎沿着这种思路推进，发现特定的案例是错误的，就可以调取记忆中的其他案例，并沿着可能正确的思路前进。

这种方法最大的价值就在于了解各类人群的基本特征，当然，普通人并不需要像刑事学家那样专业。对于我们多数人来说，我们所面对的人仅仅是"涉嫌X犯罪的A"。不过，这个人远远不是这样一个简单的符号，他在成为"涉嫌X犯罪的A"之前，实际上是一个复杂的个体。因此，法官所犯的最大的错误，也是最常见的错误，就是未能与被告人就其犯罪之前的人生进行必要的交流。难道大家不知道，每个行为都是行为人内在品性的结果？难道大家不知道，行为与品性是一对内在关联的概念，仅仅通过行为本身并不能推导出人的品性？"犯罪是罪犯的身心基础和外部环境因素共同作用的产物。"（李斯特）只有一并考虑行为人的内在品性，才能理解特定的行为，换言之，人的品性是其行为的先决条件，基于其他的品性，无法理解和认识特定人员的行为。然而，如果不理解一个人的世界观，如何知晓他的品性？谁又会与罪犯交流他们的世界观？希佩尔[44]指出："如果你想了解一个人，就必须根据他们的愿望做出评断。"斯特鲁夫[45]认为："人的信仰揭示着他的目的。"然而，又有谁会询问罪犯的愿望和信仰呢？

如果我们认为上述论断是准确的，就会达成以下确信：只有当我们与罪犯进行交流，不仅关注其被指控的犯罪行为，而且探寻他内心世界的实际状态，才能对他的品性形成大致确定和可信的认识。因此，通过了解他的一般想法和特定社会关系，我们能够尽可能准确地认识他的品性。

对于重要的证人，我们也应当遵循相同的理念，特别是当案件取决于证人的判断、体验、感觉和思维模式，并且通过其他方法无法查明这些事情时，情况更是如此。当然，这种分析通常耗费精力，并且可能没有结果，但另一方面，由于尽可能地穷尽了可以调查的事项，我们也就无须再有怀疑，进而达成一种确定性。我们不能忽视叔本华的名言："我们通过自身的所作所为认识我们自己。"要想认识那些对我们非常重要的人，没有什么比了解他们的行为更为简便，即便仅仅通过简单对话了解他当下和此前的所作所为，也是很有裨益的。截至目前，我们只是在重大案件中开展这种调查，例如谋杀案件或者重大政治案件，以及涉外案件；我们很少关注内在的行为，这种看似细微的行为通常具有重要的意义。假定我们让某人谈论其他人，无论谈论对象是谁，首先必须要了解对方。他可能会评判他们的行为，赞扬或者批评他们，并且认为他在谈论别人的同时实际上也在谈论自己，因为在评判他人过程中，他也在试图肯定和抬高自己；对于赞同的事，他也会这样做，对于批评的事，他就会予以杜绝；至少，他希望人们认为，他会择其善者而从之，择其不善者而改之。当他对朋友们不满时，就会摒弃此前他与朋友们的共同志趣。然后，他会批评他们的所作所为，并将之归咎于他们的罪恶本性；不过，如果你进一步了解就会发现，他并没有从上述罪恶行为中获益，因此对此类行为持反对态度。同时，他没有办法压抑自己的希望和需求。概言之，只要认识到这一事实，认识到他的动机，对与犯罪相关的事实作出判断就不再是一件难事。那些肤浅的行为表象并不能让我们感到兴奋，只有那些有实际价值的行为才值得关注。只要有足够的动力，我们实现预期目标的能力丝毫不容低估。在许多刑事案件中，我们都会感叹投入的巨大精力。如果我们知道，在犯罪背后存在着有价值的行为，就不再会对投入的精力感到惊异。犯罪与罪犯的关联是确定不移的，因为我们已经发现了罪犯的行为。这些行为也是人的快乐的归属；每个人，除非已经完全耗尽精力，否则都会追求某种形式的快乐。人的本性不是成为一台机器，而是追求释然和快乐。

这里的快乐一词，指的是其最宽泛的含义，有人坐在火炉边或者树荫下就会感到快乐，而其他人只有当调整工作时才会感到快乐。如果我们知道一个人对哪些事物感到快乐，就不难了解这个人的品性；与快乐相比，没有其他事物能够更加清晰地展现人的意愿、能力、奋斗、知识、体会和感受。有些情况下，正是人对快乐的追求，使其来到法庭接受审判；当他抵制快乐或者陷入快乐之中，他就显露出自己的品性。著名作家托马斯·凯普斯在其著作《模仿基督》（这是除《圣经》外世界上最畅销的一本书）一书中指出："面对困境并不会改变人的行为，相反，只是显露人的本性。"这句话对刑事学家来说是至理名言。机会或者说尝试的可能性，是每个人经常会遇到的事情，这也是人们面临的最大的危险；鉴此，极富智慧的《圣经》将之称为魔鬼撒旦。人们面对既有的或者潜在的机会时所表现的行为，能够全面彻底地显示出他的品性。不过，我们很少有机会观察他人面对机会时的行为表现，而是通常要分析面对机会后的行为结果。即便如此，我们不仅要了解相关情况，还要确切地知晓相关细节，我们的职责就是研究人们对快乐的感受，知晓人们面对机会时究竟如何作出反应。

除此之外，你还可以通过其他因素来观察和评判他人。其中最为重要的一点，就是尽可能地认识你自己，准确的自我认知能够促使你不再盲目相信他人；只有你对他人保持合理的怀疑，才能从根本上避免认识错误。从怀疑他人到接受美好事物的转变并不困难，即便在一些案件中，对他人的怀疑有确切的根据，而对同辈心存善意的假定却面临强烈质疑。不过，如果我们真切地感受美好的事物，就会对其感到确信，并由此感受到快乐。但反之并不亦然，如果某人过于轻易地假定每次都能遇到美好事物，即便他曾经为此屡遭欺骗，仍然可能再次遭遇欺骗。关于自我认知所导致的怀疑心态，我们不想再做过多阐述，但要记住，这是一个基本事实。

人们兑现自己承诺的方式，是评断品性的基本标尺。这里并不是指是否遵守承诺，因为众所周知，诚实的人信守承诺，而骗子并不遵守承诺。我想强调的是遵守承诺的方式以及履行承诺的程度。福柯[46]郑重指出："我们基于期望作出承诺，并且基于恐惧履行承诺。"在实际案件中，通过对承诺、期望、履行和恐惧进行比较，就会得出重要的启示，这在复杂案件中表现得尤为明显。

只要情况允许，在大多数案件中，我们都应当关注人的格调——这也是他心灵的特质。关于人的格调包含哪些要素，很难用确切的方式予以表达。我们在研究和评估人的格调时，应当考虑其与特定品质之间的兼容度。众所周知，教育、成长环境和智商都与人的格调紧密相关，同时需要指出的是，通过考察具体品性，例如温和还是刚强、和善还是残酷、果敢还是软弱、正直还是粗心等，也能够体现人的格调。通常情况下，通过熟悉一些常规的品性特征，并且在阅读该人的书写材料之后扪心自问，这些品性特征是否与笔迹形态以及写作构思之中体现的个人倾向以及社会关系相互吻合，就能够对人的格调作出评判。单纯一次阅读可能并不足够，但是如果你反复进行阅读，并且接触新的材料，特别是经常与作者进行接触或者了解到与其相关的新的事实，就必然能够得出一个确定的、有价值的分析结论。随后，你就能得出一种顿悟式的印象，感觉有了更深入的认识，能够从书写材料之中体察到人的品性特征；一旦进入这种状态，你就已经渐入佳境。反复的阅读能够促使你形成更加清晰和深刻的认识；随后你就会发现，究竟是书写材料的哪些内容或者笔画促使你形成这种印象，通过对这些内容进行归类，就能发现其他潜在的信息，在此基础上，你就能发现进一步深入分析的切入点，尽管这些都不是显而易见的，但与其他因素组合起来，就能体现出佐证价值。

有些看似无关紧要的特征和习惯，实际上是非常重要的。这方面可以讨论的内容很多，此处仅举若干例证，这些范例足以表明人的格调的重要性："这个人从不迟到""这个人从不忘事""这个人总是带着一支铅笔或者小刀""这个人总是喷洒香水""这个人总是身穿干净、得体的衣服"等。毫无疑问，只要你经过最基本的训练，就能够归纳有关他人整个内心世界的品性特征。从普通人特别是年长农民那里，你就能够学到这些观察技能。许多年前，我遇到一起案件，涉及一个失踪人口。大家认为，那个失踪的男子已经遇害。经过了大量调查，仍然一无所获，最后，我询问了一位年老而又很有智慧的农民，他对那名失踪男子非常熟悉。我让这名证人准确地描述他的朋友的品性，以便可以从中推断他的性格、习惯等，我想从中推断他的个人倾向，进而判断他可能所处的位置。这个年长农民介绍了失踪人员的所有事情，并解释道，他从未拥有过一把像样的工具。这是一个非常重要的描述,当那个被怀疑已经遇害的人重新出现,我亲自与他交谈,才充分理解这个描述的价值。他是一个伐木工人,过去只能在高山地区购买小块林地砍伐木材,在砍伐木材之后,或者将木材运下山谷,或者将之烧成木炭。事实上,他从未拥有一件像样的工具,他的雇工也是如此,这些事实决定了他狭隘的世界观,例如,为人吝啬、极其节俭、缺乏善心等,这些品性使得他的雇工疲于劳作,因为工具低劣而效率低下,由此也导致他缺乏购买工具的能力。可见,这个年老而又很有阅历的农民所讲的话,虽然语句不多,但却完全得到了确证。诸如此类的人员,他们讲话很少,但却切中要害,因此必须进行认真分析;为了很好地理解他们所讲内容的含义,必须开展一切必要的调查。

不过,法官需要关注自身的观察结论,并要适当地保留意见。只要你注意观察特定的对象,很快就会发现,几乎所有人都拥有某些与此前所述类似的、看似无关紧要的品性特征。在熟人看来,很容易确定他们的品性归属于哪些特征,当我们把这些观察结论汇总起来,就不难从中概括总结出相应的规则。因此,只要案件需要,并且事关重大,就应当积极地、努力地运用这些有效的规则。

要想评估一个人的自我塑造、自我认知,一个非常简单而又很有成效的指标,就是看他如何使用"我们"一词。哈滕施泰因[47]早已关注这一问题的重要性;沃尔克玛指出:"'我们'一词有很广的指涉范围,既包括处于相同的情感、姿态或者思想状态时碰巧同步的感觉,也包括几乎所有可以指称我们的对象,换言之,'我们'一词突破了'我'的界限,甚至并不排斥最有力的对手;仇恨,如同热爱一样,也主张'我们'的存在。""我们"一词之所以成为独特的存在,在于它是其他或大或小群体的对立面,其中既包括作为个体的"我",也包括余下的整个世界。当我提到"我们"一词时,我仅仅指我的妻子和我自己,我的家庭成员,以及居住在我的街道、我的街区或者我的城市的那些人;我还会提到我们陪审法官、我们奥地利中部人、我们奥地利人、我们德国人、我们欧洲人、我们地球人。我会说我们法律人、我们金色头发的人、我们基督教徒、我们哺乳动物、我们合作者、我们校友会、我们已婚男人、我们陪审制的支持者。当我提到偶然的关联时,例如碰巧在同一辆火车上,在同一座山峰上,在同一间旅馆里,在同一个演唱会上等,我也会提到我们。"我们"一词,可以涵盖从最狭义到最重要、最基本以及最个别、最偶然的所有关联。可以想象的是,"我们"一词也包括一些从事罪恶行为的群体,他们相互之间经常这样互相称谓,由于语言习惯,他们也在一些原本不适宜这样称谓的场合使用"我们"的表述。因此,如果你注意观察，就会听到有些犯罪嫌疑人否认罪行，当他提到并未与同伙实施特定的犯罪行为时，也会脱口而出"我们"一词：我们小偷、我们入室盗窃犯、我们赌徒等。

鉴此，人类作为社会动物，总是试图在不同环境下寻找同伴，当他身处群体之中，当他虚弱无力时处于强大和勇敢的集体之中，就会感到更加安全，这决定了"我们"一词具有相当广泛的应用。没有人认为，仅仅因为某个词汇就把某人认定为犯罪嫌疑人，这些词汇仅仅是为了厘清我们的工作思路。如同其他测谎方法一样，词汇是帮助我们锁定特定人员的索引。

第13节　特殊的品性征象

如果简单地认为，我们可以在大多数案件中研究当事人在特定时间节点所显现的重要品性特征，例如诚实、懒惰等，这种认识无疑是错误的。这很容易导致片面的认识，更加适宜的做法是了解一个人的全貌，将其作为一个整体开展研究。每个个体特征都仅仅是整体属性的一个征象而已，只有置于整体之中才能予以理解，如同好的品性与坏的品性互相依存一样，坏的品性也与好的品性相辅相成。至少可以说，一个好的或者坏的品性的数量与质量，能够显示出所有其他好的或者坏的品性的互动影响。例如仁慈，就受到软弱、犹豫、过于多疑、缺乏敏锐性、欠缺建设性、不善于推理等品性的影响，甚至部分地由这些不好的品性所组成；同样地，最为残忍的冷酷品性，则取决于一些良好的品性，包括决断、活力、有目的的行为、对他人的明确认知、健康的自我观念等。每个人都是天性与教养等诸多个体条件的综合产物，同理，人的每一个表情也都是这些条件的作用结果。因此，如果要想评断某人，就必须综合评断与之相关的所有条件。

基于上述理由，那些能够从总体上显示某人品性的所有因素，对我们来说都是至关重要的；同时，那些仅仅反映某些品性的相关因素，也是非常有价值的。不过，后者通常仅仅被视为分析的索引，除此之外，我们还需要进一步研究特定对象的总体品性。这些个体因素的数量很多，我们很难在这里全部加以规整分析，兹举几例予以说明。

例如，当我们问道：要想了解特定对象的行为活动和个人品性，哪些人会向我们提供最为准确可靠的信息？人们可能会回答说：那些经常被问及这些信息的人，包括他的亲密朋友和伙伴，以及公共当局。但是在这些群体面前，没有人会显露自己的本性，因为即便是最诚实的人，也想在他人面前表现得尽量行为得体，这是人性注重自我的内在属性，人们总会避免减损自己的形象。如果向公共当局了解特定人员的情况，它只能出具一份声明，其中准确地记载着这个人的犯罪记录或者其他违法情况。一旦涉及个人的社会品性，公共当局就无能为力了；他们不得不开展调查，然后由侦探提交一份报告。然后，侦探通常会根据案件需要跟踪并讯问可疑人员，包括仆人、房屋装修工、搬运工和社会闲散人员等。关于我们不能亲自询问这些人员的原因，并不十分清楚；如果我们这样做，我们就可能会认识调查对象，进而可能基于我们想要获得的答案来开展询问。现阶段，官方声明通常只是闲言碎语的包装而已，这种现象非常值得质疑。相比之下，向仆人以及其他底层阶级的人员收集信息，这种做法是值得肯定的。不过，我们应当认识到，这并不仅仅是因为闲言碎语更加容易收集，而是由于人们在那些无关紧要的人员面前更加容易暴露自身的弱点。这一论断众所周知，但却缺乏深入研究。鉴于该问题非常重要，这里有必要加以认真分析：人们在动物前面，无论是做坏事还是实施犯罪行为，都不会感到羞耻；如果将动物替换为傻瓜，羞耻感可能略微上升；如果假定在场证人的智商和重要性逐步增加，现场的羞耻感程度也将随之增加。因此，在场的人对我们来说越重要，我们越会控制自己的言行。

聪慧的彼得·罗塞格尔曾经讲过一个有趣的故事，尽管所有相关人员都保证没有人知悉内部情况，但是当事人的最高机密仍然变得路人皆知。最后发现，泄露秘密的人是一个年老、驼背、安静的妇女，她白天在各个房间里工作，并且经常待在起居室的一个无人注意、毫不相关的角落。没有人告诉她任何秘密，但是大家都在她面前忙碌着，她可以进行猜测并将事件经过整合起来。没有人关注这个漠不关心的老妇人，她像一台机器一样工作。当她看到其他人争吵、焦虑、异议或者高兴的时候，她的思想并没有引起任何人的注意，因此，她观察到大量对其他更加重要的人士保密的事情。这个故事非常发人深省，我们不是刻意要关注闲言碎语，而是要认识到，当某些问题对在场人员来说无关紧要时，这些人员所掌握的信息通常是更加重要也是更加可靠的。我们只需看看自身所处的环境，我们对仆人究竟了解多少呢？我们知道他们的教名，因为需要呼喊他们的名字；我们知道他们的住处，因为可以听到他们的口音；我们知道他们的年龄，因为可以看到他们的长相；我们知道他们的品性，因为需要管理他们。但是，我们是否知道他们的家庭关系、他们的过去、他们的计划和喜怒哀乐呢？对于这些问题，家庭主妇可能知道得略多一些，因为她与仆人之间有许多日常接触，但是男主人只有在特定情形下，遇到与自身无关的事情时，才会了解这些信息。不过，即便是女主人，实际了解的情况也非常有限，这就是日常司法实践的现状。然而另一方面，仆人们对我们又了解多少呢？夫妻关系，子女抚养，经济状况，亲友关系，特殊喜事，每一次高兴，每一次困扰，每一次希望，从最细微的身体病痛到最简单的厕所秘密，他们几乎无所不知。我们有哪些事能对他们保密呢？即便是最私密的事情，他们也都知道；如果他们不知道，也不是因为我们善于隐藏，而是由于他们过于愚蠢。我们注意到，在这些情况下，我们并没有多少可以隐瞒的事情，同时也没有必要这样做。

　　我们之所以容忍下属或者无关人员看到自身的弱点，原因之一就是我们厌恶那些见到自身重大弱点的人。这部分是由于羞耻感，部分是对自身弱点的恼怒，部分是纯粹的自我主义，不过需要指出的是，这种愤怒的感觉通常源于他人目睹了自身弱点的外露。实践表明，被告人越是依赖某个证人，就越不希望这个证人目睹他的行为。那些无关紧要的人通常没有被视为真正的证人，人们往往认为，他们虽然在场，但是并没有看到任何事情；然而一旦水落石出，这些人看到的事情一点也不比别人少，但是，当人们认识到这一事实时，往往为时已晚。对此，我们总能从品读塔西佗的名言中受益，即"同行是冤家"。例如，基于商业竞争关系等事由，搬运工之间互相嫌弃，究其原因，可能在于同行之间知晓对方的弱点，知晓对方如何掩饰自己的无知；人的行为伪饰的程度越高，就越需要通过包装使之看起来郑重其事。然而，如果你知道你的邻人和你一样明智，在你看来，后者就会成为一个碍事的证人，如果你经常这样看待你的邻人，就会对他产生憎恶情绪。因此，你必须始终警惕，同行随时可能提供不利于他人的证据，这种警惕无论如何都不为过。团队精神和嫉妒感会通过各种令人吃惊的方式撕扯着真相，由于所谓的团队精神不过是抽象化的自私感，因此，整个事实图景将会变得更加扭曲。康德[48]提到，自我主义是个体试图推动本我前进，使之成为自我和他人关注的主要对象，这一论断仍有未尽之处。那些仅仅希望得到关注的人，不过徒有自负而已；相比之下，自我主义者，则旨在维护自身利益，甚至不惜以牺牲他人为代价，同时，当他表现出团体精神时，其所追求的也是团体的利益，因为他也在其中占有相应的份额。从这个角度看，在行业内部，行业成员对其同行有许多事情可谈，但在嫉妒感影响下很少予以畅谈，然而，基于案件的性质和证人的品性，很容易促使其改变既有的思维方式。

在多数案件中，当证人主要讲述客观事实，极少掺杂主观判断时，我们能够对此作出适当的评断。换言之，匠人们通常会对一般性问题夸大其词，但是涉及特定对象，嫉妒感就会占据上风。对此，我们很难作出截然的区分，甚至难以作出主观判断。假定 A 了解一些有关同行 B 的信息，同时，谈论的主题涉及 B 的工作成就。如果 A 目前正在与 B 从事相同的工作领域，他就不会过于贬低 B 的工作成绩，否则，他自己的工作也可能遭到低估。相反亦是如此：如果 A 吹嘘本行业的总体绩效，这并不能满足他的虚荣心，因为显而易见，他的竞争者也随之被抬高评价。我们无意选择特定行业列举例证，但是，每一个人都会面对许多同行，从低端行业到高端行业都是如此，每当同行人员之间相互进行评价时，都会发现上述现象并非虚言。需要指出的是，我并未强调这一主张放之四海而皆准，但是，它确实是不容否认的基本规律。

此外，还有一件事情需要重点强调。许多在本行业出类拔萃的人，也希望在其他领域得到同样的认可。众所周知，作为摄政者，当他因非常一般的风笛演奏技能得到表扬时，他会感到开心；作为诗人，当他十分糟糕的书法作品得到膜拜时，他会感到愉悦；作为元帅，他希望听到的不是对战斗胜利的赞扬，而是对他蹩脚演讲的肯定。对于普通阶层的群众，情况也是如此。工匠希望在其他技能领域大放异彩，而"庸人在被同辈视为刺头时，是最开心的时刻"。之所以反复强调这一事实，其重要意义在于，当某人试图讲述自身的知识和能力时，以之为基础得出的推论很可能是错误的。过去的经验表明，这一现象经常导致那些最为诚实的证人诉诸欺骗和说谎。

例如，有的学生可能是课堂上最安静本分的书呆子，但却声称自己是最胆大的运动健将；有的艺术家在童年时期用母亲辛苦挣来的钱勇敢开创事业，但却乐于宣称自己因为年轻时的无所事事而感到内疚；有的老妇人曾经是品性端庄的少女，但却热衷于调侃当年所谓的风流韵事。如果诸如此类的信息对我们非常重要，就必须非常谨慎地进行审查判断。

除了这类试图使自身显得更加有趣的人之外，还有一些宣称一切皆有可能的人，他们经常导致法官误入歧途。当犯罪嫌疑人为了洗脱犯罪嫌疑，随意吹嘘自己的所谓成就（例如去过某地，做过某些大事等），或者针对这些事情的可信度询问证人时，就很容易出现上述情况。有人通过分析这些案件发现，证人一旦认为某些事情不切实际，就会觉得是在贬低自己。他们很容易声誉扫地，将被视为最不堪的行业宣传者或者发明家，人际关系也将严重受损。如果某人正在研究如何支付国债，如何解决社会问题，如何灌溉撒哈拉沙漠，或者努力制造人工驾驶飞艇、永动机或者灵丹妙药，或者对那些意图从事此类活动的人员表示认同，那么，他就是一个认为一切皆有可能的人，目前，这类人的数量非常惊人。通常情况下，他们不会将计划公之于众，由此赢得行事谨慎的称号，但是，他们对待那些不切实际的事物所持的信念，却与其名号背道而驰。如果怀疑某人具有上述倾向，并且所涉事情非常重要，就有必要与其进行交谈，让其畅谈一些项目或者发明。他就会介绍所在行业为此付出的种种努力，我倾向于称之为值得质疑的热忱。通过这种方式，你就会了解其所在的整个行业。这些人可被归入一类群体，他们虽非异想天开，但是跨越了可信与不可信之间的边界，尽管他们非常希望讲述真相，但却因为思想局限而只能展现扭曲的事实。

与这些人不同，还有一类人试图展现自身能力，但却超出了事实的限度。实践中确有这样的人，他们办事高效并且明白事理，在刑事诉讼中恰巧被归入被告人或者证人之列。作为被告人，他们除了如实供述自身的犯罪事实，还将其他罪行揽到自己身上，或者在供述时添油加醋，试图显示自身的能力和自负。例如有的案件，被告人供称自己单独实施了一起犯罪行为，但实际上他是与其他三名同案犯共同作案；又如一起简单的盗窃犯罪，被告人却宣称自己对赃物以及失主采取了特殊手段；此外，被告人可能声称自己的逃跑过程非常惊险，实际上却平淡无奇或者仅是设想而已。同样地，证人也可能会夸大其词，例如努力回应对方的质疑，或者显示自身辨认赃物的能力，或者宣称自己非常明智地辨别出罪犯，但实际上却乏善可陈；证人甚至可能会添油加醋地描述犯罪经过，进而试图展示自己的本事。通过这种方式，即便是那些最基本的事实也可能遭到歪曲。就犯罪嫌疑人群体而言，他们实际上特别难以应付。除了实践中大量隐案和累累罪行之外，他们还因为不公正的指控而变得难以沟通和自我封闭。关于此类人员，本·戴维[49]在百年之前的论述仍然掷地有声："迫害使智者愚笨，使善者冷酷。"那些原本品性良好的人，经过困苦磨炼之后，往往会变成上述模样。实践反复证明，犯罪嫌疑人，特别是那些处于羁押状态的犯罪嫌疑人，往往随着时间推移而性情大变，变得阴郁、粗野、易怒、暴躁，即便面对善待也表现得叛逆和怨恨，有时甚至表现出一种不屈的勇气，拒不作出答辩，始终保持沉默。这种现象值得充分关注，因为我们面对的是一些颇有才能的对象，他们正在遭遇司法不公。无论他们是否无罪，无论他们是否正在遭遇不公，无论他们因何原因而未能得到公正对待，我们都必须回到问题原点，秉承不同的思维方式，无论案件中有哪些不利的证据，都应当始终铭记犯罪嫌疑人无罪的可能性。

这些人的生活方式、行为表现和表达习惯，是外界对其进行评价的主要途径。一旦了解上述信息，他们在法庭上的表现也就了然于胸。个体的品性特征、生活方式和行为模式，都是应当特别关注的重点内容。唯有如此，才能对他们的行为和品性作出合理解释。沃尔克玛曾经指出："我们之所以追求一些事情，仅仅是因为我们曾经拥有过。"这句名言有助于刑事学家理解诸多的司法现象，否则这些现象将始终陷入混沌之中。当我们了解到，罪犯曾经拥有过某些事物，因此而实施犯罪行为，或者因为失去某些事物而竭尽全力予以追回，就会理解盗窃、抢劫、谋杀等犯罪的成因，也会理解嫉妒所致的犯罪和性犯罪等为何发生。问题的核心在于，在失去特定事物与重新获得的意愿之间，大量时间已经流逝。因此，如果重新获得的意愿随着时间推移不断累积，就将爆发出来，进而表现为具体的犯罪行为。此种情况下，除非了解罪犯的过去，否则就无法知晓犯罪行为的内在动机。

在许多案件中，罪犯之所以实施犯罪，看起来是由于其十分残忍，但实际上，犯罪动机仍然是上述逻辑关联。在所有此类案件中，尤其是当现有事实不能显示犯罪嫌疑人是否有罪时，就有必要研究犯罪行为的演化过程。古斯塔夫·斯特鲁夫指出，一些年轻人之所以想当外科医生，是因为他们非常残忍，希望看到人们遭受痛苦，并希望制造痛苦。基于相同的原因，药剂学专业的学生成为刽子手，富有的荷兰人付钱给屠夫，以便亲自体验宰牛的过程。如果你面对的是极其残忍的犯罪，如果不了解罪犯的过往，如何能够确定罪犯的动机和经历呢？

这种思考非常必要，否则我们就可能被那些显而易见的动机所轻易欺骗。诚如克劳斯[50]所言："在许多死刑案件中，都存在两种甚至更多的动机，一种是显性动机，一种是隐性动机，每个罪犯都有促使其实施犯罪的显性动机。"我们都很清楚，盗窃犯经常会为自己的盗窃行为开脱罪责，抢劫犯经常会辩称其在抢劫过程中仅仅是自卫而已，还有一些好色之徒，即便他们的魔爪伸向了儿童，也会宣称是儿童在勾引他。甚至在谋杀案件中，当罪犯供述时，也经常试图做无罪辩解。一个妇女为了与他人结婚而毒死了她的丈夫，但她却谎称杀人原因是死者品性极坏，她的杀人行为不过是为民除害。总体而言，由于当事人通常陷入自欺欺人的状态，程度不同地相信自身描述的真实性，并且相信自己的辩解理由，对此类案件的心理分析面临较多困难。如果一个人相信自己的陈述，就很难证明其陈述的虚假性,因为那些可能据以证明真伪的心理分析并无用武之地。基于这一基本事实,我们需要严格区分那些明目张胆的说谎者以及自欺欺人的说谎者。我们必须要作出这种区分,因为与确信真相的诚实的人相比,自欺欺人的说谎者并不能形成根深蒂固的内心确信。鉴此,那些看似自我确信的说谎者,与那些对自身真正确信无疑的人相比,面对怀疑和反驳时往往更加谨小慎微。同时,那些说谎者并没有真正的良知,就像谚语所说的那样:"道德败坏的人有一对警觉的耳朵。"由于他知道自己心中有愧,因此,他会关注所有的反对意见,作为司法人员,应当关注这一事实,不能对此视而不见。

如果通过这种方法发现,罪犯就犯罪动机向法庭作出似是而非的供述,还可以结合另一指标作出进一步判断,当罪犯谈到他人实施的同类犯罪行为,并且涉及其所提到的犯罪动机时,就可以暴露他的内心想法。常言道,一个人之所以不再做年轻时的傻事,不是因为他老了,而是因为他不能再容忍这些行为;同理,一个人之所以会做坏事,不仅仅是因为他道德败坏,而且是因为他能为其他坏人开脱。当然,被告人为刑法规定的犯罪行为寻求辩解,通常不会基于显而易见的理由,因为没有哪些涉嫌抢劫犯罪的嫌疑人会为抢劫犯唱赞歌,但是,如果犯罪嫌疑人为自身的罪行寻找冠冕堂皇的犯罪动机,他通常会维护那些基于相同动机实施犯罪的其他罪犯。这一点已经反复得到司法实践的证实,据此可以更好地识别那些对犯罪动机说谎的情形。

第14节　身体的品性特征[①]

每当我们谈到,人的内心状况会体现为某些外部表征,与之相关的结论就是,总有一些塑造肢体行为的现象反映出心理状态对外在行为的影响;反过来讲,一些独特的身体特征对心理状态或者其他身心状态也有重要影响。作为第一种情况的典型例证,人们通常会提到一个众所周知的现象,即宗教信徒的表情通常非常女性化。第二种情况的典型例证就是吉尔科维奇[51]提到的现象,性无能者通

[①] ☆本节为"身体的品性特征"主题下的起始章节,后面至第21节都属于该主题下的内容。——编者注

常表现出令人不快的品性特征。反思这些情况，最终都可归结为那句残忍但却真实的名言："注意那个带标记的人。"《圣经》首次关注这些罪恶的标记。当然，没有人会认为，那些存在身体畸形的人确实带有罪恶的品性——这不是巧合，而恰恰是原因。那些缺乏专业训练的人，实际上也是大多数人，通常不会对那些存在身体畸形的不幸者加以关爱和呵护，而是进行嘲讽和虐待。这种倾向不仅体现在大人身上，也体现在孩子身上，孩子们经常惹恼那些身体畸形的玩伴（无论是否公开进行，也无论是否因为考虑不周），也时常让残疾儿童不得不直视自己的身体缺陷。因此，许多案件都涉及早年的遭遇，起初是感到痛苦，然后是嫉妒、冷酷，对幸运者的难言愤怒，对破坏的喜悦，以及所有其他与憎恨类似的情感。伴随时间的推移，所有这些潜藏的痛苦情绪累积起来，由此产生的情感变得更加强烈和持久，最终就会演变成为一个"注定要作恶"的人。与之相关的一个不容否认的事实就是，那些带标记的人通常要比其他人更加聪明和富有教养。这究竟是偶然形成还是必然结果，很难作出定论；但是，由于其中多数人仅仅是由于身体缺陷而被剥夺了所有常人的快乐，并且只能闷头关注自身事务，一旦当他们受够了虐待、嘲讽和哄笑，就可能变得更加善于思考。面临这些情形，他们不得不深入思考，他们比其他人更加注重学习以锤炼智慧，主要是为了在遭到身体攻击时进行自卫。他们经常通过智慧取胜，尽管如此，当他们需要基于尖刻的、带有攻击性和破坏性的智慧进行自卫时，总是难以保持良好的心情和善意。然而，如果残疾人天性并不友善，其他潜在的恶习倾向就会在其心中滋长，如果他无须通过非常手段对说谎、诽谤、密谋、迫害等遭遇进行自卫，就可能不会意识到这些倾向。所有这些将会形成一种复杂的现象几何体，在专家看来，这些现象与每类残疾人都密不可分：聋人的不可信性，盲人的凶狠表情，驼背的那种无法形容因而极其特殊的微笑，凡此种种。

所有这些都已人所共知，人们也对此深信不疑，因此，我们经常发现，残疾人比正常人更加容易被怀疑涉嫌犯罪。如果犯罪行为的实施者并不明确，而罪行本身又显示出罪犯具有极其邪恶的品性，并引起社会的普遍愤慨，那些残疾人就很容易遭到怀疑。此种情况下，一旦残疾人遭到怀疑，就不难找到犯罪嫌疑的根据；嫌疑信息就将滚雪球一样越来越多。随后，在"这就是上帝的声音"这句谚语的影响下，某个不幸的残疾人就可能会陷入犯罪嫌疑的证据漩涡之中，最终简化为他长着红头发或者驼背等事实。此类事件的发生频率令人震惊。[52]

第 15 节　刺激的致因

与这些现象同样重要的是精神刺激的身体表征。这些身体表征能够澄清语言自身无法说明，而又经常予以高估和作出错误解释的心理过程。精神刺激的重要性，取决于以下两个因素：（1）作为犯罪的原因；（2）作为审判阶段识别精神刺激的迹象。

就前者而言，我们没有必要重申，犯罪是因愤怒、嫉妒或者恼怒所致，或者恐惧与害怕经常导致异乎寻常的极端事件，因为这些事实有的众所周知，因而无须赘述，有的则纷繁复杂，以致难以尽数。此处仅仅关注那些在某种程度上较为边缘，以至于可能遭到忽略的心理现象。例如，针对特定对象的愤怒，可能转化为一系列恶意的破坏行为，诸如纵火行为等。每个人，即便是那些并非特别活跃的人，都会记得因某物为自己制造困难或者伤痛而感到极其恼怒的情形，也会记得排除障碍或者将障碍物撕成碎片后的愉悦心情。在我的学生时代，我有一个非常陈旧、厚重的拉丁词典，它镶嵌在木壳之中，覆盖着猪皮的封面。每当我发怒时，这本书就会被摔到地上，如此这般，我的内心压力总会随之得到缓解。我从我伟大的祖父那里继承了"这本书"，它此前并没有遭受过多少伤害。不过，当某个可怜的学徒途经栅栏，唯一的外套被栅栏上的钉子所刮破，进而破坏了这个栅栏，或者当某个年轻的农民发现一条狗追着他吠叫，还试图咬伤他的牛犊，进而杀死了那条狗，我们就会碰到因为诸如此类的恼怒而导致的损害，这些人的所作所为，和我对待我的词典并没有什么两样。[53] 费希尔所著的《还是一个》这部著名的小说，对事物的古怪之处进行了精准的描绘；作者指出，事物经常会呈现内在邪恶的一面，进而对人类产生滋扰。

关于事物的古怪程度，我曾经在一起刑事案件中有切身体会。该案中，一处单独堆放的干草堆被人纵火焚烧。事情的经过是这样的。一个旅行者在行进途中遭遇了恶劣天气，他为了避雨而寻找藏身之处。在大雨到来之前，他终于找到了一个覆盖着坚硬稻草顶盖的干草堆，钻进去后舒服地躺在干草之中，庆幸自己的好运气。他随后进入了梦乡，但很快就醒了过来，他这时发现，自己的衣服和周围的干草都已经湿透了，原来他正上方的干草堆顶部正在漏雨。基于对这种邪恶古怪之事的惊惶愤怒，他纵火点燃了干草堆，使之燃烧殆尽。

需要指出的是，这个人愤怒的动机与其他人并无二致，并且对这起事件的法律属性没有任何影响。尽管这一点毋庸置疑，但我们通常会将犯罪和罪犯作为一个整体进行评判。此种情况下，如果这个整体是人类品性的自然结果，或者说，我们在类似情况下也会实施类似的行为，并且确实没有在行为中发现任何绝对邪恶的事物，该行为的罪质就会显著降低。在一些相对较轻的案件中，现代心理学的基本理念已经清晰可见："罪犯而非犯罪才是惩罚的对象，我们惩罚的是人而不是理念。"（李斯特）

如果案件存在严重刺激的情形，这对判决而言是非常重要的，并且需要极其认真地进行审查，以便确定严重刺激的具体成因。这一点至关重要，因为可以据此判断这种刺激究竟是实际情况，还是虚假表现或者模仿所致。进一步讲，只有当深入了解刺激的成因，才能准确评估刺激的实际意义。假定我让犯罪嫌疑人知道控诉方提出的嫌疑根据，如果他的恼怒程度随着新材料不断出现而明显增加，这种行为表征就显得非常自然和真实；相比之下，如果他面对不甚重要的嫌疑材料而变得异常恼怒，或者面对十分重要的嫌疑材料而作出迟钝反应，这些无法解释的行为表征就显得既不自然也不真实。

关于极度刺激情形下身体表征的基本属性，此前已经开展了许多研究，先前的研究主要是针对动物进行的，因为这种研究相对较为简单，能够尽量避免人为造作，从而更加便于理解，而且总体上看，动物在情感表达方面与人类较为相似。在达尔文看来，许多动物面对焦虑、害怕或者恐惧时，都会不自觉地竖起毛发、羽毛或者身上的刺，从而使自身看起来更加庞大和恐怖。当人们面临上述情形时，竖起毛发的生理反应实际上比通常想象的更为明显。每个人都曾经亲身经历或者看到他人，在面对害怕或者恐惧时明显地竖起毛发。我亲眼在案件中见过这种情形，有个在押的犯罪嫌疑人正在接受调查，尽管他实际上是无辜的，但是当他突然清醒地认识到，自己极有可能被认定为真正的罪犯时，他的头发立即竖了起来。在我看来，当人面对害怕和恐惧时竖起头发的身体表征，尽管很难察觉，但却可以通过人用手从前额抚向头顶的标志性动作体现出来。之所以如此，可能是当头发竖起时，尽管头发根部的表征无法看见，但当事人自身的感觉却非常明显，由此产生头皮部位的刺麻感，进而通过用手抚摸头部的方式予以缓解。因此，这种手部运动就是一种不自觉的缓解恼怒的肢体行为。在审判过程中，如果发现当事人在特定情形下有这种标志性动作，就具有非同寻常的重要意义。由于这一过程无疑是皮肤神经纤维的影响所致，因此，其与因为害怕、恐惧或者焦虑等情绪导致头发突然变白的生理过程相比，必定具有内在的类似性。此类情形在历史上比比皆是。普切特[54]曾经统计过头发突然变白的案例（其中一例就是一个可怜的罪犯被拉着去执行死刑）。这些案例对我们而言没有多大价值，因为即便被告人的头发一夜灰白，这一事实本身并不是表明罪与非罪的证据。只有当证人头发突然变白的情形，相关事实才具有一定的证明价值。这可以显示出，证人经历过某些令人难以忍受的事件。不过，他究竟是实际经历这些事件，还是仅仅认为自身曾经经历过这些事件，仍然是很难区分的，因为信念和实际的事件能够导致相同的身心影响。

为了更好地理解强烈刺激所导致的其他现象，必须要研究该类现象的内在机理和最终根源。斯宾塞指出，恐惧会通过喊叫、躲藏、哭泣和颤抖表现出来，所有这些都是由于发现了真正恐怖的事物；相比之下，那些破坏性的情感则通过肌肉紧张体现出来，例如咬紧牙关、摩拳擦掌等，这些都是猎杀行为的预备方式。所有这些都是早期从动物那里遗传下来的行为，只不过是在人的身上表现得不甚明显，包括动物亮出爪子的标志性行为，这一行为在人的身上经常有所体现，例如当人带着愤怒的情绪与人交谈时，就会卷起拳头、弯曲手指。即便面带和善地与人交谈，如果手上不自觉地表现出上述行为，就表明该人对对方有攻击倾向。达尔文观察力敏锐，早已呼吁关注这一问题。他指出，一个人可能极其憎恨某人，但是如果他的身体没有因此受到影响，我们可能无法说他十分愤怒。这就清晰地表明，内心刺激的身体表征，与内心刺激紧密相关，当我们试图描述人的内心刺激时，总要了解人的身体表征。同理，如果某人的身体表征十分淡定，不管他的言辞如何激烈尖刻，我们都很难说他十分愤怒。这一点充分表明了仔细观察肢体语言的重要性。沃尔克玛[55]指出："恐惧之下的战栗与喘息，愤怒之下的怒目而视，焦虑之下的难以下咽，绝望之下的令人窒息，嫉妒之下的艳羡和心动，都是多么典型的肢体语言呀！"达尔文进一步描绘了恐惧的情形：心跳加速，脸色变白，浑身冒着冷汗，头发根根竖起，唾液停止分泌，频繁地吞咽唾沫，声音变得嘶哑，嘴巴张开，鼻孔颤动，瞳孔放大，括约肌放松。那些野蛮和未开化的群体表现得更为明显，身体震颤几乎不受控制。后面提到的这一点十分常见，可以被视为典型的文化特征乃至品性特征，据此可以确定一个人究竟能在何种程度上控制自己的情绪，以免内心刺激表现出来被他人察觉。如果你经常与吉卜赛人打交道，就会认识到这些人很少控制自己的肢体行为。基于这一事实，生活中流传着许多与未开化人群的统治者相关的轶事，这些统治者通过当事人的肢体行为轻易地判断罪与非罪，甚至经常精准地从诸多嫌疑人之中锁定罪犯。贝恩[56]指出，印度当局经常要求嫌疑人将大米含在口中，过段时间之后再吐出来。如果大米是干的，就表明这个人有罪，因为恐惧会阻止唾液的分泌——我目瞪口呆，毛骨悚然，张口结舌。

关于胆怯所产生的心理影响，可以参考保罗·哈登伯格的著作。[57]

当事人突然对自己发怒，这是非常典型的身体征象，在我看来，该行为通常是表明负罪感的证据。至少，我从未看到哪个无辜者会陷入对自己的愤怒之中，我也从未听到其他人讲过类似的事情，如果此种情况出现，我也无法从心理学层面作出解释。由于这种场景仅仅发生在最为典型的愤怒情形，这种情感爆发是发自内心的，并不会与其他情形相互混淆。如果一个人将双手拧致出血，或者将指甲抠入前额，没有人会说这是因为他对自己愤怒所致；这只是试图释放内心累积的能量，并将之付诸外在而已。只有当人们对自己实施那些可能付诸他人的行为，例如殴打、撞击、撕扯头发等，才能认定他们对自己非常愤怒。这种现象在东方人身上更加常见，因为他们比欧洲人更加感性。所以，我见过一个吉卜赛人以头撞墙，还见过一个犹太人以膝跪地，挥开双臂后用手猛击双耳，以致次日双颊红肿。其他种族的人，如果他们具有丰富的情感，也会实施类似的行为。例如，我见过一个妇女，从头上扯下了整把头发；一个杀人的窃贼，在负罪感的驱使下，用头撞向窗户拐角；还有一个十七岁的杀人犯，跳到街道边的壕沟中，猛劲用头撞击地面，口中喊叫着："吊死我吧！把我的头砍下来吧！"

这些案件中的情景非常类似：罪犯经过精心预谋实施犯罪行为，避免自己被抓捕归案；罪犯费尽心思反驳指控，竭尽全力否认罪行，然而，一旦他认识到大势已去，犯罪过程还不够细心谨慎，最终无法逃避被定罪的结局，就会对自己大发雷霆。如果当事人认为自己是无辜者，就不会实施此类令人侧目的自我惩罚行为。

这种自我愤怒的情感宣泄通常以昏厥倒地而告终。之所以会导致这种结果，主要是由于突然爆发的愤怒与求助无门的心态相比，需要耗费更多的精力。赖兴巴赫[58]曾经对人深陷困境时昏倒的原因进行了探究。目前通常认为，这是二氧化碳气体和人体毒素不断累积所导致的结果；也有意见认为，这是一种神经现象，由于认识到无法得到释放，进而导致昏倒，失去意识。对司法工作而言，这两种解释没有多大差异。无论是当事人意识到自身无法基于个人意愿改变现有状况，还是他认识到在案证据很有说服力，自身难以逃避惩罚，实际上都是无关紧要的。关键在于，如果一个人基于种种原因，发现自身在实际所处的环境或者法律纠纷中处于逆境，就会昏厥倒地，这就如同小说中或者舞台上的人物，面对故事中难以破解的困局时也会晕倒在地。

如果愤怒并未导致对自身的恼怒，相对较轻的状态就是大笑。[59] 关于这一问题，达尔文提醒大家注意，大笑通常会掩盖原本比较明显的心理状态，例如愤怒、恼怒、痛苦、困惑、谦逊和羞愧等；当通过大笑掩盖愤怒时，此时的愤怒就是自我愤怒，一种特殊的嘲笑。这种僵硬、尴尬的大笑具有重要的价值，如果被告人是因为认识到无法逃避惩罚而大笑，这与其他情形下的大笑并不容易混淆。我们会认识到，这种大笑意在告诉自己："这是你做坏事和傻事付出的代价！"

第16节　残忍

在这个标题项下，只有附加特定的条件，才能体现有关情形的重要性。尽管各种表征之间看起来没有任何关联，但他们具有一个共同的属性，即都是心理过程的外部表征。

在许多案件中，关于残忍、嗜血和色情之间的互动关联，通过观察可以得出不同的解释。关于这一问题，早期作者如米切尔[60]、布鲁姆奥德[61]、弗里德里希[62]等，都已提出相关案例，迄今仍有一定参考价值。在他们提到的案件中，一些人，并不限于男人，将程度不同的残忍所产生的内心刺激用于色情目的：虐待动物，咬、捏同伴，或者使同伴处于窒息状态等。目前，这种做法被称为施虐狂。[63]一些女孩谈到，她们担心一些访客让她们遭受难以忍受的痛苦，特别是在极度兴奋时实施的咬、压和窒息行为。这一事实在犯罪学领域具有一定的研究价值。一方面，有些犯罪行为只能通过色情方面的残忍才能作出合理解释。另一方面，了解这方面习性的有关知识，有助于实现对被告人准确定罪。我仅仅记得维也纳的巴尔什·施泰纳案件，该案中一名妓女被人扼杀。警方当时一直在追查一个当地称为"小鸡人"的男子，因为该男子经常携带两只家禽，并在性高潮过程中将它们掐死。警方正确地推断，既然他能够做出这种事，也就能够在类似情形下杀死一个人。鉴此，当我们调查被指控实施残忍犯罪行为的被告人时，最好不要忽视他的性习惯问题；如果条件允许，有必要专门调查整个犯罪行为究竟是否与性行为有关。[64]

此外，那些导致残忍后果的行为和谋杀行为经常涉及某种形式的癫痫。因此，实践中有必要就被告人的心理状况咨询医师，因为残忍、欲望和心理疾病通常密切关联。关于该问题，龙勃罗梭已经开展了卓有成效的研究。

第17节　想家

想家这个问题，具有内在的重要性，丝毫不容低估。学者已经对此开展较多研究，并且普遍认为，未成年人尤其是青少年，以及愚蠢和软弱的人，更加容易受到想家情绪的困扰，并且试图通过强烈的情感刺激来克服这种压抑的负面情绪。因此，这些人很容易实施犯罪行为，特别是纵火行为。通常认为，缺乏教养的人身处非常孤独的境地时，例如山顶、矿业、沿海等处，很容易产生思乡情绪。这种判断是准确的，并且得到了事实的佐证，那些有教养的人很容易将注意力从悲伤情绪中解脱出来，并在程度不同的国际文化环境中保留一定的家庭因素。同理，我们可以看到，那些并非特立独行的居民通常不会注意到各地的差异。那些在不同城市之间穿梭的人很容易找到自我，但是高山和平原地带则包含太多差异，很容易滋生强烈的陌生感。因此，如果思乡情绪过重，他就会试图通过最热闹和刺激的快乐来消除想家的感觉；如果他无法克服思乡情绪，就会在房间里纵火，甚至在特定情形下杀人，简言之，他需要进行破坏性的情绪释放。此类事件频繁发生，应当引起足够的关注。如果对于暴力犯罪，无法找到适当的犯罪动机，而犯罪嫌疑人又属于前述容易想家的群体，就需要考虑思乡情绪的影响。同时，如果发现犯罪嫌疑人受到思乡情绪的严重困扰，特别是思念老家的亲友，就能够找到与其沟通的切入点。通常情况下，这些非常可怜的人尽管感到很不开心，但是很少否认他们的犯罪行为，他们的悲痛并不会因为遭到逮捕而增加。此外，他们所面对的法律程序也是一种意料之外的、新的强烈刺激。

据我所知，如果这些思乡者对自身的犯罪行为作出供述，他们不会提到犯罪动机。他们看来并不知道具体的动机，因而无法解释自身的行为。通常情况下，他们都会说：“我不知道为什么，我不得不这样做。”一旦面对这种异常情形，就必须由医师作出判断，换言之，如果发现犯罪原因是思乡情绪，通常就必须要咨询医师。当然，在司法实践中，有的罪犯可能为了引发同情，而声称自己的犯罪行为是因为不可抑制的思乡情绪所致。但实际上，这种辩解通常是不真实的，因为如前文所述，那些受思乡情绪影响实施犯罪行为的人，根本不知道这一点，也无法作出此类辩解。

第18节 反射行为

反射行为的重要性，远远超出人们预想的范围。在洛策[65]看来："反射行为并不局限于日常生活中那些习惯性的、不重要性的事件。即便是一系列复合行为，包括犯罪行为，也可能通过反射活动的方式体现出来，例如在某个特定瞬间，对某些情感状态的克制，针对特定妨碍的情感因素的持续累积，或者诸多变动不居的观念的清晰性，始终处于缺位状态。这些行为可能是自身意向的产物，并不是行为人的任何决定所致。法庭审理过程中充满着各种陈述，这些陈述指向犯罪的实施过程，并且通常被视为除罪性理由，因为人们担心这些陈述可能会影响裁决和可诉性的理念。单纯认识到这些心理事实，可能会改变传统的裁决结果，但影响力非常有限；这些案件之所以未能有所改变，在于没有防止由意向向行为的自动转变，这种转变是有机体的自然现象，如同其他事物一样，应当受制于意志的能力。"反射行为值得进一步研究。[66]这方面最为典型的例证包括：眼睑下垂、咳嗽、喷嚏、吞咽，以及所有下意识的身体行为；此外，还包括膝跳反射等情形。一旦发现其他类似的身体行为，并且经常反复出现，也将成为下意识的行为。[67]例如这样一个有趣的问题：如何辨别一个乔装打扮的人究竟是男人还是女人？标准答案是：将一个小物件扔向其膝盖位置，如果是女人，就会叉开双腿，因为女人习惯于穿裙子，可以叉开双腿用裙子接住物品；如果是男人，就会夹紧双腿，因为男人穿裤子，只有夹紧双腿才能接住物品。

实践中存在许多此类习惯性行为，我们很难区分哪些是反射行为，哪些是习惯行为。如果将前者视为单纯的下意识行为，将后者视为持续的、有时甚至无意识的、长期性的行为，或可对两者作出适当的区分。例如，我在工作时拿出一支雪茄，切掉烟头，点燃之后开始吸烟，但对这些行为完全没有意识，这种情况当然不是反射行为，只是一种习惯性行为。此类行为不属于反射行为，只有那些在实践中具有防卫性质的，才能被归入反射行为之列。关于如何识别此类行为在犯罪学领域的重要性，只有个体的经验才具有参考价值，因为一个人很难从其他人的角度看待这一问题。我这里介绍两个相关案例。一天晚上，我途经一个人烟稀少的街道，碰到一个酒馆，这时一个喝醉的人被推出来，直接撞到我的身上。就在这一瞬间，我朝着那个人的耳朵位置猛击一肘。我随即对自己的行为感到后悔，当那个人嘟囔着说道："里面的人将我推出来，外面的人却打我的耳朵。"我就更加自责了。假如我当时打破他的耳鼓或者将其打伤，就将成为一起刑事案件，大概不会有人认为这是"反射行为"，尽管我在当时就像现在一样，确信我的行为就是条件反射。我当时并不知晓自己将要遭遇什么事情，也不知道自己该做些什么。我只是注意到，自己正在面对不友好的事物，于是就作出防卫行为，击中了那个人的耳朵。当我听到肘击声，感觉到手部的震荡，才认识到究竟发生了什么。在我的学生时代，也曾遭遇类似的事情。我当时来到乡村，在天亮之前外出打猎，在距离房屋一百多步正对面的位置，一个大球沿着小路滚了下来。在看不清它究竟是何物体，也来不及思考的情况下，我用随身携带的登山杖用力击中了这个球体，结果发现这原来是两只紧紧撕咬在一起的公猫，其中一只还是我非常喜欢的宠物。我对自己的行为感到非常懊悔，但是我的整个行为完全是下意识进行的；由于我突然看到陌生事物朝我过来，就本能地想把它弄走。如果我当时造成了更加严重的损害，除非我的辩解得到认可，否则就可能需要对此承担责任；但是，这种辩解在实践中不可能得到认可，就连我也不认为这种辩解会得到认可。

为了更深入地分析反射行为，我们需要考察特定的行为特征，这些特征自身可能并不具有典型的犯罪学意义，但却能使得这种重要意义变得更加明晰。一种情形就是睡眠过程中存在的反射行为。我们在睡眠过程中之所以不再进行分泌，原因在于大肠中的粪便催生了直肠括约肌的反射行为，只有通过特别有力的压力或者括约肌的有意放松，才能促使括约肌进入放松状态。

另外一种情形就是，即便是习惯性的反射也可能在特定情形下并未出现，尤其是面对其他极具吸引力的事物的情形。例如，当人感觉到疼痛时，反射性动作就是缩手，即便他被其他事物所吸引，未能注意到自己缩手的整个过程；但是，如果其他事物的吸引力十分强烈，以至于使他忘记了周遭的事物，那么，外界疼痛的刺激就必须足够强烈，以至于唤醒原本的反射行为。不过，人的注意力受到强烈吸引后，可能并未被其他事物干扰，以致习惯性反射陷入失灵。如果假定反射行为源自传入神经的兴奋反应,即感觉神经接收外界刺激,将之传送到反射中枢,随后将这种兴奋反应转化为身体行为(朗杜瓦[68]),那么,我们就排除了大脑的活动。不过,这种排除仅仅涉及有意识的行为,只有当大脑始终处于有意识的工作状态时,通过反射中枢的直接转化才能够成功实现,因此,在此种情形下,这种互动影响也是在我们不知情的情况下进行的。不过,如果大脑通过其他强烈刺激发挥作用,就不能产生这种无意识的互动影响,反射行为也就难以实现。关于该问题,我有一个非常具有启发性和说服力的例子。我的一个女仆拿出一个火柴盒,这个火柴盒的边角粘贴着一张纸,她用拇指指甲沿着火柴盒的一边撕掉了这张纸。由于火柴装得太满,或者撕纸的动作速度过快,火柴剧烈燃烧起来,整个火柴盒都被点燃。值得注意的是,这个女孩扔掉火柴盒的行为,既不是有意识的也不是本能性的;她被吓得尖叫,但是仍然将火柴盒拿在手中。听到她的喊叫,我的儿子从另一个房间冲出来,大声向她喊"把它扔掉,扔在地上",这时她才把燃烧的火柴盒丢在地上。在火柴盒燃烧的过程中,她一直用手拿着火柴盒,直到我儿子从一个房间跑到另一个房间。她的手被严重烧伤,持续治疗了几周时间。当我们问她,既然她的手被燃烧的火柴盒烧得剧痛,为何一直将火柴盒拿在手中时,她直截了当地回答:"我并没有想到把它扔掉。"当然,她随后补充道,当她听到有人让她扔掉火柴盒时,她才意识到这是最明智的选择。这件事清晰地表明:恐惧和痛苦完全吸引了大脑的注意力,以至于当事人不仅无法有意识地作出正确选择,甚至还无法形成无意识的反射行为。

事实表明,脊髓的神经活动并不足以促成反射行为,因为如果它具备这种能力,即便大脑专注于其他事物,也能够产生反射行为。考虑到脊髓神经活动不足以促成反射行为,大脑就必须在其中发挥作用。目前,这种差异对我们来说并不陌生;如果我们认为,大脑在条件反射时要发挥作用,就不得不评估其发挥作用的程度。因此,如果大脑活动本身值得质疑,其是否发挥作用也就成为问题。同理,如果我们认为,反射行为可以被视为犯罪的致因,就必须要特别关注其对刑罚幅度的影响。进一步讲,鉴于反射行为具有司法价值,该问题值得认真研究,理由在于,极少有人声称:"这纯粹是一个反射行为。"相反,他可能会说"我不知道这是如何发生的,"或者说"我只能这样做",或者他仅仅是否认整个事件,因为他实际上并不知道事情是如何发生的。无论从取证角度看,还是从有罪认定角度看,这些问题的复杂性显而易见,鉴此,无论我们探讨神经抑制中心紊乱还是主观恶意问题[69],都会面临类似的问题。

第19节　衣着

　　男人的衣着能够体现出他的内心状态，关于该问题的重要性，可以撰写一本专著加以分析。通常认为，通过女人的鞋子可以察知她的品性，但实际上，品性问题并不仅仅体现在鞋子上面，而是涉及衣着的方方面面，无论男女都是如此。与其他人相比，刑事学家更有条件观察人的穿着，记录观察对象的细节，进而通过调查来确证先前印象的准确性。就此而言，人们可以提出许多研究心得。如果我们发现，一个男子的毛衣满是补丁，已经看不出原来的材质，但却没有任何破洞；如果他的衬衫材质粗糙，同样满是补丁，但是非常干净；如果他的鞋子非常老旧，但是完好无损，整洁光亮，就会认为他和他的妻子都是诚实的人，从来不会犯错。我们认为，现在那些精心打扮的"体育明星"并没有多少智慧；我们怀疑，那些穿着外露的女性可能很少会忠于她们的丈夫；我们不会对那些穿着端庄的女士有非分之想，只会对她们心生尊敬。如果一个男子穿着得体，就意味着他具有良好的修养，并且专注于特定的事物。只要你认真对待这一问题，每天都会发现新的信息，并且能够得出新的、可靠的推论。当然，不同的人对该问题的认识并不相同，某个特定的细节可能对某人特别重要，但在他人看来，只有该细节和其他因素组合起来才有价值，如果再换个角度，该细节只有与别的现象整合起来才有意义。有人认为，在基于衣着作出推理之前，至少应当进行长期细致的观察，因为当前偏好、经济状况等因素可能对衣着选择产生很大的影响，乃至促使一个人选定特定的衣着。但这种影响也并非具有决定性。人在特定情形下受到特定偏好的影响，这一点无疑是不言自明的，同时，他受特定情形所限而选择某种衣着而非其他衣着，也同样是显而易见的。你见过诚实的农场工人穿着破旧的晚礼服吗？他可能穿着陈旧的、破旧的羊皮衣，而不会购买礼服大衣，即便后者非常便宜，他也不会购买礼服大衣作为礼物。那些穿着礼服大衣的人，一瞥之下就能看出他们故作优雅的身份。相比之下，我们可以想象那些退役士兵、猎人或者官员等所穿衣着的特点。谁会看不出牧师、民主人士或者保守贵族的特色衣着呢？他们的衣着极富特色，与英国人、法国人、德国人和美国人的衣着特色一样鲜明，这种特色不是因为气候条件所致，而是体现出独具特色、稳定不变的民族性格。欺诈、粗心、干净、油腻、焦虑、冷漠、尊重，以及希望吸引关注和具有原创性，诸如此类的品性特征都能够通过人的穿着方式清晰地反映出来。这种反映无须观察整个穿戴打扮，在很多情况只需观察某件衣服，就足以窥知当事人的品性。

第 20 节　人相学与相关主题

人相学可被归入那些具有多元价值的学科领域。在古代时期，人相学就已初具规模，苏格拉底、柏拉图、亚里士多德和毕达哥拉斯等人都热衷于该领域的研究。随后，人相学逐渐淡出视野，直到巴普蒂斯塔·波塔针对人相学撰写了一部著作，才又开始引起关注，此后，伴随拉瓦特尔以及高尔等人的著作陆续问世，这门学科很快进入学术研究的前台。拉瓦特尔的知名著作[70]在当时备受关注，为拉瓦特尔赢得了极大的荣誉。歌德曾经对人相学产生了浓厚兴趣，对此，海伦撰写的畅销书以及歌德与拉瓦特尔的书信往来均有所体现。如果拉瓦特尔并未采用一种神秘性和定论式的方式探讨人相学问题，如果他更加注重观察而非轻易做出断言，他的名声将会流传得更加久远，他也将能够对这门科学做出更多的贡献；由于拉瓦特尔未能如此，他很快就不再为人们所关注，人们转而追随声名不佳的颅相学家高尔。高尔与他的朋友施普尔茨海姆经常一起合作，他和拉瓦特尔一样，也在自己的著作[71]中犯了相同的错误，以至于迷失在缺乏科学基础的理论之中，最终导致他所倡导的那些确定无疑和具有启发性的知识反而遭到忽视。随后，考特[72]和诺尔[73]对高尔的著作进行了深入研究，并对该著作的价值给予了公允的评价，进而再次肯定了高尔作出的贡献；此后，龙勃罗梭和他的学派提出了犯罪标记理论，该理论的精髓就建立在高尔博士提出的饱受争议，现今才得到重视的假说之上。伟大的生理学家穆勒宣称："关于高尔理论体系的普遍可靠性问题，不能提出任何先验的反对意见。"直至最近，除去沙克[74]的著名研究成果，人相学领域的重要问题才被赋予科学属性。最为重要的著作当属达尔文的作品，[75]其次是皮德里系统[76]和卡勒斯的符号体系[77]，所有这些都立足于早期著名英国解剖学家贝尔医师[78]的奠基性工作。其他的代表人物包括莱布伦、赖希、曼泰加扎、迪谢纳、斯克劳普、马格努斯、盖思曼、斯克贝斯特、恩格尔、施耐德、米歇尔、冯特、朗格、吉罗代、摩梭、贝尔、维纳、洛策、魏茨、勒鲁特、孟罗、豪辛格、赫尔巴特、孔蒂、梅内特、格尔茨、休斯、波利[79]等。应当认识到，人相学现在已经沦落到无足轻重的地位。颅相学与人相学的关系，就如同头部骨骼与皮肤的关系一样；同理，人的面相与头骨的轮廓紧密相关，人相学也必须研究头骨的构造。人相学的基本原理就是模仿。不过，人相学不仅关注面部自身的细节特征，还关注心理改变对面部特征的影响，而模仿则涉及表情和姿势的人为改变，后者通常被视为内部心理的外化过程。因此，热衷模仿的主要群体包括演员、演说家和生活喜剧演员。颅相学仍然是医师、人类学家和心理学家的研究范畴，而人相学则备受法律人的青睐。作为一门学科，人相学包含多元化的价值。通常认为，很多心理都无法通过面部予以表达，那些能够通过面部表达的心理，也并无固定规则可循。因此，我们能够通过面部获取的信息，或者是直觉性的判断，或者只是随意的猜测。也有意见认为，面部表情很难作出解读。每当人们需要处理复杂的事物时，经常会提出诸如此类的意见。当人们不愿费力解决棘手的事情时，就会主张这些事情没有任何意义。然而，只要人们保持热情，并愿意开展些许研究，就能够将这些知识广泛应用于自身的职业领域，进而从中获得极大的益处。

人相学要想成为一门独立的科学，在很大程度上取决于这个经常被提及的标准：不仅要解决最基本的问题，还必须能够有所开拓和发展。没有人会否认，世界上既有智慧的脸也有愚蠢的脸，既有慈祥的脸也有残忍的脸，如果承认上述区分，就能够继续基于其他标准作出类似区分，据此，我们可以通过观察人的面部了解特定的品性特征。因为没有人能够确定这种面部特征分析的边界，所以，关于面部特征的审查、观察和整理，还有很多需要开展的工作。如果警惕各种人为错误、夸大其词和缺乏根据的断言，并且立足真实发生、仔细观察的事实基础，就能够构建起具有重要意义和坚实基础的学科。

著名精神病学家迈内特指出[80]，人相学非常依赖于放射技术和图像比对，很多事物都包含我们所熟悉的人相学内容。人们通常基于固定的思维模式评估他人的行为，并据此形成一种基本共识，即通过观察某人的行为所展现的特征，可以推断他人的行为特征。汉斯·维尔乔曾经通过观察人的瞳孔来分析人的心理活动，这种十分细致的人相学观察具有非常重要的研究价值。在他看来，人的瞳孔是心灵的窗户，据此可以窥知他人的内心世界；可见，心理状态与内心世界存在紧密关联。为何会存在这种现象，为何特定的心理过程会与特定的肌肉存在关联，诸如此类的问题尚且没有科学的答案。但这一点实际上无关紧要，即便一个人想破脑袋，也不可能知道我们为何不用眼睛去倾听，为何不用耳朵去观察。不过，我们已经在这方面取得了显著的研究进展。早在1840年，米勒[81]就已指出："为何不同类型的精神疾病涉及不同类型的神经，以及为何特定的面部肌肉牵涉特定的表情，对于诸如此类的问题，具体原因仍然不清楚。"在40多年前，格拉蒂奥莱特[82]就曾指出，那种认为肌肉仅仅是用于表达感情的观点是站不住脚的。与此同时，皮德里也认识到，那些用于表达感情的肌肉运动，部分涉及想象中的物体，部分涉及想象中的情感表达。所有用于表达感情的肌肉运动，其内在含义都与这一事实紧密相关。达尔文撰写的有关情感表达的经典著作，从根本上完美地解决了这一问题，据此可以宣称，我们已经掌握了足够的研究资料，可以进一步推进我们的研究。我认为，所有的刑事学家都有必要研究达尔文的这部著作，因为他在这部著作中，基于亲身经历或者深入观察的案件，从各个角度对有关问题进行了详尽的阐述和解读。我在这里仅仅列举达尔文最为著名的几项观察结论，据以向大家说明这部著作的重要意义。

关于研究对象，他建议选择以下几类：一是儿童，因为儿童的情感表达更加丰富并且不加遮掩；二是精神病人，因为精神病人受到强烈情感的影响，自身已经失去控制；三是容易激动的人，便于观察他们的肌肉变化情况；四是识别所有种族的人以及动物的表情类型。在所有这些对象之中，只有儿童与我们的研究紧密相关，其他对象要么与司法实践没有关联，要么仅有理论价值。不过，我倾向于增加另外一类研究对象，即未开化的人群、农民以及不谙世事的人，他们通常不会故意掩盖自己内心的真实想法。我们可以从这些人以及儿童那里获得更多知识。进一步讲，通过研究这些对象，我们并非只是研究特定的群体，而是确立了更加有效的研究整个人类群体的一般范式。儿童具有与成年人相同的心理特征，只不过更加明确和简单而已。让我们看看达尔文的观察结论：当人们表达愤怒的感情时，眼睛会瞪大发光，呼吸会变得急促，鼻孔会略微张开，眼神会盯着对方，所有这些极富特点的表情特征在儿童和成年人身上都有相同的体现。具体的分布情况并无差异，我们在儿童身上发现的特征，也会在成年人身上有所体现。如果我们对儿童和淳朴民众的人相学进行充分研究，随后也就不难针对不同类型的群体开展深入研究；对于后者，我们只需关注他们有意识的、习惯性的情感掩饰行为，对此而言，我们只需对既有的基本原理作出适当调整即可。

关于人类表情和姿势的解读问题，达尔文总结出三条基本原理：一是有意识的关联习惯原理；二是矛盾原理；三是神经系统的直接活动原理。

就第一项原理而言，伴随着人类的世代繁衍，所有的欲望、经历或者不情愿等情感，都会表现为有意识的行为，鉴于此前已经有过相同或者类似的关联经历，此时就会倾向于再次实施类似的行为。这种行为不再具有特定的目的，只是沿袭此前的行为习惯，进而逐步演变为反射行为。

当我们注意到，习惯能够催生非常复杂的反射行为，例如动物的习性，马的抬蹄行为，指示犬的指示行为，牛犊的舔舐行为等，这一原理就变得更加显而易见。当我们处于坠落状态时，很难作出与伸展手臂相反的姿势，即便落在床上也是如此，我们会下意识地张开手臂。格拉蒂奥莱特指出："当某人激烈地反对特定的观点时，就会闭上眼睛；如果他表示赞同，就会点头并睁大眼睛。当某人描述一件恐怖的事情时，就会闭上眼睛并且摇头；那些身处附近的人就会扬起眉毛。人们努力思考时，也会表现类似的表情，或者紧锁眉头，这些动作使人们的目光更加敏锐。这些都是人们的反射行为。"

就第二项原理而言，当猫和狗发生对峙时，就会表现出打架的姿势；如果它们心情不错，就会和平相处，尽管这与我们的主题并无相关。泰勒[83]指出，西多会人的肢体语言在很大程度上取决于对比分析，例如，耸动肩膀被视为坚定不移的反面特征。

具体到神经系统的直接反应，存在诸多的例证，包括脸色变白、颤抖（担心、恐惧、疼痛、寒冷、发烧、害怕、喜悦）、心悸、脸红、出汗、用力、流泪、抓扯头发、排尿等。基于这些行为特征，我们可以发现一些行为规律，进而对各种现象进行归类分析。

我们可以对达尔文的例证展开更进一步的分析。他首先提醒我们，不要将特定的肌肉运动视为情绪激动的结果，[84]因为它们是选择性观察的产物。人们可能存在诸多习惯，肌肉运动的习惯更加复杂，这些肌肉运动可能是偶然的行为，或者是当下某种疼痛的结果，并没有任何特殊的意义。这种肌肉运动可能极其明显，不容那些未经训练的观察者质疑其重要意义，虽然它们与情感状态没有任何关联。尽管通常认为，我们应当仅仅关注整个面部肌肉的变化，并且认为这种肌肉变化具有特定的含义，我们仍然可能面临犯错的风险，因为那些公认的面部表情会以其他方式表现出来（例如习惯行为、神经紊乱或者损伤等）。鉴此，我们必须保持足够的谨慎和注意；如果我们运用达尔文提出的任何标准，例如，当我们不想看到特定事物或者厌恶某些事物时，就会闭上双眼。与此同时，我们还必须认识到，实践中可能还存在一些人，他们面临其他情况甚至相反情况，也会习惯性地闭上眼睛。

我们必须认识到，在充分考虑这些例外情形的基础上，这种现象在审判环节就显得非常重要，因为当我们向被告人出示一项非常重要的证据时（例如证明力很强的笔迹鉴定意见），他可能会闭上双眼。此时，这一行为就显得极其特殊，并且非常重要，尤其是当被告人试图反驳有关证据的证明价值时，情况尤为如此。他的眼部肌肉运动和他的言语之间的矛盾，具有很强的说服力。当被告人面对案件涉及的不同可能性时，例如继续审判、证据关联和诉讼结果，也会发现类似的现象。如果被告人发现情形十分不利，就会闭上眼睛，证人也是如此。当证人在法庭上所作的证言已经远远超出其所感知的范围，并且知晓自身行为可能面临的法律后果，就会闭上眼睛，尽管这种行为可能转瞬即逝。如果他闭上眼睛，就意味着他可能说得太多，此时难免要扪心自问是否对得起自己的良心，进而避免更加夸张和不负责任的断言。

这种闭眼行为，不能与其他正常的行为相混淆，例如某人可能试图理解宣誓证词的重要性，并且整理思绪，也可能是为了努力回忆事件经过，并且评估自己的确信度。这两种闭眼行为的意义完全不同：前者是为了回避证言的后果，过程更加短促；后者持续时间更长，因为证人需要更多时间整理思绪，从而更好地回答问题。同时，前者伴随着明显的害怕表情，而后者则仅仅是时间的持续而已。最为重要的是，证人的双手可能展现标志性的临时性防卫姿势，这仅仅出现在心存抗拒的情形。即便是非常冷静的人，也可能展现这种特殊的行为，因此，这种行为表征相对比较可靠。如果人们想要不受干扰地思考某个问题，他们不会基于这一目的而闭上眼睛。

类似地，无论被告人还是证人，如果他们突然闭口不言，这一行为表现也具有重要价值。下定决心与闭口不言，两者不可分割；我们很难想象一个犹豫不决的人闭口不言，也很难想象一个坚定不移的人口若悬河。这涉及达尔文的第一项原理：有意识的关联习惯。如果某人已经下定决心要做某事，这种决心就会立即通过与肢体行为紧密相关的肌肉运动表现出来。即便当我突然决定要去面对某些令人不快的事物，或者思考一些令人愉悦的事情，在这种决定作出之后，就会立即出现相应的肢体行为，并且会表现得非常明显。我可能会推开我的椅子，抬高肘部，并且可能用双手抱头，然后再次推开椅子，然后开始观察或者思考。不过，此类行为并不需要多少肢体动作；不同类型的决定，往往涉及不同的肢体行为。简言之，一旦作出最终决定，在决定作出后，立即会出现一系列伴生行为。

如果我们想要移动，肌肉就必须收缩。显而易见，根据我们的身体当时所处的姿势，只有当相关肌肉处于运动状态，我们才能自由地行动。例如，当我们处于坐着的姿势时，我们很难使双脚保持行进时所处的姿势；我们也很难移动大腿，我们所能移动的肌肉主要是面部和上肢。可见，人做出闭嘴姿势，是因为口部肌肉收缩；同理，当人伸出双臂、攥紧拳头、前臂弯曲，也都涉及有关肌肉的收缩。你不妨尝试做一个身体实验，亲自体验上述行为，从而看看心中是否具有某种信念。如同前文所述，人们发现，不仅心理状态会伴随外在行为，那些外在行为也会唤起或者显示出相关的心理状态。

如果我们发现某人有作出决定的征象，就可以据此推断，在他的既有陈述和下步陈述之间，将会出现明显转折。如果我们在被告人身上发现这些征象，就表明他已经决定由否认犯罪转向认罪，或者坚持否认犯罪，或者开始认罪并隐瞒同案犯等。鉴于实践中非此即彼，并无第三条路线可走，我们可以认为，先前的陈述并不重要。不过，重要之处在于当事人已经作出确定的决定，法院已经意识到这一事实，并且这一决定很难发生改变。因此，至于作出决定之后的具体行为，我们很难作出推断。我们只是知道其所包含的各种可能性，即被告人或者作出供述，或者拒绝作出供述。这种观察可以提高我们的工作效率，因为被告人不会轻易改变自己的决定。

上述分析结论，同样适用于那些并未陈述事实或者仅仅陈述部分事实的证人。如果证人显示出下定决心的征象，最终决定陈述事实或者继续说谎，那么，无论他在下定决心之后如何作为，我们都能无须费力地确定他随后可能作出的行为。

观察陪审员下定决心时的表情，尤其是当有罪与否牵涉严重后果而难以作出决定时的表情，更加富有趣味性。这种场景并不少见，并且意味着陪审员心中已经决定将要如何行使投票权。当陪审员下定决心后，无论证人随后可能作出何种证言，对陪审员来说都已经无关紧要。下定决心的陪审员很难改变自己的决定，因为他通常不再关注随后的证言，或者基于既定的偏见看待随后的证言，并对所有证据作出符合既定决定的判断。此种情况下，我们不难判断陪审员会作出何种决定。如果陪审员在控方出示一项非常不利于被告人的证据后下定决心，那么，就可能作出认定被告人有罪的结论；如果陪审员在看到无罪证据后下定决心，就可能作出无罪的结论。如果你对这一问题进行认真研究，就可能会认识到，大量陪审员都会在法庭上表现出这些明确的行为表征，据此可以计算陪审员的投票，并预测陪审团的裁决结果。我至今还清楚地记得多年前的一起案件，该案有三个被告人，一个农民和他的两个儿子，被指控谋杀了一个弱智者，当时推测被害人曾经在他们家中居住。陪审团一致认定三名被告人无罪，主要是由于警方未能找到被害人的尸体。随后，警方找到了一名新的证人，随后再次启动调查，并在初次审判一年之后再次启动审判。审判持续了很长时间，三名被告人收到许多匿名信件，信中提到某处有一个弱智妇女，可能就是那个据称被谋杀的被害人。据此，被告人申请延期审理或者立即无罪释放。检察官对此提出异议，并且主张，既然案件已经到了这个地步（这个案子对控诉方非常不利），没有必要再考虑被告人的申请。他在总结陈词时指出："天网恢恢，疏而不漏，我再次来到陪审员面前，已经过去了一年时间。"基于检察官的雄辩才能，他的这种认定被告人有罪的坚定信念，对陪审团产生了巨大的影响，给他们留下了深刻的印象。在检察官发表陈词的同时，你就能观察到，大多数陪审员流露出下定决心的明确迹象，被告人的命运在那时就已经确定了。

　　无独有偶，吃惊的迹象与下定决心的迹象非常类似。就像达尔文所说的那样："双手抬到空中，手掌放在嘴上。"此外，眉毛通常会扬起，那些没有太高修养的人还会拍打额头，有些情况下，人的身躯可能会略微发生晃动，通常会晃向左侧。这种行为表征并不难以理解。当我们得知一些偏离常情常理的事情时，通常会感到吃惊。一旦遇到这种情形，如果事情并不复杂，倾听者往往希望得知具体详情。当我听说世人发现尼伯龙根的全新手稿，或者医生找到麻风病的解药，或者有人登上南极，我就会感到震惊，但是，我的即时反应与常人无异。不过在远古时候，我们的行为习惯初步形成，并且已经持续了较长时间，甚至远远长于现代文明的时间，当时的人们并不知道现代文明人的兴趣所在。在当时的情况下，人们感到吃惊的事情都是一些简单、外在、直截了当的新鲜事：洪水来了，猎物就在帐篷外面，发现了地方部落等。简言之，这些都是需要立即采取行动的事情。基于这一事实，我们的重要肢体行为，都应当与早期一些必要的行为存在某种关联。当我们想要跳跃时，就会提起双手；当我们想要抬头望向远处时，我们就会扬起眉毛；当我们想要刺激因久坐而放松的腿部肌肉时，就会拍打额头；当我们发现遇到一些令人不愉快的事物，进而试图躲避和绕开时，就会用手掌捂住口部。吃惊的表情，就会通过这些存在矛盾的行为表现出来。

| 第一部分 | 证据的主观条件：法官的心理活动

在法律领域，当被告人听到某些事情时原本应当感到震惊，但是基于种种原因并不想要表现出震惊的表情时，这些征象就显得非常重要。他可能进行言语上的掩饰，但是，他的肢体行为会背叛他的意图，因此，这些肢体表现在案件中就显得极其重要。假定我们出示了某些证据，希望看到被告人有明显的反应；如果被告人并没有做出反应，我们就可能需要重新审视整个案件。鉴此，我们要努力确保自己不被假象所欺骗，而要想实现这一目的，只有通过仔细观察证人的姿势，因为身体姿势很少像语言那样具有欺骗性。

轻蔑的表情可以通过鼻子和口部的肌肉运动体现出来。鼻子收缩时，就会显现褶皱。此外，你还可能发现擤鼻子、吐痰和吹气的行为，仿佛想要驱赶什么一样；还可能发现双手交叉和抬高手臂的行为。这些行为看起来与未开化的人有关，至少代表着那些身上带有难闻异味的令人生厌的人：印度人至今提到其所蔑视的人时，仍然会说"他是一个恶臭难闻的人"。我们的祖先可能也是这样思考，鼻子的运动，特别是抬高鼻子和擤鼻子的行为，表现得十分明显。此外，有人会有提高肩膀的动作，仿佛想要摆脱令人厌恶的环境，实际上，这种行为是傲慢的表现。如果观察到证人存在此类行为，那么，就通常意味着某些对他有益的事情：被告人否认他与罪犯之间的关联，或者他没有其他办法证明对方证人的证言是造谣，或者他宣称其他证言完全都是谎言。

当证人出庭作证并展现轻蔑表情时，情况也是如此。对于证人而言，当被告人或者其他证人声称他是造谣，或者有人质疑他有不当动机，或者他早期与罪犯存在关联，他就会表现出轻蔑的表情。当某人有机会显示他对其他人的蔑视时，这些情形通常都会对表示蔑视的人有利。这些情形在法律上非常重要，因为它们不仅表明，表示轻蔑的人具有良好形象，还表明我们必须对轻蔑的表情本身进行更加细致的研究。毫无疑问，蔑视在很大程度上是可以模仿的，鉴此，对值得质疑的姿势必须进行仔细的观察。真实的蔑视与虚假的蔑视相比，最大的区别在于，虚假的蔑视往往伴随着不必要的微笑。人们通常认为，微笑是沉默的武器。然而，这种微笑往往只是为了反驳不甚严重的指控，甚至那些较为严重的指控，但是，当面临十分严重的指控，并且涉及非常恶劣的后果时，人们显然不会微笑。当案件明确涉及非常恶劣的后果时，没有哪个无辜者会微笑；如果他对那些说谎的人表示蔑视，他会展现其他姿势而不是微笑。即便是那些试图通过干笑来掩藏自己愚蠢的人，当他遭到造谣中伤，不得不对说谎者表示蔑视时，也不会选择继续微笑；只有那些假装蔑视他人的人才会继续微笑。然而，如果有人通过

073

反复练习来表达蔑视，他就知道自己不应当微笑，不过，他的姿势会变得有些做作，进而因过于夸张而暴露真实的心理。

比蔑视更进一步的是抗议和怨恨。当某人想要对他人表达抗议和怨恨时，标志性动作就是露出牙齿，紧皱眉头，面目扭曲。我认为，这种表情经常会被随后的表情所替代，即紧闭双唇，通过鼻孔沉重地呼吸。这是下定决心和表示蔑视相结合的产物，也是抗议和怨恨的可能来源。与下定决心类似，此种情况下，人通常会紧闭双唇；人们在抗议和怨恨时不会张开嘴巴。此外，前文已经指出，蔑视通常伴随着吹气动作，当双唇紧闭时想要做吹气动作，就只能通过鼻孔进行。

嘲笑和贬低，与抗议和怨恨的表情类似，只是程度较轻而已。这些都给刑事学家带来了严峻的挑战，那些表示抗议和怨恨的被告人并不是最难应对的情形。总体上，我们需要给予极大的审慎和耐心，因为被告人群体之中很可能存在无辜者。每当那些有多次犯罪前科的人再次遭到指控，并且主要依据就是犯罪前科，我们就应当格外引起注意。此种情况下，被告人往往会通过强烈的抗议和激烈的怨恨来反对控诉，当被告人实际上是无辜者时，情况尤为如此。这些人可能会向法官表达怨恨，将法官视为非正义的化身，并且认为自身通过侮辱性的言行来表达怨恨乃是正义之举。面对这种情形，那些缺乏经验的法官很可能将被告人的情绪表达视为有罪心理的反应，并且认为他们应当为自己的侮辱性言行承担不利后果。基于这种认识，他将不会再去关注那些潜在无辜者的不幸遭遇。这种情形极易导致不公正的刑罚，个中缘由显而易见。无论被告人实际上是否有罪，法官都肩负着专门予以调查核实的法定职责，因为抗议和怨恨在很多案件中都是心中愤懑的结果，而这又往往源于被告人在诉讼过程中遭受的不公待遇。如果法官不能纠正这种不公待遇，至少不能因此而增加他的罪责。面对此类被告人，唯一也是最简单的处理方式，就是耐心而积极地调查有关案件事实，表明法官将会仔细审查所有的证据材料，甚至倾向于调查可能证明被告人无罪的证据，并且不是过分热衷于讨论指控的罪行。在多数案件中，这种做法可能在最初并不十分奏效。被告人必须有时间思考整个案件，并通过冷静的思考认识到，并不是整个世界都在故意和他作对。随后，他就会开始意识到，这种怨恨的沉默只会对自己造成伤害，当他反复接受审判，就会最终认同司法程序。一旦打破这种僵局，即便是那些最初表示抗议和怨恨的被告人，也会变得温顺和诚实。法官最需要的就是耐心。

不幸的是，我们经常会面对真正的愤怒。当人愤怒时，整个身体会直立或者前倾，肢体变得僵硬，牙关紧咬，声音变大或者嘶哑，前额紧皱，瞳孔收缩；此外，人的脸色也会发生变化，涨得通红或者变得惨白。人们很少模仿真正的愤怒，无论如何，愤怒的特征是如此明显，以至于很难会作出错误的判断。达尔文指出，一个人是否有罪，经常会通过闪动的眼神和无法言说的矫揉造作表现出来。就后者而言，每个刑事学家都非常熟悉，并且在心理学领域很好解释。那些知晓自己无罪的人，他的行为表现非常自然，毫不拘谨；那些淳朴简单的人在这方面和他们相差无几。他们并不会表现得形迹可疑，因为他们并不知晓任何可疑的事情。不过，那些知晓自己有罪的人，则努力避免显示自身的嫌疑，而为了实现这一目的，他们只有诉诸伪装和模仿，一旦伪装和模仿不到位，这种矫揉造作就会表现得非常明显。

内疚的眼神也具有一定的说服力。人们观察美好事物、心存喜悦、满怀热情等情形的眼神，并不像想象的那样富有诗意，因为这些情形至多不过是眼中充满热泪而已。人们之所以会热泪盈眶，主要是眼部神经兴奋的结果，因此，内疚的眼神也具有类似的特点。内疚的眼神最初也往往会满含热泪。

顺从也是非常重要的身体姿势，具体表现为双手交叉放在大腿位置。这是一种非常典型的姿势，因为"双手交叉放在大腿位置"是一句谚语，意味着当事人放弃了其他努力。这个姿势表明："我不准备再做其他事情，我不能做，也不愿做。"不过，应当认识到，表示顺从的状态和姿势对于有罪与否这一重要的问题并不具有特殊的价值，因为当事人可能对有罪与否的认定表示顺从，或者当事人已经达到了承受极限，对案件的处理结果漠不关心。就顺从的本质及其表现而言，当事人可能已经放弃一切努力或者仅仅放弃特定的事情，在法庭上，当事人可能已经放弃证明自己无罪的努力，考虑到被告人可能实际上无罪，也可能仅仅是主张自己无罪，这种顺从的姿势在一些案件中就是一种明确的迹象。需要指出的是，尽管被告人的亲友竭尽全力帮助被告人，但是，他们实际上知道有罪证据无可辩驳。同样地，尽管那些尽职的法律人努力为当事人辩护，他们也知道自己可能是徒劳无功。最后，被告人清醒地认识到不利的诉讼结局后，也可能表现出顺从的姿态。在我看来，实践中通常只有无辜者才会表现出顺从的姿势，这并不是偶然的随机事件。那些有罪者发现自己难逃罪责时，可能会咬牙切齿地仰天长叹，对自己懊悔不已，或者陷入无语的冷漠状态，但通常不会表现出顺从姿态以及相关的肢体行为。如果某人接受了顺从的理念，也就意味着放弃了抵抗，或者说放弃了自己享有的某些权益；如果某人没有任何权益可以主张，也就谈不上放弃的问题。同理，如果被告人并不享有判决无罪和正名的权利，也就根本不会基于顺从的姿态放弃这些权利，而至多表现出绝望、气愤或者恼怒的情绪。鉴此，有罪者不会表现出顺从的姿态。

除了上述情形外，一些案件的当事人可能出现紧皱眉头的表情。当某人认真研究某项事情，并且不断面临新的困难时，就会显露这种表情。谈到这种姿态的最初起源，可能是人在参与高强度的活动时，需要集中注意力，进而通过眉头上方的前额皮肤收缩来达到紧皱眉头的效果；通过这种方式，能够提高观察的精确度。我们需要仔细观察被告人或者证人，判断他们究竟是如实回答还是虚张声势，进而确定他们自身是否相信自己即将对有关事项作出的解释。假定法庭要求被告人提供很久之前某天不在犯罪现场的证明，被告人需要仔细思考当天自己的行踪情况。如果被告人想要努力证明自己不在犯罪现场，例如，他当时确实不在犯罪现场，也没有实施犯罪行为，他就需要努力回忆当天的实际情况，并且向法庭提供能够证明其行踪的证人。此时，他就需要努力思考。不过，如果他谎称自己拥有不在犯罪现场的证明，就像一些罪犯经常做的那样，进而试图促使人们认为，没有人有权要求他在特定的时间必须在特定的地点活动，那么，他就不需努力思考那些并不存在的事情。在此类案件中，被告人虽然表现出一种思虑，但实际上，这种思考缺乏热情和深度：这两个形容词足以表达什么是真正的思考。对说谎的证人而言，同样可以遵循上述方法区分真正的思考和假装的思考。如果证人只是假装进行认真的思考，而没有显露出任何相应的迹象，就应当对证人证言进行严格的审查。据此，我们可以有效识别虚假的证言。

空洞的眼神，是一个非常特殊的问题，它表明当事人完全陷入茫然的精神状态，根本没有能力进行认真的思考，此时只能让当事人独处休息。此种情况下，当事人不会表现出任何独特的身体姿态，只有当事人感到尴尬时，例如他发现大家都在关注自己，或者他意识到自己已经忘记了其他人的存在，才会在他的额头、嘴部或者下巴流露出一些尴尬的迹象。通常认为在法庭上不会出现这种情形，但实际上，这种情形在法庭上时有发生，例如，法庭与被告人进行较长时间的交谈后，决定对之前的交谈进行归纳总结。如果此前的交谈持续了相当长的时间，证人就可能没有聆听法庭的审判，而是茫然地盯着远处的某个地方。他可能正在回忆自己的整个人生，或者整个事件的过程和结果。他可能已经陷入本能的思索之中，正在头脑中重演整个事件的经过。要想进行认真的思考，需要回忆事件细节，并且做出适当的推理；我们刚才所提到的思考仅仅是思绪上走神而已。在这种情况下，法庭很容易获得被告人的认罪供述，当然，这需要法官时刻关注当事人的精神状态。

众所周知，紧皱眉头意味着遭遇了令人厌恶的事情，但是在我看来，紧皱眉头还涉及另外一种情形，即当它与微笑同在时，就意味着一种不信任。紧皱眉头与微笑的组合，看起来并不容易察觉，实际上是指当事人微笑着表示反对，同时皱起眉头进行仔细观察。不过，这种表情的含义非常明确，通常意味着不信任和怀疑，而非其他的任何心理。因此，如果你认为，某个人因为相信某事而显露出这种表情，你就很可能出现判断失误。如果你想亲身体验一下，你不妨在作出这种表情的同时，自言自语地说："好吧，这不可能。"或者："看看，那是谎话。"当证人与被告人进行对质，特别是证人之间进行对质时，通常会出现这种表情。

紧皱眉头与其早期状态——略微扬起眉头之间存在紧密关联，这种关联能够显示出当事人的尴尬状态，这种表情并不十分常见，通常发生在当事人看到某些陌生或者难以理解的事物等情形，或者难以理解某人的陈述。事实上，对于所有需要更加清晰的视野，并消除冗余光线的情形，当事人都可能会显露这种表情。当被告人主张，他并不清楚某项指控其有罪的证据时，这种面部表情就显得比较重要。如果他是有罪者，他当然知晓犯罪过程中发生的各种事件以及有关的指控证据，即便他反复向法庭主张，他并不清楚某项指控证据，他只不过试图表明自己是无辜者，或者试图拖延时间，以便作出适当的辩解。如果他是无辜者，由于他并不知晓犯罪的实际情况，也就无法理解特定证据的内容。因此，他会皱起眉头，并且在举证之初就会认真聆听证据的内容。那些有罪的被告人，可能也会看起来比较专注，但是他并不会皱起眉头，因为他并不需要聚精会神；即便没有这些证据，他也很清楚整个案件事实。作为刑事学家，我们需要探究，一个人究竟是经历了诸多焦虑和困扰，还是始终处于无忧无虑的状态。达尔文就此指出，当人准备扬起眉头时，周遭的肌肉就将处于收缩状态（例如，控制眉头收缩的圆形肌肉和鼻子附近的锥状肌肉，这些肌肉控制眼睑的活动）。通过用力收缩眉头附近的肌肉群，就能展现紧皱眉头的表情。这些肌肉的收缩，能够抬高眉头的根部，由于收缩眉头根部的肌肉同时发力，就会在眉头根部形成凸凹的褶皱。通过这种方式，就能够形成有一定斜度和垂直的皱纹。如果不加训练，很少有人能够展现这种表情；有些人从未展现过这种表情，与男人相比，妇女和儿童更是如此。需要指出的是，这种表情往往是精神痛苦而非肉体痛苦的迹象。有趣的是，这种表情往往与下拉嘴角的动作同时存在。

  为了进一步研究面部表情的变化，我们需要分析这些肌肉运动的原因，因为这些肌肉运动与心理状态相伴而生。皮德里指出，这是由于牵动这些肌肉的运动神经紧邻神经中枢，因此，这些肌肉是感觉器官的驱动力量。后一论述无疑是正确的，但前者却值得质疑。无论如何，面部表情无疑要涉及大量富含运动神经的肌肉，这些肌肉协力运动，并与心理状态互相协调。此外，身体其他部位的肌肉也可能参与其中，只不过我们未能观察到这一事实。不过，其他部位的肌肉运动并未起到主要作用。

  通常认为，所有喜悦和振奋的情绪（包括吃惊）都将伴随前额、鼻孔、眼睛和眼睑的运动，而悲伤和压抑的情绪则具有相反的效应。这个简便易行的规则促使我们关注许多其他难以归类的表情，尽管我们认识到这些表情非常重要，但却并不确定它们的实际含义。在哈利斯[85]看来，面部肌肉运动遵循以下模式："最先进的运动神经是动眼神经。外部刺激首先到达动眼神经，情绪发生的任何改变，都将最先通过眼睛瞳孔的外表、运动和状况体现出来。如果外部刺激足够强烈，就将触及三叉神经末端的神经元，随即将引起咀嚼肌的运动；随后，不断强化的情绪就将通过其他表情展现出来。"当然，即便人相科学高度发达，也没有人能够断言，人相学能够帮助我们解决所有难题；不过，如果对人相学给予足够的关注，它将对我们的工作大有裨益。人相学能够帮助我们解决当下的问题，诚如拉罗什富科所言："了解男人，要比了解某个男人更加容易。"

第 21 节 手

  在人相学领域，手的重要性与脸部非常近似，在某些方面甚至比脸部的重要性更大，因为手的姿势无法进行模仿。一个人的手可能非常精致或者粗糙，很白或者很黑，指甲可能经过精心修剪或者长得像爪子。手的外貌可能加以改变，但它的人相学特征是无法改变的。如果一个人反复紧皱面部皮肤，最终可能在脸部保留皱纹，进而形成标志性的表情，即便这并不能显示他的内心状态；但是，如果一个人反复紧皱手部皮肤，并不会留下任何身份标记。如果你经常转动眼球，最终就会形成一种虔诚或者至少看似虔诚的表情，但是，即便你长年双手合十进行祈祷，别人也不会发现你的手有什么两样。如果人的手很少能够加以区分，我们即便知晓手的特征难以伪装，也可能没有什么实际用处。不过实际上，除了脸部之外，人的手是身体中最具有识别度的器官。自然法则告诉我们，不同的原因导致不同的结果，我们也可以反过来由结果推断原因。如果我们观察过大量具有不同特征的手，我们就同样能够判断出各种不同的影响因素，由于我们无法进一步探究这些影响因素，我们只能基于不同的心理状态对这些影响因素做出解释。

如果你从人相学角度对手进行长期的研究，就会发现大量与手有关的奥秘。只有当手相学与人相学存在冲突时，才会对手所蕴含的信息产生疑问。在这种情况下，如果发现手所蕴含的信息比脸更加准确，那么，对手的信息所作的推断将很少出现错误。我们应当铭记亚里士多德的名言："在人体中，手是器官的器官，是工具的工具。"如果此言不虚，这种更加精密的工具应当与人的心理具有更加紧密的关联，如果存在这种关联，就一定会有相互作用。如果手仅仅是一种物理上的存在，牛顿就不会说："在缺乏其他证据时，我的拇指就能让我确信神的存在。"

我们究竟能够对此提出哪些基本论断，这个问题并不容易回答。为了作出更加科学的解答，我们可能有必要认真细致地收集观察材料，然后由解剖学家针对这些材料进行专业分析；我们可以确定研究对象的性格特征，然后收集他们的手部照片。不过，为了获得足够数量的手部照片，可能需要足够的人员开展收集工作。如果我们掌握了足够的研究材料，就可以归纳一些基本原理，并且对贝尔、卡鲁斯、阿本蒂尼、艾伦、盖思曼、利尔施和兰兹伯格[86]等人的论断加以评析。不过，他们的论断仍然存在矛盾之处，因为他们提出的基本原理还不足以形成系统的理论体系。实践中，可能没有人会质疑这些常规的论断：诚如温克尔曼所言，拥有美丽双手的人，往往拥有美丽的心灵；巴尔扎克指出，那些非常聪明的人通常拥有美丽的双手；还有人将手称为人的第二张脸。不过，涉及与手有关的性格问题，这些论断就面临较多质疑。例如，埃塞尔[87]将粗糙的手称为劳碌的手，将肌肉发达的手称为男性的手，这种类型的手代表着缺乏思想和修养，没有意志和目标。类似地，敏感的手意味着乐观的性格，而通灵的手则意味着拥有美丽的心灵和高尚的品格。

无论这种分类是否科学，我们实际上很难确定和描述手的各种重要特征，尤其是考虑到各种类型之间并不存在明确和清晰的边界。如同人的性格一样，这种分类的界限比较模糊，各种类型的特征几乎都与其他类型存在交叉，以致难以准确描述和识别。即便我们缺乏系统的研究，当前仍然可以开展审慎的观察，并将反复出现的特征作为可靠的研究前提。

赫伯特·斯宾塞指出，如果先人的工作需要频繁地使用双手，他们的后人就会拥有厚重笨拙的手，尽管这与心理学没有多大关联，但是，刑事学家可以从中得出重要的推论。反之，如果先人的工作不需要频繁地使用双手，他们的后人就会拥有小巧美观的手。因此，犹太人拥有小巧精致的手，吉卜赛人通常拥有外观优美和精巧的手，他们的手部特征遗传自印度人；此外，还有所谓真正的贵族的手。体力劳动，包括摔跤以及弹钢琴等，都会改变手的外形，这一点不言自明，因为肌肉会随着锻炼而变得更加强壮，皮肤会随着摩擦、曝晒和缺乏保养而变得更加粗糙。众所周知，在种族学研究意义上，身体特征具有遗传性和直观性。通过对人的手部特征进行专业观察，难道不能发现与他的生活经历相关的事实吗？大家都知道，世界上存在粗糙、短小、肉感和肥胖的手。难道有人不知道瘦弱、灵性、优美和精致的手吗？当然，我们无法基于既定的分类标准来描述和区分各种类型的手，海伦巴赫据此指出："谁能知道是何种神奇的魔力造就了成百上千美丽的双手呢？"

这一点非常重要，因为我们并不会被一双精心养护、精致优美的双手所欺骗。我认为，每个人都知道农民粗糙坚韧的双手意味着很强的说服力。因为农民的双手通常比较匀称，看起来更加平和与可信。我们会觉得对方非常诚实，他们原原本本地展现本人和自己的工作，他们非常珍惜自己的劳动所得，他们知道并且习惯于信守承诺。我们之所以获得这种内心确信，不仅是基于他们常年诚实劳动的证据，而且源于他们双手的稳重和坚韧。另一方面，当我们遇到一位优雅的绅士，看到他那双悉心保养、白里透红的手，我们通常会对他产生不信任的感觉，这可能是由于我们不喜欢那双手的形状，或者由于指甲的外形勾起不愉快的回忆，或者由于手指的布局不够合理，或者由于某些未知的原因。我们经常面对这样的警告，而且通常发现这种警告确有必要。某些手部特征能够揭示人的品性：冷酷、审慎、坚定、贪婪，如同慈祥、坦诚、温柔和诚实一样，都能够在手部特征中反映出来。

我们很容易感知许多女性的手拥有的魅力。许多妇女具有顺从、温柔、迁就、端庄和诚实的品性，这些品性清晰可见，很容易被大家所体会。

上述这些解读，包括进行科学的分类和系统的安排，目前仍然不是一种科学的研究。这些现象因人而异，既有其可靠性，也有其费解性。那些从未观察到这些现象的人，即便对此给予关注，也仍然无法认识和考察这些现象，而那些相信这些现象的人，也要警惕不能夸大其词或者仓促概括。这里想要强调的是：在选择否定手部特征的价值之前，首先认真研究手部包含的信息，不要轻率地确定某些手部特征的价值，而是审慎地进行分析，并且结合经验予以验证。实践中，有必要关注手的运动情况，特别是手指的活动细节。我并不是指手的外在动作，也不是指手与前臂的协调运动，这些都是可以模仿的。我指的是那些从腕部开始，仅仅发生在手部的运动。关于这些手部运动的研究，观察儿童的手部没有多大价值，因为儿童过于单纯和幼稚。儿童的手所显示的往往是希望占有、抓住和拉拽物品，通常是朝着嘴的方向，就像吃奶的孩子一样。根据达尔文观察，就连小猫都有这种肢体运动特征。

男性的手通常过于厚重，行动缓慢，难以清晰地展现更为细微的运动；只有女性的手，特别是那些活泼、胆怯和容易激动的女性的手，才能反映这种细微的手部运动。相比女性的证言，法官更加关注她们手部的细微动作。当事人的手看似安静地放在腿上，但是，心中隐藏的怒火会慢慢地促使她攥紧拳头，或者将手指向前弯曲，仿佛想要挖出对方的眼睛。手部特征的表现形式很多，有时可能是因剧烈痛苦而紧攥在一起，有时是因高兴而四根手指并拢在拇指肚上，或者断续地、紧张地、焦虑地移动，或者像小猫的爪子一样，在开心时不断地攥紧而又松开。

如果近距离进行观察，就会发现人的脚趾也能反映大量信息，尤其是那些穿着非常舒服的鞋子，从而能够灵活移动脚趾的女性。如果感到愤怒，为了避免被人察觉，她们往往不会选择跺脚，而是用脚趾用力踩住地面；如果感到尴尬，她们就会将鞋底略微向内靠拢，与地面形成一定的角度；如果感到不耐烦，她们就会不断调整脚跟和脚趾的重心，并且不断加快频率；如果想要表达反对和主张，就会提高脚趾使鞋底直接朝前，整个脚仅仅以脚跟为支撑；如果想要表达魅力，通常会将脚部前伸，露出脚踝部位，所有的脚趾朝向鞋底方向，就像小猫感到舒服时的状态。如果女性不想通过言语表达，不想通过身体姿态表达，也不想通过手部活动表达，她们就会通过脚的细节表达自己的想法；内心的想法总要表现出来，脚所反映的细节最有说服力。

总之，我们应当铭记，无论谁主张自己是勤劳的工人，但实际上又总想不劳而获，例如小偷、赌徒等，我们就应当仔细观察他的双手特征。关于笔迹学的价值，请参考我撰写的著作《预审法官手册》。

注释

[1] M. Guggenheim: Die Lehre vom aprioristischen Wissen. Berlin 1885.

[2] Cf. H. Gross's Archiv VI, 328 and VIII, 84.

[3] R. v. Ihering: Scherz und Ernst in der Jurisprudenz. Leipzig 1885.

[4] Wamkönig: Versuch ciner Begründung des Rechtes. Bonn 1819.

[5] H.Spitzer: Über das Verhältnis der Philosophie zu den organischen Naturwissenschaften. Leipzig 1883.

[6] Cf. Gross's Archiv VIII 89.

[7] A. v. Öttingen: Moralstatistik. Erlangen 1882.

[8] Erdmann: Über die Dummheit. 1886.

[9] Ebbinghaus: Über das Gedächtniss. Leipzig 1885.

[10] J. S. Mill:System of Logic.

[11] Cf. Löwenstimm, in H. Gross's Archiv, VII, 191.

[12] Pathological conditions, if at all distinct, are easily recognizable, but there is a very broad and fully occupied border country between pathological and normal conditions. (Cf. O. Gross: Die Affeklage der Ablehnung. Monatschrift für Psychiatrie u. Neurologie, 1902, XII, 359.)

[13] Fröbel; Die Meuschenerziehung. Kcilhau 1826.

[14] K. Lange: Über Apperzeption. Plauen 1889.

[15] Diehl in H. Gross's Archiv, XI, 240.

[16] Carus: Psychologie. Leipzig 1823.

[17] M. Lazarus: Das Leben der Seele. Berlin 1856.

[18] Lotze: Der Instinkt. Kleine Schriften. Leipzig 1885.

[19] Cf. Lohsing: "Confession" in Gross's Archiv, IV, 23, and Hausner: ibid. XIII, 267.

[20] Cf. the extraordinary confession of the wife of the "cannibal" Bratuscha. The

latter had confessed to having stifled his twelve year old daughter, burned and part by part consumed her. He said his wife was his accomplice. The woman denied it at first but after going to confession told the judge the same story as her husband. It turned out that the priest had refused her absolution until she "confessed the truth." But both she and her husband had confessed falsely. The child was alive. Her father's confession was pathologically caused, her mother's by her desire for absolution.

[21] C.J.A. Mittermaier: Die Lehre vom Beweise im deutsehen Strafprozess. Darmstadt 1834.

[22] Poe calls such confessions pure perversities.

[23] Cf. Elsenshaus: Wesen u. Entstehung des Gewissens. Leipzig 1894.

[24] Cf. above, the case of the "cannibal" Bratuscha.

[25] We must not overlook those cases in which false confessions are the results of disease, vivid dreams, and toxications, especially toxication by coal-gas. People so poisoned, but saved from death, claim frequently to have been guilty of murder (Hofman. Gerichtliche Medizin, p. 676).

[26] v. Volkmar: Lehrbuch der Psychologie. Cöthen 1875.

[27] K. Haselbrunner: Die Lehre von der Aufmerksamkeit. Vienna 1901.

[28] E. Wiersma and K. Marbe: Untersuchungen über die sogenannten Aufmerksamkeitsschwankungen. Ztsch. f. Psych. XXVI, 168 (1901).

[29] Slaughter: The Fluctuations of Attention. Am. Jour, of Psych. XII, 313 (1901).

[30] H. L. Helmholtz: Über die Weehselwirkungen der Naturkräfte. Königsberg 1854.

[31] A. Lehmann: Die körperliehe Äusserungen psychologiseher Zustände. Leipzig Pt. I, 1899. Pt.II, 1901.

[32] H. Bergson: Le Rire. Paris 1900.

[33] H. Spencer: Essays, Scientific, etc. 2d Series.

[34] Charles Bell: The Anatomy and Philosophy of Expression. London 1806 and 1847.

[35] J. B. Friedreich: System der Gericht. Psych.

[36] Cf. Näcke in Gross's Archiv, I, 200, and IX, 253.

[37] C. Darwin: The Expression of the Emotions.

[38] S. Strieker: Studien Über die Bewegungsvorstellungen. Vienna 1882.

[39] E. Claparède: L'obsession de la rougeur. Arch, de Psych, de la Suisse Romande, 1902, I, 307.

[40] Henle: Über das Erröten. Breslau 1882.

[41] Th. Waitz: Anthropologie der Naturvölker (Pt. I). Leipzig 1859.

[42] Th. Meynert: Psychiatry. Vienna 1884.

[43] L. Meyer: Über künstliches Erröten. Westphals. Archiv, IV.

[44] Th. G. von Hippel: Lebenläsufe nach aufsteigender Linie. Ed. v Oettingen. Leipzig 1880.

[45] G. Struve: Das Seelenleben oder die Naturgeschichte des Mensehen. Berlin 1869.

[46] La Roche-Foucauld: Maximes et Refléxions Morales.

[47] Grundbegriffe der ethischen Wissenschaft. Leipzig 1844.

[48] Menschenkunde oder philosophisehe Anthropologie. Leipzig 1831. Ch. Starke.

[49] Etwas zur Charakterisierung der Juden. 1793.

[50] A. Kraus: Die Psychologie des Verbrechens. Tübingen 1884.

[51] V. Gyurkovechky: Pathologie und Therapie der männlichen Impotenz. Vienna, Leipzig 1889.

[52] Cf. Näcke in H. Gross's Archiv, I, 200; IX, 153.

[53] Cf. Bernhardi in H. Gross's Archiv, V, p.40.

[54] Revue de deux Mondes, Jan. 1, 1872.

[55] v. Volkmar: Lehrbuch der Psychologie. Cöthen 1875.

[56] A. Bain: The Emotions and the Will. 1875.

[57] Les Timides et la Timidité. Paris 1901.

[58] K. von Reichenbach: Der sensitive Mensch. Cotta 1854.

[59] c.f.H. Bergson: Le Rire. Paris 1900.

[60] Mitchell: Über die Mitleidenschaft der Geschlechtsteile mit dem Kopfe. Vienna 1804.

[61] Blumröder: Über das Irresein. Leipzig 1836.

[62] J. B. Friedrich: Gerichtliche Psychologie. Regensburg 1832.

[63] Cf. Näcke. Gross's Archiv, XV. 114.

[64] Schrenck-Notzing: Ztsehrft. f. Hypnotismus, VII, 121; VIII, 40, 275; IX, 98.

[65] Lotze: Medizinisehe Psychologie. Leipzig 1852.

[66] Berzé in Gross's Archiv, I, 93.

[67] E. Schultze. Zeitschrift für Philosophie u. Pädagogie, VI, 1.

[68] L. Landois: Lehrbuch der Physiologie des Mensehen. Vienna 1892.

[69] Cf. H. Gross's Archiv, II, 140; III, 350; VII, 155; VIII, 198.

[70] J. K. Lavater: Physiognomisehe Fragmente zur Beförderung des Mensehenkentniss und Menschenliebe. Leipzig 1775.

[71] F. J. Gall: Introduction au Cours du Physiologic du Cerveau. Paris 1808. Reeherches sur la système nerveux. Paris 1809.

[72] B. V. Cotta: Gesehiehte u. Wesen der Phrenologie. Dresden 1838.

[73] R. R. Noel: Die materielle Grundlage des Seelenbens. Leipzig 1874.

[74] S. Sehack: Physiognomisehe Studien. Jena 1890.

[75] Darwin: Expression of the Emotions in Men and Animals.

[76] Th. Piderit: Wissensehaftliehes System der Mimik und Physiognomik. Detmold 1867.

[77] Carus: Symbolik der Mensehliehen Gestalt. Leipzig 1858.

[78] C. Bell: Anatomy and Philosophy of Expression. London 1847.

[79] Le Brun: Conferences sur I'Expression. 1820.

Reich: Die Gestalt des Menschen und deren Beziehung zum Seelenleben. Heidelberg 1878.

P. Mantegazza. Physiognomik u. Mimik. Leipzig 1890.

Duchenne: Meehanismus des Mensehliehen Physiognomie. 1862.

Skraup: Kateehismus der Mimik. Leipzig 1892.

H. Magnus: Die Spraehe der Augen.

Gessmann: Kateehismus der Gesiehtslesekunst. Berlin 1896.

A. Schebest: Rede u. Geberde. Leipzig 1861.

Engel: Ideen zu einer Mimik. Berlin 1785.

G. Sehneider: Die tierische Wille. 1880.

K. Michel: Die Geberdensprache. Köln 1886.

Wundt: Grundztüge, etc. Leipzig 1894.

C. Lange: Über Gemütsbewegungen. 1887.

Giraudet: Mimique, Physiognomie et Gestes. Paris 1895.

A. Mosso: Die Furcht. 1889.

D. A. Baer: Der Verbreeher. Leipzig 1893.

Wiener: Die geistige Welt.

Lotze. Medizinisehe Psychologie.

Th. Waitz. Anthropologie der Naturvölker. Leipzig 1877.

Lelut: Physiologie de la Pensée.

Monro: Remarks on Sanity.

C. F. Heusinger: Grundriss der physiologischen u. psychologischen Anthropologie. Eisenach 1829.

Herbart: Psychologische Untersuchung. Göttingen 1839.

Comte: Systeme de Philosophic Positive. Paris 1824.

T. Meynert:Mechanik der Physiognomik. 1888.

F. Goltz: Über Moderne Phrenologie. Deutsche Rundschau Nov. -Dec. 1885.

H. Hughes: Die Mimik des Mensehen auf Grund voluntarischer Psychologie Frankfurt a. M. 1900.

A. Borée: Physiognom. Studien. Stuttgart 1899.

[80] Psychiatrie. Vienna 1884.

[81] J. Müller: Handbuch der Physiologie des Mensehen. 1840.

[82] L. P. Gratiolet; De la Physiognomie et des Mouvements d'Expression. Paris 1865.

[83] Taylor: Early History of Mankind.

[84] J. Reid: The Muscular Sense. Journal of Mental Science, XLVII, 510, 1901.

[85] Wagner's Handwörterbuch, III, i.

[86] C. Bell: The Human Hand. London 1865.

K. G. Cams: Über Grund u. Bedeutung der verschiedenen Hand. Stuttgart 1864.

D'Arpentigny: La Chirognomie. Paris 1843.

Allen:Manual of Cheirosophy. London 1885.

Gessman: Die Männerhand, Die Frauenhand, Die Kinderhand. Berlin 1892, 1893,

1894.

Liersch: Die linke Hand. Berlin 1893.

J. Landsberg: Die Wahrsagekunst aus der Menschlichen Gestalt. Berlin 1895.

[87] W. Esser: Psychologie. Münster 1854.

| 第二篇 |
界定理论的条件

专题 4　作出推论

第 22 节　概述

从心理学领域研究人的精神，其研究主题是梳理有意识的生活的整个脉络，其研究目标是确定人类思维法则的缘起和关联。无论这些关联能否反映出思维对象的内在融贯性，只要基于逻辑来梳理有关思维关联的基本法则，从而获得客观有效的知识，那么，所有涉及思维形式的问题就不属于心理探究的范畴。心理探究通常是为了客观描述实际发生的心理事件，并对心理事件的基本要素展开分析。只要是基于实用目的，将心理学运用于周遭事物的推理问题，我们就只需关注那些界定事物组合关系的法则，并试图解决如下问题：人的心理究竟如何实现这种组合？该问题实际上涉及的就是心理层面的因素。这一问题之所以在法律领域非常重要，就在于推论和理论的构建通常要严格排除逻辑谬误，但却充满了心理谬误，因为任何逻辑都无法消除心理谬误的空间。鉴此，我们必须要审视那些决定推理方式的至关重要的前提条件。

鉴于这些问题在法律领域普遍存在，法律人有必要加强这方面的研究。希尔布兰德[1]指出，当今的知识理论已经分解为若干具体的理论，涉及特定知识领域的具体需求。传统的认识论学者，作为跨越诸多领域的专家，已经被这些领域的学者所取代，并且各个领域的学者都致力于研究本领域的认识论问题。我们格外关注的问题是，基于已有材料或者自身收集的材料，努力得出相应的推理结论。如果我们想要改进本领域的基本原则并考察它们的有效性，由此聚焦整个推理程序，就需要确定有关程序究竟是主观设定的还是符合客观法则；如果该问题得以解决，我们就需要确定心理因素对整个程序的影响。通常认为，人的思维是一种天赋秉性，并不是通过外在规则习得。不过，我们所关注的不是教会推理者如何思考,而是分析他人如何进行推理,以及他人的推理对我们有哪些价值。立足当前这种大胆放手的法律制度,即便是那些最为严重的刑事案件,也是交由业余陪审员作出最终的裁判。鉴此,应当对裁判工作设定所有可行的司法控制,基于最严格的标准审查判断证据,并且只能将那些经过反复审查和确证的证据提交给陪审团。

在陪审团模式下,法官肩负的法律职责看起来并不十分明确。有的法官认为,只要将在案证据提交给陪审团,就已履行了法定的职责,尽管他意识到,大量证言并未经过严格审查,并且陪审员可能平生首次接触审判程序,首次见到被告人,还要在这种情况下决定当事人的命运。如果法官已经意识到上述问题,但却仍然无动于衷,就未能尽到一名法官的责任。与此前相比,法官现在需要从心理学层面审查所有的证据,识别那些似是而非的证据,填补证据缺漏,解决证据难题,然后再将证据汇总起来,交给陪审团作出最终的判断。在希尔布兰德看来,那些看起来不言自明的事情,往往取决于日常生活中反复实践所积累的确切经验;不过,所谓不言自明的印象,却往往只是对那些应当为真的事情作出的直觉判断。休谟早已指出,那些极为复杂和抽象的概念只是源于情感而已。我们应当研究这些事物之间的关联,同时,只有当我们认真对待本职工作所涉的心理过程,才能够切实履行自身的职责。

第23节 证明

米德迈尔[2]指出,作为法律领域证明的方法,为了促使法官依法作出裁判,所有可能的证据来源都必须予以审查。只有通过这种严格的审查,才能获得司法证明所需的确定性,法官才能认定案件事实,进而作出最终的裁判。关于此处提到的"依法"一词,有待进一步作出解释。具体言之,作为司法推理和事实确定性的"来源",证据材料不仅要在形式上满足法律的要求,还要在实质上接受所有可能的检验,包括间接检验和逻辑-心理层面的检验。例如,如果基础的证据来源包括以下几类:现场调查结论、证人证言和偏颇的供述,那么,相应的法律要求就包括:现场笔录按照规定的格式制作,有足够数量的适格证人一致确认争议事实,以及供述是按照法定程序取得。然而,即便上述证据符合法律要求,并且没有任何故意作假的迹象，相应的结论也可能完全是虚假的，或者特定的证据可能没有证明价值。如果法官对案件存在不同的看法，无论这种看法最终是否正确，都足以促使其对证据材料进行严格审查。法官启动对证据的个体审查，并不需要以案件中存在虚假证言、不准确的观察或者诸如此类的错误为前提。对于现场调查的情形，需要在现场调查之初，对现场事物的状态存在一种假定；这可能对可疑的证据材料提供合理解释，并使其具有证明价值，尽管随后该证据材料被证明是虚假的。相比之下，所谓的实地调查通常被视为具有客观性。这种调查通常仅仅涉及间接推知的事件，当人们知晓该事件在其他情形下呈现为不同的样态时，也不会试图对此作出调整和改变。实地调查的客观性实际上并不存在，如果它真正具有客观性，例如仅仅包含对位置关系和其他数据的简单描述，就将变得毫无用处。任何实地调查要想具有价值，都必须对调查者的心理过程作出准确的刻画。一方面，它必须向阅读者，包括量刑法官，生动地描述现场情况；另一方面，它必须显示出调查者自身的思考和描述，以便当阅读者存在不同意见时，能够有机会作出相应的调整。例如，如果我在主观上认为，某人因粗心大意而酿成火灾，进而导致被害人在火灾中丧失，并且基于这种主观认识开展实地调查，最终的描述就将与主观上认为当事人故意纵火杀人时所作的描述存在显著差异。在庭审过程中，有关实地调查的描述将被视为非常重要的证言。如果实地调查结论按照规范的样式制作，包含准确的内容，并按照规定要求宣读，就将符合法律的要求。但是，从良心和真相的角度看，只有当这种描述以合乎逻辑和心理的方式呈现，并且当描述者能够像掌握所有事实的阅读者一样对相应的描述作出修改时，这种描述才是准确的。这种重建工作是心理学领域最难的部分，不过，除非我们想要满足于事物表象，背离自己的良心，否则就必须开展这项工作。

  关于证人证言的判断和解释，需要遵循类似的处理方式。如果证人证言（假定有足够数量的证人出庭作证）与其他证据没有矛盾，证言之间没有冲突，特别是单个证人的证言也没有矛盾，那么，基于证人证言作出裁判的做法在法律上就是正当的。证言内部存在矛盾的现象十分常见，人们在宣读证言规则时很少真正予以关注，也很少从逻辑和心理层面对证言进行审查，由此导致证言的内部矛盾很少得到关注，经常遭到法庭忽视。关于这一问题，我们可以看看那些坊间流传的司法笑谈。假如一个人梦见自己的头被人砍下，由此心生恐惧，并死于中风，然而并非所有人都会关注，人们究竟如何知晓他所做的这个梦。类似地，人们可能听说，某个人失去了他的手臂，并在绝望之中用斧子砍下了另外一只手臂，以便据此更加顺理成章地获取帮助，然而人们并不会关注他为何要这样做。还如，当某人被问起，他是否知晓"约瑟夫国王和铁路信号员美丽的女儿"之间的浪漫故事，这个主题所隐含的时代谬误并不会引起关注，同时，当人们绘声绘色地描述，一个男子一边背着手来回踱步，一边看着报纸，也没有人会注意其中的矛盾之处。

许多证言都包含类似的矛盾，如果无视这些事实而采信此类证言，就将因盲目确信而遭到批评；反之，如果满足了前述法律要求，这种做法在法律层面上是正当的。因此，我们经常会遇到这种情形："证人证言究竟是否真实，这是事关他自己良心的事情；如果他作伪证，就将因此面临法律追究。但是，鉴于他已经提供证言，我的职责就是据此作出裁判。"言下之意就是："我的行为受法律保护，我有权在此类案件中作出此类裁判，没有人能够追究我的责任。"但是，在此类案件中，实际上并没有任何实质性的证据，有的只是形式化的证据。只有当证言接受逻辑和心理层面的检验，证人具有陈述事实的能力和意愿，有关证言才具有实质的证明价值。诚如米德迈尔所言，对证人证言的审查，需要判断其与其他证据的一致性。不过，这既非唯一的审查标准，也非最有效的审查标准，因为对证言自身的审查通常更为重要。同时，这种基于一致性的审查标准并不具有结论性，因为比对结果可能仅仅表明证据之间并不一致，却不能确定其中哪个证据是真实的。只有对单个证言进行审查，判断每个证人的作证意愿和能力，综合进行单个证据审查和全案证据判断，才能确定证据的真实性。

现在，让我们看看案件中经常涉及的证据：偏颇的供述。通常认为，供述的证明价值取决于其自身的属性。供述应当被视为证明的手段，而不是证明本身，这就要求供述应当与其他证据保持一致，唯有如此才能达至证明。然而，作为一项最基本的要求，供述自身应当接受审查，即接受逻辑和心理层面的一致性检验。对于以下类型的供述，这是一项非常必要的程序要求。

（a）动机不明的供述；

（b）偏颇的供述；

（c）指向他人罪行的供述。

关于（a），希尔[3]指出，逻辑是有关证据的科学，其并非意在发现证据，而是旨在展现证据的证明价值。具体到供述这一证据，如果我们将逻辑替换为心理学，无疑是更为贴切的。通常认为，许多命题之所以经久不衰，仅仅是由于它们从未遭到质疑，供述就是典型的例证。犯罪事实要通过供述呈现；作出供述的人通常就是罪犯，没有人对此提出质疑，供述由此成为重要的证据。但是，一旦对此提出质疑，无论最终证实还是证伪，情况就将发生显著的变化。供述此前一直被视为证明，然而，心理学分析将会显示供述能否继续扮演证明的角色。

关于供述的真实性，最确定的依据就是查明供述的动机，这种动机很少显而易见。当然，供述的动机并不总是隐而不现，只是很难立即予以识别，不过，我们不能据此假定，任何供述都有特定的动机。这种假定可能大体上是真实的，但是并不必然为真。如果将供述视为证明，那么，就必须具有确定无疑的动机。仅仅证明供述的存在并不足够；我们还必须知晓与供述有关的所有致因。识别这些致因的过程纯粹取决于逻辑，并且往往是间接通过反证法予以认定。这在本质上是一种否定式证明，但与统筹各种可能性的析取性判断结合起来，也可以作为一种肯定式证明。相应地，我们也是汇总所有可能的动机，据此对供述进行审查。如果所有或者多数动机都不具有可能性，或者没有充分理由，我们就只能选择一种或者几种结论，此时就将面临棘手的心理学问题。这个问题非常疑难复杂，由于其中并不存在矛盾，就隐含着忽视内在问题的极大风险。"反复主张的命题就等于一半的证明。"这是一个耳熟能详的命题，但却很容易导致错误发生。只有当供述得到心理学层面的解释，供述者的全部信念和外部因素都不存在矛盾，并且其他动机都不具有可能性，供述的真实性才能得到确认。唯有如此，才能避免在没有证据的情况下追究供述者的责任，因为没有动机的供述可能是虚假的，因此并不具有证明价值。

关于（b），偏颇的供述很难予以查实，这是因为很难提供证据证明那些未曾供述的事实，同时，由于涉及未曾供述的事实，这使得此前供述的情况也值得质疑。即便在最简单的案件中，供述或者沉默的原因显而易见，也可能产生认识错误。例如，如果一名窃贼仅仅对现场查获的赃物作出供述，否认盗窃了其他财物，那么，这很可能是由于他认识到，对于那些没有现场查获的财物，目前并没有证据予以证明，因此，否认这部分案件事实对自己是有利的。不过，尽管这种推断符合常情常理，实际情况也可能并非如此，例如，窃贼可能试图为其他人包揽罪责，从而仅仅供述自己所涉的犯罪事实，因为其他部分犯罪事实并没有充分的证据予以证明。

偏颇的供述所涉的另外一类原因，就是试图掩盖犯罪的主观恶意程度，例如否认杀人的意图。如果被告人基于前科劣迹或者其他原因，可能对法律制度比较熟悉，我们就有必要质疑其供述的可靠性。在诸如此类的案件中，被告人可能会供述一系列事实经过，但却否认部分事实，同时也不能对此提供正当理由；他可能会供述实施伤害行为时使用的工具，但却拒绝陈述一些无关紧要的细节。如果将此类案件提交法庭审判，半数法官会认为，既然他已经实施了12起盗窃犯罪，那么，其余2起盗窃犯罪也一定是他所为；另外一半法官可能认为，既然他已经供述了12起盗窃犯罪，如果另外2起盗窃犯罪也是他所为，他势必也会作出供述。通常认为，这两种观点都是正确的，两种推理具有相同的论证思路。但总体上，此类案件并不需要进行复杂的分析，因为A此前曾经盗窃12件或者14件物品的事实，对他当前所涉案件的定罪或者量刑并没有多大影响。不过，需要指出的是，被告人是否认罪对案件具有重要的影响，同时，某人是否因无关紧要的事情而被谴责，也对案件的处理有重要的影响。假定有一起盗窃案件，被告人否认实施盗窃行为，盗窃对象价值不大，但却比较特殊，例如一本陈旧的祈祷书。随后，该被告人再次被怀疑实施盗窃行为，他仍旧否认犯罪，盗窃对象仍然是一本陈旧的祈祷书。从证明的角度看，此种情况下，该人是否曾经因盗窃祈祷书而被定罪，就不再是无关紧要的问题。如果他曾经因此被定罪，就会有人认为，他有"一种对陈旧的祈祷书的偏爱"，并且据此怀疑他实施了第二起盗窃行为。

具体到持有被盗赃物的情形，这种司法认定可能具有一定的参考价值。我记得有一个案件，几个人因为盗窃手杖（一种顶端类似斧子的匈牙利手杖）而被定罪。随后，在该区域发生了一起杀人案件，作案凶器就是一把类似的手杖，于是，警方怀疑此前盗窃该手杖的人可能与该起杀人案件有关。假定该人此前承认有关盗窃犯罪事实，唯独否认盗窃手杖，并且基于其供述而被定罪，那么，这一事实对于当前案件就具有重要价值。当然，这不是说要对此前的旧案重新进行审判。随着时间流逝，这种重新核查实际上很难查明真相，同时，这种做法也往往于事无补，因为所有人都已知晓早先的判决，并且倾向于认为当时已经认定被告人有罪。如果某人此前因自己未曾供述的事实而被定罪，那么，无论事实真相如何，这种司法污名都很难予以消除。

实践表明，盗窃案件的被害人通常将家中遗失的所有物品都登记为失窃财物。有些物品可能在盗窃发生之前就已遗失，或者在其他时间被别的窃贼盗走。鉴此，我们经常发现，仆人、孩童或者其他常客，在弄丢或者盗窃家中的物品之后，往往会将责任推到窃贼的身上。此外，失主也往往会夸大被盗物品的数量，以期博得别人的同情，或者据此寻求外界帮助。通常情况下，从心理学角度看，如果供述特定的事实并不会加重处罚，被告人就没有理由予以否认。这一点值得认真分析，因为我们需要站在被告人而非调查者的立场上看问题。我们必须认真研究被告人提供的信息及其观察视角，因为它通常包含不为人知的理由，例如，被告人之所以拒不认罪，可能是由于他担心有关事实加重自身的罪行。鉴此，如下命题：如果被告人曾经偷过某个东西，他就会盗窃其他东西。这确实有其合理之处。

关于（c），如果基于供述指控其他不认罪的被告人，对供述的解释将变得非常困难。首先，必须要关注供述的核心内容，并且区分可能证明供述者无罪以及指证其他人有罪的证据。这项工作相对比较容易，主要取决于案件的具体情况。比较而言，要想确定被告人在指证其他人犯罪的同时，在多大程度上证实自己的罪行，则相对较为困难，因为只有通过两种方式判断案件的实际情况，才能确定最终的结果：一种是无需结合其他被告人的供述加以分析；另一种是结合其他被告人的供述加以分析。要想完全消除其他的可能性是非常困难的，因为这需要全面掌握案件的证据材料，同时，我们很难从心理层面排除已经知悉的事件，并且很难在完全不考虑该事件的情况下提出新的假说。

如果已经实现上述目的，并且基于被告人供述认定了某些事实，接下来的问题就是识别被告人指证自身及其同伙犯罪时的预期目的。报复、仇恨、嫉妒、羡慕、愤怒、怀疑等情感，都是驱使被告人作出供述的内在动机，也能显示出被告人的预期目的。某人可能因其同伙分赃不均，进而基于报复心理指证同伙犯罪；也可能在盗窃过程中犯了愚蠢的错误，进而基于愤怒心理指证他人犯罪。同时，被告人可能基于嫉妒心理指证他人犯罪，使他人也身陷囹圄，由此不再保持对朋友的忠诚。此外，被告人也可能基于同行竞争的心理，试图防止同伙独吞隐匿的赃物，或者防止同伙单独实施事先拟定的抢劫计划。这些动机通常很难识别，但却不难理解。还有一些案件，普通人完全无法理解供述的动机，但被告人却在该动机驱使下供述同伙的罪行。兹举一例予以说明，因为涉案人员早已死亡，所以这里一并提及他们的姓名和故事。1879年的一天早晨，年迈的柯恩躺在地上，身体已经完全被雪覆盖，头部有一处严重的损伤。因为死者像平常一样，喝醉酒后返回家中，人们没有怀疑这可能是一起抢劫杀人案件，而是认为死者醉酒摔倒在地，撞坏了自己的头部。1881年，一个名叫彼得的年轻人来到法庭，宣称柯恩的女儿茱莉亚和她的丈夫奥格斯特雇佣他杀害了柯恩，因为他们已经无法忍受柯恩长期酗酒的恶习和无休止的争吵。雇凶者曾经允诺送给他一条旧裤子和三块荷兰盾，但是，最终却仅仅给了他一条裤子，并没有给钱。由于他多次索要酬金未果，就对外公布了这对夫妇的秘密。当我问他，你是否知道自己将要面临法律追究？他回答说："我无所谓，他们也会面临法律追究，谁让他们不信守承诺。"这个年轻人智商低下，却能够辨别是非，他所陈述的事情最终都变成了现实。

因此，尽管供述通常缺乏内在的可靠性，并且只有少数供述看起来具有可靠性，但供述的理由虽然难以识别和判断，却是多种多样的。要想确定供述的理由，唯一的方法就是全面细致地把握所有的外部条件，不过究其重点，需要对供述者及其指证者的品性进行深入的心理学分析。毫无疑问，对供述者品性的分析更为重要。在评估被告人指证他人犯罪所得的收益时，需要全面评估被告人的品性，包括他的能力、情感、意图和目的。例如，如果某人具有激情的品性，就意味着他可能以遭受痛苦为代价，通过使他人遭受痛苦而获得快感。激情是常见的行为动机，为了揭示被告人供述背后所涉的激情，部分取决于犯罪本身，部分取决于被告人与他人的关系，部分取决于被害人的品性。如果激情本身足够强烈，以至于抵消自我主义的意识，就只能通过研究被告人的品性来加以识别。有人认为，人的行为总是为了谋求私利，但问题在于具体个案究竟包含哪些利益，被告人是否寻求这种利益，以及是否会审慎地寻求这种利益。即便报复的快感可以被视为一种利益，如果这种快感超越了供述带来的痛苦，就需要进行利益均衡，进而审慎地选择用及时可得的较小利益换取此后较大的利益。

当被告人否认那些与犯罪没有实质关联的情况时，另外一些程序对于司法证明具有重要影响。这些程序可能将司法证明引入歧途，以至于实质的证据问题被搁置一旁。一旦被告人否认的情形得到证明，就会导致人们错误地假定，犯罪事实由此得到证明。在这方面，人们经常会犯一些错误，兹举两个案例予以说明。多年以前，在维也纳居住着一个非常漂亮的女孩，在一个著名的商店里担任销售员。一天，有人发现她死在了家中。司法调查显示，死因是砷中毒。在死者桌子上摆放的杯子中发现了半杯糖水，从中检出了大量砷的成分，这两者之间存在内在的关联。邻居反映，死者此前与一名未知男性关系亲密，该男子经常到她家中，不过，二人都尽可能地对这种关系保守秘密。有人反映，该男子在女孩死去之前的那天晚上曾经造访该女孩。警察调查得知，该男子是一名非常富有的商人，居住在很远的街区，一直与他的妻子和睦地生活，并与该女孩秘密保持着非法同居关系。进一步调查发现，死者已经怀孕。警察推断，该男子毒死了自己的情妇，并据此对该男子提起指控。如果该男子立即供认，他认识这个死去的女孩，与她保持亲密的关系，并在前晚造访该女孩的住处；如果他宣称，该女孩对自己的处境非常绝望，与他发生争吵，并扬言自杀，那么，办案机关很可能会得出自杀的认定结论。无论如何，他都不会被提起指控，因为该案并不存在与投毒相关的证据。不过，该人没有这样做，而是否认他认识死去的女孩，否认与该女孩有任何关系，否认他在案发前晚造访过女孩的住处。他之所以这样做，是因为不想在公众面前承认这种不法的关系，尤其不想让他妻子知道这件事。随后，整个案件开始聚焦他所否认的细节。需要证明的问题不再是"他是否杀死了女孩"，而是"他是否与该女孩有亲密关系"。大量证人能够证明，他经常前往该女孩的住处，他曾经在案发前晚造访该处，他的身份信息已经确定无疑。这些证据锁定了他的命运，他最终被判处死刑。如果我们从心理学的视角看待这个案件，不难发现，他否认自己出现在死者住处，这一点既可以被视为他毒死该女孩的动机，也可以被视为他不想承认与死者的关系。随后，当他看清自己所处的危险境地，他就想急于摆脱这种局面，并且希望通过坚持最初的说法而获得较好的处理。不过，就像我们所看到的那样，办案机关证实的事实是他认识并造访过该女孩，而他却因为谋杀该女孩而被判处死刑。

另外一个类似的案件特别具有启发性，并且极富趣味性，基于施伦克·诺丁博士和格拉希教授的著名研究（涉及证人的暗示性问题），让整个慕尼黑市持续关注了很长时间。一个寡妇、她的成年女儿和一个年老的仆人，在家中被人抢劫杀害。一名砌砖工人被怀疑实施了该起犯罪行为，他曾经因为另外一起谋杀犯罪而作出认罪供述，在此之前，他曾经为三名被害妇女的房间建造了一个壁橱。基于对有关事实的综合分析，办案机关认为，砌砖匠当时进入了被害人的房间，假装去检查他此前建造的壁橱是否完好无损，随后在室内实施了抢劫杀人行为。此种情况下，砌砖匠可能辩称："是的，我当时无事可做，想找些活干，于是假装有事进入房间，检查了室内的壁橱，然后收取了一些维修费用，就离开了那里，那三个妇女一定是我离开之后被人杀害的。"如果他作出这种辩解，办案机关就很难追究他的责任，因为所有相关的证言都仅能发挥佐证作用。假定这个人是无辜者，他就可能会这样想："我已经因为一起谋杀案件而接受调查，当时我的经济状况很差，现在仍然面临窘境，如果我承认当时身处案发现场，就可能陷入司法困境，如果我否认到过现场，就能省去这些麻烦。"于是，他就否认曾经出现在案发现场或者现场街道，不过，许多证人都能证实他是在说谎。由于现有证据能够证实他在案发时出现在犯罪现场，办案机关就认定其实施了犯罪行为，并将其绳之以法。

我并不是主张这些被告人都是被冤枉的无辜者,也不是说此类"辅助事项"没有价值,因而无须加以证明。我仅仅是想强调,在司法证明领域应当注意以下两个方面的事项。首先,这些辅助事项不应当与核心事实混为一谈。查明这些辅助事项,仅仅是司法证明的准备工作,因此,应当审慎客观地看待这些事项的证明价值。毋庸讳言,当这些辅助事项得到证明以后,一些法官通常会感到心满意足,进而忘记或者忽视其他应当予以证明的核心事实。同时,关于被告人为何要否认某些并非利益攸关的事项,有必要通过心理学分析确定被告人的具体动机。在许多案件中,我们能够发现被告人的这种做法确有合理之处,如果通过心理学分析确定被告人的具体动机,就能够避免我们想当然地认定被告人有罪,至少可以促使我们更加谨慎地查明案件事实。

在举证环节,与识别不同类型的待证事实有关的风险,经常出现在证人辨认领域;当辅助事项得到证明之后,证人往往会对核心事实形成确信。例如在一起严重的伤害案件中,被害人被传唤出庭作证,指证那个持刀捅刺他的作案人,与此同时,他还要当庭解释,他为何在案发前与作案人发生争吵。如果被告人主张那次争吵无关紧要,而被害人则主张那次争吵非常激烈,那么,一旦被害人的主张得到证实,就往往会随之认定被告人就是持刀捅刺他的作案人。当然,这种推理在逻辑上具有一定的正当性,但在心理学层面却存在问题,因为这种做法是将推理结论与观察结论混为一谈。同理,在许多人看来,只要对犯罪嫌疑人采取逮捕措施,就等同于作出了有罪判决。证人最初仅仅认为 A 可能是罪犯,当办案机关将 A 抓捕归案并带到证人面前时,即便证人知道 A 就是因为他的证言才被抓捕归案,也会随之确信 A 就是罪犯。被告人的衣着和处境,可能促使他人(并不限于没有教养的人)作出不利的判断,他们可能情不自禁地认为:"如果他不是罪犯,就不会被抓捕归案。"

第 24 节　因果关系[4]

如果我们理解"原因"的含义,并知晓任何变化都有因可循,就会认识到,任何事件都与一系列的条件紧密相关。具体言之,一旦缺乏相应的条件,特定的事件就不会发生;反之,一旦具备相应的条件,就会出现特定的事件。鉴此,刑事学家的职责就是研究事件的原因。他不仅需要研究犯罪与罪犯是否存在因果关系，也要研究犯罪的条件之间及其与罪犯之间究竟存在何种关联；此外，还要研究罪犯的哪些个性特征导致其实施犯罪行为。关于因果关系的研究，促使我们关注其他具有相同研究旨趣的科学领域，这是刑事学家需要关注其他科学领域的重要原因。当然，刑事学家因时间精力所限，不会专注其他领域的研究，但是，他必须要研究其他科学领域使用的方法。我们要学习其他科学领域的方法，这就是我们所需要的全部。我们也注意到，有关方法的所有问题都要立足于因果关系。无论从经验还是先验的角度看，我们所关注的只是因果关系。

　　在某些方面，我们的工作与历史学家类似，就是将特定的人物和事件纳入特定的因果链条之中。毫无疑问，因果定律是历史编撰领域最合适并富有启发性的一种方法，类似地，也是法庭举证领域非常有效的一种方法。例如："这就是整个因果链条，最后一个链条就是 A 所实施的犯罪行为。现在，我来呈现犯罪事实，并且仅仅纳入那些能够证明 A 的犯罪行为的事件，此时，犯罪事实是显而易见的。接下来，我依然呈现犯罪事实，这次去掉所有只有当 A 不是罪犯时才予以关注的事件，此时，犯罪事实也就不复存在了。"[5]

　　相应地，谈及因果关系的调查，因案件复杂程度不同，通常会涉及不同数量的具体事项，每个事项的完成又涉及其所涉及的特定事件，因为每个怀疑、每个陈述都需要审查核实。这项工作非常庞杂，但却是成功查明因果关系的唯一途径，其前提是准确梳理所有相关的事件。诚如谢尔所言："在所有自然现象的表象背后，唯有因果定律才具有数学法则的全部力量。万事万物只要有开端，就有因果关系，这是一条与人类实践一样古老的法则。"如果将这一命题运用于司法领域，就意味着只要我们确信任何现象都有其原因，就无须再做不必要的无用功。相反，我们要致力于揭示事物的成因，并据此解决证人证言提出的有关问题。在许多案件中，这项工作通常包含两个层面（尽管不是严格的划分），其成效取决于办案之初是否已经确定罪犯的身份。如果办案之初仅仅知晓犯罪行为，并且法官希望通过自身的调查得出客观的结论，这种二元模式就是至关重要的，也是最为持久的。

　　如果对犯罪的客观情况作出了愚蠢和仓促的推断，就很可能在审判环节犯下严重的错误；反之，如果对有关情况作出准确和审慎的推断，就会取得显著的成功。不过，这种准确的推断并不神秘，只不过是系统地应用因果定律而已。假定某地发生一起严重的犯罪，基于犯罪性质，无法推断罪犯的个体特征。此类案件

| 第一部分 | 证据的主观条件：法官的心理活动

中，常见的错误就是对罪犯的个体特征仓促作出判断，实际上，规范的做法应当是认真研究犯罪的因果关系。从因果定律的视角看，并不是每件事情（无论是整体还是组成部分）都有特定的原因。因果定律实际上所要求的，是一种有效和令人满意的原因。这不仅是从整体上对特定行为的要求，也是对每个细节的要求。当所有这些事项的原因都已查清，就应当将它们汇总起来，并与指控的犯罪进行关联分析，随后与所有相关的事件进行整合分析。

当某人的行为被视为犯罪的原因时，接下来的工作就是审查该人的犯罪嫌疑。在特定情况下，有必要分析犯罪对罪犯的影响，包括经济状况、身体损伤与精神状态等。不过，只有当犯罪被准确而明确地界定为被告人行为的必然结果，并且仅仅是被告人行为的结果时，才能证明被告人有罪。被告人所涉行为通常包含许多细节，对这些细节所作的系统观察和分析，既富有启发性，也是成功的基础。立足实践，正是被告人的行为促使我们关注人的感知及其结论。"所有关于事实的推论，看起来都取决于事物的因果关系；正是基于这种因果关系，我们可以依赖于记忆和感官的证据。"[6]对此，休谟举出了一个形象的例证：如果在荒岛上发现一个钟表或者其他机器，就可以据此推断，现在或者曾经有人在这个岛上出没。这种推理过程非常简单。我们通过感官可以发现钟表的存在，也可以观察到被害人身上的三角形伤口，据此可以推断，有人在当地出没，被害人的伤口是特定的凶器所形成，这就是一种因果关系推论。尽管休谟的推论模式非常简单，但在法律领域却至关重要，因为司法实践始终要面对以下问题：案件的结果是什么？导致结果的原因是什么？它们具有因果关系吗？需要铭记的是，这些问题就是我们的职责，审慎地对待这些问题，有助于避免我们犯下严重的错误。

休谟还非常关注另外一个重要的问题，他的学生迈农对此作出了解释。这个问题就是，如果不借助此前的经验，就无法通过观察发现因果关联，也无法识别具体个案中因果关联的存在。换言之，此种情况下只能对因果关联作出推测。实际上，原因是一个复杂的网络，其中每个要素都具有独特的价值。这一现象比它看起来还要复杂，因为只有通过反思才能区分，究竟仅有一次观察还是进行了多次观察。关于究竟进行了多少次观察，以及是否需要开展进一步的观察等问题，通过严格自律、准确描述和监督，就能够达至正确的结论。

这项工作涉及诸多重要的条件。首先必须要考虑人们思考不同事物之间因果关系的具体方式。诚如施瓦茨[7]所言，普通人并不熟悉因果关系的理念。他主要遵循的方法是比较自然因果定律与人类的作为（积极性）和不作为（消极性），例如，火与水相比更为活跃（积极），但最终要归于熄灭（消极）。这种观察方法无疑是正确的，也是非常重要的。但我认为，施瓦茨不应将研究对象限定于普通人，因为该结论也适用于非常复杂的自然界。一般认为，我们应当结合本我对外界现象作出类比判断，因为本我通常展现为积极的面相，而自然现象也往往展现为积极的面相。

此外，我们经常要接触外部世界的一些事物，并发现这些事物具有重要价值，实际上，这些事物往往展现出积极的面相，例如太阳、光亮、温暖、寒冷、天气等，可见，我们仅仅是根据这些事物的外在价值，赋予它们积极或者消极的属性。基于这种思维方式，我们很容易忽视积极性与消极性之间的转换，或者说没有对这种转换进行专门研究。不过，准确界定积极性与消极性，对我们具有非常重要的意义。对此，人们经常提出一个明知故问的问题，即两个事物之间是否存在因果关联？之所以说这是个明知故问的问题，因为答案总是肯定的。但从科学和实践的角度看，问题在于两个事物之间是否存在真正的因果关联。谈及事物之间的相互影响，也涉及类似的关系。例如，没有人会说，某个事件与太阳存在相互影响，不过，除了这些个别情形之外，我们通常不会认为，A 是 B（结果）的原因，同时，B 也反过来对 A 产生影响。准确认识这种关系，可以避免我们犯许多错误。

谈及与因果关系相关的错误，一个重要根源就是通行的观念，即原因一定与结果具有类似之处。密尔指出，正是基于这种考虑，奥维德让美狄亚烹制了一锅长寿动物的肉汤，各种流行的迷信充满了这种教条。人们通常用狐狸的肺来治疗哮喘，用蓍草来治疗黄疸，用姬松茸来治疗水疱，用马兜铃（果实的形状类似子宫）来治疗生育疼痛，用荨麻茶来治疗荨麻疹。如果加上基督教的守护神们，这个清单可能会不断加长。这些圣灵都与特定事物存在某种关联，因而被视为扶危济困的守护神。例如，圣奥蒂莉亚被视为眼睛的守护神，这不是由于她知晓如何治疗眼疾，而是由于她被针挑去了双眼。窃贼迪斯马被视为死亡的守护神，我们对他知之甚少，只知道他与圣芭芭拉一同死去；有关圣芭芭拉的图片显示，她被关押在一个塔中，这个塔据称是一个火药库，圣芭芭拉由此被视为火器的守护神。类似地，西姆洛克指出，圣尼古拉斯是水手的守护神，因为他的姓名与尼克斯、尼克、尼科尔类似，后者是德国著名海神的名字。

抛开这些毫无根据的关联，即便是那些所谓专业和熟练的因果认定，也并不一定具有可靠性。基于这种类似性观念的潜在影响，人们在认定因果关系时需要付出更多的努力。当然，这个问题的危险系数较低，因为人们很容易纠正此类错误，并注意到此类因果关系的缺陷；不过，人们很少关注此类关联的成因。这可能是由于人们不愿正视该问题，因为他们直觉上认为，这种因果认定并不具有客观基础。人们也可能无法对此作出解释，因为这种因果关联只是潜意识的判断，他们并不知晓具体的原因，只是相信自己是正确的。例如，一个人告诉我，他怀疑某人实施了谋杀行为，因为该人的母亲死于谋杀。这名证人这样说道："如果一个人曾经与杀人行为有关，就一定与此次杀人行为有关。"类似地，整个村子的村民都怀疑某人实施了纵火行为，因为在他出生当晚，邻村发生了火灾。不过，没有人认为他的母亲也受到火的影响，因为她是在生下孩子之后才被告知邻村发生了火灾。在这个案件中，"他曾经与火灾有关"，俨然成了判决的基础。

实践中还有许多类似的案例，涉及大量习惯性的主观臆断，最终导致虚假的因果认定。珍珠代表着眼泪，因为它们具有类似的外形；由于布谷鸟在某个时刻啼叫两声，却在另一时刻啼叫很多声，这应该不是没有缘由，因此，啼叫次数一定意味着死亡的年限，或者结婚的年限，或者金钱的数量，或者其他可以计量的事物。这些观念在农民群体乃至所有人心中已经根深蒂固，以至于有意无意地影响着我们的判断，其实际影响程度远远大于我们的预想。一旦有人断言，他对某事有绝对的确信，但却不能达至证明，这种确信的根基就可能莫衷一是，并且很有可能只是虚假的因果关联。叔本华曾经指出："动机就是因果关系的内在体现。"我们也可以说，因果关系就是动机的外在体现。人所断言的事情一定出自特定的动机，这种断言往往是通过因果关系进行的；如果没有发现真正的动因，就会认同那些虚假的、表面的和不可靠的原因，因为我们始终致力于确定事物的因果关系，否则，整个世界就将处于一种杂乱无章的状态。斯特里克指出："我们都知道，如果一个人不能正确总结自己的人生经验，就很难适应所在的环境；这种艺术家的作品不会受到欢迎，这种工人的工作不会成功；商人将会赔掉本钱，将军将会输掉战争。"我们还要强调，"刑事学家将会搞砸案件"。只要认真思考案件失误的原因，就会发现问题的根源在于忽视真正的事实，以及错误地认定因果关系。关于因果关系的认定，最大的难题不是基于自身对事件链条的认识来审视因果关系，而是我们必须要了解当事人的观察视角和思维习惯。否则，我们就无法像他人那样了解事物的因果关系，或者说，我们很可能得出不同的结论。

诸如此类的错误频繁出现，已经成为众所周知的事实。拉罗希福可就此指出，那些被政治家们标榜为深谋远虑之下的光辉业绩，实际上不过是个人意愿和一时冲动的结果而已。这一论断也适用于法律人的工作，因为法律人总是试图发现犯罪的所谓周密计划，同时，为了证实自己的推断，他们往往倾向于构建一个复杂的理论模型，而不愿假定犯罪行为压根没有任何计划，只不过是偶然事件、个人倾向和一时冲动的结果。从这个角度看，那些极富逻辑、思维缜密的法律人往往会误入歧途。他们通常认为，"我不可能会这样做"，但却忘记了罪犯并不是那种富有逻辑、思维缜密的人，并且根本不会按照计划行事，只不过是率性而为罢了。

　　此外，人们可能对因果关系作出准确的认定，但却忽视了许多重要因素，或者在探究过程中戛然而止，或者对因果链条作出过度解释。密尔对此作出了精辟的解释，并且指出，那种直接与结果相连的先前条件从来都不是原因。当我们将一块石头抛入水中，我们会将重力视为石头下沉的原因，而不会将石头被抛入水中视为原因。类似地，当某人从楼梯上摔落，扭伤了双脚，我们在探讨摔跤这件事时并不会谈到重力法则，因为这已经是基本常识。不过，如果某些事情并不像这些例证那样明晰，就通常会导致对原因的重大误解。首先，如果直接与结果相连的先前条件未被提及，就应当归咎于事件表述的不准确性，因为我们都知道，至少从科学的外在形式上看，有效的原因通常都是直接与结果相连的先前条件。所以，医生们常说："死亡原因是血液溢出导致颅内高压所形成的大脑充血。"他随后才从侧面提到，头部血液溢出是被害人头部遭到重击所致。类似地，物理学家会说，这块木板之所以弹开，是因为表面纤维受力不均所致；他随后才提到，受力不均是受热所致，而受热则是阳光直射木板所致。在上述两个例证中，如果非专业人士忽视了近因，就会在第一个例证中指出："被害人之所以死亡，是因为他头部遭到重击。"并会在第二个例证中指出："木板之所以弹开，是因为它受到阳光直射。"鉴此，我们禁不住会慨叹，与专业人士相比，非专业人士忽略了重要的中间因素，而这仅仅是由于他们不了解介入条件，或者有意忽视了这些条件。如此一来，非专业人士就更容易因忽视有关因素而犯下错误。

　　上述讨论仅仅涉及有关近因的准确知识，法律人要想避免此类错误，就必须进行精心的自我训练，并对自己的思维保持足够的审慎。不过与此同时，我们也应当认识到该问题在司法领域的重要性，因为当我们听取证人证言时，证人通常仅仅向法庭表达最初和最终的推理而已。如果我们不注意审查证人证言所涉的中间链条及其推理过程，就可能听到一些不实之词，更有甚者，我们还可能将之作

| 第一部分 | 证据的主观条件：法官的心理活动

为进一步推理的基础。一旦错已铸成，就很难发现错误的根源。

如果省略推理过程，认为推理结论不言自明（例如，前述楼梯摔落事件所涉的重力法则），由此导致的错误根源之所以难以识别，主要基于以下两个原因：一方面，并不是所有事情都如同想象的那样不言自明；另一方面，不同的人很难对同一事情形成不言自明的判断，换言之，对某个人不言自明的事情，对其他人而言可能远非不言自明。当法律人询问专业人士时，因为他们能够设想许多对普通人而言并非不言自明的事情，所以，关于何为不言自明，这种认识差异就显得非常明显。我也有过这种亲身经历，有一次，著名物理学家玻尔兹曼听到有人建议，他的课堂展示对非专业人士而言不够具体详尽，以至于听众无法听懂他的讲解。鉴此，他在黑板上详细罗列了各种算式或者插补文字，但同时在自己的头脑中将它们整合起来，世界上可能只有少数几个人能够做到这一点。这就是少数天才不假思索的做法，然而大多数人都只能望尘莫及。

该问题在刑事案件中也有相应的体现，只不过需要将专业人士替换为证人。假定一个猎人出庭作证，他省略了整个事件所涉及的一系列因果关联，仅仅对其所关注的事情提供相应的结论。此时，我们就将陷入一个怪圈，即证人假定我们能够跟上他的思路和推理，并且能够促使他关注任何明显的错误，但实际上，我们需要依赖他的专业知识，适应那种思维跳跃的推理，并且不加批判地接受最终的结论。

这里所谓的"专家"或者"专业人士"，并不仅指具有特定领域专业知识的人士，也包括那些碰巧了解某些专门知识的人，包括知道犯罪行为发生地点的证人。那些了解此类知识的人，往往将这些知识视为不言自明，但是，对于那些并不了解此类知识的人，情况却并非如此。因此，当路人向当地农民问路时，农民们非常熟悉家乡的道路，通常会回答说，"就在前面呢，不会迷路的"，即便实际上这条道路需要转上十道弯。

人类的估算只有经过审查和检验，才能认定估算结论具有可靠性；复杂的推理也是如此，只有当所有的推理链条都已经过检验，才能认定推理结论具有可靠性。因此，法律人必须严格审查推理的每个步骤，基于这种审查要求，可以减少发生错误的可能性。

如果我们有条件通过实验的方式检验推理链条，就能够显著降低工作的难度。诚如伯纳德[8]所言："关于自然现象的存在条件，存在一种绝对的决定论，无论生命体还是非生命体都是如此。如果认识并满足任何现象的存在条件，这一现象就会出现，并不以实验者的意志为转移。"不过，只有在极少数案件中，法律人才能达到这种绝对确定的效果，目前，只有少数刑事学家能够通过审查证人、被告人或者专家来检验已有的假说。在许多案件中，我们都不得不依赖于自身的经验，如果我们不能深刻反思自身的经验，就很容易陷入困境。就像休谟所说的那样，即便是普遍的因果定律，俗称有果必有因，也只不过是一种思维习惯。我们不能在外部世界观察因果关系，休谟的这一重大发现仅仅指出了因果关系解释面临的困难。这种观点的缺陷在于，休谟断言，我们可以通过习惯获得有关因果关系的知识，因为我们能够观察到类似事物的关联，基于经由习惯获得的理解，我们能够通过观察某个事物推知其他类似的事物。作为伟大的思想家，休谟的这些断言当然是正确的，不过，他并不知道如何论证这些断言的基础。休谟提出了以下原则：

我们不是通过理解，而是通过经验来认识因果关系，如果我们想到此类事情时，感觉像是回忆不熟悉的事物，就很容易认同这一论断。假定某人并不了解物理学知识，即便我们交给他两块光滑的大理石板，他也不会发现，两块大理石板擦在一起后就很难分开。由此可见，只有通过经验才能发现事物的这些属性。没有人会自欺欺人地认为，我们能够通过推理来发现火药的威力或者磁场效应。但是，对于我们平时观察到的事物，这一论断可能并不完全适用。对于这些日常事物，无须借助于经验，仅仅通过理解就能发现其内在的因果关联。通俗地讲，即便某人突然来到这个世界，也能立即发现，台球被击打后会带动其他台球。

但是，关于我们无法得出先验判断这一论断，有许多事实可以证明，例如弹性并非一种可以观察的属性，因此，我们可以主张，除非曾有至少一次经历，否则就无法发现因果关联。我们无法先验地认为，与水接触就会导致身上弄湿，或者手中持有的物体会受到重力影响，或者手指放入火中会感受到疼痛。这些事实总要先有直接经验或者间接经验。休谟指出，每个原因都与其结果不同，因此无法从结果之中推导出来，每当发现或者陈述某个原因，都与先验判断没有必然联系。理解的全部功能，在于简化自然现象的内在原因，并从多个原因中推断具体的结果，这些活动都只能在类比、经验和观察的辅助之下得以完成。

然而，相信他人的推理究竟意味着什么？他人的陈述中有哪些内容无须进行推理？所谓相信他人的推理，是指确信他人作出了正确的类比，正确地运用了经验，毫无偏见地观察到了特定的事件。这就涉及大量的假定，如果你投入精力认真地审查证人的陈述，哪怕是一个简短的陈述，分析其中涉及的类比、经验和观察结论，你就会吃惊地发现，我们曾经是多么盲目地相信证人的推理。如果你相信先验知识，工作就变得非常简单："这个人亲身感知了事件经过，并且复述了事件情况；他的理解力十分健全，对此没有任何异议；因此，我们可以依据他的证言认定有关事实。"不过，如果你保持更加挑剔也更为审慎的怀疑态度，至少要具备足够的理由才能说服自己相信证人的智商。同时，你也不能逃避对证人的类比、经验和观察结论进行审查的职责。

究竟是坚持先验论还是怀疑论，这决定了对证人所持的完全不同的态度。无论持有上述哪种观念，都应当审查证人说谎的动机，不过，只有基于怀疑论，才需要审查证人陈述真相的能力，以及证人是否具备准确复述事实的理解能力，同时还要严格审查证人基于类比、经验和观察所作出的大量推理结论。只有当怀疑论者得到认可时，人们才会知道，哪些人已经注意到不同的人为何会对类比产生分歧，个体的经验为何（在观察和解释层面）存在显著差异。毫无疑问，准确辨析这些差异，是调查工作的主要任务。

这里需要注意两种情形。一是因果关联与偶然关联之间的差异。如果认识到这种差异，就会发现经验经常具有误导性，因为两个现象可能同时发生，但却没有因果关系。例如，有个人已经年近90岁，根据他每周进行的观察，当地每周二都会降雨，这个观察结论的数据很多，并且经常得到验证。不过，没有人会认为周二与下雨之间存在因果关联，因为大家都知道这种认识是愚蠢的。不过，如果事物之间的巧合关系很难识别，就很容易被认定为因果关联，例如在万圣节或者新月期下雨等。如果上述关联的偶然性很不明显，这时的观察结论就成为更加可信和科学的气象规则。这种现象在各个领域都普遍存在，不论是证人还是我们自己，通常都会感觉很难区分因果关系和偶然关联。唯一可行的做法就是假定这是一种偶然关联，只要其并非不容置疑，然后仔细审查其中是否可能包含因果关联。"对于任何观察所包含的事项，都应当根据因果法则加以整合，然而，总有很多事项并不存在任何因果关联。"

关于另外一个重要的情形，叔本华[9]强调指出："对于任何影响因素，只要我们认定其具有因果效力，并据此认定其有效性，那么，这种效力在面临反对意见时，就会随着反对意见的强化而得以强化，由此产生适当的因果效力。如果一个人拒绝10美元的贿赂，但表现出动摇的态度，就可能会接受25美元或者50美元的贿赂。"

基于这个简单的例证，可以归纳出法律界的黄金法则：法律人应当审查有关因素对被告人早期生活的影响，或者在其他案件中的影响，换言之，被告人的早期生活从未得到足够的关注。在特定的案件中，当被告人的早期生活成为影响罪责的决定因素时，对该问题的研究就显得非常重要。我们需要审查被告人是否具有犯罪动机，或者说被告人是否能从犯罪中受益。这种审查需要关注的不是影响的强度问题，只是需要确定影响是否存在。这种影响通常不会无缘无故地消失，因为个人的倾向、品性和情感极少消失；如果缺乏机会和刺激，这些个体因素并不会显而易见，它们可能得到适当抑制，但只要像叔本华所讲的那样，一旦出现25美元或者50美元的诱惑，它们就会显现出来。一旦需要对特定的品性进行转换分析，上述问题就将变得非常复杂。例如，所涉问题是怀疑某人有谋杀的倾向，但审查其过去的生活经历，唯一值得关注的不良品性就是虐待动物。又如，在努力寻找残忍的表征时，唯一可以确定的就是非常好色。还如，当存在残忍的倾向时，所涉的问题是贪得无厌的品性。这些品性的转换问题并不十分复杂，但是，当我们需要解释此类品性，例如极端自我、公然嫉妒、极度追求冗余、过度自负和极其懒惰等，可能会导致哪些后果，就需要对此类问题保持足够的审慎，并开展深入的研究。

第25节 怀疑主义

休谟的怀疑主义与前一章节的主题直接相关，但该理论自身仍然有待探究。尽管法律人无须对哲学上的怀疑主义表明立场，但是通过研究休谟的学说，无疑更加有利于开展司法工作。

基于前述分析，我们知晓和推断的所有知识，只要与数学无关，就来自于经验。进一步讲，我们对这些知识的确信和推理，以及我们跨越感官边界的方式，都依赖于感觉、记忆和因果推论。我们关于因果关系的知识也来自经验，具体到刑事司法领域，这一原则可以表述为："我们信以为真的那些事物，并不是理性推论，而是经验判断。"换言之，我们信奉的假说和推理知识都仅仅依赖于事件的循环往复，我们据此推测有关事件会在特定条件下再次出现。这促使我们思考，我们据以与当前进行比较的类似案件，究竟是否真正具有类似性，同时，此类案件是否在样本群体中具有足够的代表性，以至于能够排除其他的案件。

| 第一部分 | 证据的主观条件：法官的心理活动

让我们来看一个案例。假定某人曾经遍游欧洲各地，但是从未听过或者看过黑人，如果让他来思考人类的肤色，就会面临以下局面：无论是绞尽脑汁还是借助所有可能的科学方法，他都无法得出世界上还有黑人的结论；关于这一事实，他只能通过观察才能发现，单纯通过思考是无法发现的。如果他仅仅基于经验作出判断，就一定会从数以百万的例证中得出结论，认为所有的人类都是白皮肤的。他之所以会犯错，就在于他所观察的大量对象都属于同一区域，因而未能观察到其他区域的情况。

我们办理的案件并不涉及具体例证，因为我很清楚，许多法律人都持这种观点："涉及这种情况的案件成百上千，所以这个案件也一定是这样。"我们很少反思是否掌握足够的案例，已有案例是否可以参照，以及是否已经穷尽现有案例。不难发现，法律人之所以这样做，主要是基于以下假定，我们已经在数千年间积累了大量具有提示性的先验推论，并据此相信这些推论具有毋庸置疑的可靠性。如果我们认识到，所有这些假定都是经验的产物，而所有的经验都可能具有欺骗性和虚假性；如果我们认识到，在旧有经验基础上，新的经验不断累积，由此推动人类知识发展演进；如果我们认识到，许多新的经验与旧有经验存在矛盾；如果我们认识到，从第1个案例到第101个案例，其中并无数学上的推理规律可循，我们就能避免犯更多的错误，避免造成更多的损害。从这个角度看，休谟[10]的理论还是很有启发性的。

在马萨里克[11]看来，休谟式怀疑主义的基本理念可作如下理解："如果我经常重复某个相同的经验，例如，我已经看见太阳升起100次，并期望明天看见太阳升起第101次，但是，我却不能保证、不能确定、不能证明这种信念。经验只是回顾过去，却不能照往未来。我如何才能通过前100次日出判断第101次日出呢？在我看来，经验显示的是期望从类似情形推断类似结果的习惯，而理解力则并不涉及这种期望。"

任何以经验为基础的科学，都不具有确定性和逻辑基础，即便它们的研究结果从整体上看具有可预期性，只有数学才能提供确定性和证明。因此，在休谟看来，以经验为基础的科学是不可靠的，因为因果关联的认定依赖于经验事实；我们只有基于与因果关联有关的证据，才能获得有关经验事实的确定知识。

雷德率先对这种观点提出反对意见，并试图显示我们对必然联系具有明确的认识。他承认，这种认识并不是直接通过外部或者内部经验获得，但同时主张，虽然情况如此，这种认识仍然具有明确性和确定性。我们的头脑有能力创造自己的概念，其中一个概念就是必然联系。康德进一步指出，休谟未能认识到自身理论的全部结果，因为因果关系的理念并不是据以说明事物关联的唯一方法。鉴此，康德围绕类似的概念，从心理学和逻辑学层面构建了一套完整的理论体系。他所著的《纯粹理性批判》一书，旨在从历史学和逻辑学层面反驳休谟的怀疑主义。该书意在表明，不只是形而上学和自然科学将"先验综合判断"作为基础，数学也是如此。

尽管如此，我们的目标是将休谟的怀疑主义运用于实践，解决实践中遇到的问题。假定有一些人活到了120~140岁，在数以百万计的例证中，都没有人达到这样的高龄。如果认识到这一少部分人的情况，就可以论证这种推断，即地球上没有人能活到150岁。然而，现在我们发现，有一个名叫托马斯·帕尔的英国人活到了152岁，根据皇家协会的官方认证，他的同胞詹金斯至少活到了157岁（根据他的铜板肖像画，他活到了169岁）。然而，鉴于这些是经过科学确证的最高年龄，所以，我可以断言没有人能活到200岁。不过，由于可能有人活到180~190岁，没有人会宣称绝对没有人可能活到这样的年纪。这些人的姓名和经历都已记录在案，他们的存在足以反驳那些质疑这种可能性的理由。

鉴此，我们不得不面对或大或小的各种可能性，并且认同休谟的观念，即在类似的情况下，特定事物的反复出现意味着下次仍将出现。不过，基于所谓的交替现象，我们也会发现相反的证据。众所周知，在彩票抽奖活动中，如果某个数字已经很久没有抽中，它最终将被抽中。例如，如果在90个数字中，数字27已经很久没有出现，那么，在接下来的抽奖活动中，27就非常可能出现。抽奖者的所有数学组合都依赖于这种经验，概括起来就是：某个事件出现得越频繁（如同数字27始终没有出现），其再次出现的概率越低（例如，27很可能随后出现），这看起来与休谟的主张恰恰相反。

有人可能认为，上述案例应当换一种表述方式：如果我知道一个袋子里面装有宝石，但却不知道宝石的颜色，我就逐一从袋子中取出宝石，结果发现拿出的这些宝石都是白色的。据此，每当我从袋子里拿出一块新的白色宝石，袋子中仅有白色宝石的概率就随之增加。如果袋子中一共有100块宝石，现在已经拿出99块，没有人会假定最后一块宝石是红色的，因为任何事件的重复都会增加其再次出现的概率。

这个例证实际上并不能证明什么，因为一个不同的例证与它意图取代的例证并不矛盾。关于这一点，可以作出以下解释：第一个例证涉及相同概率的规则，

| 第一部分 | 证据的主观条件：法官的心理活动

如果我们运用休谟的理论，即同一事物反复出现意味着概率的增加，我们会发现这个理论能够对例证作出有效的解释。我们现在已经知道，在彩票抽奖活动中，其中的数字是均等抽取的，具有类似的规律性，例如，没有哪个数字在较长一段时间内出现的频率过高。由于这一事实是稳定不变的，我们可以假定，每个数字出现的概率是比较有规律的。此时，这种解释与休谟的理论是能够契合的。

休谟的理论还可以解释一些令人难以置信的统计学之谜。例如，我们知道，某些区域每年总会有大量的自杀事件、伤害案件等，如果我们发现，前半年自杀事件的数量显著低于其他年度的同一时段，那么通常就会推断，后半年自杀事件的数量将会显著增加，从而保持全年的自杀事件数量总体持平。假定我们主张："在1~6月，平均每月发生X起案件，因为我们已经连续六次观察到平均的发案数，通常会认为在其他的月份不会保持这样的发案数，而是会出现X+Y起案件，否则就无法达到年度发案平均数。"这种看法是对休谟理论中的均等分布原理的错误解读，对于上述情形，休谟原则应当作如下理解："在连续多年间，我们已经发现，该区域每年都会发生若干起自杀事件；鉴此，我们认为今年也应当发生类似数量的自杀事件。"

鉴此，均等分布原理作为休谟理论的附属规则，不能脱离基本理论而存在。实际上，该原理对于简单事件也是适用的。当我决定去某个大街散步时，因为我对那里很熟悉，我会记得这是星期天还是工作日，我也知道具体的时间和天气情况，我还准确地记得街道的外观以及可能在那里遇到的人，尽管人们每天可能有一些随机的安排，也可能会选择走其他的街道。如果碰巧在街道上遇到很多人聚集，我就会立即想到，这里可能发生了不同寻常的事情。

我的一个侄子有段时间没有事做，在长达数月的时间里，他和朋友在一个咖啡店里计算每天路过的马匹数量。通过这种有意识的仔细观察，他们发现，每当有4匹马经过时，其中总有一匹枣红色的马。如果某一天，最初经过的大量马匹都是棕色、黑色或者褐色，他们就不得不推断，接下来将有不同颜色的马匹出现，并有更多数量棕红色的马出现，以便实现总体上的数量均衡。这种推理与休谟的理论并不矛盾。在一系列的计算结束之后，他们将不得不认为："在这些天里，我们发现每4匹马中就有一匹枣红色的马；我们由此推断，在接下来的一天中仍然会保持类似的比例关系。"

类似地，尽管法律人并不和数字打交道，但是他们应当认识到自己并不知晓先验判断，因此必须完全将推论建立在经验之上。鉴此，我们必须认识到，此类推理的基础并不具有确定性，经常要加以修正，并且一旦应用于新的事实，就很可能导致严重错误；尤其是当据以作出推理的经验极其有限，或者没有注意到未知但却非常重要的条件时，就更加容易犯严重的错误。

涉及专家证言，我们必须始终铭记上述事实。我们不能直接表现出对专家证言的怀疑，也不能让专家变得无所适从，但是应当认识到，知识的增长依赖于例证的积累。当我们拥有100个例证时，可能认为某些事情理所当然；但是当我们拥有1000个例证时，情况就可能发生了巨大变化。昨天，旧有的规则可能还没有例外情形；今天，诸多例外情形已经出现；明天，例外俨然变成了规则。

因此，那种没有例外的规则越来越罕见，而且一旦发现了例外情形，规则也就不再显得那么理所当然。在发现新荷兰之前，人们认为所有的天鹅都是白色的，所有的哺乳动物都不能生蛋；现在我们都已知道，世界上存在黑天鹅，鸭嘴兽能够生蛋。在我们发现紫外线之前，谁敢断言光线能够穿透木头呢？谁又敢断言当今的伟大发明随后不会被事实所否定呢？实际上，那些伟大的、颠扑不破的原理可能随得到确证，但是目前稳妥的做法是谨慎作出断言，即便此类原理是由经过精细验证的有效命题所构成，并被视为科学洞见的象征，也要保持应有的审慎。这方面，当代伟大的医师都是杰出的代表，他们认为："现象A是否由B所致，我们尚且不能确定，但是截至目前，每当我们发现A时，事先都会有B出现，还没有人发现相反的例证。"刑事司法领域的专家也应当秉承类似的理念。尽管这种做法可能很难予以接受，但是无疑更加安全稳妥；即便他们没有采取这种做法，我们也有义务假定他们应当采取这种做法。唯有如此，我们才能避免盲从那些看似没有例外的普遍规则，从而稳妥地推进工作。

这一点与我们的职责紧密相关，当我们认为自己发现了普遍有效的规则时，就会舍弃专家的协助而独立得出结论。我们经常依赖自己的理解和自认为正确的先验推理，实际上那些都只不过是经验，并且是非常匮乏的经验！法律界尚未将刑事科学推进到更高的境界，还无法充分利用同行的经验以及经过同行审查和确认的书面材料。我们投入大量精力研究法律难题，界定司法概念，但是缺乏对人类及其情感的研究，也没有这方面的研究传统。因此，每个人都不得不依赖自身的经验，如果这种经验已有数十年的经历作为背书，并且得到他人经验的支持，就会被认为具有相当的可靠性。从这个角度看，并不存在所谓毋庸置疑的规则；每个人都应当扪心自问："我可能从未经历过这个事实，但其他成千上万的人可能经历过，并且可能形成成千上万种不同的认识。鉴此，我如何能够排除各种例外情形呢？"

我们应当铭记，在规则所涉的情形中，哪怕只有一个要素尚未被发现（这在实践中十分常见），规则都存在失效的风险。假如我并不完全了解水的属性，就从安全的陆地走到了平静的水池边缘，我可能会假定：水是有形物，它有密度、稳定性和质量等属性。我们还可能假定，我们能够像在陆地上行走一样，在水面上自如地行走，这仅仅是由于我不了解水的流动性以及它的特殊风险。利布曼[12]对此作出了精辟的阐释。事物的因果关系，包括闪电和雷声之间的关联，以及火药燃烧与爆炸之间的关联，与逻辑关系完全不同，这仅仅是一种先前事物与演绎结果之间的概念关联。这是著名的休谟式怀疑主义的核心观点。我们必须清醒地认识到，对于特定的现象，我们根本无法确定自己是否已经掌握所有的决定因素，鉴此，我们必须坚守这个唯一没有例外的规则：审慎地制定不承认任何例外的规则。这里还有必要提及另外一个问题，即休谟式怀疑主义在数学层面的例外情形。通常认为，司法科学在许多方面与数学紧密相关，包括允许使用先验命题。莱布尼茨早已指出："数学家关注数字，法律人关注理念，实际上两者所做的是一回事。"如果两者的关系确实如此紧密，那么，关于现象科学的怀疑主义就不能被应用于法律领域。不过，我们并不只是和概念打交道，尽管面临重重障碍，莱布尼茨的时代已经过去，就司法职业的现状而言，它最重要的对象就是人类自身，这构成了司法研究的重要组成部分。进一步讲，数学是否能够真正免于怀疑主义的困扰，仍然值得深入研究。高斯、洛巴谢夫斯基、波尔约、兰伯特等人的研究，对此给出了否定的答案。

让我们来看看数学假设扮演的重要角色。当毕达哥拉斯发现数学假设时，他首先画了一个直角三角形，然后沿着各边分别画了一个正方形，最后算出各个图形的面积并进行比较，他在这样做的时候，一定认为这可能仅仅是个巧合。如果他使用不同的三角形进行10次或者100次计算，最终总是得出相同的结论，此时他才有可能断言，自己已经发现了一个重要的定理。即便如此，他的研究方法也仅仅是经验方法，这就如同一个科学家断言，从来没有人看到一只鸟直接生育幼鸟，由此认为所有的鸟都要生蛋。

不过，毕达哥拉斯在发现上述定理时，并未始终采用这种经验方法。他构建假说并加以计算，同时基于假设开展研究："如果这个是直角三角形，而那个是正方形，那么……"这恰恰是所有科学领域的基本研究方法。诸如此类的命题包括："如果地月关系与此前保持不变，月亮就应当在明天的特定时间升起。""如果这个推理步骤并不是错误的,如果推理前提是可靠的,如果它指涉X,那么……"在司法过程中,刑事学家从事的是类似的工作,他们必须对推理的假设前提保持怀疑态度。

第 26 节　案例研究的经验方法

为了更好地理解休谟式怀疑主义,有必要简要介绍科学领域的经验方法。我们可以将科学规律视为纯粹的经验法则,通过对自然现象的观察和实验,揭示出自然界的内在规律,不过,对于那些与观察结论明显不同的例证,则通常很少关注或者不予关注。之所以如此,是因为这些案例不能据以证明自然规律的存在。因此,经验规则并不是终极规律,但却具有一定的解释力,特别是经验规则为真的情形。例如,特定的气象现象意味着接下来要出现相应的天气,杂交育种有助于提高物种质量,有些合金要比原有的组分更加坚硬等。如果审视司法领域的例证,可以从法理层面将以下事物视为经验法则,例如,杀人犯是罪行尚未遭到惩罚的罪犯;所有的赌徒都显示出一些重要的共性特征;一些暴力犯罪的罪犯在手上沾染血迹后,通常会在桌子底下擦拭血迹;一些狡诈的罪犯通常会在实施严重罪行后犯一些愚蠢的错误,由此留下明显的案件线索;贪婪和残忍之间存在紧密的关联;迷信在犯罪中扮演着重要的角色等。

在科学领域,由于很少对纯粹的经验法则开展研究,导致经验法则很少得到关注,但实际上,提炼经验法则具有十分重要的意义,因为我们非常需要这些法则。我们大多知道,诸如此类的经验知识在实践中经常出现,但我们并未从中提炼规则,也没有对已有案件进行系统研究;鉴于我们没有通过归纳法研究此类问题,也就不能将此类知识称为自然法则。"对于通过经验发现的事实,如果从中提炼普遍的法则或者规则,这种做法就是归纳法,其中包括观察和演绎。"归纳法可以被视为"经验的概括或者提炼;如果基本条件保持一致,就可以推断,此前多次出现的现象将会再次出现。早期的侦查人员基于最基本的归纳推理开展案件调查,例如火会燃烧,或者水往低处流等,由此不断发现新的事实。这就是科学归纳的方法,它还具有确定性和准确性的要求。"[13]

前述方法对于法律人而言非常重要,但是应当铭记的是,我们的归纳概括能力尚未超越"火会燃烧,或者水往低处流"的水平。即便是此类命题,我们也是从其他领域借鉴得来。实际上,我们从本领域归纳的经验法则十分有限,为了提炼更多规则,我们还有很长的路要走。此外,经验法则并不像我们想象的那样确定无疑,即便从数学角度分析也是如此。例如,根据经验法则,三角形的三个角之和等于两个直角之和。然而,自从测绘科学产生以来,并没有人发现哪个角有180度。鉴此,即便这些法则一直被视为是有效的,其实际上可能并不真实,或者说仅仅在理论上是真实的;鉴此,即便某些法则在许多类似例证中都成功予以运用,但我们基于这些不甚确定的规则进行推理,仍然要保持非常审慎的态度。刑事学家的工作具有内在局限,只能接触非常有限的社会生活,同时,从其他领域获得的启示也非常稀少。其他科学领域的情况与此截然不同。詹姆斯·萨利[14]指出:"我们的经验促使我们形成更多的内心确信。我们可以预测政治变迁和科学发展,并能设想北极的地理状况。"其他领域也能够合理地提出此类断言,但是在刑事司法领域,情况又是如何呢?一个人可能常年面对窃贼和骗子,但是他能够基于从自身经验归纳的法则,推断出面对第一个杀人犯的情形吗?他能够基于从处理知识分子所犯的案件中获得的经验,有效地处理农民所犯的案件吗?对于上述情形,我们进行演绎推理时要保持足够的审慎,并且不断提醒自己倍加小心,因为我们的工作缺乏足够的素材。此外,我们还应注意,归纳法与类比法具有紧密的关联。李普思[15]指出,归纳法的基础也是类比法的基础,两者具有共同的根基。"如果我仍然怀疑,刚刚据以作出判决的事实是否应当重新予以审视,这种归纳就是不确定的。如果我认为某个事物具有充分的理由,然而实际上情况却并非如此,我的结论就不具有正当性。"如果我们始终记得,我们曾经如何被警告注意类比法的使用,特定的刑法领域如何明确禁止类比法的使用,以及类比法的使用究竟具有哪些危险,我们就应当认识到,归纳法和类比法在司法领域的应用总是面临内在的风险。与此同时,我们还要注意这两种方法究竟有多大的适用范围;即便是一些普遍性规则,例如与虚假证言有关的偏见、反复和特定的倾向等,以及与证言的构成和偏差相关的原则,即便是与证人和供述的价值相关的规则,所有这些都依赖于归纳法和类比法。我们在每个案件的审判过程中都会运用这两种方法。不过,如此经常和广泛使用的方法,必须具有内在的可靠性,或者应当极其审慎地予以使用。如果不能保证方法的可靠性,就必须强调审慎地使用。

关于归纳法的使用,此处有必要介绍常见的方法。关于密尔的逻辑系统,菲克早就关注这个令人惊讶的问题：为什么在许多案件中，一个例证就足以得出归纳结论，而在其他案件中，大量一致性的例证，即便没有发现任何已知或者疑似的例外，对于普遍有效的判断也仅具有很小的论证作用？

该问题在刑事司法领域具有非常重要的意义，因为在个案审判过程中，我们很难确定，我们所面对的究竟是第一种情形（即单个例证就足以证明）还是第二种情形（即很多例证也不足以证明）。这一难题隐含着重大的错误风险，特别是错将第二种情形当做第一种情形的风险。此种情形下，我们满足于诸多的例证，并认为已经足以证明案件事实，但实际上根本就没有达至证明。

我们首先应当分析，是否有必要将该问题的困难之处归因于问题的提出方式，并且主张困难实际上来自问题本身。如果所涉的问题是："袋子里面装的上千个宝石中有白色的宝石吗？"答案取决于先前取出的宝石，即便其中有一个白色的宝石，就可以作出肯定的答复。如果换一种提问方式："袋子里面只有白色的宝石吗？"那么，尽管已经从袋子里面拿出了 999 个白色的宝石，也不能确定最后一个宝石仍然是白色的。类似地，如果人们主张问题的形式决定了最终的答案，这并不意味着问题的形式本身具有确定性或者独特性，因为问题可以被归入前述两种不同的类型。

为了对问题进行有效的区分，可以考虑将第一类问题视为肯定性问题，将第二类问题视为否定性问题。肯定性问题涉及单一的对象，而否定性问题则涉及不特定多数对象。如果问题是："袋子里面有白色的宝石吗？"只要发现一个白色的宝石，就可以给出肯定的答案。但是，如果换一种提问方式："袋子里面只有白色的宝石吗？"虽然从形式上看，这是肯定性问题，但实际上却是否定性问题。为了透过问题的形式看清其实质，有必要进一步提出以下问题："袋子里面除了白色宝石，还有其他颜色的宝石吗？"基于给定的条件，否定性问题涉及不特定多数对象，因此，直到从袋子里面取出最后一个宝石，才能给出最终的答案。如果宝石的总数是无限的，那么，该问题在数学层面就无法给出完全归纳性的答案，而只能作出大致的估计。如果问题是："世界上存在纯蓝色的鸟吗？"只要发现一只纯蓝色的鸟，就可以给出肯定性的答案。但如果换一种提问方式："世界上难道不存在条纹状羽毛的鸟吗？"那么，只有当彻底排查世界上所有的鸟，才能给出最终的答案。具体言之，只有当所有的鸟类都不具有条纹状的羽毛，才能排除该问题提出的可能性。事实上，我们通常满足于并不完全的归纳结论。所以，我们会说：博物学家几乎走遍了世界的每个角落，但是他们从未提到曾经见过条纹状羽毛的鸟；因此，即便在世界上还未开发的未知区域，也不会有这种特征的鸟。尽管这也是归纳推理，但它的证明与纯粹的归纳推理并不是一回事。

如果我们不再关注问题的形式，而是仅仅研究问题的答案，前述区分就显得更为明晰。此种情况下，我们就会认识到，只要存在一个例证就足以证实肯定性命题，而只有全面梳理所有可能的例证（如果存在无限的例证，就无法列举所有的例证），才能证实否定性命题。众所周知，对于否定性证明，通常需要提供大量的例证。我们可以确信的是，关于单一例证是否足以达至证明，或者一百万个例证是否不足以达至证明，这实际上涉及的是肯定性命题与否定性命题的区分问题。

鉴此，如果问题是："A曾经偷过任何东西吗？"我们只需找到一份认定其曾经实施盗窃犯罪的判决，或者找到一位证人，证实A曾经至少实施过一次盗窃行为。相比之下，如果想要证明该人从未实施过盗窃行为，就必须全面地审查他有生以来的所作所为，并且确定他在整个人生过程中都未曾实施盗窃行为。此种情况下，我们很难取得令人满意的结果。我们会强调指出：我们不会探究该人是否从未实施盗窃行为，而只是关注他是否从未因盗窃犯罪而遭到处罚。即便如此，我们也应当认识到，这并不意味着需要遍查世界上所有的司法当局，而只需查询特定的司法机构，当然，我们有理由相信这个司法机构应当知道A是否曾经遭到处罚。进一步讲，我们还会主张，因为我们并未从任何司法当局获悉该人曾因盗窃而遭到处罚，所以，可以据此假定该人从未遭到处罚；同时，针对A是否盗窃一事，我们并未询问可能知晓有关情况的证人，所以，可以倾向于假定该人从未实施盗窃行为。这就是我们所称的令人满意的证据，即便当前的调查方法非常有限，也必须要满足这种证明要求。

在许多案件中，我们都不得不处理混杂的证据，并且通常会根据办案需要，调整实践中需要解决的问题，或者选择搁置其中某些问题。假定现场发现一枚保存完好的足迹，我们随后怀疑某人作案，并且将他的鞋印与现场足迹进行比对。两者的长度和宽度符合，宏观特征和细节特征也都符合，我们据此认定：这就是犯罪嫌疑人的足迹，因为"这是谁的足迹"就是我们旨在解决的问题。事实上，我们仅仅显示出检材与样本在诸多特征方面存在特定关联，并由此从确证角度认为该证据具有充分性，但却忽视了从证伪角度需要实现的目标，即否定其他人在特定时空条件下留下现场足迹的可能性。因此，我们实际上并未确定，而只是估算当时不可能有其他人留下现场足迹的概率。现场足迹的特征越少，这种概率也就随着变得越低。问题在于我们很难判断，这种概率至少代表着一种假说，在何种情况下无须加以考虑。假定现场足迹和样本足迹只有长度和宽度符合，除此之外，无论是脚趾和鞋底磨损特征，还是其他细节特征，都无法得到证实。如果细节特征的符合能够形成确证的证明，就必须达到肯定性证据的程度；但是如前所述，由此证明的事项并不是争议事项，而是其他问题。

此类证据的否定性内容通常具有较低的准确性。这种证明往往局限于此类命题，即如同证据显示的那样，这种鞋子在该区域非常罕见或者未曾出现，当地人不可能穿着这种鞋子出现在现场，这种脚趾的形状符合外地人的脚部特征，其中某个命题可能与犯罪嫌疑人的特征符合。上述分析表明，我们称之为证据的断言仅仅是概率或者可能性而言。

涉及"否定性命题无法穷尽"这一断言，能够反驳该断言的就是体现为否定形式的肯定性证据。如果我们向专家提交一个斑迹，要求他确定这是否是血迹，他告诉我们："这不是血迹。"这个经过科学确证的断言足以证实，我们不需要将之视为血迹，据此，基于单一例证就可形成否定性证明。但事实上，我们这里涉及的是肯定性证明，因为专家已经提供了演绎性结论，而不是实质性断言。他已经发现，这个斑迹是铁锈或者香烟痕迹，因此进一步推断指出，这不是血迹。如果他是个怀疑论者，就会指出："我们并未发现哺乳动物的血迹，因为其中并不存在认定此类血迹的特征，我们也没有发现人的尸体，因为没有与之相关的血迹，鉴此，我们可以认为这并不是血迹，因为我们发现该斑迹的特征与铁锈业已具备的特征相符合。"

我们还需要注意逻辑关联与经验之间的区分。如果我提到："这种矿物质尝起来有盐的味道，所以可以溶于水。"这种推理是立足于逻辑推断，因为我的思路是："如果我尝到盐的味道，这种感觉就会传递到味觉神经，这种感觉只能通过矿物质和唾液的混合，进而溶于唾液才得以实现。如果这种矿物质能够溶于唾液，就一定能够溶于水。"如果换种说法："这种矿物质尝起来有盐的味道，它的硬度是2，比重是2.2，晶体是六角形。"这种陈述是立足于经验，因为我实际上说的是："首先我知道，具有上述属性的矿物质一定是岩盐；因为我们至少知道，没有哪个具有上述属性的矿物质不是岩盐，同时，这种矿物质具有岩盐一样的六角形晶体特征，这至少是岩盐所固有的特征。"如果我们进一步深入研究这一问题，就会发现，第一个例证仅仅涉及形式和逻辑的层面，而第二个例证则主要涉及经验的层面。两个例证的基础都是纯粹的经验问题，但正式的推理则属于逻辑问题。实践中有时关注的是经验问题，有时则涉及逻辑问题。尽管这一点看似不言自明，实际上并非无关紧要。众所周知，当我们非常关注某个事情时，就通常不会在意其他未予关注的事情，或者说仅仅给予极少的关注，进而将之搁置一边。从数学角度看待这一问题，就如同无穷加上一仍然等于无穷。因此，当我们经历强烈的痛苦或者快乐时，就很难再体会到任何附加的、轻微的痛苦或者快乐，这就如同一群马拉着车辆负重前行时，它们不会在意主人是否再往车上搭放一件外套。同理，当刑事学家研究涉及证明问题的疑难案件时，为了根据我们的经验标准检验特定假说的真实性，并基于这些假说得出合乎逻辑的推论，就需要关注两个维度的事情。如果在某个维度面临特殊的困难，但另一维度的困难很容易消除，那么，后者经常会完全遭到忽视。此种情况下，对推论作出的调整往往是错误的，即便有效消除某个维度面临的特殊困难，情况也是如此。鉴此，如果查明事实需要付出很多努力，耗费大量时间，而建立逻辑关联又显得较为容易，就往往会轻易认定逻辑关联，进而得出错误的结论。

　　至少根据我的经验，当我们面临的是逻辑维度而非经验维度的困难，就更加容易犯错误。坦诚地讲，刑事学家并不是训练有素的逻辑学家，尽管我们应当通晓逻辑法则，不过，我们大多数人都仅仅了解一些很久之前学到的逻辑常识，并且通常已经忘得所剩无几。与其他难度较低的挑战相比，逻辑维度的困难主要来自智识层面；如果这些更加棘手的困难得到妥善解决，由此付出的艰辛努力很容易使人忘记追问，推理的前提是否真实可靠；据此，这些推理前提往往被视为不言自明。如果认真对待裁判的基础，我们通常会发现，刑事学家往往审慎地进行逻辑推理，为此投入大量的时间和精力。但是，推理的基础却是一些看起来并不可靠的假设，这些假设与经验存在矛盾，实际上并不真实可靠。由于推理的基础是错误的，整个推理最终将会误入歧途。此类事件表明，如果与争议事实有关的困难并未遭到忽视，而是按照逻辑推理的要求予以处理，法官就不会因此感到愧疚。这种情况既不是不知不觉出现的，也不是关于经验问题的意义或者重要性作出错误判断的结果，而是有意识的独特心理过程的产物，每个人都有类似的切身体验：在某种程度上，我们近乎本能地认识到，如果在某个维度投入过多精力，而在另一维度缺乏必要关注，就需要通过适度的均衡进行补救。这种情况经常在法律工作中出现，因其经常具有正当理由，所以逐步成为工作惯例。例如，我曾经连续询问10名作出相同证言的证人，这些证人针对同一事实作证，早已完全说清案件情况,当我问到最后 2 名证人时,他们实际上已经没有必要再做陈述,但由于他们已经被传唤到庭,我当然只能要求他们尽快简要地作出陈述。这种必要的程序简化,随后被下意识地移植到其他程序。但是,某个程序的过度复杂,并不意味着可以相应地对其他程序过度简化,一旦进行这种错误的操作,就可能导致错误的结果。无论我是否对复杂的程序心生厌倦,无论我是否认为某项工作真实可靠,都不能放松我对各项结果的关注。一旦我这样做,就可能会犯错,这种错误就会导致所有先前的工作前功尽弃。

实际上,我们可以断言,当推理的前提错误时,任何逻辑都毫无用处。我希望这里讨论的方法仅仅被视为可能的假设,同时,如果对这些方法持怀疑态度,就有必要通过审查具体案件来验证自己的判断。

第 27 节 类比

类比是归纳法中最不容忽视的方法,因为它实际上基于以下假定:如果某个事物与其他事物具有诸多的相同属性,就会具有其他事物的另一或更多属性。谈及类比方法,人们从来不会主张同一性;事实上,类比法将同一性排除在外,尽管人们假定两个事物在特定方面具有可比性和一致性,有时也会对其中某个事物的特征作出些许调整。在利普斯看来,类比就是判断的转换,或者由类似性向类似性的转换;他还指出,这种思维过程的价值是因案而异的。如果我曾经 X 次感受到特定颜色的花散发香味,当我第 X+1 次看到相同颜色的花时,就会倾向于认为该花也会散发香味。如果我曾经 X 次看到特定形状的云带来雨水,当我第 X+1 次看到相同形状的云时,就会倾向于认为该云也会带来雨水。第一个类比并无价值,因为在颜色和香味之间并没有关联;第二个类比很有价值,因为雨水和云彩之间存在内在关联。

简言之,这两个例证之间的差异并不是指一个案例存在关联,而另一个案例不存在关联;这种差异是指在涉及花的案例中,这种关联只是偶尔存在,并非稳定可知的关联。假设有一种自然法则决定着花的颜色和香味之间的关联,我们还能够查知这种自然法则,那么,这种关系就不是巧合或者类比,而是自然法则。尽管存在诸多例证,我们仍然选择无视这种法则,其原因在于,我们仅仅关注香味和颜色之间的反向关联,而非通常意义的关联。假设我看到大街上一些人穿着冬季大衣,手上提着滑冰鞋,我通常不会疑惑人们究竟是为了溜冰而穿着大衣,还是为了穿大衣而出来溜冰。如果我并不认为冬季是穿大衣和使用溜冰鞋的共同原因,就会假定在大衣和溜冰鞋之间存在某种难以理解的反向关联。假如我发现,在每个星期的某一天,都会有许多精心打扮的人走到街上,但却看不到工作的人,如果我不知道这是星期天,因此会在街上发现休闲的人们,却看不到忙碌的人,那么,我就会徒劳地探究为何精心打扮的人与工作的人总是交错出现。

类比的风险在于,我们在心理上总是倾向于依赖那些已知的事物,在我们对特定的社会或者自然领域怀有的新奇和敬畏情感之中,这种心理偏好总会占据上风。我曾经指出[16],审视陪审团的裁判过程,我们经常会吃惊地发现,陪审员在庭审中发问时,总是试图寻找案件事实与自身职业之间的关联,即便很难建立这种关联,同时,还倾向于从自身职业角度看待当前的案件。因此,即便证人证言与案件并无关联,商人陪审员可能据此解释交易余额,木匠陪审员可能据此解释木工技术,农场主陪审员可能关注的是养牛方法,随后再结合自身职业领域对问题的判断,形成非常大胆的类比结论,并据以认定被告人是否有罪。法律人的表现也不容乐观。案情越复杂,涉及的新问题越多,我们就越倾向于进行类比推理。我们没有现成的自然法则可循,所以希望找到推理依据。我们进行类比推理时,所担心的不是法律问题,因为法律并不允许这样做,我们担心的是事实问题。例如,证人 X 在某个案件中提供了一份模棱两可的证言。我们可能会将之与此前一个案件中的证人 Y 进行类比,并对证人 X 的证言进行类比推理,这种做法实际上并不具有正当性。我们并未看到地毯上的血滴状态,不过,我们会基于衣服和鞋子上的血迹情况进行类比推理。我们此前曾经碰到过一起案件,被告人在变态的性冲动驱使下实施了新型犯罪行为,我们当时认为应当像另外一起案件那样审判被告人,实际上这两起案件完全不具有可比性。

当类比具有正当性时,推理过程也非常复杂。特伦德伦堡指出:"古人很有远见,认识到了类比的重要性。类比的价值在于总结归纳一个通用术语,将据以作出推理结论的子概念,与进行类比对照的例证整合起来,同时,这个术语看起来像是关联概念,但实际上却并非如此。不过,在推理的三个阶段,这个新的通用术语并不是最高层级的概念;它只是中间概念,与第一层级的概念并无任何差异。"这一论断清晰地表明,通过类比得出的结论仅是间接结论,同时,通过类比得出的结论非常有限。众所周知,类比方法对科学贡献良多,因为类似是最简便易行的思维方法。如果在某个维度已经得出结论，但同时想在其他维度取得进展，就需要努力适应所谓的未知状态，并且通过类比方法得出可能的推理结论。我们可能进行成千上万次类比推理，并都归于失败，但是不要气馁，那个成功的推理将会成为假说，并最终成为重要的自然法则。在司法领域，案件是一种不同的存在，因为我们并不关注假说的构建，而是关注如何查明真相，以及为何难以查明真相。

在事实认定领域，唯一可以使用类比推理的场合就是构建案件假说，即通过提出各种假说，对当前难以理解的案件情况提出合理的解释。为了构建案件假说，通常要结合此前的典型案例进行类比推理。我们通常会说："如果案件情况是这样的话"，然后再基于现有材料验证案件假说，逐步开展证实和证伪分析，直至形成一致性的结论。毫无疑问，我们经常通过这种方式取得成功，这通常也是从头推进案件的唯一途径。同时，我们应当认识到类比方法具有较大风险，因为一旦工作压力较大，就很容易忘记这些风险，进而仅仅基于类比作出判断，实际上，案件假说仍然有待证实。此类案件中，很可能想当然地认为假说已经得到证实，一旦以之为基础作出判断，就很可能导致错误的结论。如果对类比方法的价值增加一些变量，这种变量又不易加以识别，就可能导致案件雪上加霜。我们从未去过月球，因此不能判断月球上的状况。如果仅仅基于类比推理，我们就会认为，我们在月球上跃起后，应当落回到地面上。进一步讲，我们可能基于类比推理认为，火星上应当有智慧生命；如果我们想要推断火星上人类的长相，究竟是像我们还是像立方体、线状体，究竟是像蜜蜂一样小还是十头大象那样大，我们就不得不放弃这种猜测，因为我们压根没有任何进行类比推理的基础。

最后，类比方法依赖于类似情形的反复出现。因此，我们通常假定，当我们进行类比推理时，类比条件的类似性意味着两者具有相同的有效性。具体言之，类比的确定性等同于假说的确定性，而类比的正当性也等同于假说的正当性。

如果假说并不具有确定性，类比推理就将一无所获，我们也将陷入迷途；如果假说具有较大的确定性，就等同于自然法则，我们也就无须进行类比推理。因此，惠特利将类比视为事物关联的类似性，如果从这个意义上看待类比，那么，类比在实践中就没有任何特殊的重要性可言。关于该问题，我们可以参考首席大法官希尔在《归纳研究方法》一书（布伦瑞克，1865）中关于虚假类比及其重要性所作的分析。

第 28 节　概率

　　刑事法官的裁判依赖于证据的证明，鉴此，对法官而言，最为重要的职责就是审查判断证据的证明力。[17] 关于证据或者证明，并不存在明确的概念，因为我们无法设定"确证"的边界。各个领域都有相关的例证，有些事实在较长时间仅仅具有可能性，随后才具有毋庸置疑的可靠性；而有些被视为确证的事物，随后被证明是虚假的，许多一度模棱两可的事物，也会在某些场合，在某些人看来，近乎达到概率和证明的极限。需要强调的是，确证的概念在不同的科学领域具有非常不同的含义，有兴趣的人可以探究"确证"和"可能"之间的差异，对此，不妨参考数学、物理学、化学、医学、博物学、语言学、历史学、哲学、法学和神学等领域的例证。不过，这并不是我们的任务，我们也无须确定"确证"的实际含义，我们只需认识到"确证"和"可能"之间存在巨大差异。对于"争议事实究竟是得到确证还是仅仅具有可能性"这一问题，刑事学家可能会作出差异化的解答。之所以存在这种差异，主要是由于刑事学家可能在数学、哲学、历史或者自然等领域存在特定的倾向。实际上，如果我们了解一个人，就能够事先判断他对"确证"的理解。只有那些没有特定知识背景的人才会对该问题无所适从，不仅对他人而言是这样，对于自身也是如此。

　　为了准确理解"确证"的含义，至少需要确定它与有关术语的关联：我们的预期促使我们形成假设（assumption），那些可能的事情促使我们产生概率（probability）的判断，那些看起来确定的事情才被称为确证（proved）。从这个角度看，概率在某种程度上就是假设的标准（预期促使我们行动；特定的预期居于主导地位，并被确定为假设，随后又基于这种确定关系而具有某种程度的可靠性）。

　　与假设和概率在其他科学领域扮演的角色相比，两者对刑事学家仅仅具有启发价值。即便假设成为假说，它们在不同的领域也具有不同的价值；通过对精心构建的假说进行批判分析，能够达至最佳的清晰度和工作成效。

　　概率在科学领域具有类似的价值。每当学者发现一个新的思想、思路、解释或者方案，都会发现，这些事情究竟是具有较高的可能性还是确定性，实际上无关紧要。他仅仅关注这个理念本身，那些基于自身原因关注某个理念的学者，往往倾向于认为它具有较高的概率，而非毋庸置疑的确定性，因为一旦认定某个理念已经得到确证，就意味着无须开展进一步的研究，相比之下，那些具有较高概率的理念仍有深入研究的空间。不过，我们的目标就是达到确定性和证明，即便是很高程度的概率，也并不明显优于虚假，进而不能作为认定事实的基础。在审判过程中，为了作出准确的裁判，那种较高程度的概率只能作为佐证；概率仅仅适用于命题自身，只有涉及佐证的事实时，才能称之为证明。例如，如果现有证据很可能认定 X 与犯罪现场的关联，同时，他又不能提供案发时不在犯罪现场的证明，他的足迹就具有佐证价值；对于证人在他身边看见的赃物，以及他在犯罪现场遗留的痕迹物品，也都具有佐证价值。简言之，尽管这些证据自身仅仅具有较高程度的可能性，但是，将它们整合起来，就能够在特定情形下形成绝对的确定性，因为如果 X 不是罪犯，那么，这么多较高概率的事件同时出现，不可能仅仅是一种巧合。

前面已经指出，在所有其他案件中，假设和概率对法律人仅仅具有启发价值。基于假设，我们可以作出推断；如果没有假设，很多案件根本无从下手。对于那些似是而非的案件，整个犯罪过程并不明确，这就要求我们首先并且尽早地对现有材料作出案件假设。一旦案件假设与事实不符，就必须予以摒弃，然后提出一个新的案件假设，直至新的案件假设能够自圆其说，并被视为可能的案件事实。随后，这个假说就成为工作的中心，直到该假说得到证明，或者如前所述，当不同维度的许多较高的概率整合起来，按照内在的逻辑顺序形成最终的证明。当存在较高程度的概率时，就足以提起指控，但只有达到确定性时，才能作出定罪量刑的判决。在许多案件中，控辩双方的争议，以及法官的疑问，都涉及概率与证明的关系问题。[18]

无论是从这个角度看，还是分析其他方面的关联，概率对刑事学家都具有重要的价值，这一点是毋庸置疑的。米特迈耶就此指出："概率自身并不能作为定罪量刑的根据，不过，它可以作为法官的工作指引，促使法官采取相应的措施；概率能够告诉法官，如何在相应的情况下适用特定的司法程序。"

如果我们回顾概率理论的发展历史，就会发现，洛克首先试图区分证明的知识和概率的知识。莱布尼茨首先发现概率理论对归纳逻辑的重要性。随后，数学家贝努里和革命家孔多塞继续深入开展这方面的研究。拉普拉斯、克托莱、赫歇尔、基尔希曼、克里斯、韦恩、古诺、菲克、博基维茨等人开始从现代视野研究概率理论。不同的领域对概率这一概念的理解存在着内在的差异。洛克[19]将所有知识区分为证明的知识和概率的知识。基于这种分类，"所有人最终都要面临死亡"，"太阳明天将会升起"，都属于概率的知识。不过，为了与日常生活相对应，知识可以被分为证据的知识、确定的知识和概率的知识等类型。关于确定的知识，此类知识得到经验的支持，没有怀疑或者反思的空间；所有其他的知识，特别是需要进一步证明的知识，都或多或少属于概率的知识。

拉普拉斯[20]进一步指出："概率在部分上取决于我们的无知，部分取决于我们的知识。概率理论涉及诸多皆有可能的例证，通过消除这些例证所包含的疑问，导致我们对这些例证的存在难以作出定论，同时还需要确定那些支持概率结论的可能例证的数量。这些经过筛选的例证和所有可能例证之间的关系，就是概率的评估标准。基于这个分数关系，分子是支持特定结论的例证数量，而分母则是所有可能例证的数量。"鉴此，拉普拉斯和密尔将概率视为较低程度的确定性，而韦恩[21]则赋予概率如同真理一样的客观性。韦恩的观点具有一定的合理性，因为某个现象究竟应当被看做确定的，还是仅仅具有可能性，实际上很难作出定论。关于该问题，如果主张某个现象具有确定性，就需要提供一些客观的基础，而这些基础至少在主观看来是毋庸置疑的。菲克从分数角度对概率作出如下论述："一个不充分的假言判断实际上是一个分数，其中仅有部分条件得到证明，而预期结果的实现取决于所有条件。据此，我们很难探讨任何结果的概率。每个事件或者必然发生，或者不可能发生。概率的属性在于，它仅仅涉及假言判断。"[22]

因此，我们无法确定无疑地探讨某个结果的概率，也不能断言明天下雨这一判断是否具有可能性，至于具体的表达方式，则仅仅涉及用语问题。不过，我们有必要对附条件的概率和无条件的概率作出区分。如果我今天考察了那些影响未来天气变化的条件，例如温度、气压、云层和光照等，考虑到这些条件与明天的天气紧密相关，我就可以主张明天下雨究竟有多大的可能性。我的主张的真实性，就取决于我是否知晓下雨所需的具体条件，我的认识具有多大程度的准确性和全面性，以及我是否准确运用了有关条件。谈及无条件的概率，因为它并不涉及今天的气象条件对明天的影响，而只是从统计学角度对雨天数量的观察结论，所以与附条件的概率完全不同。对于刑事学家而言，准确把握两种概率的区别非常重要，因为如果张冠李戴或者不当混淆，就可能对概率问题作出错误的解释。假设维也纳发生了一起谋杀案，在案发之后，我基于对全案事实的判断宣称，根据在案事实，例如根据查获犯罪嫌疑人的条件，我们有多大的概率查获犯罪嫌疑人。这种断言意味着，我已经计算了附条件的概率。我们还可以假定，我宣称在最近十年维也纳发生的谋杀案件中，多大比例的犯罪嫌疑人的个性特征无法作出解释，多大比例的犯罪嫌疑人的个性特征可以作出解释，由此推断本案中查获犯罪嫌疑人的概率究竟多大。这里涉及的就是无条件的概率。无条件的概率可以基于自身开展研究，并结合所涉事件进行研究，但是却无法作为判断的基础，因为既有例证已经在计算无条件的概率时使用过，不能再次被纳入计算范围。实践中，这两种概率通常都不会表现为数字形式，而仅仅是对两者进行概略的解释。假定我听到一起犯罪行为，并了解到现场存在一枚足迹，如果我不知晓具体细节，就脱口而出："唉！足迹并没有什么用！"我所表达的这种统计学判断，就表现出从无条件概率角度对得出肯定结论的悲观态度。如果假定，我已经对足迹进行检验，并结合其他情况对足迹进行检验，进而宣称："基于现有条件，这枚足迹有可能得出肯定结论。"然后又宣称："根据现有条件，得出肯定结论的附条件概率很大。"这两种断言都可能是正确的。然而，如果将两者整合起来，进而主张："在案的证据条件很有可能得出肯定结论，但是通过足迹无法得到任何信息，因此本案的概率很小。"这种主张就是错误的。理由在于，我们已经考虑了诸多不利条件之外的有利条件，并且已经确定了具体概率，所以不能再次计算这些有利条件。

在确定被告人的犯罪预谋时，很容易犯此类错误。假定基于某个案件的犯罪手法，我们推断罪犯很可能是一个经验丰富、屡次入狱的窃贼，这种概率就是附条件的概率。基于无条件概率，我们通常会主张："众所周知，屡次入狱的窃贼通常都会再次盗窃，因此，我们有两个理由假定，由于X满足了所有条件，他应当就是罪犯。"但实际上，我们仅仅提到了一个概率，只不过是通过两种方式计算这一概率。这种推理总体上看并不危险，因为其虚假性显而易见；不过，当推理的风险更加隐蔽时，就很可能导致严重的错误。

基尔希曼对概率作出了进一步划分，[23]具体分为以下几种：

（1）一般概率。该概率取决于某个不确定的结论所涉的原因或者结果，并由此形成自身的特点。关于原因的典型例证是天气预测；关于结果的典型例证是亚里士多德的格言，即我们看到星星移动，所以地球一定静止不动。两个科学领域与此类概率紧密相关：历史和法律；就后者而言，刑法的具体适用尤为突出。人类获取的信息在这两个领域均有应用；此类信息主要涉及事件的结果，人们据此推断事件的原因。

（2）归纳概率。那些必然为真的事件，构成了推理的基础，由此得出的结论

| 第一部分 | 证据的主观条件：法官的心理活动

形成了有效的一般命题。（这在自然科学领域表现得尤为突出，例如，杆菌导致疾病。在杆菌导致的 X 疾病中，我们发现了 A 症状；同时，在杆菌导致的 Y 和 Z 疾病中，我们也发现了 A 症状。据此，我们可以推断，杆菌导致的所有疾病，都会出现 A 症状。）

（3）数学概率。该概率是指 A 与 B、C 或者 D 存在关联，由此推断概率的程度。例如，产妇可能生下一个男孩或者一个女孩，生男孩的概率就是 1/2。

在上述三类概率中，前两类概率对我们同等重要，第三类概率的价值较低，因为我们不会遇到数学案件，并且此类概率仅仅具有有限的价值，从而通常用于案件的实际计算。关于这类概率，密尔建议我们在运用概率计算之前，首先了解一些必要的事实，即各类事件发生的相对频率，从而准确理解这些事件的原因。如果统计表格显示，在每一百名男子中平均有五名男子活到 70 岁，这种推理是有效的，因为它显示出延长或者缩短寿命的原因之间存在的实有关联。

库尔诺对此作出进一步明确的划分，他将此类事件的主观概率与可能概率区分开来。克里斯[24]对后者作出了客观的界定，具体如下：

"常规模具的使用，将在绝大多数情形下产生相同的效果，这将促使我们认定其具有客观有效性。鉴此，如果模具的形状发生改变，效果也将发生改变。"但是，如何理解这种"客观有效的效果"，即概率的实质化，仍然像统计学的常规结论一样不甚明确。因此，当我们知晓计算方式时，能否据此得出任何结论，仍然值得质疑。

克里斯指出："数学家在确定概率法则时，将具有不同指向的类似案件归入从属地位，仿佛一般条件的稳定性，以及特定事件的独立性和机会均等性，始终是相同的。因此，我们发现一些简单的规则，可以通过统计既有的成功案例来计算当前案件的概率，据此也可以计算所有类似案件的概率。不过，这些规则并未考虑任何例外情形。"这一陈述是真实的，因为这些规则已被付诸实施，当适用前提并不契合时，就需要对其适用性进行论证。因此，对于计算死亡率等情形，证人证言和司法裁决可能存在虚假的结论。他们并未按照常规事件的既定模式进行。因此，只有基于可靠而稳定的前提条件，这些规则的适用才是有效的。

不过，这种观点仅在无条件概率情形下才是有效的，并且偶尔才会对实践工作产生短暂的影响。例如，虽然基于统计数据，我很清楚地知道，每 X 名证人之中就有一人因伪证而被处罚，但我不会在面对第 X 名证人时感到担心，尽管基于统计数据，该证人可能会作伪证。此类案件中，我们不会上当；不过，当事情较为复杂时，我们仍然可能忘记，只有基于较大数量的数据才能计算概率，此种情况下个体经历就显得无足轻重。

然而，与概率有关的数据及其条件，对每个人都有较大的影响；这种影响是如此之大，以至于我们必须警惕对数据作出过度解读。密尔曾经提出一个受伤的法国人的案例。假定现有一个连队，其中有999个英国人和1个法国人，该连队遭到攻击，其中有一个人受伤，没有人会相信那个法国人就是受伤的人。康德指出："如果某人通过他的仆人交给医生9个达克特，医生当然会认为这个仆人或者丢了1个达克特，或者私藏了1个达克特。"这些只不过是源自生活习惯的概率。因此，如果仅仅在一打手帕中找到11张手帕，人们会认为丢失了1张手帕；如果医生每隔一小时就预订一汤匙的药剂，或者某个工作的年工资是2487美元，人们难免会感到疑惑。

不过，如同我们会假定，但凡人类扮演重要角色的地方，总会有内在规律可循，当我们发现意外事件、自然法则或者随机性的人类合作具有决定性的影响时，就会怀疑是否还有规律可循。如果我让某人计算随机发生的事件，结果他声称一共有100个事件，我就可能会要求他重数一遍；如果我听说某人的藏品恰好有1000件，就会对此感到吃惊；如果某人声称两地之间的距离正好是300步，我就会认为他只是作出估算，并没有进行实际测量。如果人们非常关注准确性问题，或者试图让自身的陈述看起来更加具有准确性，就会对此深有体会。他们在援引数据时，会专门提到看似不规则的数字，例如1739、7/8或者3.25%等。我曾经遇到一个陪审员审判的案件，即便是投票的比例，也会刻意体现概率的要求。当天，同一个陪审团需要对三起案件作出裁决。在第一个案件中，陪审团的投票比例是8∶4，第二个案件和第三个案件都是相同的投票比例。陪审团主席发现这一比例后指出，某个陪审员必须改变他的投票，因为三次审判都是相同的投票比例，这看起来太不可思议了！如果我们想要探究此类案件中更加青睐不规则投票比例的原因，就会发现经验彰显着自然。尽管大自然在总体上显示出神奇的规律性，但这种规律性并不会体现在具体事物之中，或者说具体事物往往具有不规律性。密尔就此指出，我们并不期望自然界具有规律的特质。我们并不期望明年与今年具有相同的日期安排，当新的事件打破某些看似固定的规律时，我们也并不会感到惊奇。人们此前认为，所有的人不是黑人就是白人，直到在美洲发现了红色人种。目前，正是此类假定给我们带来了极大的挑战，因为我们并不知晓自然法则的局限。例如，我们不会质疑地球上的所有物体都有重量。当我们在地球上发现某些未知的岛屿时,我们希望重力法则同样适用于新的岛屿;该岛屿上所有的物体,如同其他地方的物体一样,也具有重量。但是,红色人种存在的可能性,即便在美洲发现之前,也是应当予以认可的。如果认真思考,那么下列论断之间是否存在差异:所有的物体都有重量,以及所有的人不是白人就是黑人。有人可能认为,前者是自然法则,而后者不是,但是原因何在?我们能否设想,由于人体的内部构造比较特殊,根据自然法则,实际上不可能存在红色人种?我们对于肤色究竟拥有哪些准确的知识?有人曾经看到过绿色的马吗?尽管没有人看到过绿色的马,难道这意味着我们不会在非洲某地发现绿色的马吗?难道人们不能通过杂交或者其他方法培育出绿色的马吗?如果绿色的马存在,这是否与某些未知但却无可改变的自然法则存在矛盾?人们可能在明天就拥有一匹绿色的马,不过,这可能与水倒流上山一样不切实际。

为了确定某事究竟是否属于自然法则,通常取决于直接经验的程度和分量,因此,我们实际上无法得出任何普遍性命题。我们唯一可能做到的是,对所有已知例证中的概率以及发现例外情形的概率作出最准确的推断。培根称之为提出可靠的假说,在没有任何反例情形下计算假说的概率。不过,关于自然法则的认定取决于计算的方式。那些未经训练的头脑往往简单接受既有的事实,不会投入精力寻找其他例证,而训练有素的头脑则会努力寻找支持自身推论的事实。诚如密尔所言,某个自身为真而又没有例外的假说,当不存在例外质疑时,就可以被视为普遍法则;当某个假说具有这种属性时,那些真正的例外就不会遭到忽视。

这提示我们应当如何对他人提供的信息作出解读。我们可能听到:"因为这种事情通常发生,所以在当前案件中也可能是如此。"如果简单接受这种主张,就如同质疑客观事实一样不合时宜。更为合适的做法是,认真审查核实有关主张的内在条件,例如,谁通过计算得出"通常"的判断,以及通过哪些措施可以避免忽视任何例外情形。只有通过这种核实程序,才能对有关信息作出有效的解读。我们不能奢望一步到位地发现真理,我们只能试图接近真理。不过,真理不能一蹴而就,我们必须知道发现真理的途径,并且知道我们通过努力后接近真理的程度。为了实现上述目标,必须了解发现真理的途径和方法。歌德指出:"人类不是天生就能解决世界的谜团,但能够发现通向真理的问题,从而置身于人类知识的边界。"这一不朽名言对我们也很有启发。

在审查和判断领域,最大的错误就是过于信赖个体知识,并试图基于个体知识解决问题，或者不愿充分运用其他既有的例证。后一种情形，不仅代表着科学研究者在缺乏充分证明时需要警惕的愚蠢做法，在实践领域也是非常危险的。简言之，这种做法也是未能评估既有证据的结果，究其原因，仅仅是由于当事人忽视有关证据，或者由于懒惰而不愿开展探究。对于那些无须达到确定性程度，只需达到特定程度的概率的法律程序，例如预审、逮捕、侦查等，也非常需要对上述问题秉承正确的做法。法律不会规定此类案件需要达到何种概率程度。我们无法提出具体的概率程度。不过，我们有必要强调，如果特定的事件无法被证明为真，也必须看起来具有真实性，即没有其他证据能够否定特定事件的似真性。诚如休谟所言："每当我们有理由相信先前的经验，并且将之作为未来经验的判断标准，这些理由就可能具有似真概率。"

在现代刑事程序领域，概率对有关制度的建立具有非常重要的作用。当法律确定特定数量的陪审员或者法官作为裁判主体时，其概率前提就是，这一数量的裁判者足以查明事实真相。起诉制度的概率前提在于，被告人可能就是罪犯；诉讼期限制度的概率基础在于，经过特定的时间段之后，惩罚效果可能弱化，起诉也将变得更加困难；专家制度的概率基础在于，专家不会犯错误；逮捕制度的概率基础在于，被告人的行为非常可疑，或者可能供述自己的罪行等；证人宣誓制度的概率基础在于，证人很可能在宣誓后陈述事实真相。

现代刑事程序不仅涉及概率，还涉及不同类型的概率。上诉程序的概率基础在于，实践中可能出现错误的判决；回避制度的概率基础在于，司法人员可能存在偏见，或者至少存在偏见的嫌疑；公开审判制度的概率基础在于，有必要防止错误的判决；改判制度的概率基础在于，量刑裁决也可能出现错误；辩护制度的概率基础在于，如果被告人没有辩护法律人帮助，就可能会面临非正义；法院公文制度的概率基础在于，缺乏格式文书，可能导致司法实践不够规范；扣押书证和证据制度的概率基础在于，这些材料包含重要的信息。

当法律制度认真对待重要问题的概率时，这些问题本身也随之变得更加重要。

我们有必要追问"规则"的含义，以及规则与概率之间的关系。从科学角度看，"规则"意味着主观层面的法律，并且与约束自身行为的规则同等重要；进一步讲，实践中仅仅存在艺术和道德层面的规则，而没有自然法则。不过，规则的运用并不包含这种解读。我们认为，通常情况下，只有白天才会下冰雹，但作为例外情形，有时夜晚也会下冰雹。规则显示，对于那些溶于水的物质，它们在热水中比在冷水中更加容易溶解，不过，盐在热水和冷水中的溶解速度相同。我们还认为，通常情况下，杀人犯是逍遥法外的罪犯；喧嚣者不会是窃贼，反之亦然；赌徒是团伙成员等。据此，我们或可主张，规律性等同于惯常出现的属性，而那些所谓的规则，人们往往期望其具有可能性。例如，如果人们认为某个事物属于规则，就会假定其能够重复出现。我们不会作出更多预期，但我们经常会错将包含例外的规则等同于没有例外的自然法则。当我们对身边反复发生的事情习以为常，并且假定，因为这些事情曾经多次发生，因而一定也会像以前那样再次发生，就会经常犯上述错误。当我们听说某些现象在其他科学领域经常反复出现，进而将之视为自然法则，就更加容易犯上述错误。对这种情形，我们可能并不了解事件的全貌，也不了解有关规则的有效性，整个事件也可能早已发生改变。洛茨在半个世纪前就已指出，基于他此前的统计学观察，生理学领域的伟大发现平均只能持续大约 4 年时间。这一重要论述表明，尽管那些伟大的发现被视为自然法则，但也至多只能被称作规律性现象，并没有普遍的有效性。这些生理学领域的真理，也适用于其他许多科学领域，包括医学乃至法医学领域的重大发现。这也警示我们，不要对那些称为"规则"的事物给予过高的信心，错误地运用规则，以及过度依赖规则，很容易使我们误入歧途。许多格言都显示出规则的不可靠性，例如："三次失误造就一个规则"，"屡次犯错催生黄金法则"，"今天的例外就是明天的规则"，或者"没有不存在例外的规则，这一规则就是没有例外的规则，因此，没有规则不存在例外"。

　　此外，规则之所以具有不可靠性，还取决于其源自概括方法这一事实。席勒指出，我们不应随意进行概括，除非我们能够证明，一旦存在与现有概括矛盾的例证，我们就能发现这些矛盾例证。实践中，总体概括往往是唯一可行的指导方法。自然法则通常具有很多限定条件，有关自然法则的例证又存在许多细节，我们很难对两者作出区分，进而很难从自然属性角度确定自然现象的存在。我们这个时代的人往往轻率地进行概括，很少开展观察，并且仓促作出推断。事件快速出现，例证层出不穷，如果两者具有类似之处，人们就倾向于作出概括，从中总结提炼规则，然而，那些非常重要的例外尚未被纳入视野，一旦仓促提出规则，就往往会导致大量的错误。

第 29 节　偶然

偶然在心理学领域的重要程度，取决于"偶然"一词的界定，以及我们赋予偶然在思维判断方面的影响力。我们如何界定偶然，以及具体个案中如何界定偶然，取决于案件性质的重要程度。在不断演进的科学领域，规则不断累积，偶然不断减少，无论在日常生活中还是推理领域，偶然都仅仅在特定案件中才具有有效性。

当特定事件不符合自然法则的要求，但又不能确定自然法则的内容，我们就会称之为偶然或者意外。例如，我们发现大雪天时动物都是白色的，这一事件就不是意外事件，因为在高山或者北部地区经常下雪，雪会在地面上存留较长时间，这些都是自然法则的体现，同理，大雪天时动物的颜色也是如此。这两类事实应当满足其他法则，甚至其他一系列法则的要求，尽管这些法则此前并不明确，但目前已经众所周知。

对于法律人而言，偶然及其解释具有十分重要的价值，这不仅体现在证据分析方面，也体现在事实疑问方面，因为当我们试图确定犯罪行为与犯罪嫌疑人之间的关联，或者确定这种关联是否具有偶然性时，经常会遇到上述问题。"不幸的巧合"，"事实之间的紧密关联"，"怀疑理由的累积"，所有这些术语都是错将偶然视为因果关系。关于偶然与因果关系之间区别的认知，将会影响绝大多数审判的结局。那些能够正确认识偶然事件的人，也能够正确推进案件审判。

是否存在关于偶然的理论？我认为，针对该问题直接开展研究，可能有些不切实际。只有当特定领域所有可以观察的偶然事件都能收集在案，并且通过认真寻找自然法则减少偶然事件的发生，才能对偶然事件作出概略的解释。此外，为了解决这一问题，需要具备极其丰富的决疑法知识，在此基础上，一方面将各种偶然事件整合起来，另一方面从中发现内在规律。关于偶然事件，目前已有诸多研究成果，但系统性的研究应当提升到纯粹理论层面。谈到温德尔班德[25]的那本优秀而又思路清晰的著作，其中谈到了与偶然有关的关系（偶然与原因，偶然与法则，偶然与目的，偶然与概念），该书最大的价值就是探讨了与偶然有关的概念。尽管目前关于偶然一词还没有十分理想的界定，但现有界定仍然具有一定价值，因为偶然的一个侧面已经得到解释，另一个侧面的解释也已非常接近。让我们看看有关的界定。亚里士多德指出，偶然是自然的产物。伊壁鸠鲁将整个世界视为纯粹偶然的产物,是一场意外事件。斯宾诺莎认为,任何事物都不是偶然的,除了超越知识边界之事。康德认为,附条件的存在可以被称为偶然事件,无条件的存在则属于必然事件。洪堡指出:"人们将那些无法解释的事物视为偶然事件。"希尔指出:"那些不能被归入法则的事物可以被称为偶然事件。"奎特雷特指出:"偶然一词被用来掩盖我们的无知。"巴克尔认为偶然一词源自游牧民族的生活,代表着缺乏确定性和规律性的事物。特伦德伦堡认为,偶然是指只能这样。罗森克兰兹指出:"偶然是指仅仅具有可能性的现状。"费希尔认为,偶然是指个体事件。洛策则认为,偶然是指那些缺乏自然层面的有效性的事物。温德尔班德指出:"偶然一词,从语用角度看,仅仅是指从可能性到现实性的实际转变,但并非必然的转变。偶然是必然的反义词。我们经常提到,这是偶然发生的事件,但这个说法包含内在的矛盾,因为其中隐含着一种致因。"

赫弗勒[26]的观点最为可取,他指出,关于偶然事件与因果定律之间的矛盾,可以通过对该概念作出相对的解释予以妥善解决。(某种情形下的偶然事件,在其他情形下可能就是一种因果关系。)

这些概念对我们的启发意义显而易见。我们称之为偶然的事物,在法律领域扮演着重要角色。我们所称的一系列偶然事件,在许多案件中决定着裁判的结果;偶然事件与自然法则之间的区分,取决于我们对日常生活事件拥有多少知识。将这些知识运用于特定案件之中,需要确定一系列事件之间的因果关系,并将之作为证明手段,同时将偶然事件纳入整个案件链条之中。有的案件,我们可能难以发现统合或者区分有关事件的法则,不过,基于"相关不代表因果"原则,对诸多关联事件进行审慎的解释,有助于识别有关的法则。

第 30 节　说服与解释

人们在审判过程中是如何被说服的?刑事学家作为司法人员,不仅要提供令人信服的事实,作为国家官员,他的职责还要让被告人确信指控事实的准确性,让证人确信如实作证的义务。不过,他自己也经常被证人或被告人说服,无论最终的结果是否准确。米特迈尔[27]将此种确信视为一种条件,在这种条件下,我们坚信自己的信念是真实的,这种坚信取决于我们所意识到的令人满意的理由。

但是，这种确信状态是一个有待实现的目标，司法工作只有在提供了令人信服的材料之后才能完成，仅仅探究真理是不够的。卡尔·格洛克认为，没有一种哲学体系能为我们提供完整的真理，但唯心主义者相信有真理存在，正如莱辛所言，如果向彼拉多提出令人厌烦的问题，就会使答案变得不可能。但这揭示出科学研究和实践工作的区别：科学可以满足于探究真理，但我们必须拥有真理。如果真理本身令人信服，就不会有多大的困难，一个人也许会满足于仅仅被那些正确的事物所说服。但事实却并非如此。从统计角度看，数字是用来证明的手段，但实际上数字是根据它们的用途来达至证明。因此，在日常生活中，我们说事实就是证明，但实际上更谨慎的说法是：事实是根据其用途而达至证明。正因为如此，诡辩法才有可能存在。用一种方式梳理事实，你会得到一个结果；用另一种方式梳理事实，你可能会得到相反的结果。或者，如果你真正不带偏见地探究可疑案件中的事实，就会发现，一旦采用不同方式梳理特定的事实，就可能会得出不同的结论。当然，我们不能满足于通过大量词汇形成的确信和说服。我们不得不通过一种较为审慎、有意或者无意的方式，仅仅考虑那些事实和解释，基于这些事实和解释，我们至少曾会一度得到确信。这种确信的差异性是众所周知的。

"乍一看到的东西通常只是事物的表象。一切草率、断言的判断，一旦成为习惯，就会体现出观察的肤浅，以及对特定事实本质特征的忽视。孩子们对许多成年人所怀疑的事情完全确定无疑。"（沃尔克玛）

通常情况下，我们获悉的最简单的事物，都是从叙述方式或叙述者本人那里获得价值。与证人和被告人相比，我们更有经验和技巧来整理案件事实，所以，我们经常想要说服这些人员，这个问题值得我们认真思考。

没有人会认为，哪个法官竟然会说服证人相信任何自己都不完全相信的事情，但是我们知道，我们常常能够说服自己，同时，我们也希望看到他人同意我们的意见，这一点是毋庸置疑的。我相信，刑事学家基于自身的权力，通常会保留自身的观点。毫无疑问，我们每一个人在最初工作时，往往都表现出谨小慎微的态度，不断经历各种错误和失误，当他最终达到某种稳定状态时，就会被自己的无知和不足所致的失败和错误所说服。随后，他希望其所调查的对象也能知晓自己的这种确信。然而，这种认知在实践中明显缺位；所有的错误、残忍和误判，都最终未能剥夺司法在国家心目中具有的尊严。也许我们可以用善意对此作出合理解释，但事实上，刑事学家在普通人心目中拥有的丰富知识、洞察力和司法能力，远远超出其实际拥有的能力。我们也不难想象，法官所说的每一句话，远远超出其应当具有的分量。因此，当涉及真正的说服时——最完美意义上的说服，它一定会具有影响力。在我看来，我们每个人都曾经看到一种可怕的现象，那就是当法庭审查结束时，证人认同了法官的意见，最糟糕的是，证人依然认为他是按照自己的方式进行思考。

　　法官更加清楚事物之间的关系，知道如何更加优美地予以表达，并且提出完美的理论。证人一旦受到暗示性问题的影响，就会变得自负起来，认为自己把事情讲得非常精彩，因此，他通常乐于采纳法官的观点和理论。当受过教育的人接受审判时，这种情况并不那么危险，因为受过教育的人能够更好地表达自己；当女人接受审判时，由于她们非常固执，通常无法被说服。但是对绝大多数人来说，危险仍然存在。因此，刑事学家应当时刻警醒自己，他应当在询问证人时尽可能地保持克制。

　　从历史上看，法庭上的说服非常重要，而且一直得到高度重视，但这种做法是否正确，则是另外一个问题。在学者型法官面前，检察官和辩护人的口才并不显得十分重要。如果我们向旁观人员了解，他们是否被检察官说服，或者是否被辩护人说动，他们很少能够举出这样的例证。一位学识渊博、经验丰富的法官，在全部证据展示之前不会对案件作出任何结论，这样的法官很少关注抗辩人的意见。事实上，控方或辩方可能会贬低或强调那些法庭未予关注的证据，他们也可能会促使法庭关注从重或从轻处罚的理由。但是，一方面，如果这些事项很重要，通常会在出示证据时予以涉及；另一方面，这些观点通常与案件的实质争议问题并不相关。如果情况不是这样，那就只是表明，我们需要更多的法官，或者即使已有足够的法官，诸如此类的事情仍然可能遭到忽视。

　　但就陪审团而言，情况则大不相同；陪审团很容易受到影响，这一点在很大程度上抵消了法官的漠不关心。只要认真研究庭审期间陪审团的表现，就不难发现，控辩双方的言词辩论在庭审过程中极为重要，吸引了陪审团的大部分注意力；进一步讲，被告人有罪与否并不取决于证言自身的数量和证明力，而是取决于控辩双方如何对有关证言作出专业阐释。这一指责并非意在批评陪审团，而是针对原本应当承担相应职责的主体。首先必须认识到，审判的进行并非易事。陪审团审判本身并不是一门艺术，与刑事学家需要完成的其他任务相比，其难度只能排到第三或第四而已。真正的难题是确定出示证据的时间顺序，即确定整个案件的概要情况。如果从逻辑和心理层面清晰地勾勒案件概况，审判进展就会比较顺利；但是，如何确定案件概况，确实是一项极具艺术性的工作。实践中存在两种情况。如果案件没有头绪，或者案情概况毫无用处，庭审过程就会无的放矢、不合逻辑、难以理解，陪审团也无法理解到底发生了什么。不过，如想掌握确定案件概况的技巧，既要进行充分的准备，也要具备足够的智慧。由于陪审团并不具备这些技巧，他们无法欣赏这项极具艺术性的工作的内在魅力。因此，他们必须转变思路，关注那些原本应当关注的事项，把注意力转移到控辩双方的言词辩论上来。相应地，控辩双方应当通过可以理解的方式向陪审团展示证据，如此这般，定罪与否的裁判结果就取决于控辩各方的智慧。休谟告诉我们，当说服力达到极致时，几乎不会给智慧和思考留下空间。它完全以想象和情感为中心，牢牢吸引听众的注意力，并掌控着他们的理解力。幸运的是，控辩双方的说服力在实践中很少能达至这种高度。无论如何，那种足以支配那些内行的说服力，在实践中非常少见；不过，陪审团并不具备司法领域的专门知识，他们很容易被说服所支配，即便这种说服远未达到应有的高度。因此，这一领域存在很大的危险。

唯一可行的是，当控辩双方发言时，主审法官站在心理学家而不是法律人的角度，加强对陪审员面部表情等反应的研究。法官必须非常仔细地观察控辩双方发言对陪审团所产生的影响，有些发言可能与案件的实际争议无关，他就有必要在总结时提请陪审团注意，使他们回到正确的视角上来。法官这种掌控庭审的能力非常重要，但也非常困难。

现在几乎没有更进一步对说服力的研究，但任何凭经验获得某种熟练程度的人，都已经获得了与书本知识相同的说服技巧。但要想达到较高的说服水平，就必须了解有关的说服技巧。因此，我们必须过多强调研究专业著作的重要性。如果不考虑古典时期的伟大作者，尤其是亚里士多德和西塞罗，那么有许多现代作者的研究成果值得一读。

第31节　推论和判断

本节所讨论的判断不是法院的专门性判断，而是日常观察活动所产生的一般性判断。如果我们认真地履行职责，就可以从最简单的案件中得出无数的推论，同时，我们也可以从审慎研究的案件中得到同样多的推论。我们工作的正确性，就取决于这两类推论的真实性。我已经指出，尽管观察本身是正确的，但具体到一系列复杂的推论,每个推论都可能涉及错误。然而,日常生活中诸如此类简单而又笃定的观察结论,都可能会渗透到最终的判决之中。让人惊讶的是,从感知得出推论的频率如此之高,已经超出了一般程度和推理法则允许的范围。事实上,这种做法并不符合推理法则,尽管实际上可能并非如此,因为在条件不充分的前提下仓促作出推论,可能比更为仔细的观察和研究更加省力。即使对于最微不足道的事情,有时也会作出这样草率的推论。我们在调查过程中发现,摆在我们面前的仅仅是推论而已,我们的工作实际上一直在做无用功。此种情况下,我们将会忽略事实,尽管我们的结论是错误的,但我们很少关注这种微小错误的虚假性。因此,一名证人可能在某处"看到"一块手表,但实际上,他仅仅听到一种类似手表滴答声的声音,并由此推断那里真的有一块手表以及自己看到过手表,甚至最终"相信"自己曾经看到过一块手表。又如,一名证人声称X有许多鸡;事实上,他仅仅听到过两只鸡咯咯叫,并由此推断X有许多鸡。还有一名证人看到牛的脚印,就说看到了一群牲口,或者还有证人声称知道谋杀案件的确切时间,因为在某个时间他听到有人叹息等。如果人们告诉我们,他们究竟是如何作出推论,问题就会显得比较简单,因为我们可以通过审慎提出问题来审查推论是否成立;但问题在于,他们通常不会告诉我们。当我们扪心自问就会发现,我们自身也是如此,我们经常相信并断言我们曾经看到、听到、闻到或感觉到某些事物,但实际上我们仅仅是推断而已。[28] 所有正确或部分正确的推断,以及基于虚假感知的虚假推断,都可被归入这一范畴。我经常提到一个案件:基于办案需要,现场将棺材从坟墓中挖掘出来,所有在场的司法人员都闻到了一种难闻的味道,但最终发现棺材里面空空如也。如果由于某种原因,没有打开棺材查看,那么,所有在场人员都会宣誓声称他们闻到了难闻的味道,尽管这种感觉只是从现场条件推断而得。

  埃克斯纳[29]提到一个经典例证:一位母亲在她的孩子哭泣时感到十分害怕,这不是由于哭声听起来可怕,而是因为孩子的哭声让她感觉可能发生了某些事情。我认为,在这种情况下,声音的联想占有相当大的份额。正如斯特里克[30]所言,任何复杂的概念体系都会表现为相应的词语表达。如果我们看到手表这个事物,就会想到手表这个语词。如果我们看到某人有肺痨症状,头脑中就会出现肺结核这个语词。后面这个例子更能说明问题,与那些仅仅涉及看似可靠的单一症状并允许语词表达的情形相比,复杂情形出错的概率要低得多。对一个人而言可靠的东西,对其他人而言并不一定是可靠的。涉及任何症状确定性的理念,也会随着时间、地点和人员而发生变化。当人们非常确定所谓的"可靠"症状，但却没有审查如何据此作出推论，就很容易犯错误。这种推断与词语的出现直接相关。回到前面提到的例证，假设 A 在 B 身上发现了"可靠"的肺痨症状，随即想到结核病这个语词。但他并不是仅仅想到"肺结核"这个词，他直接的推断是"B 有肺结核。"我们从来不会单独讨论某个词语，而是马上想到语词与特定事实之间的关联，在这个例证中，这个语词像往常一样变成了一个判断。然而，这种判断的接受者往往会进行回溯思考，认为法官是从一系列感官认知中得出自己的判断。事实上，他只有一次感知，这种感知的可靠性也往往值得怀疑。

另外一个难点在于，每个推论者在作出推论的过程中，都会基于自身的性格和所受的训练产生思维跳跃。推论者并不会考虑其他人是否能够作出类似的思维跳跃，或者进行推论的思路是否存在差异。例如，一位英国哲学家指出："我们真的不应期望，一个不懂天文学的国家可以制作完美的羊毛制品。"我们可能认为这句话逻辑不通，有人可能认为这句话存在矛盾，还有人可能认为这个论断非常正确，因为这句话缺少了一个命题，即天文学带来的文化进步在纺织领域也有体现。"在日常对话中，简单的思维跳跃是指直接从小前提中得出结论。不过，与实际思维过程一样，这种思维跳跃省略了其他许多推论。人们在进行交流时，通常会注意其他人的想法；女性和缺乏教育的人不会如此思考，因此，他们的交流经常会出现逻辑中断。"[31] 这一点折射出询问证人面临的风险，因为我们根据自己对事实的了解，往往不自觉地推断证人在思维跳跃时省略的细节信息。因此，谈及审查他人推论的正确性，这项任务或者难以进行，或者简单粗糙。通过认真审查证人推理时的思维跳跃，而不仅限于女性和缺乏教育的人，我们可以发现，一个人自己可能会作出完全不同的推理，也可能会采用不同的方式进行推理。如果审视证人推论的所有前提，就可能会得出与证人证言完全不同的结论。众所周知，立足相同的前提，不同的人往往会得出不同的结论。

需要指出的是，此类推论所涉及的一些特殊情形，通常与证人的职业紧密相关。例如，喜欢数学的人思维极其跳跃，尽管这些推论可能经常也是正确的，但是当数学家以数学方式处理其他领域的事情时，就很可能犯一些严重的错误。

另一类危险与证人证言的内容相关，具体言之：证人在作出陈述时往往遵循特定的模式，他们在推理时的思维跳跃会忽略特定的事实细节，并且会嵌入特定的思维模式。我从一家工厂的会计那里了解到这种特殊的心理现象，他在日常工作中经常要应对大量的加法计算。在他看来，二加三等于五，五加六等于十一，十一加七等于十八，如此这般下去，计算过程将会没完没了。为了避免计算错误，人们脑海中会在计算二加三时立即想到五的图像。当五的图像加六时，立即想到十一的心理图像，以此类推。根据这种计算方法，人们不是真正进行加法计算，而是分析一系列图像；这种计算过程非常迅速，比用笔计算要快得多。这些图像特别清晰确定，人们不可能会犯错。"你知道9看起来是什么样子的吗？好吧，就像我们知道27和4的图像一样；31的图像也没有变化"。

这种计算过程仅限于某种类型的事物，但不仅仅发生在记账员身上。当此类群体中的某人将两个事件联系起来，他通常不会考虑这种关联可能产生的结果；可以说，他只看到一张最终的结果图像。这个图像并不像数字那样无可置疑，它可能以各种形式出现，其正确性并不确定。例如，证人在黑暗中看到两个人，还看到刀光闪过，然后听到一声喊叫。如果他属于上述讨论的类型，他不会认为他可能被刀光吓得出声喊叫，也不会认为是他自己用棍子攻击他人时对方发出的喊叫，或者在喊叫声之前有用刀刺切的行为；情况并非如此，他看到了两个人、一把刀，并听到了喊叫声，所有这些组合起来形成一个图像，即其中一个人的额头位置被刀划伤。这种思维跳跃发生得如此迅速、如此确定，以至于证人通常相信自己看到了他所推论和断言的事情。

很多类似的心理过程都仅仅依赖于快速的和无意识的推断。例如，假设我见到一个花园局部的照片，照片中有一队人经过。虽然我只看到照片中花园的一小部分，根本不知道这个花园究竟有多大。但谈到这个花园时，我可能会说这个花园很大。我快速而无意识地推断，在花园的照片中有马车和马匹，这意味着花园的道路十分宽阔，因为一般的花园没有宽阔的道路可以容纳马车，这种情景只发生在公园和大的花园之中。因此，我的结论是：这个花园一定很大。这种推断[32]经常出现，无论涉及证人证言的来源还是可靠性问题，无论涉及证人的断言还是印象，通常情况下这种印象都是正确的。之所以如此，是因为只有相关推论经过反复检验，才会形成相应的印象。但无论如何，我们都有必要审查产生这种印象的推论次序，并检验它们的准确性。不幸的是，证人很少意识到，他究竟是亲身感知有关事实，还是仅仅作出推论。

当证人观察到一些迹象，或者仅仅是某个迹象，即便这个迹象并非十分重要，对由此形成的印象进行审查都是非常重要的。在前述例证中，证人可能是通过推论获得有关印象，不过通常情况下，这种推论过程都是基于某些不重要的、纯粹个体性的判断。正如古人通过比对各自留存的部分戒指来确认朋友一样，我们基于特征点来识别特定的事物及其组分，事物本身也基于这些特征点而得到形象的体现。[33]如果不犯错误，所有这些都无可厚非。当特图里安指出："正是因为不合情理，我才相信。"我们会认为这位伟大学者所言不虚，特别是他探讨宗教问题时，情况更是如此；但是，当苏格拉底谈到赫拉克利特的作品《朦胧》时指出："我所理解的内容很好；我认为，我没有理解的内容也很好。"他并不足够坦诚。现在许多没有特图里安和苏格拉底聪明的人，也面临同样的问题。基于长期审查证人证言的司法实践，我经常想起特图里安的格言，因为证人经常将那些最不可能的事情当做事实。当人们试图对那些最难以理解的事情作出解释时，我想："你没有理解的事情也很好。"

威兰德在经典著作《埃布德里特人》中形象地刻画了未开化者对自己智商的执念。第四位哲学家说："你所看到的世界本质上是无数个小世界，像洋葱皮一样层层包裹起来。"埃布德里特人对此回答"非常清楚"，并认为他们理解了这位哲学家的解说，因为他们非常清楚洋葱的构造。基于对其他术语的理解，通过类比达至对特定术语的理解，进而作出相应的推论，这是导致许多误解的重要原因。例证本身往往很好理解，但该例证能否适用于特定的论断，以及特定论断能否因该例证而变得清楚明白，则往往未能引起关注。据此，我们可以看到例证和类比具有的特殊价值，实际上，古往今来的智者都会使用类比方法与知识匮乏的人进行交流。鉴此，我们可以看到类比方法的巨大影响，看到人们对此的各种误解，以及那些未开化和愚笨的人想要通过类比方法理解其他事物的努力。幸运的是，人们在试图向别人作出解释时，习惯于使用这种难以寻找的类比，以至于其他人只要具备足够的观察能力，就能够通过不同术语的类比，评估从特定术语所作推论的准确性。我们在审查证人时常常这样做。我们发现，证人会使用类比来澄清某个难以理解的观点，并且他应当理解这个观点，因为这个观点就在他的思维框架之内。但是，对他们而言，类比对象究竟是什么，仍然像此前一样含糊不清。因此，对类比的检验非常耗费精力，并且通常徒劳无功，因为人们很少能成功地把一个人从历经困难发现的某种结论中抽离出来。他总是回到类比的窠臼，因为他对此比较熟悉，尽管他实际上并不清楚比较的究竟是什么。但是在此类案件中，我们的收获并不算少，因为我们能够据此确定证人并不理解当前的问题，这有助于确定证人证言的价值。

作为合理推论的基础，关于各种可能性的全面把握，也是非常重要的。多数人之所以认为某事不具有可能性，理由在于，他们首先考察自身已经知道或者立即展现的事件细节。随后,当这些细节摆在他们面前时,他们就推断认为,这件事完全不具有可能性;至于是否遗漏其他一个或者多个可能性,则通常并未纳入考察范围。我们和蔼可亲的物理学教授曾经说过:"今天我本打算向你们展示光干扰实验——但是这个实验在白天无法观察,当我拉上窗帘时,你们又要大吵大闹。所以,我们没有办法做这个实验,只好把仪器拿走了。"这位教授没有考虑另外一种可能性,那就是,即使拉上窗帘,我们也可能会表现得规规矩矩。

因此,当证人断言某件事情不可能发生时,法官千万不要轻信。举个最简单的例子:证人向我们断言,某起盗窃案件不可能是外人干的。如果你追问他理由,他可能会告诉你:"因为门是锁着的,窗户是闩着的。"但是,他完全没有考虑到,小偷可能会从烟囱钻进屋里,或者将一个孩子从窗户栏杆送进室内,或者利用一些特殊的工具等;如果不考虑推理的前提,证人就不可能思考这些问题。

我们应当谨记,刑事学家"不能玩弄数学真理,而是必须探究历史真相。我们从大量细节开始,把它们整合起来,通过这种整合和反思得出相应的结论,促使我们判断过去事件的存在和特征。"我们调查的对象蕴含在海量细节之中,这些细节呈现的方式及其可靠性,决定了我们所作推断的准确性。

更确切地说,对调查对象的准确把握,就如同休谟所讲的那样:[34]"如果我们想要确定现有证据的属性,从而据以认定有关事实,就必须探究我们如何获得因果关系的知识。我不揣冒昧地断言,作为没有例外的一般命题,有关因果关系的知识,无论如何都不是通过先验推理获得,而是完全来自经验,我们发现任何特定的物体之间都存在恒常的联系;我们的理性如果没有经验的辅助,就无法从客观事实中作出任何推断。"

休谟在进行论证的过程中,提出了以下两个命题:

(1)我发现特定的物体通常都伴随着特定的影响。
(2)我推测其他外观相似的物体也会伴随类似的影响。

他接着指出:"如果你不反对的话,我想强调指出,某个命题可以从其他命题中推断出来,事实上命题通常是由此推论出来。不过,如果你坚持认为推论是由一系列连续推理得出,那么我希望你能够提供所谓的推理链条。这两个命题之间的关联并不那么直观。如果确实要通过推理和论证得出结论的话,就需要一种能得出此类推论的媒介。我必须承认,这种媒介究竟如何界定,超出了我的理解能力;如果主张存在此种媒介,并且认为它是所有事实结论的前提,就需要明确指出媒介的所在。"

如果我们更加认真地思考这个问题，就可以作出以下断言：这种媒介不是真正的实体，而是过渡的载体。我在命题中提到"某个物体"时，我的脑海中就会浮现出"类似的物体"，因为没有两个物体完全相同；同时，当我在第一个命题中提到"某个物体"时，我已经产生基于第二个命题的断言。

让我们看看这两个具体的命题：

（1）我发现玉米制成的面包具有滋养效果。

（2）我推测其他明显类似的物体，例如小麦，也具有类似的效果。

在第一个命题中，我无法针对相同的玉米开展各种实验。我可以从一个角度处理玉米，或者从另一个角度加以考虑，但我只能针对非常相似的物体开展实验。当然，我可以用遥远地方种植的玉米进行这些实验，或者用源自巴巴里和东非的玉米进行这些实验，这样就不再有任何同一性问题，而只有相似性问题。最后，我可以比较两种玉米的产量，这种相似度要远远低于特定品种的玉米和特定品种的小麦。因此，我可以在第二个命题中探讨与第一个命题相同或相似的内容。据此，一个命题被引入另一个命题，并且建立起两者之间的关联。

这种"关联"在刑事科学领域的重要性在于，我们所作推论的正确性取决于推论断言的内容。我们持续关注休谟的两个命题，并经常作出断言：第一，有些事情存在因果关联，我们将本案与其他案件关联起来，就是由于我们认为两者具有相似性。如果两者确实具有相似性，并且第一个和第二个命题的关联实际上是正确的，就可以认定推断的真实性。我们不需要计算结论中数值关系那种无法解释的奇妙之处。达朗贝尔指出："似乎总有一些自然法则更加频繁地阻断常规关联，而较少阻断非常规关联；前者更多体现在数学领域，而非物理领域。如果我们看到某个骰子总是掷出很大的数字，就会立即倾向于认为这个骰子是假的。"密尔进一步指出，达朗贝尔应当通过这种方式提出问题：如果已经对骰子进行检查，并且没有发现问题，而有人宣称连续掷出 10 个 6，此时他是否还会相信这个骰子。

进一步讲，我们通常倾向于认为，如果特定的推论显示，某些随机事件体现为规律性的数值关系，这种推论很可能是错误的。如果猎人声称他上周打了 100 只野兔，或者赌徒宣称他赢了 1 000 美元，或者病人宣称他病了 10 次，难道有人会相信这些说法吗？人们可能会认为，这些数字仅仅是大概估计的数值。如果上述主张分别涉及 96 只野兔、987 美元或者 11 次疾病，将会听起来更具可能性。这种情况在调查过程中经常出现，证人为了让人们相信其所提供的证言，往往不愿说出此类"不可能的数值"。然而,许多法官往往不相信此类数值,并要求证人作出"准确的陈述",甚至主张证人只是估算了"大致的数值"。这种认识实际上根深蒂固,例如赌博庄家和彩票商家发现,带有"完美数字"的彩票很难出售。一张序列号为1 000、数字为100的彩票根本没有人买。如果有人计算一组随机编排的数字,结果总和恰好是1 000,那么,这个计算结果的正确性总是让人怀疑。

这些都是无法解释和理解的事实。因此,我们不能随意怀疑所谓的整数,也不能特别依赖那些极不规则的数字,两者都值得认真审查。

对推断正确性的判断,可能类似于对数字准确性的判断;数字对判断的影响,既是人们普遍认可的现象,也是人们努力克制的对象。自康德以来,人们已经清楚地认识到,正视滥竽充数的现象,能够促使人们关注判断领域的上述真理性认识;无论是法院的判决、立法机构的投票,还是单纯的判断,情况都是如此。

席勒指出:"人们经常断言,判决的准确性与法官和陪审团的人数紧密相关。"除了法官不够审慎和认真,在助理辅助时缺乏足够责任感外,这一源自司法实践的推断并不准确,并且与通常的案件情况并不相符。如果加上某些思维偏见或弱点,错误就会成倍增加。如果一个人能够正确遵循集体的决策,而不因此感到无聊,并且认真研究针对特定问题的处理意见,就将确保自身免受多数意见的影响,进而经得起严格公正的审查,就会体会到一些独特的事实。针对错判案件的法庭判决进行研究,是一件特别有意义的事;令人惊讶的是,此类案件通常只有一个人表达了正确的意见。这一事实对法官极具警示意义,法官应当认真听取个体意见,因为这种少数意见非常重要,因此值得认真研究。

当大量证人证实同一事物时,应当谨记上述原则。除了他们彼此互相依赖、互相暗示之外,还很有可能存在其他来源的错误,这些错误对所有的证人都会产生影响。

一项判决,究竟是由一名法官还是若干陪审员作出,其实无关紧要,因为判决的正确性并不取决于人数。艾克纳指出:"判决准确性的概率,取决于据以作出判决的关联领域是否足够丰富。知识的价值被审慎地纳入这一事实之中,因为它本质上是关联范围的扩张。知识的价值与当前事实与所需知识之间关联的丰富程度成正比。"这是我们必须牢记的最重要的一项原则,并且否定了这样一种观念,即我们应该满足于掌握几十部法律、一些法律评注和大量先例。

如果我们进一步主张:"每个判决都是一种同一认定,在每个判决中,我们都断言，当前事实具有同一性，尽管涉及两种不同的关联关系。"[35] 那么，如果法官的关联能力过于贫乏和狭隘，我们将要面临怎样的危险就变得显而易见。正如米特迈尔多年前所言："实践中许多案件，证据的证明力是如此之强，以至于所有法官都不约而同地确信案件事实。但是通常情况下，判决都是由裁判者的内在品性所决定的。"究竟什么是所谓的内在品性，此前已经加以分析。

我们还要考虑证人根据自己的事实组合或者描述所作推论的价值问题。在这些情况下，人们往往忽视了加倍并且反复检查的必要性。例如，假设证人并不知道某一重要日期，但结合他所知道的情况，推断出是6月2日，也就是事件发生的当天。因为当天他接到A打来的电话，一般A有在周三拜访的习惯，但不可能是6月7日之后的那个周三，因为证人那一天在外旅行。也不可能是5月26日，因为这一天的前一天是假日，商店很晚才开始营业，这件事不可能在A打电话的那天完成。而且，那天也不可能是5月20日，因为案件发生那天非常暖和，但气温在5月20日之后才开始上升。基于这些事实，案件一定发生在6月2日，而且只能发生在那一天。

一般而言，此类关联显得谨慎、明智和令人信服，因此很有影响力。这种关联对人们的影响，并不涉及分析过程。对于那些习惯于此类关联分析，几乎对此司空见惯的人来说，关联分析没有任何难度，因此理应发挥更大的作用。通常情况下，那些给我们留下深刻印象的事物，不会被特别地加以审视，而是作为令人震惊和不容置疑的事物加以接受。不过，仔细审视这些事物，认真考虑其前提是否合理，实际上非常必要，这也在有关例证中得到充分体现。日期、事实和假设很容易出错，哪怕只有一丁点疏忽，也可能会导致错误的结论，或者至少导致结论不能令人信服。

对手稿的审查将会面临更大的困难。手稿有较强的说服力，不仅对他人如此，对作者也是一样；我们可能会质疑并着手完善刚刚写完或者不久前写完的手稿，而那些多年前写就的手稿则通常具有一定的权威性，即便此类手稿面临质疑，我们也容易认可其准确性。在很多情况下，人们都会在案件中质疑手稿的准确性，但通常会得出肯定性的结论。针对这种确信的审查，我们无法提出一般性的规则。通过注意手稿的目的，特别是确定其来源和作者的个性，可以获得更为清晰的认识。手稿的外观也可以透露很多信息，我们并不是说非要对手稿加以特殊呵护并排列整齐。我曾提到一个不会读写的年长农民的记录，他关于邻居的记录虽然未经训练，但却非常清晰，在民事案件中得到了毋庸置疑的认可。手稿的目的性、顺序和连续性能够表明，这些手稿不是事后编写，因此，与撰写记录的原因以及作者的个性一起，能够体现出书稿的价值。

第 32 节　错误的推论

　　诚如赫胥黎所言，如果人类能够始终铭记，一旦依赖实际经验的特殊关联，就容易作出错误的判断，那么他们就会少犯些错误。当人们提到，我感到、听到或者看到某些事物，那么在 99% 的案件中，他们仅仅是指曾经意识到某些感觉，并据此作出判断。大多数错误推论都是由此产生的。这些推论很少是形式推理，很少是因错误使用逻辑原理而产生；根本原因是缺乏可靠的推理前提，因为基于错误的感知或者概念，由此得出的前提就是错误的。[36] 密尔据此指出，大多数人之所以犯错误，是因为假定自然秩序和知识秩序具有同一性，事物应当像他们设想的那样存在，因此，当人们不能想象两件事物同时存在时，就认为它们不能同时存在，那些不在设想范围的事物就被视为并不存在。但是，人们不能设想的事物，与不可思议的事物不能相互混淆。设想某些事物的困难或者不可能性，可能带有主观性和条件性；人们可能仅仅由于某些未知或者被忽视的近似条件，进而无法理解一系列事件的关联。在刑事案件中，当我无法在某个简单事情上取得进展时，我总是想起一个众所周知的故事：一个年老的农妇从一扇打开的马厩门看到一条马尾，从另一个离着几码远的门看到马头，因为头部和尾部的颜色相似，她就激动地喊道："哦！天啊，这马可真长！"这位农妇假设，两匹马的臀部和头部属于一匹马，因而未能想到通过将这匹难以想象的长马分成两半来解决这个问题。

　　此类错误可被归入五种类型：[37]

　　（1）演绎推理错误。（自然偏见）

　　（2）观察错误。

　　（3）概括错误。（基于正确的事实，作出错误的推理）

　　（4）混淆错误。（术语歧义或关联错误）

　　（5）逻辑谬误。

　　所有这五类错误都在法律工作中具有重要影响。

我们经常与自然偏见做斗争。我们认为某些阶层的人更好，其他人则比平均水平更差；尽管没有明说，但我们期望上等阶层不会轻易做坏事，而不会期望其他人做好事。我们对某些人、某种生活观念、正义的定义或者思维方式存在偏见，尽管我们原本能够认识到它们的非正确性。我们对人类的知识、印象的判断和事实等存在类似的偏见，在此基础上，那些发生在我们喜欢或讨厌的人身上的某些关联和事件，决定了他们在我们心目中的好坏。

同样重要的是，尽管认识到当前案件有所不同，人们仍然会作出上述推论。感觉的力量比思考的力量更为有力，正如哈特曼所言："由感觉而产生的偏见，不是理解后有意识的判断，而是本能作出的假设，因此很难通过有意识的反思而予以消除或者屏蔽。你可能会成百上千次告诉自己，地平线上的月亮与其在天顶处时一样大——然而你看到它在天顶处变小了。"我们在每次刑事审判中都会遇到这种先入为主的定见，如果我们曾经考虑过被告人究竟如何被指控的犯罪行为，就无法摆脱这种印象，即使我们已经确定他与这起案件无关。第二类谬误——观察错误——将在后续关于感知等问题的部分予以讨论。

在归纳错误领域，最重要的过程就是进行整理，在此过程中，环境或者伴随情形具有决定性的影响，以致人们通常仅仅立足这些因素作出推断，而不再审视具体讨论的对象。我认为艺术鉴赏家收藏的塔纳格拉是真品，而不再加以审视；我认为流浪汉口袋里的金表是偷来的赃物；我认为柏林皇家博物馆里的巨大流星、鬣蜥骨架、面部扭曲的涅尔瓦等展品都是真品，但如果我在一个小镇的大学博物馆中发现这些物品，就会认为是仿品。对于事件也是如此：我听到一个孩子在脾气暴躁的鞋匠家里尖叫，就会断定他正在被打屁股；我可以从山上的某些声音中推断出附近有羚羊，如果我听到一个长长的音调，而附近又有教堂，我就会认为音调来自风琴。

所有这些过程都建立在经验、综合分析以及偏见的基础之上。它们通常会得出正确的结论，但在许多情况下，它们也会产生相反的效果。通常情况下，由于人们非常倾向于依赖"首次形成的，通常是毋庸置疑的印象"，因此有必要对此类情形进行认真的审查。人们的理解通常来自简单而又仓促的归纳概括，缺乏正当的理由。

要想避免重大损害，唯一的方法就是从环境和伴随情形中提取事实，并抛开环境等因素研究事实。环境只是证明的一种手段，而非证明本身，只有当事物或事件本身得到验证时，我们才能引用一种又一种证明方式，并相应地调整我们的观点。如果不这样的话，就意味着通常会得出虚假的推论。更糟糕的是，我们会发现无法识别后续出现的错误，也无法判断在哪个环节出现错误。此种情况下，错误就会深藏于整个推理过程之中，以至于难以有效识别。

密尔将混淆错误归因于证明过程不够明晰，即词语的模糊性。我们很少遇到此类情况，但是一旦面临此类情况，往往是由于我们提出复合性概念，并且将那些原本不能予以整合的符号与特定的物体或者事件不加考究地整合起来，而这仅仅是由于我们对其重要性作出了错误的判断。例如，基于"相同的动机"，我们从罪犯被判处的刑罚中作出相应的推论。诉因陈述、不知情等，都属于此类情形。纯粹的逻辑错误或三段论式错误则不在此列。

第 33 节　道德情况统计

表面上看来，统计学和心理学之间没有任何关系。然而，如果我们认识到，道德统计和一般统计所呈现的特殊而又难以解释的结果，将会严重影响我们的判断和思考，那么，它对犯罪心理学的重要性就显得毋庸置疑了。罪犯的责任、数量，他们的作案时间、地点和个性，以及犯罪环境和他们出现的频率，所有这些都会对我们产生直接或者间接的影响，以至于我们的判断和决策，以及我们所判断的其他人的行为和思想，都会随之而发生改变。[38]

此外，概率和统计密切联系并且不可分割，我们不会抛开其中一个，而选择另外一个，或者仅对另一个作出解释。穆恩斯特博格杰出的心理学研究成果，展现了统计问题对心理学的重要性。他警告我们不要对道德统计的结果作出过高估计，并且认为道德统计的实际影响要在很久以后才能呈现。无论如何，只有经过深入细致研究，才能发现统计学层面综合分析和演绎分析的实际价值。涉及犯罪条件，情况尤为如此。许多作家的著作[39]都告诉我们一些在其他情况下无法学到的知识，此处不再加以介绍；只有对这些著作进行系统研究，才能对我们有所助益。这里只谈这些著作对我们学科的重要性。没有人会怀疑，统计学领域的数字和计算具有神秘感。我们承认，我们今天所知道的知识，并不比保罗·德克尔在布鲁塞尔科学院讨论凯特勒有关道德统计的知识更多一些；我们也承认，人类的行为，即使最微小的活动，也要遵从总体常数和恒常法则。针对这一奇特的事实，阿道夫·瓦格纳指出："如果一个旅行者告诉我们，有一项法律规定，每年特定阶层的群体中应当有多少人结婚、死亡、自杀和犯罪，并且进一步宣称，这些法律得到了严格的遵守，那么我们应该说些什么呢？事实上，全世界都在遵守这些法律。"[40]

当然，道德统计关注的是数量而非质量，但在统计检验过程中，也会涉及质量。例如，调查犯罪和入学、教育的关系，调查自杀率最高的班级等，就是将人的质量与统计数据联系起来。对于某些罕见的犯罪、可疑的自杀、特殊的精神现象等，我们将借助统计表来寻求对某一假定可能性的正确看法，这并不是很遥远的事。当考察某些数字不可思议的稳定性时，这种可能性就变得更为清楚。假设我们研究 1819 年以来奥地利的自杀人数，并且得到以下数字——3 000、5 000、6 000、7 000、9 000、12 000、15 000，与法律相比，这是一种有规律的数据增长。[41] 我们再来看看法国连续十年开枪自杀的妇女人数，由此得到 6、6、7、7、6、6、7 这组数字，并发现 6 和 7 之间只有一种交替关系。如果有一年出现了 8、9 的数字，难道我们不应该注意吗？难道我们不应该考虑，自杀只是一种假象的可能性吗？

或者假设我们考察同一时期淹死的男性数量，并且得到 280、285、292、276、257、269、258、276、278、287 这组数据，瓦格纳就会正确地指出，这些数据"包含道德秩序领域的数学关联，这种关联应当比恒星系统更加令人惊讶"。

更值得注意的是，当这些数字如此组合在一起时，可以形成一条曲线。正是通过这种方式，德罗比什绘制了一个按年龄分布的犯罪表格。在每 1 000 次犯罪中，作案人的年龄段分布如下：

年龄段	财产犯罪	人身犯罪
低于 16 岁	2	0.53
16~21	105	28
21~25	114	50
25~30	101	48
30~35	93	41
35~40	78	31

续表

年龄段	财产犯罪	人身犯罪
40~45	63	25
45~50	48	19
50~55	34	15
55~60	24	12
60~65	19	11
65~70	14	8
70~80	8	5
80岁以上	2	2

通过比较两组数据，可以绘制一条曲线，体现稳定上升然后稳定下降的趋势。要想获得更大的数学上的确定性，通常是不可想象的。同样重要的是，一些重要条件的并行出现。例如，考察1826年至1870年间法国的自杀事件，其中每五年的数据分别是1 739、2 263、2 574、2 951、3 446、3 639、4 002、4 661、5 147。如果在那个时期，人口数量已经从3 000万增加到3 600万，就必须寻找其他决定性的因素。[42]

如同古特伯雷引用的诸多权威理论[43]，自杀事件大多发生在6月，极少发生在12月；大多发生在晚上，尤其是黎明时分，极少发生在中午，特别是12点到2点之间。自杀频率最高的是教育程度不高的人，年龄在60岁至70岁之间，多为撒克逊人（奥廷根）。

整合这些观察，就会得出以下不容置疑的结论，即如果结果足够恒定，就至少可以对当前情况作出假设。目前，统计数据几乎与个体没有直接关联。密尔正确地指出，死亡率的统计对保险公司很有帮助，但却无法预测某个人的具体寿命。阿道夫·瓦格纳认为，就统计规律而言，当处理较大的数字时，此类规律是有效的；只有当存在大量案例时，才能识别这种恒定的规律；单个案例往往显示的是变体和异常。凯特勒使用圆的例证对此作出了精辟的说明："如果用粗粉笔在黑板上画一个圆，并仔细研究各个组成部分，你所看到的都是极不规律的图像；但是如果你后撤几步，研究整个圆的图案，就会发现这是一个非常有规律的圆形。"但是，在画圆的时候一定要认真、准确，但你在绘画时碰巧划过苍蝇的尸体，一定要保持冷静，不能惊慌失措。杜布瓦雷蒙[44]反对以下这种说法："当邮政局长宣称，在每年处理的10万封信件中，总有一定数量的信件无法投递，我们并不认为这是什么大事——但是当凯特勒提到，在每10万人中，就有一定数量的罪犯，这一论断马上会引起我们的道德警觉，因为我们不愿看到，我们之所以不是罪犯，仅仅是由于其他人占了罪犯的份额。"但事实上，我们无须对此感到遗憾，这就如同每年总会有一定数量的人摔断自己的腿，也总有一定数量的人死亡，反过来看，也总有一定数量幸运的人没有摔断自己的腿，或者没有死亡。这就是无可辩驳的事实逻辑，其中并没有任何令人烦恼的东西。

另一方面，毫无疑问，犯罪统计要想用到实处，必须以截然不同的方式作出处理。在研究自杀的统计数据时，只有对现有材料进行仔细研究，并且从不同角度进行分析，才能据此对个案作出推断。但是，我们很少全面细致地审查犯罪统计数据；目前对此类数据的审查过于官僚化，并且受制于法律和司法程序影响。犯罪学者可以为统计学家提供数据，但后者并不能从中提炼重要的理论。翻开任何一个国家刑事法院年度工作的官方报告，你会看到成千上万的数字，透过这些数字，你可以了解到这些法院的艰苦工作，但是，这些数字很少发挥实际效用。在我的面前，摆放着四份奥地利法院和刑事机构的年度报告，这些报告的完整性、准确性和装帧设计都很出色。翻开最重要的报告——全国各部门刑法实施结果，你会看到报告中的各项记录非常完整：有多少人在这里或那里受到惩罚，他们的罪行是什么，根据年龄、社会地位、宗教、职业、财富等因素被判刑的比例是多少；接着是各种有关逮捕、量刑等事项的表格。所有这些材料的价值只是表明，能否从司法官员的办案程序中发现某种规律性，其中很少包含在心理学层面有价值的材料。在涉及文化、财富和先前判决的部分，可能包含一些心理学因素，但也只是做了极其普通的处理。关于死刑判决的根据和动机，则几乎没有涉及。在量刑活动中，我们很少考虑与教育程度、早年生活经历等有关的动机因素。只有当统计数据在各个方面更加关注定性分析，而不仅仅是定量分析时，才能真正体现其科学价值。

| 第一部分 | 证据的主观条件：法官的心理活动

专题 5　知识

第 34 节　概述

如同所有其他学科一样，刑法必须追问在什么条件、什么情形下，我们才能够说"我们知道"。尽管人们期望对知识的确信能够与相同的条件保持一致，但问题的答案从来都千差万别。之所以产生这种奇怪而又非常重要的差异，取决于"我们知道"（作为一种决策）究竟是否具有实际的影响。当我们讨论某些问题，例如某次战役的地点、月球的温度，或者某种动物在上新世的出没时，通常会首先假设存在真实的答案，随后就会出现赞成和反对的理由。前者的数量不断增加，紧接着，我们突然在一些书中发现以下断言："我们知道这些事实。"这种断言被写进许多多其他书中，即便这种断言是不真实的，也不会造成实质性的损害。

但是，当科学试图确定某种物质的质量、某些药物的疗效、某种通信介质的可能性、某些经济理论如自由贸易的可行性时，则需要更多时间来确定："我们知道情况是这样，而非其他。"此类情况下，人们能够清楚地看到"我们知道"这一论断将会在实践中产生巨大的影响。与那些几乎没有实际影响的情形相比，在这些具有巨大影响的情形下，知识的含金量是大不相同的。

司法工作显然会带来具体的实践后果。基于司法工作的要求，经常会将不完美的知识视同一无所知，因为当法官说"不"的时候，通常意味着"我们知道他不是罪犯"，也可能意味着"我们知道，现在不能完全确定他就是罪犯"。此种情况下，我们的知识限定于对不确定事项的认知，而更宽泛意义上的知识，则是指对某种确定知识的认知；但在前述情形下，认知的对象并不明确。如同其他情形一样，知识与真理并不简单等同，知识仅仅是主观真理。那些具有特定知

151

识的人，有理由认为某些事情是真实的，其他人不会提出反对意见。此时，他们会假设所有认同自己知识的人，都会为此提供正当理由。但是，即使每个人都能够论证自己的知识，也只能在当下提供正当理由。换到明天，整个事件就可能会呈现不同的情形。据此，与其他侦查人员相比，刑事学家很少断言我们是在探究真相；如果我们作出这样的断言，我们就不会拥有公正、纠错的制度，也不会建立刑事程序中的重审制度。谨慎起见，我们的知识只不过是内心的信念，即基于人类的认识能力，某些事物是这样或那样，或者是"某些事物的条件"。附带说明一下，我们认同"某些事物的条件"可能随时发生变化，而且如果条件发生变化，我们会随时重新对此加以研究。我们需要的是实质性的，但却是相对的真理。

最敏锐的思想家之一、能量守恒定律的发现者迈耶指出："对于真正的自然科学而言，最重要的（甚至可以说唯一的）规则就是：在寻求更深层次的原因之前，始终要铭记，我们的任务就是了解现象。如果人们已经全方位地了解某一件事，就得到了对此的解释，科学的任务也就随之完成。"他在作出上述论断时，并没有考虑我们这些思维匮乏的法律人，但是，如果我们想试图使法律学科在自然科学领域找到合适的位置，就必须始终牢记上述训诫。我们研究的每个犯罪行为都是事实，当我们已经全方位地了解犯罪行为，查明犯罪行为的每个细节，我们就得到了对此的解释，也就履行了我们的职责。

但是"解释"这个词也没有彻底解决问题，主要是把无法解释的事物数量降至最低，并把整个事物简化为最简单的术语。但即便成功实现上述目标，也是很好的！在大多数情况下，对于众所周知的术语，我们往往不是替换为更好的术语，而是替换为更加奇怪的术语，以致不同的人可能产生不同的理解。也就是说，为了对特定事件作出解释，我们提出了另外一个更难的事件。不幸的是，法律人比其他人都更倾向于作出不必要的解释，因为刑法已经让我们习惯于一些愚蠢的定义，这些定义很少让我们真正接近事物的本质，同时还为我们提供了大量难以理解的术语。因此，我们会得出一些既不可能又难以作出的解释，这些解释连我们自己通常都不愿意相信。进一步讲，我们尝试对那些原本可以理解的事件作出解释和界定，最后却使得有关事件变得扑朔迷离。当我们都无法确信，或者已经发现矛盾时，情况将变得更加复杂。接着我们就试图说服自己，我们知道问题所在，尽管从一开始就很清楚自己一无所知。我们应当铭记，我们的知识只能达至对事物的认识。这种知识仅仅存在于我们对事物之间的关系和一致性的认识之中，或者存在于我们某些认识的不相容和矛盾之中。我们的任务就在于解释这些印象，这种解释越彻底，得出的结论就越重要越确定。但我们绝不能仅仅相信自己的印象。"那些研究超感觉现象的神学家，可以从他的视角讲述所有他可以讲述的事情；那些代表着从社会经验中得出的基本法则的法学家，可以从他的视角考察所有的理由；某些情况下，拥有最终权威的却是那些医师，因为他们致力于对生命问题的研究。"

我从莫兹利[45]那里获得了上述观念，这让我们认识到，我们的知识非常片面和有限，并且只有当各个专门领域的相关人员都已表达意见，我们才能达至对特定实践的认识。因此，每位刑事学家都必须尽可能在诸多专家的证言中找出自己需要的知识，而不能在没有事先征求专家意见的情况下，仓促地对需要专门知识的事项作出判断或展开讨论。只有骗子才宣称自己无所不知，训练有素的人知道，任何人所能掌握的知识极其有限，即便想要对最为简单的事情作出解释，也需要开展大量的合作。

这一问题的复杂性在于"待定"概念的本质。我们使用"待定"这个词表示所有已经和可以感知的内容。"'待定'和'确定'是相同的，只要它们具有相同的内容，并且内容是可以已知的。"[46]

注释

[1] F. Hillebrand: Zur Lehre der Hypothesenbildung.

[2] C. J. A. Mittermaier: Die Lehre vom Beweis im deutschen Strafprozess. Darmstadt 1834.

[3] J. Schiel: Die Methode der Induktiven Forschung. Braunschweig 1865.

[4] Max Mayer: Der Kausalzusammenhang zwischen Handlung und Erfolg in Strafrecht. 1899.

von Rohland: Die Kausallehre im Strafrecht. Leipzig 1903.

H. Gross's Archiv, XV, 191.

[5] Cf. S. Strieker: Studien über die Assoziation der Vorstellungen. Vienna 1883.

[6] Meinong: Humestudien. Vienna 1882.

[7] Das Wahrnehmungsproblem von Standpunkte dcs Physikers, Physiologen und Philosophen. Leipzig 1892.

[8] C. Bernard: Introduction ä I'Etude de la Medécine Experimentale. Paris 1871.

[9] Sehopenhauer: Die beiden Grundprobleme der Ethik.

[10] Cf. Hume's Treatise of Human Nature.

[11] Masaryk: David Hume's Skepsis. Vienna 1884.

[12] Liebman: Zur Analysis der Wirklichkeit. Strassburg 1888.

[13] Öttingen: Die Moralstatistik. Erlangen 1882.

[14] James Sully: "Die Illusionen" in Vol. 62 of the Internation. Wissenschft. Bibliothek. Leipzig 1884.

[15] Th. Lipps: Grundtatsachen des Seelenlebens. Bonn 1883.

[16] Manual for Examining Justices.

[17] B. Petronievics: Der Satz vom Grunde. Leipzig 1898.

[18] Of course we mean by "proof" as by "certainty" only the highest possible degree of probability.

[19] Locke: Essay on the Human Understanding.

[20] Laplace: Essay Philosophique sur les Probabilités. Paris 1840.

[21] Venn: The Logic of Chance.

[22] Philos. Versuch über die Wahrscheinlichkeiten. Würzburg 1883.

[23] Über die Wahrscheinlichkeit. Leipzig 1875.

[24] J. v. Kries: Über die Wahrscheinlichkeit u. Möglichkeit u. ihre Bedeutung in Strafrecht. Zeitschrift f. d. ges. St. R. W. Vol. IX, 1889.

[25] Windelband: Die Lehren vom Zufall. Berlin 1870.

[26] Cf. S. Freud: Psychopathologie des Alltagsleben.

[27] C. J. A. Mittermaier: Die Lehre vom Beweise.

[28] Cf. H. Gross, Korrigierte Vorstellungen, in the Archiv, X, 109.

[29] S. Exner: Entwurf zu einer physiologischen Erklärung der psychischen Erscheinungen. Leipzig 1894.

[30] Studien über die Assoziation der Vorstellungen. Vienna 1883.

[31] von Hartmann: Philosophie des Unbewussten. Berlin 1869.

[32] Cf. Gross's Archiv, I, 93; II, 140; III, 250; VII, 155.

[33] H. Aubert: Physiologie der Netzhaut. Breslau 1865.

[34] David Hume: Enquiry, p. 33 (Open Court Ed.).

[35] H. Münsterberg: Beiträge zur experimentellen Psychologie, III. Freiburg.

[36] Cf. O. Gross: Soziale Hemmungsvorstellungen. H. Gross's Archiv: VII, 123.

[37] A paragraph is here omitted. Translator.

[38] O. Gross; Zur Phyllogenese der Ethik. H. Gross's Archiv, IX, 100.

[39] Cf. B. Földes: Einige Ergebnisse der neueren Kriminalstatistik. Zeitschrift f. d. ges. Strafrechts-Wissenschaft, XI. 1891.

[40] Näcke: Moralische Werte. Archiv, IX, 213.

[41] J. Gurnhill: The Morals of Suicide. London 1900.

[42] Näcke in Archiv VI, 325; XIV, 366.

[43] K. Gutberlet: Die Willensfreiheit u. ihre Gegner. Fulda 1893.

[44] Die sieben Welträtsel. Leipzig 1882.

[45] Henry Maudsley: Physiology and Pathology of the Mind.

[46] Jessen: Versuch einer wissenschaftlichen Begründung der Psychologie. Berlin 1855.

第二部分

刑事侦查的客观条件：被调查者的心理活动

第三篇
一般条件

专题 6　感官 - 感知

第 35 节　概述

我们的结论取决于自己和他人的看法。如果感知是可靠的，我们的判断可能也是可靠的；如果感知不可靠，我们的判断一定也不可靠。因此，对感官感知形式的研究，就是对司法基本条件的研究；对其关注度越高，司法的确定性程度就越高。

我们无意提出一种感知理论。从犯罪学角度看，我们只需提取那些涉及重要情况的条件，据此我们可以发现，我们和我们审查的对象究竟是如何感知各种事物。此处无法全面细致地对该问题进行深入探讨。最近的科学研究在这个领域取得了很大进展，并且发现了很多非常重要的信息。如果忽视这些问题，就意味着我们局限于问题的表面和外围，仅仅关注那些无法感知和理解的事物，进而基于表面原因忽视那些具有重要价值的材料；更糟糕的是，我们可能会将并无价值的材料认定为重要的素材。

第 36 节　一般考虑因素

刑事学家应当注重对感官及其功能的生理心理研究[1]，进而确定它们的属性，它们对图像和概念的影响，它们的可信度、可靠性及其条件，以及感知与对象的关系。这个问题同样适用于法官、陪审团、证人和被告人。一旦深入理解感官 - 感知的功能及其关系，它在个案中的应用就会非常容易。

感官 - 感知的重要性不言自明。米特迈尔指出："如果我们探究对事实真相（包括非常重要的事项）形成内心确信的原因，以及对特定事实的存在作出判断的基础，我们就会发现，感官证据是最终的依据，似乎也是确定性的唯一真实来源。"

当然，对感觉 - 感知的客观性和可靠性一直存在争议。感官不会撒谎，"不是因为它们总是正确的，而是因为它们并不作出判断"，这是康德经常被人引用的论断。昔勒尼学派断言，只有快乐和痛苦是不容置疑的。亚里士多德将感觉的真实性缩小到基本的内容，伊壁鸠鲁也认为如此。笛卡尔、洛克和莱布尼茨认为，没有图像能够像单纯的感情变化那样，被认定为真实或虚假的。据此，伽桑狄、孔狄亚克、爱尔维修等主张的感官主义，对感官的可靠性提出辩护，使其免受欺骗的质疑，并且通过主张触觉的不可错性，使其免受其他感官矛盾的质疑。雷德追溯亚里士多德的路径，区分各种感官的具体对象，并假定各种感官在各自领域具有真实性。

这些不同的理论能够作出调整，仍然值得怀疑，从更保守的观点来看，对这个问题可以进行定量分析。现代心理学的定量分析由赫尔巴特开始，他提出心理学领域的数学系统，引入关于表征本质的完全非经验性的假设，并将一些简单的前提应用到所有涉及数字范畴的推论之中。接着是费切纳，他提出了刺激叠加法。最后，这些观点得到备受关注的韦伯定律的确证和支持。根据韦伯定律，刺激的强度一定会随着感觉强度的增加而增加，如果20个单位的刺激需要添加3个单位才能被感知，那么60个单位的刺激就需要添加9个单位。该定律对关注证人感觉 - 感知的刑事学家极为重要，美农已经对此展开了全面和权威的研究。[2]

"现代心理学认为，外部感知的品性具有内在的主观性，却能够通过与外部世界的联系获得客观性。由外部刺激产生的感官内容的定性特征，主要取决于我们感官的组织。这是感知的基本定律，也是现代心理学的基本定律，尽管具有不同的表述方式，却得到整个生理心理学领域的公认。"[3] 这方面，亥姆霍兹[4]作出了开创性的贡献。他专门研究了光学问题，而生理光学是通过视觉来研究感知。我们通过直接照射到眼睛上的光这个媒介，得以观察外部世界。光线照射视网膜，引起感觉。视神经给大脑带来的感觉，成为空间中某些物体在意识中形成表征的条件。我们利用光在视神经机制中刺激的感觉来构建关于外部物体存在、形式和条件的表征，因此我们称图像为视觉感知。（根据这个理论，我们的感觉-感知完全由感觉构成；后者构成感知的素材或内容，据此形成感觉-感知）。我们的感觉是外部刺激作用于器官引起的效应，这种效应的表现，在本质上取决于接受刺激的器官的性质。

有些推断已经得到有效的确证，例如，天文学家通过恒星的透视图推断它们在太空所处的位置。这些推断建立在对光学原理的深入研究基础之上。这种光学知识并不属于普通视觉功能的范畴；然而，我们可以把普通知觉的心理功能看作是无意识的推断，因为这个称谓完全可以与通常所称的有意识的推断区别开来。

最后一个条件对我们来说特别重要。关于光学和声学知识对感知的影响规律，我们还需加强研究。这些规律具有影响力，这一点很容易得到证实。例如，如果一个人不知道声音会反射，他就会说一辆马车正从发出声音的方向转弯；如果他知道这一规律，如果他知道这一事实，他的回答就会反转过来。所以，正如每个孩子都知道声音的反射经常具有欺骗性一样，任何在法庭上接受询问的人都会说，他相信马车是在右边，尽管实际上可能在左边。如果我们没有意识到光线在水中折射和在空气中折射不一样的话，我们就可能会说水中有一根弯曲的棍子，但是因为每个人都知道水和光的关系，所以我们会说水中的木棍看上去是弯曲的，但实际上是直的。

从这些最简单的感觉-感知到最复杂的感觉-感知，尽管有无数法则控制着感知的每一个阶段，但是对于其中的各个阶段，人们所拥有的知识却非常有限。因此，我们不得不假定，人们的感知会随着知识数量和认知方式的变化而变化，同时我们也认为，只要证人是根据自身的感觉-感知提供证据，其证言就应当接受严格的审查，搞清楚他的认知能力及其证言的价值。当然，在司法实践中没有要求这样做。首先，我们会大致判断一个人的品性和教养，并根据他给我们留下的印象，判断他的智力状况。这种做法可能导致严重的错误。但是，另一方面，证言几乎总是与一件或几件事件有关，因此，当我们进行简单的询问时，通常能够确定证人是否了解与之相关的自然法则。但实际上，我们很少关注这一问题，并不确定证人究竟是如何形成特定的感知结论。如果在调查时立即发现矛盾，就不会导致危害后果，如果发现证言并不具有确定性，人们就很少会根据此类证言作出进一步的推断。但是，如果只有一个证人，或者虽然存在多个证人，但是多名证人的证言立足于相同的知识，进而犯了相同的错误，并且其中并不存在矛盾，我们就会认为自己掌握了得到多名证人确证的客观真相，并且毫不犹豫地以之为基础作出相应的推断。与此同时，我们已经完全忘记，矛盾情形是将我们从虚妄的确信中拯救出来的救星——而没有矛盾，通常就意味着缺乏继续探究的基点。

基于此类原因，现代心理学要求我们保持足够的谨慎。心理学认为，感知很少是纯粹的。所谓的纯粹性在于不包含任何别的东西，只包含感知；当与想象、判断、努力和意志关联在一起时，感知就是杂糅的。我曾经说过，感知很少是纯粹的，几乎总是伴随着判断。需要重申的是，基于这一事实，以及我们对此的无知，我们已经对无数的证言作出了错误的解释。在许多其他领域，情况也是如此。例如，当菲克指出："当感觉神经面对刺激时，我们称之为感觉的状态，就处于感觉主体的意识之中。"他并不是主张神经刺激自身能够产生感觉的状态。这种刺激只是无数刺激中的一种，这些刺激产生的更早，同时也对我们产生着影响，并且它们对每个人的影响各不相同。当伯恩斯坦指出："感觉，即感觉器官的刺激以及这种刺激在大脑中的传递，本身并不意味着对外部世界某个物体或某个事件的感知。"我们据此认为，感知的客观性并不总是正确的。鉴此，一切都取决于感知主体的品性和教养。

在奥贝特看来，感觉更加具有主观性。"它们是感官的特定活动，（因此，不像亥姆霍兹所说的那样具有被动性，而是感觉器官的主动功能）当我们将特定的感觉与精神的纯粹图像或理解的图式，尤其是纯粹的空间图像结合起来时，就会产生感知。所谓的感觉投射或外化现象，仅仅是作为它们的主题及其自身的统一关系。"

当某个事物被认为具有被动性时，与其被认为具有主动性时相比，它在再次出现时通常更具独特性。在后一种情况下，特定人员的独特性使得感知更加具有个体性，并且使之几乎成为感知主体自身的产物。我们的任务不是去评判奥伯特的观点是否正确，而是假定他是正确的，那么，感知就会像人性一样多样化。基于费希尔[5]的假定，通过综合性的活动，感知的多样化还会进一步增加。"视觉感知具有综合性或复合性。我们从来没有见过极其简单的事物，因此也就没有感知到事物的本质。我们看到的仅仅是一个空间连续体，而这只有通过综合性活动才能实现，特别是涉及运动的情形，运动的物体和环境都必须纳入感知范围。"不过，每一种"理解"的方法都各不相同。我们并不确定这是否纯粹涉及物理层面，是否只有记忆在起作用（此种情况下，注意力就会受到最后感知到的东西所带来的影响），是否是想象在起作用，或者在理解更为复杂的事物之前，是否必须假定特定的心理活动。事实上，人们可以一眼就看出各种各样的东西。通常情况下，感知能力取决于个人的技能。最狭隘、最短视、最局限的感知，也是最愚蠢的感知；最广泛、最全面、最客观的感知，也是最睿智的感知。当观察时间很短时，这种差异表现得尤为明显。一个人的感知越少，他的感知结论就越不重要；如果一个人能够从头到尾进行观察，区分重要内容和次要内容，并且聚焦重要内容而非次要内容，就能够对其所观察的事物作出更加准确的描述。随后，当我们面对这样两个极具差异的描述时，就会产生疑惑，并指出其中一个并不可靠。[6]

关于统觉速度的测量方法，可以参见奥尔巴赫、克瑞斯、巴克斯特、冯·泰格斯泰特、博格维斯特、斯特恩、瓦斯柴德、乌尔帕斯等人的研究。结果表明，0.015~0.035秒即可形成复合图像。然而，多数实验并没有得出一致的结果，也没有进行必要的比较，例如，非常聪明的人与反应迟钝和愚蠢的人相比，统觉时间并不相同。感知的多样性取决于表达能力。总体上讲，其他因素会产生影响，但是，当我们分析感官如何与其他因素综合作用时，我们必须认定它们各自决定了自身的形式。多纳指出："关于事物的多样性，我们主张感觉经验在指引着我们，对此，如果我们进一步加以补充，强调许多事情一定要进行综合分析，就能够正确地践行这一主张。"但是，如果我们换个角度看待这个问题，就会看到人类的感知能力居然可以进行比较，这一点真是非同凡响。赫尔曼·施瓦茨指出："根据物理学家的观点，我们通过感官直接了解外部事件，其中的神经在感知此类事件时被动地用来形成意识。相反，根据大多数生理学家的观点，神经纤维在感知外部事件时非常活跃，它们会对感知进行修改，直到几乎无法甄别，并且只有在原始过程结束之后才将其转化为意识。这就是关于感知的物理学理论和生理物理理论存在的差异。"

关于这一问题，涉及许多与一般的感觉-感知相关的条件。首先是所谓感官的替代，即在展示过程中用一种感官代替另一种感官。如果真正地用一种感官替代另一种感觉，例如用触觉替代视觉，并不属于目前的讨论范围。声音和视觉的替代只是表象，例如：我几次听到人的声音若隐若现，却没有看到任何人，此时我的脑海中会出现某人的面孔和外表，不过这些是纯粹的想象。如果我听到附近小溪边传来呼救声，我就会或多或少看到溺水的人的样子，等等。触觉和听觉完全不同，如果我闭上眼睛触摸一个球、一个骰子、一只猫、一块布等，我可能会清楚地看到眼前物体的颜色，以至于我相信真的看到这些物体。但在这种情况下，或多或少地存在真正的感官替代。

当感知被认为是一种感觉，而它恰好属于另一种感觉时，也会发生同样的替代现象。在以下情况下，很容易发生上述替代现象：证人不在事发现场，或者证人在半睡半醒状态时感知事发现场的情况，或者证人在很久之前感知事发现场的情况，但当时还存在其他的许多印象，以至于没有足够时间准确识记感官印象。例如，你可能只是听到某人特别是亲密朋友的名字，后来却很确定地认为当时曾经看到了他。敏感的人通常具有比其他人更强烈的嗅觉敏感度，可能会基于感知到的气味联系到其他现象。视觉感受的替代现象更为常见，也最为重要。任何人被推搡或者殴打，并感受到打击之后，如果其他情况具备并且冲动足够强烈，就会确信他已经看到了殴打者，并确定打击的方式。有时被球打中的人，会声称自己看到球飞过来。类似地，人们会声称在黑暗的夜晚看到远处有一辆马车，其实他们只是听到了声音并感受到了振动。所幸这些人一般只是试图回答涉及将一种感觉替换为另一种感觉的问题。这些问题应该及时予以提出。错误的证言可能导致严重错误，这一点显而易见，因为这种替代现象在那些神经质和富有想象力的群体中最为常见。

更重要的是那些对我们而言非常重要的特征现象，即感知的追溯启发。具体言之，当存在某种明显的中断影响时，特定的刺激不能像通常情况下那样产生某种感知，此时就会出现上述感觉 - 感知。举个简单的例子，在我小的时候，我的卧室有一个时钟，多年的习惯使我听不见时钟的滴答声。有一次，当我躺在床上时，我听到它突然嘀嗒了三声，然后沉默地停下来。这件事让我很感兴趣，我找到一个手电筒仔细检查了一下。钟摆仍然摆动，但却没有声音，时间也是对的。我推断时钟在几分钟之前停止了摆动。我很快就发现了原因：那个时钟没有外壳包裹，钟摆的重量自由悬挂。在这个时钟下面放着一把椅子，而此时这把椅子的位置特别向后倾斜。钟摆因重量而随着倾斜发生移动，于是时钟不再发出声音。

我马上做了一个实验。我让时钟重新运行，并保持重心向后。在时钟停止之前，钟摆的最后节拍既不快也不慢，也不比其他钟声更响亮或更柔和。我的解释如下：由于没有听到习惯性的噪音，也就没有听到时钟的钟摆，但它的突然停摆扰乱了一直主导房间的声音平衡。这引起了对干扰原因的关注，即停止的滴答声，因此感知回溯性得到强化，我听到了此前没有察觉的连续发出的滴答声。由滴答声引起的潜在刺激，回溯性发挥着作用。我的注意力只是在最后一次滴答后才被唤醒，但我的感知是连续进行的。

我很快就在法庭上遇到了一起案件。在某个房子里发生了枪击事件，一个正在房间里忙着缝纫的老农妇声称，在枪击事件发生之前，她听到了来自枪击方向的脚步声。没有人会认为，犯罪嫌疑人在作案后的脚步声会比原来的脚步声更大，但我相信证人说的是实话。随后传来的脚步声在潜意识中被人察觉；感知的进一步干扰阻碍了她的意识，最后，当她被枪击惊吓时，先前的意识被唤起，她开始有意识地感知到此前已经进入潜意识的噪音。

我从一个特别重要的案例中发现，同样的事情也会发生在视觉感知领域。一个小孩被一个粗心的马车夫驾车撞死，一位领退休金的军官透过窗户看到了这幕惨剧。他的描述很有特色。那是一场战役的周年纪念，这个年老的绅士站在窗边，一边想着眼前发生的这件事，一边想着他死去已久的战友们。他茫然地望着外面的街道，然后他注意到，他确实看到了孩子被撞倒之前发生的一切。由于某种原因，马车夫调转车头，把马转了个弯，随后，马侧身向受惊的孩子扑去，由此导致了事故发生。这位将军通过这种方式准确地描述了事件经过："我看到了一切，但直到孩子发出尖叫声后，我才察觉并认识到自己目睹了事件经过。"为了证明自己证词的正确性，他还指出，他是一个骑兵军官，如果他有意识地看到车夫的移动，就会看到即将来临的不幸，他就会因此而感到恐惧。但是他清楚地知道，只有当孩子哭的时候他才感到恐惧——因此，他不可能有意识地感知到此前发生的事情。他的陈述得到了其他目击者的证实。

这种心理过程在刑事审判领域具有重要意义，因为许多案件都源于突发和意外的事件，由此经常可以得到回溯性的认识。此种情况下，最重要的是确定人们实际感知到了什么；证人是否真实可靠，这一点实际上非常关键。

关于罪犯的感觉，龙勃罗梭和奥托伦吉认为，他们比普通人更为迟钝。这一论断基于龙勃罗梭收集的罪犯对痛苦并不敏感的案例。但他忽略了一个事实，那就是，导致该结果的原因完全是另一回事。野蛮的生活和野蛮的道德尤其令人生厌，因此，对痛苦不敏感是所有野蛮民族和个体的特性。由于野蛮人中有许多罪犯，野蛮、犯罪本性和对痛苦的漠视，在大量案件中交织在一起。但这并没有什么特别之处，关于犯罪和感官迟钝之间的直接关系，我们无法予以证明。

第 37 节　视觉——一般考量因素[①]

视觉是我们所有感官中最重要的官觉，在刑事审判领域也最为重要，因为大多数证人都是针对他们所看到的事情出庭作证。如果我们把视觉和听觉（处于第二重要的位置）进行比较，我们就会发现一个众所周知的事实，那就是看到的事情要比听到的事情更加确定和可信。广为流传的格言指出："百闻不如一见。"其他感官数据提供的任何解释、描述及其复杂程度，都不及短暂一瞥的一半。因此，没有其他任何一种感官能给我们带来视觉的惊喜。如果让我想象尼亚加拉的雷声、卢卡的声音、一千发子弹的击发，或者任何其他没有听过的东西，我的想象当然是错误的，但它与现实的差别只是程度不同，它与视觉想象有很大的不同。我们无须列举明显的例证，例如金字塔的外观、热带的光线、一件著名的艺术品、海上风暴等。我们从未见过的那些哪怕最不起眼的东西，都会在想象中被描绘成各种各样的形象，但是当我们真正见到时往往会说：这和我想象的完全不同啊！因此，刑事法庭面对的每一局部性和实质性的特点，都具有极大的重要性。我们都知道，每个人对犯罪地点的想象是多么的不同；与证人就一些看不见的、局部性特征达成一致是多么的困难，同时，那些看不见的虚假形象将会导致多么多的错误。每当我带着人们参观格拉茨刑事博物馆时，总有人问我："这个或那个看起来真是这样或那样吗？可我原先觉得它不是这样的！"那些吃惊的来访者发出惊叹的事件或事物，就是他们已经说了几百遍，写了几百遍，而且经常发表意见的事件或事物。当目击者叙述他们观察到的情况时，也会发生同样的状况。当有关问题涉及听觉时，就会出现某些误解。但是，人们对视觉错觉和错误视觉感知知之甚少，尽管他们知道错误听觉经常发生。此外，人们对听到的事件，经常会附加大量或多或少确定的先前判断。如果有人听到一声枪响、偷偷的脚步声、噼啪作响的火焰，我们认为他的经历通常与事实近似。但是，当他向我们保证，他已经看到了这些事情，或者解释这些事情的原因时，我们就不会这样认为。然后，我们把它们——除非在观察中出现某些错误——视为不容置疑的感知，并且认为这种认知不可能存在误解。

[①] ☆本节为"视觉"主题下的起始节，后面至第 39 节都属于该主题。——编者注

这就是我们对道听途说的证言不加信任的原因。因为实际交谈的人并不在场，无法对其证言的价值作出判断，所以我们感到不能确定。但是，这种不信任的原因并不在于视觉，而在于人们一直半信半疑的听觉。文字会传递谎言，但也有一些谎言是通过视觉传递（欺骗、伪装、幻觉等）。然而，与听到的谎言相比，视觉层面的谎言只是少数。

之所以对视觉的正确性形成确信，就在于能够以触觉方式进行测试，即我们身体感官能够适应周遭的其他事物。正如亥姆霍兹所言："我们的视觉感知与外部世界之间的一致，至少在涉及最重要事项的领域，与我们有关现实世界的所有知识具有相同的基础，那就是实验，通过对身体运动的实验，持续检验上述知识的准确性。"这似乎是主张人类感官最灵敏的当属触觉，但这不是有意为之。如果我们仅仅信任触觉，就会陷入幻想。与此同时，我们必须假设这里所讨论的问题是身体的内在属性，只能通过类似的事物来测量，即通过我们自己的身体特征，但是，这种测量总是在感官的控制之下，特别是视觉。

根据费舍尔的说法，视觉过程本身就是"一系列复杂的结果，这些结果极其快速地互相衔接，由此形成因果关联。这种系列关联，主要表现为以下要素：

（1）物理化学过程；

（2）生理感觉；

（3）心理感觉；

（4）生理学运动；

（5）感知过程。"

我们的任务不是研究前四个要素。为了清楚地理解感知的多样性，我们必须要讨论最后一个要素。我曾经试图用瞬间照片（电影摄影）的现象来解释这一点。如果我们观察一个快速运动的事物，我们无法在运动过程中形成感知。这表明我们的视觉比照相设备慢，因此，我们并不理解最微小的特定条件，而是每次无意识地将一组最微小的条件组合起来，以这种方式构建所谓的瞬时印象。如果我们想对一个飞跃动作形成一系列瞬间印象，就必须浓缩合成许多瞬间印象，以便得到用眼睛看到的瞬间影像。因此可以说，我们肉眼看见的瞬时图像包含许多只有摄影设备才能捕捉到的部分。假设我们将这些特殊的瞬间称为a、b、c、d、e、f、g、h、i、j、k、l、m，那么，不言而喻，它们的构成方式会因人而异。有人会把元素分成三个一组：a、b、c一组，d、e、f一组，g、h、i一组等；有人可能分成两个一组：a、b一组，c、d一组，e、f一组，g、h一组等；有人可能看到一个微妙的瞬间，但就像第一种方法一样，形成三个一组的影像：b、c、d 一组，l、m、n 一组等；最后一种情形反应很慢，且不准确，即 a、c、d 一组，f、h、i 一组等。这种变化成倍增加，当不同的观察者描述同一事件时，他们会根据不同的特征来加以描述，这其中可能涉及巨大的差异。如果用数字代替字母，就会显得更加清楚。我们对视觉元素相对缓慢的反应，可能会带来其他后果，即视觉结果其实是我们对事件的预期，典型例证就是攻击和殴打事件。在一个旅馆里，有十个人看到 A 举起啤酒杯指向 B 的头，其中五个人认为："现在他要打人了。"而另外五个人则认为："现在他要摔啤酒杯了。"如果啤酒杯到了 B 的头上，这十个观察者又都没有看到它是如何到了 B 的头上，此时，前五个人发誓说 A 用啤酒杯砸了 B，另外五个则发誓说 A 把杯子扔到了 B 的头上。由于这十个人都亲眼见到事件经过，所以他们都坚信自己基于预期作出的迅速判断是正确的。在指责目击者说谎、疏忽、愚蠢之前，我们最好考虑一下他们讲述的故事是否真实，他们证言之中不实的内容是否源于人类感官过程的先天不足。这就涉及利布曼所讲的"以人类为中心的视野"，即将自我作为事物的中心。利布曼进一步断言："我们只能观察事物看起来的尺寸，也就是说，我们只从一个视觉角度观察事物，但观察会随着方法、态度和位置变化而发生变化，并不存在确定的立体、线性或表面的尺寸。物体看起来的尺寸，取决于我们在特定距离的观察角度。但是，实际尺寸究竟有什么不同呢？我们只知道大小的关系。"当我们面对有关尺寸的证言时，上述描述就显得十分重要。显然，每一个谈到大小尺寸的目击者，都会被问及他是从哪里进行观察，但与此同时，可能会发生许多意想不到的错误，特别是涉及同一平面上物体大小的情形。人们只需要回忆起铁轨、街道、小巷等的交汇，记住尺寸大小的不同，根据目击者的描述，各种各样的物体一定会在这些地方出现。每个人都知道远处的东西看起来比近处的小，但是几乎没有人知道它们之间的区别。关于该问题，可以参见洛茨所著的《医学心理学》（莱比锡，1852 年）。

此外，我们经常认为一个物体的清晰程度代表了它的距离，并假设前者决定后者。但物体的辨认度，即光的感受性，也取决于绝对亮度和亮度差异，后者比想象的要更为重要。试想一下，当房门一层的墙壁处在阴影之中，门的锁孔对面有一扇窗户，你能够在多远看清房门的锁孔。在锁孔可感知距离的百分之一处，将看不到锁孔大小的暗物。同时，强度的差异并不是唯一考虑的因素，还应考虑物体相对于其背景的强度。奥博特的研究表明，从 18 度的角度观察一张方形白纸，和从 35 度的角度观察白色背景下的方形黑纸时，辨别的准确度差别不大。

"当我们在阳光下放一张灰色的纸，它可能会比阴影中的白纸更明亮。但这并不妨碍我们辨别一个是灰色，而另一个是白色。我们会将物体的颜色与入射光的强度区别开来。"但这并不总是那么简单，因为我们知道当前列举的例子中，哪些纸是灰色的，哪些是白色的，哪些在阳光下，哪些在阴影中。但如果这些事实事先并不明知，就通常会发生错误。例如，一个在自然光线下穿着深色衣服的人，与一个在阴影中穿着浅色衣服的人相比，经常有人会认为前者的衣服颜色比后者要浅。

光照的差异造成许多难以解释的现象。费茨纳提醒人们注意星星的外观："每个人在晚上都能看到星星，但在白天，甚至连天狼星和木星都看不见。天空中星星所在的地方和周围环境之间的绝对差别，就像夜晚一样巨大——区别仅仅在于光照增加了。"这里涉及一个对我们而言非常重要的问题，伯恩斯坦注意到了这个问题，但没有加以解释。如果在白天，我们从外面往地下室里看，几乎什么也看不见；一切都是黑暗的，连窗户都是黑的。但是到了晚上，如果房间里有一点灯光，我们再从外面往里看，可以清楚地看到里面的东西，甚至是很小的物件。其实，这个地下室白天的光线比夜晚单独的光线要强烈得多。因此，我们可以说，这种情况下的差别是标准的差别。在白天，眼睛习惯了日光的亮度，与之相比，房间微弱的光线相对较暗。但晚上，人处在黑暗之中，即使是一根蜡烛微弱的光，也足以使人看到。即使在相关情景相同的情况下，这种现象并不会一成不变，这一事实表明，上述解释并不确切。举例言之，如果现在是白天，你闭着眼睛靠近窗户，额头靠在窗板上，用手遮住旁边的光，然后睁开眼睛，你在房间里看到的东西，和你没有做这个动作一样少。如果在夜里盯着附近的一盏煤气灯，然后朝房间瞥一眼，最多也只有几分钟的模糊。因此，这一现象的原因一定不是我们所想象的那样。但无论是什么原因，我们只需认识到，对涉及这种情况的案件，一旦立即作出判决，将是非常草率的。人们常说，证人能够在这样或那样的光照下看到特定的事物，或者不能看到特定的事物，尽管证人可能会对此予以否认。要想解决这些矛盾，唯一的办法是进行实验。这种实验必须由法官或可靠的第三方组织进行，以便查明在同样的光照条件下，在特定地方能否看到特定的事物。

至于可以看到远处的哪些事物，实验是最好的法官。每个人的眼睛都存在差异。对昴宿星视觉图像的仔细观察表明，过去人们的平均视觉能力和现在没有什么不同，但仍有各种视觉能力差异。那些未开化的和野蛮的群体，特别是爱斯基摩人，拥有极佳的视觉能力。在现代社会，猎人、野外向导等，也能看清远处的东西，当然，有些传说可能言过其实。在1878年波斯尼亚战役中，有一名士兵，在部队非常需要知道敌人远处位置的情况下，他能够比我们使用望远镜更准确地分辨出敌人的位置。他是斯特利亚山区一个煤矿工人的儿子，智力水平较低，但他有一种令人难以置信的，几乎是动物般的定位感。

我们对远视知之甚少，同理，我们也无法确定近视的人能够看到什么。由于视力不佳，他们不得不进行智识上的补救。他们比目光敏锐的人更能准确地观察人的形态、行为和衣着，因此与目光敏锐的人相比，他们能够在更远距离认出熟人。因此，在我们怀疑近视的证人作出的证言之前，应该做一个实验，或者至少应该询问另一个值得信赖的近视的人的意见。

物体的背景、运动和形态，决定了对视觉感知差异的影响。古时的观察结果是，诸如杆、线等长的物体，与相同长度的正方形相比，在远处的可见度更为明显。但实际测试表明，很难确定准确感知的边界。我知道一个地方，在良好的光照下，在一公里远的距离可以看到绷紧的、白色的、非常细的电话线。这需要一个非常小的观察角度。

洪堡促使人们关注大量"光学寓言"。他指出，有人认为可以在深井、矿井或高山上看到白天的星星，这种观点并不可信，尽管自亚里士多德以来，许多人都赞同这种主张。

我们能够在很远的地方看到很细很长的物体，此处无意对此作出解释，但这一点实际上非常重要，因为它有助于解释目击者提到的许多类似现象。我们要么错误地否认我们不理解的事情，要么不得不接受一个可以否定的说法。因此，我们将从一个众所周知的事实开始，即当我们长时间观察一个点时，它就很容易从视野中消失。亥姆霍兹等人对此进行了研究，结果表明，即便将一个点保持在视线范围内10到20分钟，也是非常困难的事。奥贝特回顾了此前关于这一问题的研究，最终认为：一个物体的消失或混淆是次要的事，相比之下，锁定一个小的物体总是非常困难的。如果我们锁定一个远处的点，它每时每刻都在消失，因此不可能有准确的感知；但如果换作一个细长的物体，例如一根电线，就没有必要锁定一个点，我们可以用游移的眼光观察物体，因此就会看得更清楚。

亥姆霍兹进一步指出，微弱的客观图像就像热锡纸上的水滴一样快速消失，只留一个点的痕迹，就像在夜间看到的景观一样。这一敏锐的观察结论，是许多关于夜间物体突然消失的证人证言的科学基础。我在许多案件的审判过程中都从中受益。

　　需要指出的是，人们倾向于过度估计月亮的照明能力。根据亥姆霍兹的研究，满月的光照力量不会超过一根十二英尺外蜡烛的光照。但是，总有很多人声称在月光下看到了什么！文森特博士[7]指出，上弦月时一个人可能会在2到6米处被认出来，满月时的距离是7到10米，在最亮的满月时，在15到16米处可以认出亲密的人。这种推断大致是正确的，同时也表明月光的照明能力经常被人高估。

　　除了视力的自然差异，还有人为造成的差异。关于如何进行有效的识别，我们可以看看众所周知的潦草笔迹的识别工作。我们想要削弱感官-感知，使之契合我们的想象，即减少前者的清晰度，以便能够在一定程度上对它进行大量的图像测试。我们把笔记拿开，斜着眼睛，皱着眉头，从不同角度进行观察，最后才进行阅读。反之亦然。如果我们曾经用放大镜进行观察，就能够在没有放大镜帮助的情况下识别细节。基于确定的条件，可以揭示很大的差别。如果一个人的身体靠近你的脸部，与他的身体处在适中距离相比，看起来是不同的，因为一只眼睛或两只眼睛都在进行观察。这是一个老生常谈的故事，可以据此解释我们听到的关于武器等物品的奇怪描述，这些物品突然被出示在被告方面前。在意图致命的伤害案件中，可以肯定的是，大多数离奇的故事都是基于恐惧、混淆或者故意说谎而讲述出来，随后又加以粉饰，但实际上，这些事情只能通过实际的观察过程加以解释。

　　我不认为双目视觉在法律领域有多大的重要性，据我所知，在普通视力领域，使用一只眼睛或两只眼睛都无关紧要。我赞同这样的说法，要想观察垂直握着的手的一端或另一端，如果在使用两只眼睛观察之前，先用一只或另一只眼睛观察，结果会更清晰，但这与我们探讨的主题关联不大。需要坚持的是，我们看到的一部分事物，只是用一只眼睛看到的。例如，我在观看天空时，用手遮住一只眼睛，天空的某一部分就会消失，但我没有看到其余部分有什么变化。当我遮住另一只眼睛，其他的星星也消失了。因此，在双目视觉中，某些东西只能用一只眼睛看到。在进行观察时，先用两只眼睛观察某些现象，再用一只眼睛进行观察，这种做法可能比较重要，至于由此引起的观察差异，此类问题实际上很少出现。

　　还有两件事需要加以考虑。首先是风俗习惯对于黑暗情况下增强视觉能力的影响问题，这种影响通常会遭到低估。没有动物能在完全黑暗中看到任何东西，但几乎令人难以置信的是，有时借助很少的光就能看到很多东西。囚犯们会讲述许多监狱里关于视觉的故事。例如，一个人的视力好到可以把七根针扔到牢房里，然后再找回来。另一位是自然学家夸特梅尔，他能够如此精确地观察牢房里的蜘蛛，以至于把这种观察作为他著名的"蜘蛛学"研究的基础。奥贝特提到，他有一次待在一个非常黑暗的房间，其他人只能摸索着走路，但他仍然能够在不被发现的情况下读书，因为其他人看不到书。

众所周知，人类的视觉很快会习惯黑暗，并在一段时间之后就能看到更多东西。同样可以肯定的是，你在黑暗中的时间越长，你能看到的就越多。在黑暗中待上一天，就会比仅仅待几个小时看到更多的东西，而黑暗中待上一年后，你会看到更多。或许，为了这个目的，眼睛在某种程度上会发生变化。但是，长时间使用视觉机制会导致眼睛肥大或萎缩，如同深海鱼类的眼睛一样。无论如何，当长期生活在黑暗之中的证人针对其目睹的事情作证时，要谨慎地质疑他们的证言。黑暗中的视觉能力差异很大，如果没有调查核实，就可能导致不公正的判断。有些人在黄昏时几乎看不到任何东西，有些人的视觉在晚上和猫的视觉一样好。在法庭上，这些差异必须引起重视，并通过实验加以验证。

第二个重要因素是，看到其他人运动时自身肌肉的神经反应。因此，斯特里克指出，看到一个扛着重物的人，你会肌肉紧张；看到士兵们锻炼时，你也会像他们那样做锻炼的动作。在上述情况下，肌肉神经支配都跟随着视觉刺激。

这听起来不太可信，但实际上，人们在某种程度上都做着相同的事情。在法律领域，这一事实在人身攻击和殴打案件中非常重要。当我认识这一点后，就反复观察到，在此类案件中，从无害的攻击到谋杀，虽然没有看到他们动手击打，却通常仅仅因为他们的可疑动作而被指控实施犯罪，以至于作出以下推断："他们把手伸进裤子口袋里找刀，握紧拳头，看起来像要跳起来挥动自己的双手。"在许多这样的案件中，犯罪嫌疑人似乎都是无辜的旁观者，他们只是在围观袭击时，肌肉的神经反应表现得更加明显。这个事实应该牢记在心，它可以拯救许多无辜的人。

第38节 色彩视觉

关于色彩视觉，我们这里仅仅关注以下事实：1. 首先，考虑颜色是否存在。利伯曼认为，如果所有的人都是红色的色盲，红色就不会存在，即红色是一种幻觉。光、声、热、味等也是如此。有了其他感官，就有了另一个世界。根据亥姆霍兹的说法，当我们询问朱砂究竟是我们看到的红色，还是仅仅是一种视觉错觉，这一问题毫无意义。"红色的感觉是正常构造的眼睛对朱砂反射光线的正常反应。一个人是红色的色盲，就会把朱砂看成黑色，或深灰黄色，这是异常视觉功能的正常反应。但是他需要知道，他的眼睛和其他人的不同。即使能看见红色的人占绝大多数，这种感觉本身并不比其他任何感觉更准确或更不准确。朱砂这种红色的存在只能说大多数人的眼睛具有相似的功能。因此，从朱砂反射出来的这种光线，可能并不适宜笼统地称为红色，只有特定类型的眼睛才认为它是红色。"当然，这种说法并不准确，一位公正的摄影评判员指出[8]，正常人眼中看到的紫色和蓝色都非常明亮，而看到的绿色和红色都非常暗淡。红色的色盲者，在亮光和阴影背景下看到的红色、绿色和灰黄色是一种颜色。但在照片上，他能够区分由这三种不同颜色造成的亮度差异。因此，我们可以假设，颜色具有客观上的差异，视力正常的人能够感觉到这些客观差异。但是，如果我有另外一种颜色视觉，我能否感觉到其他人对红色产生的相同感觉，或者能否将之称为红蓝色，这在实践中既难以识别，也没有实际意义。因此，颜色问题面临争议时，我们会试图确定某个人是否具有正常的颜色视觉。如果他的颜色视觉存在异常，那么，究竟为何存在异常，以及异常程度究竟如何？

2.如果我们知道某个色调能否在远处加以识别，这一点实际上非常重要。关于该问题，目前已有许多研究。奥博特[9]做了一个10毫米的双正方形，并确定了哪些颜色可以识别的具体视角。他的研究结果如下：

正方形颜色	白色背景		黑色	
白色			39	
红色	1	43	59	
浅绿	1	54	1	49
暗红色	3	27	1	23
蓝色	5	43	4	17
棕色	4	55	1	23
浅蓝	2	17	1	23

续表

正方形颜色	白色背景	黑色
橙色	1 8	0 39
灰色	4 17	1 23
玫瑰色	2 18	3 49
黄色	3 27	0 39

值得注意的是，白色背景上蓝色的视角，几乎是黑色背景上白色、橙色或黄色的九倍。因此，在颜色问题非常重要的情形下，有必要在确定证人陈述的准确性之前，准确识别其观察背景的颜色和属性。

3. 众所周知，在亮度减弱时，红色会在蓝色之前消失；而在夜晚，当所有颜色消失后，天空的蓝色仍然可见。因此，如果有人声称，他能够看清某个男子身穿蓝色外套，却看不清红棕色裤子，那么，他的陈述可能是真的，反过来则可能是不真实的。但是，关于颜色在逐渐变黑的背景下消失的顺序，目前并没有可靠的论述。对这种顺序的研究，将非常有助于实现刑事司法公正。

4. 视网膜外围看不到红色，因为该处没有红线体。当一根红色的蜂蜡从右到左穿过视野中时，出现在视野边缘的颜色是黑色。因此，如果目击者没有直视一个红色的物体，而是斜视该物体，他就当然无法识别该物体的颜色。每个人都可以亲自做一下这个实验。

5. 根据库恩茨[10]进行的研究，物体处于折射率较低的颜色（红色、橙色、黄色和紫色）背景下时，它的尺寸与其在白色背景下相比，看起来要大 0.2~3.6%；然而，当处于蓝色、蓝绿色和紫罗兰色背景下时，看起来则要小 0.2~2.2%。深色和长条形的物体看起来更长，亮色和水平状的物体则看起来更宽。当证人判断物体大小时，这些事实都很重要。

6. 如果通过小孔特别是非常小的孔洞观察颜色，原本细微的差别可能存在极大差异，绿色甚至可能看起来完全没有色调。

7. 根据奥博特的理论，闪闪发光这种现象之所以出现，是由于物体的某一个点非常明亮，而从这个点开始，其他部分的亮度逐步减弱；例如，一根耀眼的金属线，通常都有一条很窄很亮的线，同时两端都有很深的阴影；又如温度计中的水银球，具有一个闪亮的点和深深的阴影。当我们看到这些物体时，就会说它闪闪发光，因为我们把它与许多类似的观察结果结合起来。因此，可以想象，在遥远的地方，在明亮或偶然的光照等条件下，我们很可能看到闪闪发光的东西，而这些东西自身却一点也不发光。此外，基于"闪闪发光"的概念，至少在某些情况下，我们倾向于整合特定的图像，因此，即便某些情形下现场仅仅存在一些完全无害的物品，证人也会看到所谓"闪亮的武器"。同理，即便硬币本身并不发亮，有时看起来也会闪闪发光。

第 39 节　盲点

每个人都知道盲点，每本心理学和生理学教科书都会提到盲点，但一般而言，它只与课本上所画的小点和小十字架联系在一起。人们认为，在某些情况下，看不见小十字架并不重要。但值得注意的是，盲点的大小随着距离的增加而增加，所以在较远的距离，可能是半个房间的长度，盲点就会变得很大，以至于一个人的头部可能会从视野中消失。亥姆霍兹指出："盲点的影响是非常显著的。我们在一张纸上画一个小十字架，然后在右边两英寸处画一个豌豆大小的点，如果我们闭上左眼看十字架，这个点就消失了。盲点的大小足以在天空中覆盖一个直径是月球 12 倍的板块，也可以覆盖 6 英尺外一个人的脸部，因为我们忙着填补视野空白，所以并没有观察到上述现象。我们看到视野中有一条线，并认为它是完整的，这是因为我们认为它应当是这样，所以在头脑中补充了缺失的部分。"

人们通过一系列实验，或多或少成功地解释了盲点效应。我们现在可以主张：我们习惯用双眼观察事物，只有在观察十字架时，"像豌豆一样大的点"才会消失。但是，当我们把注意力集中在任何事物上时，我们就只关注那件事物本身，而忽视其他的事物。即便其他没有关注的事物消失，对我们也没有什么影响，所以，当我们开始关注"像豌豆一样大的点"的那一刻，它就会立即出现，并不需要想象力的填充。如果有人提出，专注地观察和心里感兴趣并不是一回事，我们就会主张，只有通过实验才能对此加以区分。如果你专注地观察某个点，却对另外的事物感兴趣，就表明你希望这个点消失。大家会立即发现，这个实验特别困难，因为它要求我们集中精力不要观察那个让我们感兴趣的点。这种情况不会在日常生活中发生,让我们凝视一个毫无兴趣的点,这件事并不容易。

与此同时,在特定情形下,人们斜视观察到的物体可能非常重要,对于单个点的视觉观察,并不会显示出盲点上的反射。在司法实践中,我还没有遇到过只能用盲点来解释的事实或者证言,但这种案件可能会出现。

第 40 节 听觉

关于声音,我们主要有两个问题:证人听到的内容是否准确,以及我们听到的证人陈述是否准确。在证人和我们之间,还有其他因素需要引起注意,包括正确的理解、准确的记忆、想象力的影响、多重影响因素以及个体诚信的程度;但是最重要的因素,还是证人听到的内容是否准确。一般而言,在大多数情况下,我们都会认为,证人不可能完全准确地重述自己听到的内容。在这方面,我们有必要思考关于名誉问题的处理方式。如果想要证人回忆诽谤的言词,那么,相关的词汇数量将和证人数量一样多。我们发现,诽谤的倾向并不容易被人误解。即便存在此种情形,至少我没有遇到。例如,证人可能混淆"流氓""骗子""诈骗犯"等词,以及"牛""驴""笨蛋"等词。但如果他实际上听到的是"驴",就不会声称听到"流氓"一词。他只是观察到,A 用道德败坏或愚蠢之类的贬义词侮辱 B,当被问到具体的内容时,他就会嵌入一个合适的词。通常情况下,人们听到的只是大概意思,因此,很难直接口头再现第三人说过的话。人们总是进行间接叙述,因为他们只记住了大概意思,而没有记住具体语句。记忆与这种间接叙述并不相同,因为法庭在审查证言时,通常要求证人直接重述他所听到的内容,然而,证人仅仅是基于感觉进行陈述,并不能重述当时的具体语句。如果想要改变这种局面,往往需要非同一般的智力和专业训练。

现在,如果证人仅仅重述他们所听到的内容的实际含义,就不会造成任何损害,但是,如果他们仅仅陈述自己主观上认为的实际含义,就可能导致我们犯很多错误。总体上看,那些没有受过教育或者教育程度不高的人,通常不会关注他们不能理解的事情。即便是纯粹的感官感知,也是基于智力水平加以整理的。

如果牢记这一点,就能够在一些复杂情况下准确地对证言进行解释;证人可能通过自己的语言，转述他从另一个人那里听到的事情，但是，我们可能根本无法判断另一个人的品性和文化素养。除此之外，还需要考虑一些其他条件。

如果我们需要评估一个人的能力，或者评估一个人在特定条件下的听力，即使案件非常简单，也最好不要仅仅依赖声音测试。这种评估必须由专家负责进行，如果案件情况确实非常复杂，就必须在与原来情况相同的地点和条件，对相同的人进行评估测试，否则就无法搞清真相。

然而，单纯确定听觉能力可能并不足够，因为这种能力可能随着个人分辨单一音调的程度而变化。这不仅因人而异，还取决于时间、地点、声音等因素。例如，在我的卧室以及相邻的三个房间里，我都安装了挂钟，每个挂钟都在运行。房间的门平时都打开着。晚上，当四周很安静时，我有时能听到所有钟的滴答声；当我把其中一个房间完全隔离后，再仔细倾听，其他三个钟的滴答声就完全消失了。不过，我还是努力让自己不要只听某个钟的滴答声，而是试图倾听另外三个钟的滴答声，但我没有能够同时听到两个钟一起的滴答声。另一天，在同样情况下，我的尝试又完全失败了，要么是没有听到其中一个钟的声音，要么就是很短瞬间的滴答声，导致滴答声再次消失在嘈杂声中；或者我确实听到了时钟的滴答声，但从来没有听到过我所想听到的那个时钟的滴答声。

这种情况有多种解释，可以在不同的人身上重复此类实验。这表明，听觉能力具有极度的差异性，没有理由相信某人拥有特殊的能力。不过无可否认的是，我们很难在控制条件之下进行实验。

当然，实践中也有奇迹出现。廷德尔等人反复强调，虽然大多数人的正常听觉是敏锐的，但是，他们并不能听到像蟋蟀鸣叫这样的高音调。另一些人能够毫不费力地感知深沉的音调，却很难准确加以分辨，因为他们只能听到滚动或咆哮声，却听不见个别的音调。[11] 一般来说，几乎所有的人都很难对声音的方向作出准确判断。冯特指出，我们能够定位出现在面前的响亮声音，同时，与辨别前和后相比，我们通常能够更好地区分左和右。[12] 这些对我们非常重要的观察结论，已经经过了实践的检验。冯特的理论已经被各种实验所证实，表明左和右的声音最容易辨别，而前、下、右前、左前、左下、右下的声音最难以辨别。普瑞尔、阿恩海姆、克雷斯和穆斯特博格等人都曾做过此类实验。

所有这些实验都显示出特定的错误倾向。前面的声音，经常被误认为是后面的声音，并且感觉像是声音高过头顶。一般认为，双耳听觉对声音方向的识别非常重要，单只耳朵的识别要困难许多。这一问题得到以下事实的佐证，即当我们想要确定声音的方向时,我们就会把头转来转去,好像是在比较方向。在这方面,目前已有一些有效的实验。

当实践中有必要确定证人是否正确地辨别声音的方向时,最好让医生核实证人是否用双耳聆听,以及证人双耳的听力是否正常。观察发现,双耳听力很好的人在判断声音的方向时表现并不突出。其他人可能在这方面非常娴熟,并且可能通过练习、增强定位感等方式提高技能。但无论如何,只有通过实验才能得出确定的结论。

关于声音的传导,需要注意的是,声音通过紧凑物体传播的速度非常惊人。关于马蹄声、大炮的轰鸣等声音,只要把耳朵贴近地面就能听到,这在小说中十分常见。所以,如果有证人作证指出,他们通过这种方式或将耳朵贴到墙上听见远处发生的事,一定不要对此类陈述置之不理。虽然在这种情况下很难进行有效的实验,但这样做是大有裨益的,因为据此可以大致判断证人的能力极限。

在特定情况下,我们应当知道,将头部至少是耳朵浸入水中,究竟能够听到哪些声音。这个实验可以在浴室进行,把后脑勺浸入水中,耳朵完全在水下,嘴巴和眼睛位于水上,嘴巴紧闭,这样就不会有声音通过咽鼓管进入耳朵。此种情况下,几乎听不到任何必须通过空气传导的声音。即便你身边的人说话声音很大,你也只能听到极少一部分内容。另一方面,你可以清晰地听到通过紧凑物体——例如墙壁、浴缸和水——传递的声音,如果是镶嵌在墙壁内部的固定浴缸,效果就会更加明显。此种情况下,即便建筑物某个较远的部分,例如某一面墙被人用力敲打,浴缸里的人也能非常清楚地听到敲打声,尽管站在浴缸附近的人什么也听不见。对于意外事件、试图致人溺水或者意外窃听等情形,上述知识就可能具有重要作用。

关于聋人或存在听力障碍的人,需要注意以下事项。根据费希纳的研究,耳聋最开始源于无法听见高频的音调,以至于最后无法听到低沉的音调,所以人们经常会怀疑当事人的陈述,因为他们仍然能够听到低沉的音调。同时,聋人常常从嘴唇动作中获得大量信息,对嘴唇动作的解读已经成为聋哑人所谓"听力"的基础,当然,在这方面也可能出现一些错误。实践中,有许多关于聋哑人的故事,他们通过对各种表情进行熟练的整合分析,能够比听力好的人获得更多的信息。

年龄对听力的影响也很重要。贝泽尔德对大量不同年龄的人的耳朵进行了研究,并指出人在超过50岁之后,接近正常听力的人数不仅持续减少,而且听力受限的程度也在逐渐增加。这一结果比预想的情况更加令人惊讶。

在超过 50 岁的 100 个人中，没有一个人能听见 16 米以外的谈话；10.5% 的人能够听到 8 到 16 米远的谈话。在 7~18 岁的在校儿童中，有 46.5%（1 918 人）的儿童能够听见 20 米以外的谈话，32.7% 的儿童能够听见 8~16 米远的谈话。在 50 岁以上的人群中，这一比例为 10.5%，而在 7~18 岁的人群中，相应的比例为 79.2%。老年妇女的听力优于老年男子。在 4~16 米远的地方，女性和男性听见谈话的比例分别是 34% 和 17%。儿童的情况则相反，在 20 米及以上的距离，男孩听见谈话的比例为 49.9%，女孩则为 48.2%。这种关系倒置的原因在于，男性从事的体力劳动和其他嘈杂职业带来的有害影响。当证人的听力究竟与不同年龄段的人相比存在多大差异这一问题面临争议时，上述比较分析就可能显得非常重要。

第 41 节　味觉

味觉很少具有法律上的重要性，但当它变得重要时，就往往具有非同寻常的重要意义，因为它主要涉及中毒问题。对此类案件的解释，通常很难得出确定的结论。首先，我们很难对任何人的味觉敏感性进行有效的测试，而相比之下，对于视觉和听觉的测试则较为简单。同时，在进行测试时，通常需要立足于一般性而又极其个性化的印象，因为很少有人用刺痛、多刺、金属般和灼热感等味道来形容同一种东西，尽管通常所说的甜、酸、苦和咸等词汇可以被视为惯用的味觉表达方式。当一种味道被定义为好、坏、很好或恶心时，我们至少应该从品尝者的年龄、习惯、健康和智力等方面对其进行测试，因为所有这些都会对他的价值观产生影响。同样重要的是对一般、偏甜、刺激、酸味、糊状和苦涩等味觉进行评估，因为这些都是由个体的瞬间感觉所决定的。

但是，如果要依赖于任何一种陈述，进而最终依赖于某一个人，那么，就有必要确定这种知觉源自舌根还是舌尖。[13] 隆奇通过进行一系列实验，得出了以下明确的结论：

味觉	舌尖	舌根
格劳伯盐	咸	苦
碘钾	无	无
明矾	酸	甜
甘油	无	无
冰糖	无	无
氯酸盐马钱子碱	无	无
钠碳酸盐	无	碱

在这种情况下，尤其是当疾病状况和个人特质产生较大影响时，就需要请医生加以辨别。德恩的实验得出这样的结论：女性的味觉比男性要好，受过教育的男性的味觉比没受过教育的男性要好。对于女性而言，教育程度对味觉并没有什么影响。

第 42 节 嗅觉

如果嗅觉方面的研究得到足够重视，就将对法律领域产生非常重要的影响。可以这样说，许多人的嗅觉比他们所知道的更加敏锐，他们通过嗅觉知道的东西，比通过其他感官得到的东西更多。通常认为，嗅觉没有什么特别的实际意义，它只会偶尔给人留下不愉快的印象。实际上，嗅觉具有重要的功能，因为嗅觉判断非常准确，因此具有很强的联想功能。但是，很少有人关注到这一点；即使此类联想功能被唤醒，也通常没有归功于嗅觉，而是被认为具有偶然性。对于这一点，我想举个例子予以说明。我还不到 8 岁的时候，有一次和父母去拜访一位牧师，他是我父亲的同学。在牧师家里度过的那一天，没有什么值得注意的事情，所以这些年来我甚至从未回忆起相关细节。不久以前，那天遇到的所有细节都清晰地浮现在我脑海中，由于这种突然的记忆似乎毫无根据，我仔细分析了具体原因，但一无所获。不久之后，我在同样的地方体验了同样的经历，这是一个重要的线索。随后，我回想起和牧师的小侄女曾经进行的一次探索之旅。我曾被带进一个水果地窖，在那里我发现稻草上堆着一大堆苹果，墙上还挂着牧师的猎靴。苹果、稻草和靴子的混合气味，构成了一种独特新奇的香味，深深地印入了我的记忆。当我经过一个具有同样气味成分的房间时，所有那些与我第一次闻到的气味有关的东西，就都立刻在我的脑海里得以重现。

每个人都经历过许多诸如此类的联想，在审判过程中，一旦遇到复杂问题，就会产生此类联想，特别是当争议问题涉及很久之前的事件，例如证人讲述他的一些"偶然"想法。如果特定事件被认为是一种联想，并根据对气味的记忆进行研究，那么，人们通常能够成功找到正确的线索，并有所收获。

尽管嗅觉非常准确，但人们通常很少予以关注，当有关气味的问题被提出时，答案通常是否定的。然而，在任何情况下，都不能对问题作出简单化处理；一个人可能并没有作出任何提示，就成功地促使证人承认他闻到了什么。有时，人们可能会成功地唤醒这些印象，因为这些印象还没有完全脱离意识之外，或者潜藏在意识之中，抑或被其他事情转移了注意力。假设一个证人闻到了火的味道，但由于他当时正忙着别的事情，所以没有完全意识到，或者完全没有注意到，或者自认为是厨房里的某种味道，或者是劣质雪茄的味道。这种感知随后可能被遗忘，但通过适当的询问，它们就能够原原本本地重现在记忆之中。

显然，这在很大程度上取决于人们是否喜欢某些微妙的气味。一般认为，灵敏的嗅觉常常与紧张情绪有关。同样，鼻孔宽大、额头发达、大部分时间闭着嘴的人，嗅觉更为灵敏。淋巴体质的人，听觉比较模糊，嗅觉也不灵敏，相比之下，吸鼻烟壶者和吸烟者的嗅觉更为迟钝。在一定程度上，训练可以提高嗅觉能力，但是如果训练过度，会使嗅觉变得迟钝。例如屠夫、烟草商、香水商，不仅无法感知自家店铺的气味，他们的嗅觉功能也已变得迟钝。另一方面，那些必须通过感官感知来作出微妙区分的人，例如药剂师、茶商、酿酒师、品酒师等，往往具备高超的技艺。我记得有一次在法庭上专门和吉卜赛人打交道，我能立刻闻到夜里是否有吉卜赛人被带到那里。

那些非常紧张的人，通常会具备一种其他人想象不到的敏锐嗅觉。现在我们还不知道气味是如何产生的，事实表明，它不是由极其微小的颗粒散发出来，因为我们知道某些物体并不散发微粒，但仍然释放气味。例如锌，以及铜、硫和铁，都有各自的气味；尤其是铁在摩擦时，例如放在口袋里的钥匙环，就会释放出独特的气味。

对气味加以定义,是一件比较困难的事。即使是正常的人,也常常钟情于别人不感兴趣或讨厌的气味(例如腐烂的苹果、潮湿的海绵、牛粪、马厩的气味、大蒜、野禽等)。即便是同一个人,在饥饿时会觉得食物的味道很香,在吃饱的时候会觉得有满足感,但在偏头痛的时候就会觉得难以忍受。鉴此,有必要准确描述这些差异,及其伴随的所有情况。在性别方面,根据龙勃罗梭[14]的研究,男性的嗅觉敏锐度是女性的两倍。这一点得到龙勃罗梭的学生奥特伦吉和西卡德、罗尼和弗朗西斯·高尔顿等的证实。实际上,日常生活的经验并不能证实上述说法,很多男性吸烟者并不具有敏锐的嗅觉,而这大大提高了女性嗅觉敏感度的比例。

第43节 触觉

基于简便起见,我将位置感、压力感、温度感等综合起来,统称为触觉。触觉引发的问题值得认真研究,因为许多证人都会讲述他们在黑暗中或其他看不见东西的情况下产生的感知,同时,在攻击、创伤和其他接触情形下,很多人都是通过触觉进行感知。在大多数情况下,证人无法看到身体触摸的部分,所以就只能依靠触觉,只有当视觉和触觉结合起来并互相纠正时,才能达到足够的确定性。研究表明,三维的概念不能通过视觉获得。起初,我们对这个维度的感知仅仅归功于触觉,后来又归因于经验和习惯。这一说法的真实性,得到了那些先天失明、随后恢复视觉的人的证实。有些人仅凭视觉无法分辨银铅笔套和大的钥匙,他们只能辨别这些是不同的东西,只有在触摸之后才能作出准确的判断。另一方面,触觉也很容易犯错误,在盲目进行出没时尤为如此。与此同时,训练可以显著提高触摸的准确率,在许多情况下,例如我们用指尖测试物体的精细程度时,触觉比视觉更值得信赖。对于纸张、皮革的质量,表面的光滑度,凸起的存在,通常都是用手指触摸来加以判断。因此,如果证人断言,这个或那个物体非常光滑,或这个表面非常粗糙,我们通常要继续追问,他是否用手指触摸过这个表面,只有当他回答"是"时,我们才能形成确信。那些不得不依赖于触觉的人,其感知领域将会随之得到扩展,例如,盲人就具有敏锐的触觉。盲人关于自身接触感知的陈述,即便看似难以置信,有时也是可以信赖的;盲人可以感觉到布料的颜色，因为不同的颜料及其使用的介质，使得特定颜色的布料具有不同的表面质量。

在另一领域，聋人同样具有特殊的能力。阿伯克龙比向我们证实，在他的医疗实践中，他经常观察到，聋人能够灵敏地感知到马车或者行人正在接近，而听力很好的普通人却未能察觉。有很长一段时间，我养了一只安哥拉猫，和所有的安哥拉猫一样，它完全失聪，这一点得到了医生的证实。然而，无论这只猫在什么地方打瞌睡，只要有人走近，它就会立即注意到脚步声，并能辨别出来人的身份，如果是陌生人，它就会吓得跳起来；如果感到熟悉的人过来，它就会高兴地伸伸懒腰，期待有人来爱抚它。它能感觉到所处位置（例如凳子、窗台、沙发等）最轻微的接触，同时，它对物体的轻微擦刮也特别敏感。这种敏感性，经常体现在那些听力不好的人身上，而我们经常对此产生怀疑。

我们可以通过练习和肌肉的训练提高触觉。斯特里克指出，他经常注意到，那些经常进行肌肉锻炼的人，观察能力要优于那些习惯久坐的人。这与许多实验结论并不矛盾，即受教育的人在各个方面都比未开化的人更为敏感。同样，女性的触觉比男性更加发达；至于空间感和压力感，男性和女性没有什么差异。对于特定类型的感觉，注射各种药物可能产生明显的影响。例如，注射吗啡会降低皮肤的空间感。大麻单宁会降低敏感度，酒精会带来迅速明显的影响。在莱辛巴赫看来，一些敏感的人具有极其敏锐的情感。其中最敏感的人，会立即注意到他人的接近及其相对位置，或者在黑暗房间中察觉他人的存在。那些非常紧张的人，经常会感到气压、细微震动等情形，这一点毋庸置疑。诸如此类的事实表明，人们能够区分各种类型的触觉印象。对温度的感觉较为发达，女性对温度的敏感度要优于男性。在嘴唇和指尖，可以感觉到十分之二度的差异。如果要得到一个绝对值而不是一个差值，一般来说，平均值的变化不会小于4度。例如，温度 r 为19度，估计的温度将处于17~21度之间。我认为，人们对普通温度的估计通常是正确的。例如，那些习惯于在冬天居住在温度为14度的房间中的人，能够立即察觉并准确评估1度上下的温度变化。同样地，那些在夏天洗冷水澡的人，能够感知到1度上下的温度变化。因此，我们有理由相信证人关于较小幅度温度变化的证言，但必须指出的是，所有感知的条件都必须加以明确，因为这些条件可能带来巨大的影响。有研究显示，与单个手指接触32度的水相比，如果用整只手接触29度的水，可能会产生更热的感觉。韦伯进一步指出：[15]"如果我们把两个相邻的手指放在两种不同温度的液体中，这种温度感会就会发生传递，以致无法区分温度的差异。但是，如果我们在这个测试中使用两只手，当我们用两只手先后接触两种不同温度的液体时，就会明显感觉到温度的差异。皮肤表面接收外在刺激的点越近，也许大脑中接收这些刺激的部位越近，这些感觉就越容易融合在一起；然而，它们之间的距离越远，这种情况发生的频率就越低。"在刑事司法实践中，这种情况很少发生，但是，法庭经常需要对温度进行估计，因此必须确定这种估计的可靠性。

在司法实践中，确定伤者和加害者在犯罪当时的感觉，以及各自陈述的可靠程度，对查明案件事实非常重要。首先，我们要感谢韦伯出色的观察结论，我们在闭上眼睛时，很难发现匕首刺向身体的角度。同样地，我们也很难确定推搡或击打的方向。另一方面，我们可以非常准确地确定头发被抓扯的方向。

有关接触和疼痛的感知所需的时间，通常认为，例如，短促有力地击打玉米，能够立即感到与玉米的接触，但一至两秒后才会感到疼痛。或许玉米具有一种特殊的结构，不过，产生疼痛的感觉往往需要一段时间。亥姆霍兹做了1 850次测试，证明神经流每秒移动90英尺。如果你的手指被扎伤，你会在30秒后感觉到。即便对此进行最简单的实验，也不足以得出任何确定的结论。我们只能说，对外围疼痛的感知会在接触后一段时间形成，大约比导致疼痛的原因晚三分之一秒。

被刺的感觉，通常被认为是与热的物体接触的感觉；同时，受伤的人的感觉，与推挤或割伤、刀刃的寒冷及其身体深处导致的疼痛十分接近。我从受伤的人那里了解到，这些说法还没有得到证实。撇开那些故意夸大事实、想让自己变得有趣或者想表明自己受到严重伤害的人不谈，所有答案都指向这样一个事实：刺打、枪击和殴打的感受与推搡类似。此外，伤者几乎立刻就能感觉到血液上涌，除此之外没有其他感觉，因此痛苦来得更晚一些。库勒及其学生认为，[16]基于对大量决斗行为的观察，即使是用最锋利的剑用力刺击，被刺者的感觉也与殴打或者推搡导致的无痛或几乎无痛的感觉类似。奇怪的是，所有人都说这种感觉好像是由某种很钝的工具所导致的——也许是一块落下的瓦片，但没有人感觉到刀片刺入身体的冰冷感觉。

那些遭受枪击的士兵，经常在受伤几分钟后才被询问枪伤情况，他们一致表示，他们只是感到有人在用力推搡他们。

对于造成伤害的人而言，情况却完全不同。洛茨提醒人们注意这样一个事实：在安装带有弹性梯级的梯子时，人们可以清楚地看到梯级固定在两侧的位点。

当弹性梯级松动时，可以感觉到梯级固定的位点；当用斧头固定时，可以感觉到木头的阻力。同样地，士兵也能清楚地感觉到他的剑尖或刀锋刺入敌人的身体。最后一个事实已经得到学生们的证实。人们可以清楚地分辨，这把剑究竟是仅仅刺穿皮肤，还是深深地刺入身体直抵骨头。这种触摸的感觉集中在右手拇指上，刚好在剑柄下方握柄的地方。

加害者感觉自己已经伤害对方，这种感觉的重要性在于，当他希望说出真相时，他能够可靠地表明自己是否伤害了对方，以及伤得究竟有多深。被害人陈述的重要性在于，在涉及不止一个加害者的情况下，能够确定究竟是哪些加害者导致了哪些损伤。当被害人想要作出真实的陈述时，我们经常听到这样的内容："我很确信 X 在我肩膀上捅了一刀，但他只是推了我一下，并没有捅我——我没有感觉到捅刺。"实际情况是，确实是 X 刺伤了他，如果预审法官向被害人就此作出解释之后，他的证言将会更加可靠。

此外，实践中还需要注意其他一些重要事实。

1. 众所周知，覆盖骨头的那部分皮肤，被拉长延展后覆盖肉质部分，以致不能很容易地识别刺激点。在实验状态下，这种移位可能是有意为之，但经常是剧烈身体扭动所致。当一个人坐下的时候，身体上半部分被向后拉，就会发生一系列这样的移位，此时很难定位打击或刺伤的位置。同样，当一只手臂向后举起，使手掌平放在最上面的时候，情况也是如此。当身体的一部分被另一个人抓住，皮肤被拉到一边时，要想找到伤口则更加困难。

2. 潮湿的感觉是由表面寒冷和容易移动的物体形成。因此，当我们毫无预兆地触摸一块冰冷光滑的金属时，我们会认为自己触碰到了潮湿的东西。反之亦然，因为我们相信，我们触摸的是冰冷光滑的东西，而它只是湿的而已。因此，关于受伤后出血的情形，错误的判断数不胜数。受伤的人或他的同伴认为，他们已经感觉到出血，其实他们只是触摸到一些光滑的金属，或者他们实际上真的触碰到血液，但却把它当作光滑和冰冷的东西。关于是否出血的错误判断，常常导致事实认定的混乱。

3. 重复性的行为，能够强化和澄清触摸的感觉。所以，当我们想要通过触摸来检验某些物品的时候，就会反复进行触摸，用手指来回触摸，并用手指夹住特定的物品；基于同样的原因，我们不断地触摸那些具有漂亮外观的物品。我们喜欢在光滑或柔软的毛茸表面上下移动手指，以便形成更清晰的感觉，或者判断这种感觉是否持久稳定。因此，每当必须通过触摸来确定某些事情时，一定要搞清楚是仅仅触摸一次还是重复多次，这一点非常重要。这两种做法的差别，与匆匆一瞥和准确观察之间的关系并不一样，因为通过触摸可能体会到本质的差异。

4. 我们很难仅仅通过触摸判断物体是直的、弯曲的、平坦的、凸起的还是凹陷的。韦伯已经证明，手指轻压一块玻璃板，然后加大力度，再次加大力度，玻璃板就会看起来像是凸起的；当反过来操作时，就会感觉是凹陷的。当距离保持不变时，则仿佛是平坦的。

5. 根据菲洛特的研究，[17]一个点以恒定速度在较大的一块皮肤上运动，例如在手背上从手腕到指尖，如果不加以观察的话，会给人一种速度越来越快的感觉。如果沿着相反的方向，这种速度加快的感觉就不那么明显，但如果皮肤覆盖面增加，这种速度加快的感觉也会增加。这表明，关于刀伤、划伤等问题的判断，有可能会出现错误。

6. 关于习惯性压力这种感觉的可靠性，实践中可能会产生问题。韦伯最早对此进行了实验，随后得到费希纳的证实，即皮肤的不同部分对重量的感觉存在很大差异。最敏感的是额头、太阳穴、眼睑和前臂内侧，嘴唇、躯干和指甲最不敏感。如果将六枚硬币堆放在身体的各个部位，然后一次一个地移除，则会感觉到差异。为了体会硬币逐步减少的过程，可以这样做：

手指尖处一美元；

脚掌处一美元；

手掌处两美元；

肩胛骨处两美元；

脚后跟处三美元；

头部后方四美元；

胸部四美元；

背部中间五美元；

腹部五美元。

进一步的实验没有发现新的情况。目前还没有成功的实验表明受教育和未开化的人相比、男性和女性相比，在压力感方面是否存在差异。这些事实，可能在涉及攻击、窒息等行为的情形具有参考价值。

注释

[1] For a general consideration of perception see James, Principles of Psychology. Angell, Psychology.

[2] Meinong: Über die Bedeutung der Weberschen Gesetzes. Hamburg and Leipzig, 1896.

[3] T. Pesch: Das Weltphänomen.

[4] H. Helmholtz: Die Tatsachen der Wahrnehmung. Braunschweig 1878.

[5] E. L. Fischer: Theorie der Gesichtswahrnehmung. Mainz 1891.

[6] Cf. Archiv, XVI, 371.

[7] Vincent: Traité de Médecine légale de Légrand du Saule.

[8] W. Heinrich: Übersicht der Methoden bei Untersuchung der Farbenwahrnehmungen. Krakau 1900.

[9] Physiologie der Netzhaut. Breslau 1865.

[10] J. O. Quantz: The Influence of the Color of Surfaces on our Estimation of their Magnitudes. Am. Journal of Psychology VII, 95.

[11] People of extreme old age do not seem to be able to hear shrill tones. A friend of mine reports this to be the case with the composer, Robert Franz.

[12] W. Wundt: Grundzüge.

[13] A. Strindberg: Zur Physiologie des Geschmacks. Wiener Rundschau, 1900. p. 338 ff.

[14] C. Lombroso and G. Ferrero. The Female Offender.

[15] E. H. Weber: Die Lehre vom Tastsinn u. Gemeingefühl. Braunschweig 1851.

[16] Students who are members of student societies distinguished by particular colors.

[17] K. Vierordt: Der Zeitsinn nach Versuchen. Tübingen 1868.

| 第四篇 |
感知和概念

第 44 节 概述

在从纯粹的感官印象到这些印象的思维概念的转变过程中，法律人必须关注这些物体或者事件以后再现的可能性。在科学心理学的冲击下，许多所谓的科学发现已经失去了早先的地位。现代心理学并没有在感知和记忆之间划定清晰的界限，而是认为，正确解决感知问题的方法，就是解决知识问题的方法。[1]

关于意识和感知的关系，我们用费舍尔的方法来加以区分。[2] 意识包括两个领域或区域：感觉区域和外部感知区域。前者涉及有机体内部结构，后者从有机体进入客观世界。意识拥有活动范围，通过运动神经和肌肉来接触外部世界，而感知的范围则属于感觉的范畴。

外部感知包括三个主要功能：理解、区分和整合。狭义的感知是指对于那些引起视觉刺激的物体，形成有意识的感觉理解。我们据此发现观察对象究竟是什么，以及它与我们和其他事物的关系，它与我们的距离，以及它的名字等。

对法律人而言，建立在成功理解基础之上的识别，是最为重要的事情。所谓识别，是指一个物体给大脑留下足够深刻的印象，使其能够得到认知和识别。它与被识别对象的性质无关。休谟认为，物体可能是一个持久的东西（"与外界无涉，不依赖于意识"），或者与感知本身相同。在后一种情况下，感知被视为一种逻辑判断，如同："下雨了"，或者感觉"下雨了"，而识别仅仅是对感知的识别。这类判断就是我们从证人那里得到的判断，也是我们需要检查和评估的对象。对此，应该从两个方面加以考虑。首先，从观察者和事例收集者的角度，努力发现内在的指导原则。如果不这样做，我们所做的推论至少是不可靠的，而且在大多数情况下可能是错误的。正如马赫所言："如果观察决定了自然科学的所有事实，那么，就意味着开启了科学的新时期，那就是推论时期。"但是，法律人在自己的工作中是否经常区分这两个时期呢？[3]

第二个重要的事项就是观察过程中错误的呈现，席勒将主要的错误分为两种。在观察领域，错误包括积极或消极之分，以及错误观察或疏忽失察之分，后者主要是先入为主所致。哥白尼的反对者认为，地球之所以不动，是因为如果地球转动，从塔顶掉下来的石头就会落到朝西一侧的地面上。如果哥白尼的追随者选择做个实验，他们就会发现，石头确实会像理论所显示的那样落下来。类似的疏忽失察，在法律人的工作中频繁出现。我们对他人或自己制造的例外情形印象深刻，并放弃了一些已经经过检验的方法，而没有真正对那些挑战既定方法的例外情形进行认真检验。在司法工作中，我经常想到乔治国王的故事。乔治国王不喜欢学者，并对许多哲学家和物理学家提出以下问题："当我把十磅重的石头扔进一百磅重的水桶里，水和石头的重量是一百一十磅，但是当我把十磅重的活鱼放进桶里，整个桶是否只有一百磅重？"每个学者都有自己令人信服的解释，最后国王问其中一个脚夫，他说他想先看看实验，然后再作决定。我记得一起案件，一位农民被指控为了保险而纵火。他说他拿着一根蜡烛走进房间，不小心点着了一个挂在屋顶上的蜘蛛网，把屋顶上的稻草烧着了，于是灾难发生了。直到第二次审判，才有人想到询问蜘蛛网是否能够燃烧，而第一次实验就表明，这是不可能的。

  大多数此类经验表明，在审查事件经过时，我们必须循序渐进，不能思维跳跃，同时，我们只能在已有知识基础上构建我们的理论。圣托马斯指出："所有知识都源自与已知事物的相似之处。"如果在询问时记住这一要求，我们的任务就会比平时更容易、更简单。只有当未知与已知建立联系时，才能准确理解前者。如果不这样做，证人很难回答问题。他找不到支持，或者寻求自圆其说的解释，最终得出错误的结论。因此，普通旅行者带回家的信息，与他带走的信息基本相同，因为他用耳朵和眼睛观察的事物，都是他想要观察到的东西。黑人认为疾病使他佩戴的珊瑚失色，这种看法持续的时间还短吗？但他只要看一看，就会明白这种想法多么愚蠢。从亚当·斯密开始，人们相信奢侈生活有助于工业发展的理念持续的时间还短吗？人们一直将哥白尼称为傻瓜，因为他们实际上看到了日出日落。本尼克指出[4]："如果有人向我描述一种动物、一个地区、一件艺术品或一个事件等信息，我从关于特定对象的词语中得不到任何概念。我只是用词汇和符号，针对特定对象的概念给自己出了一道难题，而具体的结论主要取决于对类似事物或事件早期概念的完备性，以及我手中掌握的材料。这些是我的感知资本和表达能力。"

  当然，我们没有必要询问叙述者是否见过他所说的情景，也没有必要在审判过程中说服自己，接受询问的人是否准确地知道他在说什么。与此同时，询问者应当对这一问题有清楚的认识，并且知道，如果与对方进行明智的交流，应当采取何种态度。可以说，我们所有人，无论是否受过教育，对我们看到、听到或从描述中学到的所有事物，都能够理解并记住这些事物的明确而鲜明的图像。当我们获取新信息时，只是简单地把新的图像与旧的图像联系起来，或删除旧的图像中的某一部分，将之替换为新的图像，或只保留或多或少的旧的图像。此类图像可以追溯到很久以前，甚至动物也有这种能力。有一天，我的小儿子告诉我一个令人兴奋的消息，他的豚鼠——众所周知的愚蠢动物，居然会数数。为了证明这一点，他把六个小豚鼠从它们的母亲身边带走并藏起来，这样母豚鼠就看不见小豚鼠发生了什么。然后，我儿子把六个小豚鼠中的一个藏了起来，把剩下的五个送回到母豚鼠身边。母豚鼠一个接一个地闻着小豚鼠，表现出极大的焦虑，好像它丢失了什么。然后，我儿子把母豚鼠移走，把第六只小豚鼠送回来；当母豚鼠被放回自己窝里，再次逐个闻六只小豚鼠，这次它表现出极大的满足。它至少能数到六。显然，这只动物对它的幼崽有一个固定的整体图像，当其中一个图像缺失时，整个图像就被打乱了。与此同时，图像是由诸如此类的事件或环境组合而成。它与人类图像相差不大，只是在细致程度上不同于文明人的图像。

许多内容失真但却并非有意说谎的证言，取决于这些图像的存在及其与新事物的联系。讲述者和评估者拥有不同的图像信息，两者处理新事物的方式并不相同，进而不能达成一致意见。[5]评估者的任务十分艰巨，要对已有的陈述进行调整，使之与正确的图像相互契合，同时避免让错误的解释掺杂进来。如果一个放债人对某些不可言说的交易作证，一个站街女对乡村酒馆里的斗殴行为作证，一个花花公子对决斗行为作证，一个看守人对偷猎行为作证，这些人中每一个人的形象，都将成为新的感知的不佳基础。另一方面，从证言中正确地提取线索并不困难。但这类案件并不是经常发生，最大的麻烦在于，在证人感知到特定事件之前，这些记忆图像早就已经存在。后者对前者的感知有很大的影响。

在这方面，我们知道，保留这些图像的做法有点迂腐，并且取决于一些并不重要的事情。在格拉茨市政厅，有一位秘书，负责向36个部门发放36份不同的报纸。每个部门都清楚地写着报纸的名称，尽管登记本写得很清楚，但由于必须要阅读登记本，而且难以记住具体信息，所以存取这些报纸需要投入很多精力。后来，每份报纸的名称都被剪下来交给秘书，而不是写在登记本上。尽管有各种扭曲的字母，但是每份报纸名称的习惯性图像很容易被记住，它们的存取也都变得更为简单。常规和相同的事物具有内在的特点，它们比那些更具独特性的事物更加容易理解。

| 第二部分 | 刑事侦查的客观条件：被调查者的心理活动

鉴于我们的感知通常只能立足于事物形式的恒常性和相似性，因此，我们把这些事物形式当作生活经验的本质。另一方面，对一个人来说不变和相似的东西，对另一个人来说可能并非如此，因此，不同个体的生活经验存在本质的差异。

"当我们观察一个骰子，一次看到三个面、七个角、九个边，我们立即联想到骰子的形象或图式，并根据这个图式开展进一步的感觉-感知。通过这种方式，我们得到了一系列图式，并且可以彼此替代。"（奥伯特）基于同样的道理，我们先告知调查者一些事物，让他形成初步的认识，然后我们再提供一些可供比较的事物，这样就能促使调查者形成正确的理解。反过来讲，我们必须记住，每个人都会基于自己的经验进行比较，因此，如果我们要想知道比较的对象，必须具有类似的经验。如果忽视这种经验的个体性，将会遭到严重的后果。那些经常与农民打交道的人，那些喜欢进行有效比较的人，如果想要通过比较得出正确的结论，首先必须了解他们的生活实际。通过这种方式，就会发现，此种比较和图式不仅非常独特，而且非常容易理解。

感觉-感知对于理解具有重要作用，没有人能够确定感觉活动结束和智力活动开始的具体边界。有人曾经提到一个有趣的事实：在埃及的一个博物馆里有二十名学生，没有人知晓为什么埃及壁画人物的双手给人一种非常奇怪的印象，实际上，没有人注意到壁画人物的双手都是右手。

我曾经认真研究玩扑克牌的技巧，并通过自学以及向老练的赌徒学习，掌握了这些技巧，随后我向年轻的刑事学家展示这些技巧。有很长一段时间，我都不相信一位古希腊人说过的话："一个把戏越愚蠢、越明显，就越奏效，人们什么也看不到。"但实际上，这句话并没有错。当我明确地告诉我的学生，"现在我在作弊"，我能轻松地玩一些把戏，但没有人能够发现这一点。如果有人试图调整自己的注意力，关注其他的地方，就会发现，我可能把扑克放在膝盖上，塞进袖子里，或从口袋中拿出来，这种把戏简直数不胜数。此种情况下，谁能简单地说，这是由于感官观察或理智理解不够熟练呢？根据一些权威人士的说法，错误的主要来源是感官，但能否将某些事情归因于神奇的、无法解释的理由，以致感官感知变成了理智感知，恐怕没有人能够作出肯定的答复。

我喜欢用简单的例子说明，人们的感知能力为什么非常薄弱。我在桌上放了一个托盘，上面放了一瓶水和几只玻璃杯，提醒大家注意将要发生的事情，然后我从瓶子里倒一些水到玻璃杯里。随后，这些东西被拿走，此时我提出一个问题：我刚才做了什么？所有的观众都立即回答：你把水倒进杯子里了。然后我进一步提问：我是用哪只手做的？有多少只玻璃杯？我倒水的杯子原来的位置在哪里？我倒了多少水？玻璃杯里有多少水？我是真的倒了还是假装倒的？瓶子有多满？肯定是水而不是酒吗？不是红酒吗？倒完水后，我的手又做了什么？我当时看起来怎么样？你真的没看见我闭上眼睛吗？你没看见我伸出舌头吗？我是在倒水的时候这样做的吗？之前还是之后？我手上戴戒指了吗？我的袖口看得见吗？我拿杯子时手指的位置在哪里？诸如此类的问题还有很多。令人感到惊讶和有趣的是，人们很少对此提供正确的答案，人们围绕答案争吵不休，有的答案还非常离谱。然而，让我们看看对证人提出了怎样的要求呢？他们必须描述更加复杂的问题，而他们此前并没有注意这些问题，同时，他们不是立即作出答复，而是在很长时间之后才提供证言；此外，在事实面前，他们还必须面对恐惧、惊奇、恐怖等情绪的影响。我发现，即使是相对训练有素的证人，询问过程也可能变得非常滑稽，由此得出的结论也可能相当可笑。[6]证人经常要面对这样的问题："但是你应当知道的""仔细想想这件事""你不至于蠢到不去看看吧""可是我亲爱的女士，你有眼睛啊"。诸如此类的问题，可能会促使证人提供相应的证言，但这种证言到底能有什么真正的价值呢？

  一天，阳光明媚，我从法庭回家，看见一个男人从一片玉米地走出来，在我的视野里停留了几秒钟，然后就消失了。我立刻感到那人做了可疑的事，马上回想他的样子。我发现，自己并没有记住他的外套、他的衣着、他的胡子和他的身材，简言之，我对他没有任何印象。设想遇到这样的证人，对看到的情况几乎一无所知，我该如何苛责他呢？在审查证人证言的过程中，我们应当经常提醒自己，尽管特定事件就发生在我们面前，我们可能仍然没有看见。关于该问题，我只想提醒大家注意霍夫曼提到的一个著名案例。[7]在法庭上，人们为了确定人的耳朵被咬掉之后是否会产生重大影响，做了复杂精细的实验。法官、医生、证人都参与其中，研究是否存在所谓的重大影响，直到伤者最后谈到了问题所在，因为他的另一只耳朵在多年前被咬掉了，但是没有任何人注意到这一情况。

  为了确定他人看到和理解了什么，我们必须首先知道他是怎么想的，但这一点非常困难。我们常说，他人一定是这样或那样想过，或偶然有这样或那样的想法，但我们永远无法观察到别人脑子里可能发生的事情。诚如博伊斯-雷蒙德所言："如果拉普拉斯的幽灵能够根据莱布尼茨理论，一个原子一个分子地构建一个小矮人，他或许能成功地让它思考，但却不知道它是如何思考的。"但是，如果我们知道，至少大概知道，一个与我们在性别、年龄、文化、地位、经历等方面近似的人的心理过程，我们就会随着各种差异的渐渐扩大，而逐步失去这种知识。我们很清楚，才能、地位、知识和理解的多样性会产生很大的影响。当我们考虑事物的性质时，我们发现自己从来没有抽象地谈论它们，而总是具体地理解它们。我们不关注颜色，而是关注有颜色的物体；我们不关注温度，而是关注温暖的东西；我们不关注硬度，而是关注坚硬的东西。人们并不关注温暖的概念，在提到这个词汇时，人们想到的是一些特别温暖的物体；有的人想到家里的烤箱，有的人想到意大利温暖的一天，有的人想到烫过他的烙铁。人们不会对同一事物保持持续的热情。今天他想到这个具体的事情，明天就会想起不同的名字，并建立不同的关联。但是，我想到的每一个具体事物，都会对新的理解产生相当大的影响；但我的同事，甚至包括我自己，并不知道我的头脑中究竟有哪些具体的事物。尽管伯克利已经证明，如果没有空间，或空间没有颜色，人就无法想到颜色，我们仍然经常忽略这一要求，即努力确定证人在陈述特定的事实时究竟想到哪些具体的事物。

更重要的是，每个人都知道通过重复来理解他所谈论的事物；通过不同的关系，事物能够以不同的方式展现出来。如果我们对某个事物产生了深刻的印象，有时是快乐的印象，有时是不快乐的印象，我们就无法仅仅从该事物自身挖掘当前印象的来源和特征，我们也不能仅仅通过先前杂糅的印象所形成的复杂记忆感觉中实现上述目的。由于早期印象的杂糅性，我们通常不能把它们分割开来，进而无法判断它们对当前印象的影响。通常情况下，我们甚至搞不清楚这种或那种印象如此生动的缘由。但是，如果我们对自己身上发生的事情一无所知，我们又如何对他人形成深刻的了解呢？

埃克斯纳提醒人们注意，正是基于上述理由，"模糊感知"才扮演着重要的角色。"我们的智力很大程度上依赖于这些'模糊感知'的能力，这种能力无须进一步关注就能上升到意识领域。例如，有些人在识别飞行中的鸟类时，并不清楚各种鸟类的飞行特征。还有一些人更聪明，他们知道鸟类每隔多长时间拍打一次翅膀，因为他们可以用手模仿飞行。当智力水平进一步提高时，就有可能用语言作出正确的描述。"

假设在重要的刑事案件中，有几个教育程度和智力水平不同的人分别作出陈述。我们假设他们都想陈述事实真相，还假设他们对案件事实进行了正确的观察和理解。然而，他们的证言将大不相同。随着智力水平的提高，"模糊潜意识"的影响程度也会提高，他们的陈述和解释将更加肯定，他们将单纯的断言变成有序的感知和客观的陈述。但是，我们通常会犯这样的错误，即将证据的多样化归因于观察角度差异或者故意说谎。

要想实现各类数据的一致性，或者确定各类数据是否具有一致性，并不是一件容易的事。最常规的做法是，将较为混乱的证言与最聪明的证人的证言进行比较。一般说来，任何一个对事物有潜意识感知的人，如果能够得到某种表达方式的帮助，都会很乐意把这种感知表达出来。但是，这种暗示也存在巨大的风险，因此，只有在极特殊的情况下才能提供这种帮助。最好的办法是帮助证人逐步获得所有的证言，同时注意不要进行暗示，从而形成不同证人证言的一致性，尽管这些证言受潜意识感知的影响而看起来存在矛盾。进一步讲，我们应当原原本本地听取证言，不要加以改变。随后，当大量证据汇集起来，案件事实逐步清晰，就可以仔细审查证据，进而判断那些智商不高的证人是否因为缺乏表达能力而提供不同的证言，还是因为他们事实上感知到了不同的事物，据此提供不同的证言。

当证人是特定领域的专家，并就该专业领域作证时，就需要引起法庭的注意。我相信，如果认为这些人一定是最好的证人，这种想法是错误的，至少是一种不当概括。本尼克也得出了类似的观察结论。"化学家观察一种化学过程，鉴赏家鉴赏一幅画，音乐家聆听一首交响乐，即便这些人的观察比普通人更加专注，但普通人的实际注意度可能更强。"具体到司法领域，我们只需知道专家的判断必然强过外行的判断；然而，专家的理解通常受到专业规则的限制，并不十分全面，也容易受到偏见影响。每一位专家，尤其是认真对待自己的工作时，就会倾向于投入更多精力关注与本专业领域相关的事情。此种情况下，他们就会忽视在法律领域重要的事情，这一点几乎在所难免。我记得一起案件中，一位热心的年轻医生目睹了一场蓄意杀人的伤害案件。他看到罪犯在一家旅馆里用一个很重的瓷盘威胁被害人，这个医生就想："顶骨这里可能被打断了。"当他在考虑这样用力一击的外科后果时，事情已经发生了，医生没有看到伤害行为是如何进行的，以及被害人是否拔出刀子等。同样地，在一次涉及撬开桌子抽屉行为的案件中，最糟糕的证人就是那位橱柜制造者。他感兴趣的是抽屉的固定方式和木头材质，对于重要的法律问题，例如抽屉如何被撬开，作案工具留下哪些痕迹，几乎没有任何评价。我们大多数人都有与专家证人打交道的这种经历，而且我们大多数人还注意到，他们经常提供虚假证据，因为他们基于自己的兴趣来看待案件，并且深信案件情况一定符合他们的行业规则。无论案件实际情况如何，他们总是加以调整改变，从而使之契合自己的理解。

根据埃克斯纳的说法，"潜意识感知"在所谓的定位方面扮演着另外一种角色。如果有人能够对自己进行定位，例如，在任何时候都能清楚自己的位置，辨别基本的方向，就应当知晓这一事实，即当他作为证人时，他所掌握的信息应当表现为不同的形式，并承载不同的价值。埃克斯纳举例指出，当他攀爬马库斯塔时，每一刻都知道自己该往哪个方向前进。至于我，一转身就会迷路。在法庭上，如果我们需要针对地点关系作证，我们对地点及其价值的感知就会大不相同。但几乎没有人会向法庭保证，他的定位能力究竟是好还是坏。

诚如埃克斯纳所言："如果我在走路的时候，突然在一所房子前面停下进行观察，我肯定会对刚才行进的距离形成一种判断，此时，关于刚才行进路线的潜意识感知就在发挥作用。"实际上，这种感知可以与纯粹的潜意识进行比较，因为在潜意识状态，一系列过程在我们没有注意的情况下已经发生。

但是，内化的定位并不会随着地点感觉的消失而消失。这种定位在涉及地点的零星记忆方面也能起作用，例如记忆背诵，知道哪页哪行打印了什么内容，发现未被观察到的事物等。这些关于感知定向的问题很重要，因为有些人的感知与位置感密切相关。发挥他们的这一专长，就可以从他们身上知道很多事情，而忽视这一专长，则可能使他们证人之路举步维艰。通常情况下，具有位置感的人更加聪明。关于这一现象，德语专家伯恩哈特告诉我，当他不知道一个单词怎样拼写时，他就想象它的外形；如果还是不行，就写下两种拿不准的备选形式，随后就会知道哪一个是正确的。当我问他脑海中呈现的图像是印刷体还是手写体时，他的回答意味深长："就像我的写作老师写的那样。"他把多年前书本上的图像定位在脑海中，并在脑海中细细品味。在询问证人时，必须知道证人可能具备此类专长。

针对人的理解所需的时间，卡特尔[8]进行了专门调查。结果显示，一个人对一门语言了解越深，复述和阅读的速度越快。正是基于这个原因，我们相信外国人比我们说话更快。卡特尔认为这一点毋庸置疑，所以他想将速度作为检验外语能力的测试标准。

识别单个字母所用的时间是四分之一秒，发音时间是十分之一秒。颜色和图片的阅读时间明显更高，这不是因为它们不好识别，而是因为需要考虑正确的名称是什么。我们更习惯于阅读单词。

这些观察可以更进一步。对特定事件的感知越明确，所作的推理就越清晰，产生的记忆就越确定，重述的速度也就越快。因此，撇开个人的癖好不谈，如果我们想要知道，证人对某个问题究竟有多少思考，对自己陈述的证言究竟有多确信，那么观察证人陈述的速度就显得非常重要。可以想象，一个试图准确回忆事件的人通常语速较慢，有些结巴，或者至少在某一时刻存在犹豫。如果证人试图设想各种可能性，排除某些可能性，避免矛盾和不可能性，也会出现类似的情况。然而，如果证人具有内心确信，并且笃信自己陈述的内容，就能够轻松地在头脑中回顾整个事件，没有任何停顿，进而尽可能快速地作出陈述。这一点会在公开演讲中表现出来，实际上，法官、检察官和辩护人也是如此；如果他们对自己陈述的情况并不清楚，或者并不具有内心确信，语速就会比较缓慢，反之语速就会很快。法官和法庭速记员都能证实这一观察结论。

专题7　想象

第45节　概述

证人陈述的证言，此前已经存在于他们的想象之中，而证言的这种存在方式，在很大程度上决定了证人证言的内在属性。因此，想象的本质应当引起我们的关注，同时，考虑到我们无须关注存在与想象之间的关系，所以这种关注显得尤为重要。这也许是因为，事物可能会以一种与我们所知道的完全不同的形式存在，甚至可能会以某种不可知的形式存在。根据一些权威人士的说法，理想主义者已将这种可能性放在一边，并对提出这种观点的人提供了科学答复。

对法律人而言，"科学答复"并不重要。我们感兴趣的是想象的可靠性，及其与我们认为当前存在和即将发生的事物的同一性。一些作者认为，在外部和内部的感官感知领域都存在感觉对象，外部感知涉及感觉对象彼此之间的关系，内部感知涉及与意识的关系。需要注意的是，图像和对象之间的区别，并不是感知行为的组成部分。但是，那些关注这一事实的人认为，行为确实包含着图像。在圣奥古斯丁看来，图像可以被视为关于对象的知识；在埃尔德曼看来，对象是图像的客观化。

图像具有充分的替代功能，这一点非常重要。举个例子，我可以想象我的那只丢失的狗，以及只在照片上见过的俾斯麦所养的狗，然后是阿尔西比亚德所养的狗，我们只有通过它很好看，以及他的主人切断了它的尾巴等事实，才能确认它的存在。此种情况下，这些图像的指向物将是确定的，因为每个人都知道，我可以非常准确地想象我养的狗，俾斯麦所养的狗的图像也比较容易识别，因为它的图像经常公之于众，然而，阿尔西比亚德所养的狗的形象，则很难确定其可靠性，尽管我从少年时代就已想象这个历史悠久的动物。因此，当我谈到这三个动物中的任何一个时，每个人都能正确地评估我所谈到的图像的准确性，因为人们知道这三个动物的状况。然而，当我们与证人交谈时，我们却很少知道证人获取自己图像的条件，唯一的途径就是询问证人。有时，在证人提供的描述之外，还可能增加了另一个图像，例如我们对事件形成的图像，此时这个图像和证人的图像就应当被置于特定的关系之中。在所有相关的个体图像之中，最应提供的就是表明所陈述事件的图像。图像只能与图像进行比较，或者说图像仅仅是图像的影像。[9]

这种嬗变的困难，主要在于描述的性质。描述永远不能与其对象保持同一。亥姆霍兹明确指出："我们的愿景和描述都是结果，我们看到和描述的对象，已经对我们的神经系统和意识产生影响。每种结果的性质必然取决于原因的性质，以及原因产生作用的个体的品性。要求一个图像完全复制它的对象，进而具有绝对的准确性，实际上就是要求结果完全独立于对象的性质，而该对象就是产生结果的载体。这本身就是明显的矛盾。"

图像和对象之间究竟包含哪些区别，这种区别究竟仅仅是形式上的，还是实质上的，这种区别究竟有多大的影响，尚未得到科学证明，也可能无法得到科学证明。我们不得不假设，这种区别的有效性已经众所周知，同时，每个人在为图像和对象分配适当的位置时，都具有内在的矫正能力，即每个人都大致知道两者的区别。问题在于，并非所有人都坚持相同的标准，并且在选择标准时，几乎所有人的品性都会产生影响。标准的多样性是一把双刃剑，一方面，它取决于图像和对象的本质；另一方面，它取决于图像在感知过程中以及随后的时间内所经历的变化。每个人都知道这种区别。无论任何人，只要其在特定情况下，或在其生命的某个时期内，曾经看到过任何东西，就有可能经常会产生各种差异性的图像，但图像的一般特征始终是不变的。如果随后这个人在不同条件下，在不同年龄段，再次看到此前看到的事物，由于记忆和想象力会产生各自不同的影响，图像和对象就无法在各个方面形成对应关系。关于那些从未见过的事物和事件，相应的图像就更为复杂。我可以想象特洛伊战争、龙、极夜和亚历山大大帝，但是，这些图像与对象本身将会存在多大的差异啊！

当我们感知一些看起来并不完全正确的事物时，这一点会变得尤为明显。我们试图去改进事物，例如，我们研究如何使事物变得更好，然后，我们将事物已经改进的样子记忆下来；此种情况下，这个想象的对象反复出现的频率越高，它的形式就越固定，但这并不是它的实际形式，只是它的改进形式。对于那些在某些方面令我们不快的图画,这一点表现得尤为明显。假设我不喜欢某个图片中女人所穿的红色连衣裙,因为我更喜欢棕色,那么,如果以后我回想起这张照片,这张照片中红色的部分就会逐渐变得更加接近棕色,最后我就会认为这张照片的颜色是棕色的,于是当我看到真实的照片时,我就会对红色的连衣裙感到疑惑。[10]

每当我们听到犯罪的消息时,都会产生这种感觉,尽管新闻报道非常空洞,只是一些编排的文字。当然,所涉的犯罪必须具有一定程度的严重性,如果我只是听到有一只银色手表被盗,我就不会去想象现场情况。然而,如果我听到在X地点附近的一家旅馆,一个农民被两个学徒抢劫,我立即就可以形成一个图像,其中不仅包含陌生的犯罪现场,还包括抢劫事件本身,甚至还可能想到涉案人员的长相。即使这个图像中的每个细节都完全错误,实际上也无关紧要,因为在许多案件下,这些错误都会被纠正过来。真正的危险在于,许多案件很难纠正此类错误,或者说根本无法予以纠正,最终导致的结果是,最先形成的图像凸现出来,始终成为最深刻的印象。[11]这种印象之所以更加深刻,是由于我们经常对那些真实或者近似真实的事物添加想象空间,以至于这些事物要么真正曾经看过,要么至少成为绘声绘色的想象,如此这般,最先的图像就获得了新的力量。利普斯指出:"再现的图像预设了一种倾向,倾向催生了预期的感知;此外还存在一些并不预设先前感知的衍生图像和空想图景。当这种倾向同时存在于其他事物中时,这种矛盾就解决了。通过这种方式,有限的倾向就可能成为无限的可能……倾向本身成为改变图像的力量,这种改变图像的力量,能够对内在的刺激作出积极的回应。"

这一过程与在谈话期间的图像再现非常类似。但是实际上,这种再现并不是直接进行,而是取决于图像的顺序,由此导致儿童、老人和未开化的人啰里啰唆,因为他们试图按照既定图像呈现整个复杂的关系。但是,这种整体性的回忆会让法官变得非常绝望,这不仅是因为浪费时间,还涉及将注意力从重要事物转移到次要事物的风险。在司法文件中,也会记载同样的事情,决策者经常被经验不足的证人带偏方向,或者轻信那些模棱两可、迂回失真的记忆。真正的思想家总是舌灿莲花,因为他从与他的观念相关的无数图像中,仅仅保留了与他的直接目的最密切相关的图像。因此,好的协议几乎总是简明扼要。从这个角度看,审查各种协议,弄清楚哪些内容应该省略,哪些应该直接表述,即那些与阐明问题真正相关的内容,有时是一件既有启发性又有趣味性的事情。令人震惊的是,协议中很少记载实质内容，许多内容都漫无目的，这主要是由于人们总是遗忘和疏忽重要的事情。

当然，我们必须承认，表述的本质涉及许多困难的问题。通过举例方式，我们可以将普通情形视为第三维度。我们相信，基于其内在性质，它远比看起来要复杂得多。我们不得不相信，距离不是感觉问题，而是需要加以解释。[12]

心理学家指出，如果没有经验的帮助，对第三维度的表述将变得非常困难。但经验是相对的，我们并不知道某个人究竟拥有多少经验，也无法确定经验的性质。因此，如果我们没有其他验证手段，就永远无法准确衡量一个人的感觉视野在多大程度上是正确的。现在让我们思考一下，在设想第四维度的理念时究竟需要哪些条件。自亨利·莫尔提出该理念以来，这个理念显著改变了我们对空间的概念。但是，我们并不知道有多少人在潜意识中坚持这种理念，如果我们说，没有人知道他的邻居如何看待太空，这种主张并不会犯错误。[13]

动作是另一件难以表述或想象的事情。你可以扪心自问，自己能否想象一个稍微复杂的动作。我可以想象一个接一个连续的独立动作，但我无法想象运动的顺序。正如赫尔巴特所说的那样，连续的一系列图像并不是一个可以表述的连续体。但是，如果我们无法想象后者，我们所想象的就不是它应该的状态。斯特里克认为，[14] 关于动作的表述，是一种无法用其他感官呈现的特质，如果没有大脑激活肌肉运动，就无法记住任何动作，这一理论得到了经验的证实。每当想到动作时，肌肉感觉的觉醒通常变得显而易见，然后我们可以感知到，在关于动作的解释或描述中，那些伴随争议图像的神经支配究竟是如何发生的。这种神经支配永远是真实的，它至少与证人曾经感知的以及现在试图回忆的事情保持一致。当我们让证人解释某个人究竟如何窒息，我们就可能会看到证人手部的动作，无论这种动作多么轻微和模糊，都能清晰地表明他正在试图回忆曾经看见的事物，而这与他陈述的内容并无关联。这使得个体的图像变化变得可以观察，这种变化总是在图像与动作存在关联时出现。

进一步讲，由于动作很难予以表述，因此不应期望证人准确地回忆这些动作。斯特里克指出，在很长一段时间他都无法想象一场降雪，只有在表述一次下雪的场景时才取得成功。鉴于那些无法表述的事物，通常也难以准确地回忆，因此我们发现，即便要求证人按照简单的顺序逐点描述，也只会带来麻烦。证人头脑中只有连续的图像，即使特定的图像是准确的，他对连续动作本身也没有客观的记忆，在这种顺序中也不包含任何东西，他只能通过事件的逻辑和自己的记忆寻求帮助。如果这些都很匮乏，那么，图像的连续性就会很少，对事件的再现也将是不充分的。因此，由于事件顺序是主观的，与由此导致的不同证人陈述的多样性一样，这种匮乏在实践中也并不少见。

绘图的存在表明，我们仅仅能够表述单个运动瞬间，因为一张图片不能表述一个动作，而只能表述该动作的单个状态。与此同时，即使我们的图像仅仅包含这个简单的运动瞬间，我们也满足于该图像呈现的内容。"我们所看到或听到的事物，从确定性角度看，都是意识的内容"（舒佩），但它的运动状态并非如此。

时间会对图像产生很大的影响。我们需要区分构建图像需要的时间，以及该图像的生动外观持续存在的时间。莫兹利认为第一个问题很难回答。他的观点与达尔文一致，后者认为，音乐家能够基于他们对音符的理解快速演奏出音乐。这个问题在一定程度上会对法律人产生影响，因为法律人必须要确定，经过一段时间之后某一事件的图像是否能够出现，然后据此评估证人观察的独特性。此处没有可以援引的案例，因为围绕图像是否出现这一问题，即使是多数现代心理物理学领域的规则，也都莫衷一是。

第二个问题更有意义。关于该问题的解决方案能否在实践中派上用场，我并不能确定，但这一点亟待认真研究。埃克斯纳发现，图像的生动外观很难持续一秒钟以上。该图像不会在此时整个消失，不过，其内容在此期间能够保持不变，然后则逐步淡化消逝。任何人都可以验证以上描述是否正确，但我想在此补充，根据我对图像的观察，我发现在不断重复回忆一个图像的过程中，其内容是无法同等再现的。进一步讲，我认为当某个观点的内容发生改变时，并没有明显的思维跳跃，但是，这种改变总是朝着特定的方向进行的。然后，如果我陆续回忆关于某个事物的观点，那么我在回忆这些图像时不会一时放大，一时缩小，然后再予放大等等；相反，一系列图像在连续出现时，每个新的图像都会持续放大或者持续缩小。

如果我的观察是正确的，并且该现象并不纯粹是个人经验，那么埃克斯纳的描述就在司法实践中具有重要价值，因为审判通常持续较长时间，在此过程中，要求诉讼参与人不断回忆标准化的图案，这反过来就会造成观点内容的改变。我们经常看到，证人总会在接受问问过程中说服自己相信特定的观点，因为有些事情说得越多，与早期阶段相比，证人最终形成的确信度就越高。这也许是因频繁回忆某种观点所导致的改变。我们在重述某种观点的过程中，通过某种方法进行提示，从而避免不断重复已经作出解释的内容。

关于其他人如何构建自己的观点，我们不得而知。不过，许多权威人士明确指出，理解他人的想法或图像是一件非常困难的事情。[15]

专题 8　智识过程

第 46 节　概论

利希滕贝格曾经指出："我知道一些学识渊博的人，他们头脑中重要的观点都极有条理。但我不知道在他们的头脑中究竟发生了什么，这些观点是一群小矮人，或者是一群小女人，我百思不得其解。在大脑的某个角落，这些绅士放入硝石，添加一些硫黄，又加入木炭，但这些并没有组合成火药。与此同时，还有一些人，他们头脑中的事物不断互相寻求组合，从而形成差异化的排列。"利希滕贝格想要表达的是，导致后一种情形的原因就是想象。想象具有影响力，具有确定性，但同样确定的是，人类的理解力存在重大差异，以致出现利希滕贝格描述的现象。我并不试图对人的理解力进行定量分析，而是想对其进行定性分析，从而对理解力的各种用途加以解释。如果认为理解力能够表现为不同的形式，这种观点并不正确。如果情况如此，就可以基于理解力的概念，构建一系列我们原本无法掌控的力量。但是关于理解力，我们可能只是或多或少地提及，同时，我们考虑理解力在实践中的差异时，只能关注各种应用形式的差异。我们应当单独分析理解力的影响，而不是理解力本身，例如，无论一座着火的城市、铸铁、燃烧以及水蒸气表现为何种形式，我们都会看到，尽管最终结果存在差异，但这些都是相同的火焰所带来的结果。因此，理解力的各种应用之所以存在差异，根源在于应用的方式不同。当我们了解这些应用后，就会有助于判断它们为我们带来的价值。关于那些已经作出观察和推论的重要证人，我们在询问时首先要问的就是："他有多聪明？他如何利用他的智慧？他的推论过程是什么？"

有一位资深外交官，他的名字和他的经历一样值得尊重，他曾经说过，他使用一种特别的方法来观察人们的思想。他讲过这样一个故事："有一位先生，带着一个特制的小盒子上了一辆蒸汽汽车,有一位冒失的游客问他小盒子里装的是什么。'这里是我的芒戈!''芒戈?那是什么?''嗯,我患有震颤性谵妄,当我看见可怕的图像和身影时,我就放出我的芒戈把它们吃掉。''可是先生,这些图像和身影并不真实存在啊!''它们当然并不真实存在,但我的芒戈实际上也不存在,所以没关系!'"

这位老先生声称,他向对方讲述这个故事,然后通过倾听者的反应判断对方的智商。

当然,我们不可能给每个重要的证人讲述芒戈的故事,但是,我们可以利用案件中类似的事物开展类似的智识测验。无论谁拥有可以付诸实践的方法,都可以据以判断证人的应对方式,特别是判断证人的智识水平。但是,这种测试绝对不能出错,这就要求测试者具有严密的推理能力,最好要紧贴基本事实。歌德的金句至今仍是真理:"最重要的是要认识到,所有事实都是理论……不要脱离现象;现象本身就是原理。"让我们先看案件中的一些简单事实,然后试着评估证人如何处理这些事实。也许你可以通过一百种方式了解一件事,但你最了解的方式只有一种。如果证人正确地处理案件事实,我们就可以选择相信他。此外,我们还可以通过证人处理事实的方式,判断证人的客观程度。他作为证人,对案件事实只有一次感知经历,人们在回忆自己的经历时,不可避免地要将推测融入其中。然而,即使每个人都会这样做,具体的做法就取决于他的各种先天与后天条件。证人将推测引入自己的经历时,相应的方式、强度和思路具有重要的影响。通过这种解释方式,我们可以观察整个人性特征。正因如此,康德才把人类理解力称为建筑艺术;这种理解力旨在将所有知识整合在单一体系之中,并且与基于一般需求确定的规则和体系保持一致。只有天才才会像大自然一样,拥有自己的独特知识体系。当然,我们不需要考虑这种特殊情形。

实践中那些最复杂的问题,都是由人类社会中的普通人所提出的。休姆恰如其分地援引了亚历山大先知的典故。亚历山大是一位明智的先知,他选择帕普拉哥尼亚人作为布道的第一个对象,因为这些人非常愚钝,还整日沉浸在粗劣骗局的愉悦之中。他们曾经听说过亚历山大先知的真挚和力量;智慧的人嘲笑他,愚蠢的人相信他,并传播他的信仰,他的布道在受教育群体中也不乏信徒,最终连马可·奥里乌斯也非常关注他的布道,以致将军事大业也建立在亚历山大的预言基础之上。塔西陀记载了维斯帕西亚通过向一位盲人吐口水而将其治愈的经过,苏维托尼乌斯也讲过这个故事。

我们不能忘记，无论多么愚蠢的事情，总会有人去做。当有人向那些盲从的听众讲述匪夷所思的故事时，究竟发生了什么，休谟对此作出了非常到位的描述。听众的盲从轻信，使讲述者更加厚颜无耻；讲述者越是厚颜无耻，听众就越是盲从轻信。批判思考从来都并非易事，一个人在重要事情上与别人牵连越多，就越容易相信罕见的事。同时，思考过程并不费力。"从共同印象中抽象出血液的红色，从不同事物中归纳相同的概念，从血液和啤酒、牛奶和雪花中整合相同的见解——动物做不到这些；这就是思考。"[16] 我认为，有些动物可能会做类似的事情，而与此同时，许多人却做不到同样的事情。法律人最大的错误在于，他们总是预先假定某人在做过某事后一定曾经考虑过这件事，并在具体实施过程中也在思考这件事。每当我们发现许多人反复提到同一件事，就会自然而然地认为，这件事情背后一定有一些真知灼见，然而无论道路多么狭窄，总会有许多人排队行进。

如果我们假设缺乏理性仅仅是未受过教育的人的特质，并且认为那些经过学术训练的人的言论总是经过深思熟虑，那么我们就注定会犯错误。当然，并非所有不相信上帝的人都是哲学家，也不是所有知识分子都会批判思考。我们针对高中和大学预科班开展的研究未能成功，对此已有大量论述，但是亥姆霍兹在他的著名论文《论自然科学与整体知识的关系》中，揭示了高中和大学预科班未能提供充足资料的原因。亥姆霍兹并未主张，大学在这方面所做的努力非常有限，但我们可以从他的论述中体会到这一点。"从语法学校转入科学研究领域的学生具有两个缺点：第一，在运用普遍有效的规则时存在一定程度的松弛。他们此前学习的语法规则被淹没在一系列例外之中，因此对于某些确定的普遍法则，学生们并不会自然而然地、无条件地确信由此得出的合理结论的确定性。第二，即便他们可以自己做出判断，他们也总是倾向于依赖权威。"

即使亥姆霍兹是正确的，对于法律人来讲，来自大学预科班的证人，与那些虽然没有上过大学预科班，却能够自我训练的受教育的人，两者存在诸多的区别，对这种区别的识别非常重要。在我们所处的时代，已经设立了博士学位，政府想为公立学校做出全方位的投入，并且希望弱化大学预科班的传统训练，却完全忘却了后者不可比拟的价值，这种价值并不在于学生们所学的拉丁语与希腊语之中，而在于这些古老语言的语法所包含的学科智识训练之中。当技术人员在名片上写道：工程专业或机械专业学生，当他们不会拼读缩写单词的发音，在成为博士以后不会翻译他的头衔，人们没有必要取笑他们，因为这些都是次要问题。但是，人们忘记了这一事实，公立学校的学生们疲于应付拉丁语和希腊语的综合考试，却从未在他最容易感受生活的时期进行专业的训练。因此，刑事学家经常发现，那些接受过八年希腊语或拉丁语语法训练的人才能拥有思维训练的能力。对此，刑事学家无疑更有经验。

  从法律角度，亥姆霍兹首先要求对"普遍有效的规则"作出更为宽泛的解释，然后将其延伸至司法领域的法律。人们常常认为，在美国，之所以要通过法律，是因为人们可能不会遵守法律；相比之下，对于政治规章，公众最多遵守七个星期。当然，美国并不是特例，所有地方对法律的尊重程度似乎都在下降，一旦某个领域出现这种现象，其他领域也都难以幸免。在这方面，持某种主观心态或自我主义心态的群体大有人在，因为多数人都认为，法律只是为他人制定的，他们自己不受法律约束。严格地、无条件地遵守一般规范，这并非时髦的观念；这种情况不仅体现在被告人的辩解理由之中，也体现在证人的陈述之中，他们希望其他人遵守法律规定，而自己则几乎根本不予理睬。这一事实对人们的观念和行为产生了重要的影响，如果未能将之考虑在内，则可能会犯严重的错误。

  第二点，关于"权威"的界定也同样重要。评判自己是每个人自己的事，也应该是对每个人的要求。即使没有人愿意主动运用良好的洞察力，那些希望取得更多进步的人，将会逐渐步入疑惑的局面。此种情况下，三个重要的因素，即学校、报纸和剧院，将发挥超强的影响力。人们通过这三个领域，学习如何感知、思考和体会，最终将沿着这条阻力最小的道路前进，并使之成为第二天性，进而寻求智识上的和谐。我们很清楚这将在法律领域产生哪些后果，我们每个人都知道证人如何向我们作出陈述，我们认为证人是基于自己的观察作出陈述，但实际上，他们是基于其他人的意见讲述故事。我们经常根据证人证言令人信服的一致性来形成确信，但通过更加自信的调查，我们就可能发现，这种一致的证言实际上来自同一源头。如果能够发现这一点，我们还是比较幸运的，毕竟我们只是浪费了一些时间和精力，并没有因此犯错误。不过，如果没有发现这一点，证人证言的一致性虽然重要，但并不是一种可靠的证明方式。

第 47 节　思维的机制

  自从奥斯瓦尔德[17]于 1905 年 9 月 20 日撰写了那篇令人瞩目的论文以来，

我们就一直处于一个用新观点看待世界的转折点上。我们不知道一些科学家是否真的如展现出的"无知",或者我们是否能够在能量层面思考一切事物,我们只是观察到科学唯物主义所谓的不可战胜的原则被动摇了。

普鲁士国王腓特烈大帝在给伏尔泰的一封信中阐述了自己的想法,提到他是第一个思考思想的纯机械性质的人。卡巴尼斯曾简要地概括过,大脑产生想法的过程就像肝胆汁分泌的过程一样。廷德尔更加谨慎地表达了这一观点,即只要求承认每一个意识行为都意味着大脑的确定分子状态,而杜布瓦·雷蒙则宣称我们无法通过大脑中的物质过程的相关知识来解释某些心理过程和事件。奥斯瓦尔德告诉我们:"你不应该凭借想象或比较,而应根据我们精神的本质直接去看。"我们应该坚持这个建议。我们既不需要抛弃机械的世界观,也不需要接受行动主义,二者皆不必需。但是根据后者的教导,我们应该能够在判断实际事件如何被可能事件制约时认识到自然法则的含义。因此,我们应该看到这种形式,当所有自然法则都开始表达某种不变的量,即使当一个可能事件的公式中的所有其他元素在法则规定的范围内改变时,这个量也保持不变。[18]

每一门学科都必须建立自己的哲学体系,我们肩负的责任,是正确认识并清楚地了解我们可以在多大程度上对每一个证人的身体素质与他的精神本质之间的联系进行认知。我们自己不会做出任何推论,但我们会注意那些不能解释的内容,并就此内容寻求专家的帮助,特别是当正常与异常的关系成为问题时,这点尤其必要。正常带来的影响非常多,但我们只需考虑其中几个。第一个是符号和象征之间的联系。"当结合中的符号那一边变得非常清晰,但是象征的对象却相当混乱时,可以通过这样一个事实来解释,即通过符号回想其对象比通过对象回想其符号更快;例如,通过工具回想其用途比通过用途去回想工具来得更快。名称和词组能更快、更可靠、更积极地让人回忆起它们所代表的对象,而不是通过对象去找对应的符号。"[19]这个问题比看上去更为重要,因为我们正在讨论的时间范围比现代心理学家必须处理的时间范围要大——的确非常大,大到可能需要在实践中才能感知到。在讯问期间,当我们对预期答案的正确性有疑问时,我们会特别强调答案给出的速度。我们认为繁复的、试探性的和含糊的答案,是证人既不能也不想诚实回答的迹象。然而,如果从心理学角度进行考虑,答案给出的速度变化有其真正原因,而这些原因不取决于答案的正确性,对于我们来说,找出这种正确性就变得很有必要了。假设我们现在面临一个案件,在该案中,涉案人员的名字可以更快速、更可靠地唤醒当事人一些想法,而不是去抑制当事人的思维。这种情况对于我们所有人来说都可能发生，甚至我们经常会有在一段不长不短的时间里没办法回想起一位亲密朋友名字的情况出现。但我们却很少出现听到名字之后没办法联想到外表的情况。将这种现象与某些从表面上看与之相矛盾的特质联系起来是错误的。例如，当我回顾自己曾经参与的旧案子和使用的法规名称时，我记得与琼斯、史密斯、布莱克或怀特有过关系，记得那件事情是什么，但我不记得他们的外貌。原因在于，首先，在审判过程中，事实上我并不关心那些用来区分不同人的名字，所以它们可能是a、b、c等，我并没有把他们的脸和姓名联系到一起。此外，这种失忆的情况是我们日常生活中一些因素的替代。当我们与某些特定的人有特别的关联时，我们就会在提到他的名字时想起他的脸。

那么，如果一个证人不能很快回忆起他正在想的某件事的名字，而是在提起名字时立即认出了它，你就会产生一个自然的心理事件，这个事件本身与他的证词的真实性或虚假性没有关系。

在类似的现象中，我们都可以很自然地发现相同的关系，比如名称、符号、定义等。同时，它也适用于心理过程随时间变化的问题。根据别赫捷列夫和海吉尔的说法，心理承受能力从早上到中午呈增加趋势，然后持续下降到下午五点为止，接着再上升到晚上九点，最后下降到午夜十二点。当然，毫无疑问，这些调查人员已经正确地收集了他们的材料，然而他们的结果是否具有普遍有效性还不确定。事实很大程度上不仅取决于个人性格，还取决于讯问的时间。人们在理解得最快、状态最佳的时候，会听到各种各样的断言，因此几乎不可能从这些现象中总结出一般规律。对于有些人，脑子最清醒的时间可能在早晨，而有些人在下午，有些人在晚上，而这些时间对于其他人来讲，或许就是状态最差的时间。同理，一个人不光一天里不同时间的精神状态不同，每天的状态也不尽相同。但根据目前我的研究发现，唯一不可否认的事实就是中午到下午五点之间的这段时间，人们普遍状态不佳。但我并不认为午晚餐后的几个小时里的状态最差，因为一些在下午四五点钟用餐的人，从下午一点到五点，工作状态依旧是不理想的。这些事实有利于帮助我们避免在上述时间段内对需要特别考虑的重要案件进行审理。

| 第二部分 | 刑事侦查的客观条件：被调查者的心理活动

第 48 节　潜意识

　　我认为，人们低估了法律程序中无意识行为[20]的重要性。对于一个我们了解其无意识行为的人来说，我们可以查明很多关于这个个体的重要信息。因为通常我们会无意识地做一些惯性的事情，因此首先就是我们每个人都会做的——比如行走、与邻居打招呼、躲闪、吃东西等行为；其次，我们会根据自己的特殊性格，无意识地做我们已经习惯了的事情。[21]比如当我工作的时候，我会站起来，接一杯水，喝完之后再把杯子放到一边，这个过程不会存在一丝犹豫。我必须承认这可能只会发生在我熟悉的环境中，而对于不是那么熟悉这个环境的人，可能是做不到的。就好像马车夫可能把马牵到马厩，帮它们擦洗身体的同时还在思考着其他事情。他无意识状态下做的这些事，其他人是做不到的。再比如我可以在工作时卷一支香烟并放在一旁，过了一会儿我再卷第二支、第三支，有时我旁边可能会放四支香烟。我需要抽烟，我就会提前准备一支，只是单纯地因为我需要用双手写字或做一些其他事情，所以才把香烟放到一边，结果抽烟的需求没有得到满足，但我还在重复这个过程。这说明了人们可能只会在熟悉的条件下无意识地去做复杂的事情，但也说明了无意识行为的局限性：例如我还记得我需要抽烟，也记得我的卷烟纸的位置，也记得如何制作卷烟，但我忘了我已经卷好香烟只是没有抽。即使前面提到的那些动作已经重复了上千遍，但最后一次动作才刚刚完成，因此这个动作并没有变成机械的。[22]

　　利普斯提醒大家注意另一个例子："或许我可以记住谈话中的每一个字，也可以同时注意谈话中伴随出现的表情；我可以一边追踪街上发出的噪音，同时在谈话上投入足够的注意力。而另一方面，如果有人要求我在此时同时思考谈话的重点和噪音，我可能就会漏掉谈话的信息。一般来说，想法 A 可能同时与想法 B 和想法 C 并存，但 B 和 C 加起来就会使 A 成为不可能。这清楚地说明了 B 和 C 本身就与 A 对立并在某种程度上对 A 起了抑制作用，但也只有它们抑制的总和才能真正地把 A 排除掉。"这一观点无疑是正确的，一个人在同一时间把一件事做到哪种程度，以及有多大程度是出于无意识的。在判断这些问题的时候，这一观点可能会被频繁使用。通过这种方法我们可以对可能性做一个估计。

　　这种如此复杂的过程可以分解为最简单的动作。奥贝特举了个例子，骑马的时候我们都会快速的抖动或晃动，但是你只有在之后才会去考虑这种抖动或晃动是向左还是向右。福斯特医生对奥贝特说他的病人常常不知道如何向右看或是向左看。同时，每个人又都记得他是如何无意识地做一件事的，比如即使他们在潜意识里已经很确定左右了，你还是会常常看到人们通过做十字记号或做吃饭的姿势来确认。有更多行为与这种无意识的思觉失调有关，当被告给了我们一个与前期不同且更好的解释时，当他们没有机会研究案例并有额外的发现，或同时考虑它的时候，这些行为对于我们来说就变得很重要了。然后他们会诚实地说，他们突然想到了新的、真正可能的解释。一般来讲，通常我们不相信这些说法，但我们错了，因为即使这种突然出现的构想看起来不太可能，也不容易实现，但是证人会这样解释，只是因为他们不知道心理过程实际上是由潜意识的思考组成的。

大脑不仅仅无意识地接收印象，还会在无意识合作的情况下将这些印象记录下来，无意识地处理印象，并在没有意识辅助的情况下唤醒潜在的记忆残片，这种反应就像被赋予有机生命的器官从身体的其他部分受到内部刺激一样。这也影响了想象行为，歌德对席勒如是说："在印象本身愿意富有诗意之前，一定在我脑中静静工作了很长时间。"

在其他方面，每个人都对这种无意识的智力行为有所了解。我们因为频繁尝试整理我们的意识流而备受折磨——并且我们还失败了。也许下一次我们并没有不断地去思考这件事情，却反而发现所有事情都变得顺利和清晰。正是基于这个事实，各种格言一直流行，例如仔细思索或抛在脑后等。无意识的思维活动在所思考的事物中占有很大的比例。

有意识的注意与无意识的一致性会带来非常独特的影响。解释这个过程可能可以帮助我们解释许多不可思议和不可能发生的事情。"即使是无意识的精神活动，比如上上下下、抽烟、玩手等，甚至对话，都会与有意识或其他无意识行为竞争心理能量。因此，突然蹦出的重要想法可能导致我们停止走路，保持不动，可能使吸烟者停止吸烟等。"这种情况的解释如下：假如说我的注意力拥有的心理能量是100分，此时我们发现要专注于一点并持续二十秒是很难的一件事情，把我们的思维能量直接聚集于一件事上更难。因此，我们只对所讨论的问题投入90分，另外10分用于思维的无意识状态。现在，如果第一个问题突然要求更多的注意力，它就会抢走另外的10分，因此我必须停止无意识状态，因为如果不能集中注意力，即使是无意识的注意力，我们也什么事都干不了。

这个十分常见且众所周知的现象首先向我们展示了无意识行为与有意识行为的一致性，因为我们在二者被另一事物打断注意力时的反应是一样的。如果在我的窗前突然出现争吵的噪声，我会停下我无意识下正在敲击桌子的手指和有意识地阅读，因而不可能从小小的干扰或者干扰方式中总结出这些行为的本质。这种相似点也证明了无意识行为是非常复杂的。没有明确的界限范围，因此我们不能通过表现本身，即无意识状态的行为，证明某个观点的错误。只有人性、习惯、个性及其所处的环境能给我们一些规范。

第 49 节　主观条件

我们已经知道思维过程是以自我为中心和参照点的。根据厄德曼的说法，我们随后应该能够看出，那种只把所有事情都与自己关联或与自己密切的事物相关联的想法是愚蠢的本质。但是在一系列的智力过程中，思考者会或多或少地根据一些正当的理由把自己放在前面，并据此判断一切，研究一切，预先假定他人在自己身上的发现，并展示出对自己更大的兴趣。这种思维过程往往在道德观念强的人身上比较常见。我认识一个和蔼可亲、优秀的高中老师，他总会深深地沉浸在自己的思考中，他从来不带钱、手表或钥匙，因为他会忘了或弄丢这些东西。如果碰巧在某些关键时刻，他需要一枚硬币，就会转向学生们，问他们："请问，你们中是否有哪位或许碰巧带了二十五美分的硬币？"他通过自己不带钱的习惯进行判断，因此把带钱预设为"或许"，而这些学生中如果有人带了二十五美分的硬币就一定是"碰巧"。

对于普通人来说，一些最惯常的过程亦是如此。如果一个人看到一份肯定有他名字的名单，他一定会仔细查阅并研究一下。同样的，如果他看见一张自己也在其中的集体照，就会去仔细地查找自己。而当那些用假名到处游走的可耻骗子意识到这些可以帮助他们的时候，他就会在自己的关系网中展开搜索，假名可能是更改真名或者稍微改变一下自己母亲的婚前姓，或用出生地推导得到的一个名字，或仅仅利用自己的教名。但所有的这些都不会与自己脱离关系。

对于读者亦是如此，歌德告诉我们，对于大众所读之物，只有当读者发现自己或与自己相关的行为包含其中时，才会产生兴趣。所以歌德解释说，商人或者深谙世故的人能够比真正有学问的人更好地领会一篇科学论文，因为"学者习惯于只关注自己所学或所教的，以及遇到的与他们类似的人。"

这恰当地说明了基本每种语言对于说这种语言的人来说，最重要的事物都拥有最多的词语。所以我们可以看到阿拉伯人有 6 000 个关于骆驼的词，2 000 个关于马的词以及 50 个关于狮子的词。形式和用途的丰富总是相辅相成的，实际上，最常用的助动词和动词的使用在任何地方都是最不规则的。在审查过程中，这个事实可能尤为重要，因为可以从证人使用词语的方式和频率以及证人是否在任何特定方向上使用了特别多的词语形式来得出关于证人的本质和情况的明确推论。

事实上，我们的观念是根据所看到的事物形成的，而且会这样彻底说服自己去相信一个确切但片面的定义，以至于有时会对一种现象感到惊奇，但却不去思考它是否可能存在另一种可能性。当我作为学生初来斯特拉斯堡的时候，看见衣衫褴褛的流浪儿流利地说着法语，我下意识地感到惊奇。我当然知道这是他们的母语，但我太习惯于把所有法国人视为高等教育的象征，所以看见这些流浪儿所掌握的知识的时候，我感到惊讶。当我还是个孩子的时候，曾经有一次不得不在很早的时候向祖父道别，当时他还躺在床上。我依然记得当我看见祖父醒来时没有戴他常戴着的眼镜时那十分惊讶的感觉。我知道在睡觉时戴眼镜既多余，又不舒服，还比较危险，即使随便想想，我也不应该认为他晚上会戴眼镜。但我习惯了看戴着眼镜的祖父，因此他不戴眼镜的时候我就会感到惊讶。

这些例子在法官进行判断时特别重要，比如考虑犯罪前提，研究整体不法行为等，因为我们经常认为自己看到了不寻常的和非法的行为，而实际上可能仅仅是因为我们平常看惯了寻常和合法的行为，所以这些行为反而显得格外突出。我们甚至会根据这一习惯进行构想和命名。泰纳讲述了一个很有教育意义的故事，有一个小女孩在脖子上挂了一枚勋章，别人看到之后和小女孩说 "C'est le bon Dieu."（这是上帝）。有一次，小女孩看见她的叔叔脖子上挂着一副夹鼻眼镜，她说："C'est le bon Dieu de mon oncle."（这是叔叔的上帝）。听过这个故事之后，我不断地抓住机会去思考 "C'est aussi le bon Dieu de cet homme."（这也是这个人的上帝）。一个显示个体是如何表示事物的词，定义了这个人的本性、性格以及境况。

同样的原因，根据个人所涉及的程度不同，我们对每件事感兴趣的程度也不同。这些事，无论你会不会去审视它，它就在那里，不会被完全忽略，也不会轻易改变，且其中因果无法解释。然而，如果了解了原因和关系，这些事实就会成为我们习惯性心理机制的一部分。所有从业者都知道这点有多真实，也知道在证人审讯时这有多显而易见，他们忽视了我们认为在案件性质上重要和确定的事实。在这样的情况下,我们首先不能因为证人的不解释或者忽略行为而假设这些事实没有发生;我们必须根据建议进行,以通过证人验证相关情况,也就是说,我们必须把这些条件和关系教给证人,直到这些内容成为他习惯性心理机制的一部分。我并不认为这是件容易的事情,相反的,我认为无论是谁,只要能够做到这一点,就是最高效的审查者,并再次证明了证人不是粗鲁之人手中毫无价值的工具,而是专家掌控下能够完成所有任务的人。

但是人们必须小心过于自由地使用"举例"这种最舒适的方法。牛顿说:"In addiscendis scientiis exempla plus prosunt, quam praecepta."("获取知识的模型比规则更有益")他不是专门对犯罪学家说的,但确实也同样适用。康德似乎也证明了借助实际例子来思考所存在的危险性,因为它会导致真实思考的丧失,但同时它并不能代替真实的思考。这一事实无疑便是我们认为举例是危险的原因之一,但不是主要原因,至少对于法律人来说,举例要求的不是对等,而是相似。由于没有表明相似度,所以旁听者对说话人心中相似度的标准并没有一个明确的概念。"Omnis analogia claudicat"(每一个类比都有局限性)是正确的,例子可能被错误地考虑,相似性可能被误认为成对等,或至少不对等的情况会被忽略。因此,"举例"只可用于最极端的情况,并且只能是所举例子的性质非常清晰显著,且已经对其中存在的问题进行了提醒。

有几个特殊条件不容忽视,其中之一是预期的影响。任何人只要对任何事有所预期,就只会在这种预期的范围中看、听和构思,并忽略所有最令人惊奇的矛盾事件。任何热切期望有人能意识到花园的门吱吱作响的人,对所有类似于它的声音都感兴趣,并且他可以异常敏锐地立即分辨出来;而其他的东西即使声音很大,在有些情况下甚至比吱吱作响的门声音更大,也会被忽略。这也许可以解释为什么对于同样的事情,不同的观察者会给出不同的陈述;每个观察者都预期着不同的事,因此,也会感知和忽略掉不同的事。

另外,"我"和"你"在个人角度上的对立再次成为一件值得注意的事情。根据诺埃尔的观点,当个体认识到自身的愚蠢时通常都会感叹:"你怎么会有这么蠢的行为啊!"一般情况下,当自我的双重性变得明显时,也就是说,当一个人不再接受以前的观点时,或者当一个人犹豫不决并带有矛盾的意图时,或者当一个人想强迫自己取得某种成就时,人们可能会对自己说"你"。因此会出现比如"你怎么能这样做?""你能否这样做?""你只需要说实话。"这样的话。更天真的人经常会这样进行内心的对话,不会去考虑这是否会出卖自己,因为至少法官知道，在这些事件发生时，实际的自我对于思考的自我来说还是陌生的，通过自我可以解释所涉及情况的主观条件。

被人们称为优秀的人具有优秀的品质。优秀的品质对每个人来说都是能从别人身上获益最多的品质。慈善、自我牺牲、仁慈、诚实、正直、勇气、谨慎、勤勉，以及其他任何可能被称之为好的或勇敢的品质，这些总是对他人有用，但是对优秀品质者本身却是间接的。因此，我们赞扬后者，并鼓励其他人具备相同的品质（对我们有利）。这说起来没有意义，平淡无奇，但事实确实如此。当然，也并不是每个人都可以在这方面获益，只有这种相同的品质对他们个人情况有利的时候才可以，比如，慈善对于富人来说就没什么意义，勇气对那些需要保护的人来说也没什么意义。因此，人们其实比看上去的更加频繁地暴露自己，所以即使在无法从证人和被告处获得他们内心的真实状况时，他们也常常通过很多表达来说明他们认为什么是美德，什么不是。

哈滕施泰因把黑格尔描述为一个用稻草和破布做自己对手的人，因为这么做可以更容易地击败对手。这种特征的描述不仅体现在黑格尔身上，也体现在一大群人的日常生活当中。正如理智和愚蠢之间没有明确的界线，以及任何事都会朝着其他事情发展一样，人类与他们的证言也是如此，有正常也有反常。从前者清醒、清晰和真实的证言，到后者异想天开和不真实的断言之间，有一条笔直而缓慢上升的道路，证言在这条路上似乎越来越不真实，越来越不可能。没人能说出愚蠢的本质是从哪里开始的——不安、兴奋、歇斯底里、过度紧张、错觉、幻觉和病理性的谎言，这些可以用于区分的标志，或许可以证明证言中谎言的百分比，比如从1%到100%，不要忽略任何一个程度。然而，我们也不能忽略或简单地搁置罪犯或嫌疑人的证词，因为其中可能包含了一些实情，所以我们必须继续予以更多的关注，以获得其中可能涵盖的更大比例的实情。但是，如果我们所谓聪明的法律人过度紧张，就会造就出真正的稻草人，使我们付出太多努力和劳动。形式确实是正确的，但内涵是稻草，这个形象仅对其创造者形成主观上的危险。他创造这个形象是因为他渴望战斗却又希望可以轻易征服。构建如此形象并将其呈现给权威的愿望十分普遍，并且通过我们寻找某种特别动机、憎恶、嫉妒、长期争执、复仇等的习惯，变得十分危险。如果没有找到，我们就会假设这样的动机不存在，并且至少在当时的情况下，会认为指控是真实的。我们不能忘记的是除了想要塑造一个"稻草人"并征服他之外，往往没有别的明确的动机存在。如果这个解释不适用，我们可能最终会利用一个被拉扎勒斯称为"英雄化"

的奇怪现象对动机进行解释，这个现象在年轻人不同层次的生活中不断重复。如果我们对这种概念进行广泛的应用，将对注意力、对谈论自己、对成名几乎不可遏制的需求都归入其中，对于那些没有能力与毅力完成一件非凡事情的人而言，他们会利用被禁止的甚至犯罪的手段凸显自己的个性，从而达到目的。所有指控男人诱惑和强奸的未成熟女孩都属于这个范围。她们旨在以此使自己变得有趣。同样还有那些宣扬自己受到各种迫害的妇女，因为这些迫害可以使她们成为人们谈论和同情的对象；还有那些想一鸣惊人并因此纵火的人；接着是古往今来的一些政治罪犯，他们希望因为一次刺杀变得"永垂不朽"，从而把本来毫无价值的生命奉献其中；最后，甚至所有那些遭受盗窃、纵火或身体伤害的人，都将他们受到的伤害定义得比实际大很多，这不是为了追回损失，而是为了能被讨论和慰问。

　　一般来说，识别出这种"英雄化"现象并不难，因为行为人缺乏其他动机，仅这一点就已经出卖了自己，所以当意图被质疑或者夸张的行为手法被发现时，它就会明确地凸显出来。

专题 9　联想

第 50 节　概述

对于法律人来说关联尤为重要，因为在许多案例中，只有利用关联才能发现某一概念存在的条件，通过关联，证人才能回忆并说出真相，而不是催眠他们或者过度质疑他们陈述的正确性。我们粗略地进行了一些观察：

从亚里士多德时期开始，就很少有对关联规律的研究。其决定因素包括：

1. 相似性（象征的共同特征）。
2. 对比性（因为每个表象都包含了两个极端之间的对立）。
3. 共存性、同时性（空间中外部和内部物体共同存在）。
4. 连续性（表象以它们出现的前后顺序相互呼应）。

休谟只认识到物体关联的三个基础——相似性、时空联系和因果关系。特奥·利普斯则认为只有相似性和同时性（尤其是在脑海中出现的同时性）才是真正不同的关联基础。

然而，如果从这个意义上讲，同时性可以被认为是关联的唯一基础，因为如果表象不是同时的，就不可能存在关联的问题。大脑中的同时性只是第二个过程，因为表象在头脑中是同时存在的，而这仅仅是因为它们同时发生，存在于同一空间，并且相似，等等。明斯特伯格[23]对此进行了研究并得出重要结论，他指出所有所谓的内部关联，例如相似性和对比性等，都有可能简化为外部关联，并且所有外部关联，甚至是按时间序列存在的外部关联，都有可能简化为共存，并且这种共存关联在心理上是可以理解的，进一步说："所有导致思想不正确联系的关联过程，其根本错误一定包含在它们的不完全性中。一个想法与另一个相关联，后者与第三个想法相关联，然后我们再把第一个与第三个相关联……

我们不可以这样做,因为第一个虽然与第二个是共存的,但是也与许多其他想法相关。"

但即使是这种叙述也不能解释某些困难,因为一些关联尽管本应发生,但却只是被搁置一旁。斯特里克认为,人们倾向于抑制那些在自己"偏好"的复杂情感中并不存在的关联。

直接否认关联中存在直接矛盾很困难。首先,我们必须考虑如何通过相对远的间接关系把一些条件引入我们"偏好"的复杂情感中,这个过程将引发关联。但是这样的考虑会带来一个教育层面的巨大问题,因为我们并没有资格去教育证人。

另一个更大的困难就是我们常常不了解证人是在什么情况下产生关联的。托马斯·霍布斯讲了一个关联的故事,其中的关联主要体现在从英国内战到提比略国王统治时期的银币价值上:国王查理一世被苏格兰人以 20 万美元放弃,而基督只被卖了 30 便士,这样算的话,一便士的价值是多少呢?为了寻找这种关联的线索,一个人无论如何都需要有一定量的历史知识,不要求很多,但也不能没有。但是这种知识,是任何人都可能拥有的关于普通事物的知识,而由个人支配的关系和纯粹的主观经验则是其他任何人都不知道的,并且往往极难发现。[24]试图帮助证人回忆起一个单独的日期是最简单的情况,例如,当尝试确定一段时间时,可以提醒证人该期间发生的某些事件帮助他调整。或者当把证人带到犯罪现场时,个人情况就会与当地情况产生关联。但如果需要关联的不仅仅是一个日期,而是整个事件,那就需要拥有与条件相关的丰富知识,否则这种关联不太可能成功,或者会得到颠三倒四的结果。这里遇到的困难实际上取决于每个人在运用感官时必须掌握的大量知识。我们大概都知道人们在学校里或者是从报纸上学到的东西,但我们不知道人们是如何思考的以及在他自己的小范围环境中有何感受,例如他的房子、城镇、旅行、社会关系以及各种经历等。无论这多么重要,我们都没有途径可以掌握这些。

只有在特殊情况下,那些具有生理表现形式的关联才是重要的。例如,在蚁丘附近时你满身蚂蚁爬的感觉,或在听见关于伤口的描绘时产生的身体疼痛感。非常有趣的是在皮肤学者的讲座上,所有听众都会在听到病情描述时抓挠身体的相应部分。

这种关联在法律上可能是很有价值的,因为做无罪辩护的被告会有无意识的动作,而正是这些动作暴露了他们矢口否认的伤口。在任何情况下都必须小心谨慎，因为仅仅是精确地描述一个伤口，往往就会给神经紧张的人带来与看到那个伤口相同的效果。但是，如果没有对伤口进行描述甚至没有提到伤口的位置，只是大概提到了伤害，那么如果被告伸手触碰身体上对应受害者伤口的那一部分，这就意味着得到了线索，你的注意力就应该集中在它上面。作为指示虽然没有太多的价值，但如果作为线索，它就有一定的价值存在。

总之，我们可以说法律上重要的关联方向与"获得一个想法"属于同一类。为了构建一个意象并解释一个事件，关联是必要的，我们必须"想到"些什么。如果我们要知道事情是如何发生的，那么我们就必须"获得一个想法"。此外，为了发现证人发生了什么，关联也是必要的。

在所有形式下，"获得一个想法"和"想到"在本质上都是一样的。我们只需要研究它们相关的表现：

1. "建设性事件"，有可能通过组合、推断、比较和测试来发现正确的东西。这里的关联必须是有意的，该想法必须带有固定的意象，这种意象可能在某种程度上相关联，从而使结果成为可能。例如，假设有一个纵火案，罪犯未知。此时我们将要求原告把对自己所有的敌人如被解雇的仆人、乞丐等的印象分别建立地方性、时效性、识别性和对比性的关联。在这种情况下，我们可以获得其他想法，这可能有助于我们接近一些确切的推测。

2. "自发性事件"，在这种情况下，想法会毫无特殊原因地突然出现。事实上，这种突然性是由一些意识造成的，并且在大多数情况下，是由一些无意识的关联造成的，而这些关联的线索又因为多数是潜意识层面的，所以很难在后期被发现和表现出来，或者因为它只是快速闪过而容易被忽略，变得无法被发现。多数情况下，某些特定的感官知觉会产生一种特定的影响，这种影响会与同时出现的想法进行结合，并达到一致。假设有一次在不寻常的声音中，例如我很少听到的铃声中看到了一个人。现在当我听到那种铃声，就会想到那个人，而可能并没有意识到任何确切的关联——也就是说那个人与铃声之间的联系是无意识发生的。我们也许可以想的更远一点，当我第一次看见那个人，他可能系了一条红色的领带，颜色是罂粟红——现在可能每次我听见那个铃声，就会联想到一片罂粟花。那么现在谁可以追溯这种关联的路径呢？

3. "封闭性事件"，在这个过程中，在一个想法尽可能长的平静保留过程中，另一个想法出现并与第一个想法关联在一起。例如，我遇到一个人，虽然没认出他，但他还是与我打招呼。我可能知道他是谁，但不会自发地去想，又因为缺少材料，不能建设性地对他的身份信息进行了解。因此，我期望从这个"封闭性事件"中得到一些东西，我会尽可能长时间地闭上双眼来记住这个人的有关信息。突然，我看见他非常严肃地出现在面前，双手交叉，他左右两边各有一个类似的人，他们上方是一个挂着窗帘的很高的窗户——我意识到这个人是坐在我对面的陪审员。但记忆并没有因此耗尽。我打算删除他坐在那里的形象，并让他再次出现在眼前。我看见他身后有一扇很显眼的门，后面是置物架；这是小镇上站在商店门口的店主的形象。我竭尽全力把这一形象保持在眼前——突然出现了一辆马车，上面有一种我只见过一次的马饰，通常用来装饰地主的车马随从。我知道这是谁了，知道他的房子附近那个小镇叫什么名字，并且突然知道那个我想要记住名字的人是 Y 的商人 X，他曾经是法庭上的陪审员。这显示了一个想法可能保留的最长时间，我经常对一些比较聪明的证人使用这种方法（对于女性很少成功，因为她们常常焦躁不安），总之，效果令人惊讶。

4."回顾性事件"，一般指的是逆向关联的过程。例如，我做了该做的，但还是想不起来某个人的名字，但我知道他一定有一个贵族头衔，与上普法尔兹一座小镇的名字一样。最终我想到了希尔绍这个小镇，所以我可以轻易地进行逆向关联，并且想起这个人的名字叫"夏勒·冯·希尔绍"。当然，这种名字的回想有一定的难度，只有当我们想到我们试图记住这个单词的时候所用的词形时，单词才会在脑中浮现，然后将意象整体关联起来。不幸的是，这种逆向关联的过程很难用来帮助别人。

专题 10　回忆和记忆

第 51 节　概述

与关联直接相关的是我们的回忆和记忆，在与证人相关的知识中，它们的位置仅次于对法律重要性的认知。当然，证人是否想说出真相取决于其他事项；但他是否可以说实话则取决于感知和记忆。现在我们可以看到，后者是一个高度复杂且经过多种组织的活动，即使在日常生活中也很难理解。尤其当一切都取决于证人是否注意到什么，情况如何，持续多久，哪一部分的印象能更深入脑海，以及在什么方向上去寻找他的记忆缺陷时。作为律师如果不去考虑这个问题，并且无差别地接纳展现给他的所有情况，这将是不可原谅的。忽视丰富的文献和致力于这个主题的大量研究成果，会让人不由自主地提出一个问题，这一切都是为谁而做？律师比任何人都需要对记忆的本质进行透彻的了解。

我建议每个犯罪学家研究关于记忆的文献并推荐明斯特伯格、里博、艾宾浩斯、卡特尔、凯普林、拉松、尼古拉·兰格、亚特瑞、里歇、福雷尔、高尔顿、比尔弗利特、帕内斯、福特、桑德尔、科赫、莱曼、费尔、约德尔[25]等。

第 52 节　记忆的本质

我们对记忆的无知和它的普遍性一样重要，也和我们拥有记忆一样重要。所以在解释记忆时，我们最多只能去利用一些表象对记忆进行解释。

柏拉图在《泰阿泰德篇》中把记忆描述为盖在蜡上的封蜡圈痕迹。印象的特征和持续时间取决于蜡的大小、纯度和硬度。费希特说："精神本身无法保存它的产物——单个的想法、意志和感受都保存在心里，构成了无穷无尽记忆的基础……在我们的精神当中，仍然存在着对曾经独立完成的事情进行回忆的可能。"詹姆斯·萨利把接收记忆的过程与湿气对老年多发性硬化症的影响过程相比较。德雷珀还举了一个物理学上的实例：如果你把一个扁平的物体放置于一个冰冷、光滑的金属表面，然后对着金属呼气，当金属表面的水分消失后，移除物体。你可以在几个月后再对着金属呼气，那个物体的外形轮廓还会显现出来。另一个人则称记忆是思维的保险箱。郝林[26]认为，我们曾经意识到并且再次意识到的东西，并不像意象那样持久，而是像音叉被正确敲击时听到的回声那样持久。里德认为记忆仅仅是呈现过去的事物，并没有呈现出当下的想法。瑙托尔普将回忆解释为对于与现在不同的现象的认知。根据赫尔巴特和他学派的观点，[27]记忆在于识别神经节细胞中过去印象所留下的分子排列，以及以相同方式阅读它们的可能性。根据冯特和他学生的意见，问题是中枢器官的其中一种主要倾向。詹姆斯·米尔认为回忆的内容不仅仅是对所牢记事物的想法，而且还有对曾经经历过的事物的想法。这两种想法共同构成了我们称之为记忆的整个心理状态。斯宾诺莎[28]对记忆的看法比较随性，并断言人类无法控制记忆是因为所有的思想、想法、决心都是记忆的基本产物，因此人在这方面没有什么可操作性或自由可言。厄普豪斯[29]对记忆和概念进行了区分，概念是以识别不同概念的物体为前提的。这就是理论的发展。

根据伯克利和休谟的观点，辨识并不是针对一个不同的对象，也不是预先假定一个对象；辨识活动包括了事物的展示或事物的创造。辨识活动使得我们的想法具有了不属于它的独立性，并以这种方式将想法变成了一种东西，将想法客观化，并假设想法具有实质性。莫兹利利用了这样一种观念，认为可以将任何以前的意识内容表现出来使它再次进入意识领域的中心。多尔纳[30]对辨识的解释如下："可能性不仅仅是与实际相对立的假设；可能性被构想成有可能的，即顺从逻辑思维；如果没有这一点，就无法进行辨识。"屈尔佩[31]关注的是感知意象和记忆意象之间的差异问题，是否如同英国哲学家和心理学家断言的那样，后者要比前者弱，他的结论是否定的。

当我们将关于记忆的这些观点放在一起时，得出的结论是既没有任何统一性，也没有任何明确的描述。艾宾浩斯冷静的陈述可能是正确的："我们对记忆的了解几乎完全来自对极端的、特别是惊人的案例的观察。每当我们询问更多的特殊结论以及它们的依赖关系、结构的细节时，都没有答案。"

目前还没有人关注犯罪学家常规工作中的简单日常事件。由于我们在这方面得到的启发太少，所以我们的困难和错误也随之增加了。即使是现代反复引用的实验调查结果也与我们的工作没有直接关系。

我们通常会将记忆和回忆的概念视为在特殊情况下发现的，并且会根据情况的需求逐个考虑、分析它们，这种情况是这个概念，换一种情况是另外的概念。我们需要思考"再现"与记忆的一般关系。我们将在一般意义上考虑"再现"，这也应该包含那些所谓的无意识再现，这些再现在没有刺激的情况下，在想到过去事件的形式和实质时产生，例如，在无意识活动的帮助下通过一些独立的想法之间的关联而产生。正是这种无意识的再现，这种显然无意识的活动也许是最富有成效的，因此我们毫无例外地会对这种无意识再现的突然"发生"产生不公正的怀疑，特别是当这些事件发生在被告和他的证人身上时。确实，记忆与再现经常欺骗我们，因为在突然发生的事件背后，经常可能有经验丰富的狱友给予良好训练和指导；尽管常见的情况是，嫌疑人通过一些被释放的囚犯或诽谤信成功地从监狱中传递出消息，并通过这些手段去获得假的不在场证明之类的假证。无论如何，当被告突然"想起"最重要的证人时，不信任是很正常的事情。但这种事并不经常发生，并且我们在自己的经验中发现了这样一个基于事实的证据，即记忆和回忆某些东西的能力往往取决于健康、感觉、位置和偶然的关联，而这些关联是无法控制的，并且像生活中的任何事情一样偶然发生。我们应该记住任何东西都取决于时机。每个人都知道黄昏对记忆的重要性。事实上，暮色被称为回忆造访的时候，当有人声称在黄昏时分想起了一些重要的事情时，就值得好好观察一下。这种说法至少值得进一步研究。那么，如果我们知道这些事情是如何构成的，研究它们并估计它们的概率就没什么困难了。但实际上，我们并不知道这些事情的构成，所以必须依靠观察和测试来研究它们。没有一种理论是完全有经验支持的。

它们可分为三个基本组。

1. 接收到的东西会逐渐消失，变成一种"痕迹"，或多或少地被新的感知所覆盖。当后者被搁置时，旧的痕迹就会出现在前景中。

2. 这些想法下沉、模糊、瓦解。如果得到支持和强化，它们就会重新变得清晰。

3. 这些想法崩溃了，变得不完整。当任何事情发生，使它们重新聚合，恢复失去的东西时，它们就会再次变得完整。

准确地说，艾宾浩斯坚持认为这些解释中没有一个是令所有人满意的，但必须承认，有时是这个，有时是另一个对于控制相对应的特定情况是有用的。破坏一个想法的过程可能与破坏和修复建筑物的过程一样多种多样。如果一座建筑物被大火烧毁，我当然不能仅仅用时间侵蚀的受害者这个说法来解释这一画面。由于地面下沉而受损的建筑物，我将不得不采用与被水摧毁时不同的方式来进行想象。

出于同样的原因，如果有人在法庭上声称突然"发生"了什么，或者当我们想要帮助他时又发生了别的事情，我们就必须以不同的方式进行处理，并根据当下的条件凭借经验确定行动。在证人的帮助下，我们必须追溯到有关想法开始出现的时候，并在材料允许的情况下研究它的发展。同样的，我们必须利用一切可能的解释去研究我们之前提到的思想消失的情况。我们总会发现某些特定的关联。这种重建工作的一个主要错误在于忽略了如下事实：没有一个人是完全被动地接受感觉的，他必然会利用一定程度的感官活动。洛克和邦尼特已经提到了这个事实，任何人都可以通过一个实验去验证，实验中我们可以把不听、不看与主动听和主动去看做一个比较。出于这个原因，向任何人询问为什么感知到的会比其他人少，是很愚蠢的，因为两个人都具有同样好的感知能力并能感知到一样多的东西。另一方面，我们很少去探究一个人在感知活动中的投入程度，这就显得更加不幸了，因为记忆通常与活动中的投入程度是成比例的。那么，如果我们要解释很久以前观察到的事物的各种陈述是如何结合在一起的，仅仅比较目击者的记忆、感官敏锐度和智力是不够的，主要的关注点其实应该是感官在感知过程中开展的活动。

第53节　复制的形式

康德分析记忆时提到：
1. 像在记忆中领悟。
2. 像保留了很长时间。
3. 像立刻就能回忆起来。

或许还可以添加第4点，记忆图像最符合实际。这与我们记得的事实并不完全一致。我们可以假设记忆图像的形式因人而异，因为每个个体对不同物体的图像的验证方式都千差万别。我在相同的一段时间里对两个人的了解程度是相同的，但却有两个关于他们的记忆图像。当我回想起一个人时，一个具象化的、生动的、移动的形象会出现在我面前，甚至完全就是那个人的记忆图像；当我想到另一个时，我只看到一个小的、光秃秃的轮廓，模糊且颜色暗淡，这种差异并不能说明第一个人就是有趣的，第二个人是无聊的。这种情况在回忆关于旅行的记忆时会更加明显。一个城市出现在回忆中时，有规模、有颜色，并且是动态的，十分真实；另一个呢，我在那里逗留了同样长的时间，但是仅仅几天之后，在类似的天气等条件下，在回忆起这座城市时，回忆中的城市看起来就像一张小而平的照片。调查的结果证明其他人与我一样，记忆的问题因回忆的方法而大相径庭。事实上，这是毫无疑问的，以至于在某些时期，一种类型的意象会比另一种类型的意象多，而对于一个个体来说，对该个体适用的规则又变成了另一种个体的例外。

我们现在会遇到一系列的现象，就是我们拥有的特定类型的意象通常与事物本身没什么关系。所以埃克斯纳说："我们可以非常准确地知道一个人的相貌，能够在一千个人中找到他，而不清楚他和另一个人之间的差异；事实上，我们经常忽略他眼睛和头发的颜色，但当它突然变得不同时，我们又会感到惊奇。"

克里斯[32]提醒人们注意另一个事实："当我们试图在记忆中描绘出一个众所周知的硬币的轮廓时，我们会欺骗自己，虽然难以置信，但是如果看到跟我们想象中一样大小的硬币时，会显现出更多的惊讶。"

洛策实事求是地指出，记忆永远不会带来令人目眩的闪光，或者是意象的强度和印象真正关联时带来的那种爆炸性的过度冲击。例如，我认为没有必要想得那么远，并且认为即使是闪耀的恒星光芒、手枪开枪的声音等也不会留在记忆中，更不用说对事件造成部分影响了。莫兹利的观点也是正确的，他认为我们没有对痛苦的记忆，"因为一旦它被再次完整地建立起来，神经元素的干扰就会瞬间消失。"也许因为疼痛的消失，参照比较的对象缺失了。但是不仅仅在痛苦层面如此，可以说我们缺乏对所有不愉快感觉的记忆。第一次从非常高的跳板跳入水中、第一次骑马越过障碍，或者战斗中第一次子弹从耳旁飞过都是不愉快的经历，任何人否认它都是在欺骗自己或朋友。但是在回想它们时，我们又会觉得其实也没那么糟糕，或许仅仅只是害怕。但事实并非如此，对这些感觉根本就没有记忆。

这个事实在讯问中非常重要，我相信没有一个证人能够有效地描述身体受伤带来的痛苦、纵火引发的恐惧和对威胁的恐惧。实际上，这并不是因为缺乏能够表达的语言，而是因为他对这些印象没有足够的记忆，当然也因为他当下没有什么可以拿来比较的对象。在这种情况下，时间自然会产生很大的不同，如果一个人在经历过不舒服的事件后不久就对此经历进行描述，他可能会比以后更好地记住它。在这里，如果审讯人员在几年前经历过类似的事情，他可能会指责证人夸大其词，因为他可能会根据自己的经历认为事情并没有想象的那么糟糕。在大多数情况下，这种指控是不公正的。概念上的差异在很大程度上取决于时间的差异，以及记忆中事件的逐渐淡化。此外可以补充几个其他特定的条件。

例如，康德呼吁我们关注所拥有的超越想象力的力量（幻想）："在记忆中，我们的意志必须控制想象力，想象力必须能够自愿地决定以往想法的再现。"

但这些想法可能不仅能够自愿地被提出，我们在使这些意象更清晰，更准确的方面也有一定的力量。让审讯者请证人"努力回忆，给自己找麻烦等"是相当愚蠢的。这样做不会有任何影响，甚至可能产生负面效果。但如果审讯者不怕麻烦，他可能会去激发证人的想象力，并给他一个机会发挥一下。如何做到这一点自然取决于证人的本性和教养，但法官可以帮助他，就像经验丰富的老师可以帮助困惑的学生进行记忆一样。当钢琴家完全忘记一首他非常熟悉的音乐时，两三个和弦可能会让他向前或向后顺起这些调子，然后一步一步地再现整首乐曲。当然，引起演奏家共鸣的和弦必须是经过恰当选择的，否则上述的过程就没有作用。

这些线索的选择是有规则的。根据艾宾浩斯的说法："回忆内容的差异是由可知的原因造成的。旋律听起来很痛苦可能是因为旋律本身并不被喜爱。形状和颜色通常不会反复出现，如果反复出现的话，它们会对清晰度和确定性有明显的要求。过去的情绪状态只能通过努力、一些伴随的动作以相对苍白的方式再现。"我们可以遵循这些提示，至少在某些方面对我们是有利的。当然，没有人会说为了让证人记住，应该给他们演奏曲子。因为曲子已经渗入记忆中，这种不受欢迎的特性可能会刺激他们的回忆，形状、颜色或其他激发情绪的条件可能是徒劳的。但是，上面所说的话使我们回到古老的工作法则，即尽可能地利用不断发展的定位感。西塞罗已经意识到了这一点："Tanta vis admonitionis inest in locis, id quidem infinitum in hac urbe, quocumque enim ingredimur, in aliquam historiam vestigium possumus."（"这则告示看上去可能没有意义，但是在本城邦范围内却不同，因为只要在此驻足，你就进入了我们可以追溯的历史。"）事实上，他还从定位感中推导出了他的整个记忆学说体系，或者也可以说他至少为那些这样做的人提供了解释。

那么，如果我们带来一名证人，他在法庭上没有回忆起任何事情，那么所有提到的方法都可能有用[33]。最有影响力的是定位感本身，因为重要事件中每个节点的发生不仅是一个关联的内容，也是一个关联的场合。此外一定要记住，复制是一项艰巨的任务，而且会产生很多不必要的困难阻碍这种复制。这里我们必须清楚，人只有一定数量的精神能量可供使用，而其他事项必须使用的能量却在主要任务中被消耗掉了。例如，如果我回想起一个发生在某所房子窗户附近的事件，我就很难记起房子的形状、窗户的位置、房子的外观等，并且当我刚刚开始尝试回忆、远没有成功的时候，就已经做了很多努力，以至于没有足够的力量去回忆真正关心的事情。此外，回忆无关事物中的错误以及由此引发的错误联想，可能会对主要事物的记忆正确性造成很大的干扰。但是如果当时我在现场，并且能回忆起当时的一切，那么所有这些困难就都不会存在了。

我们仍然需要考虑上述条件以外的其他条件。如果声音效果可以出现在任何地方，那就意味着也可以出现在它们首次出现的地方。同样的铃声或类似的噪音可能会偶然发生，小溪流动的声音是相同的，风的沙沙声是由当地的地形、植被、特别是树木，以及建筑物决定，随地点而变化。即使只有一双灵敏的耳朵能明确地分辨出这种差异具体体现在哪里，每个正常的个体都会无意识地感受到这种差异。即使是随处可见的"普遍的噪音"，其特征也会根据地点而有所区别，当所有这些其他事物结合在一起，对思想的联系和过去的再现非常有利。颜色和形状也有相同的情况，相似的排序可能会出现，并且可能唤醒相同的态度，因为这些在很大程度上取决于外部条件。但是就好像人们会说的那样，一旦这些具有回忆倾向的事件被给出，那么对于当时发生的任何事件的回忆都会自然而然地增加。无论存在什么特别有助于事件回忆的因素，最有帮助的就是回到事件发生地，但这一点在很多情况下并不容易办到。因此，在重要的情况下，一个人不能过于坚持地建议对证人进行讯问，只能尽可能地从证人的叙述中进行还原。顺便提一下，法官自己了解了真实的情况之后，会节省大量的时间和精力，因为他能够用几句话就做出间接的描述，但如果不是法官亲眼看见，而只是从证人自己的证词中获得的一些信息，那就会存在着一定的描述难度。

如果有人质疑在事件发生地进行审讯的重要性，只需要重复测验两次，一次在法院，另一次在事件发生的地方，那么他肯定不会再有所怀疑。当然，事情不应该这样做，所发生事件应该与目击证人在事件发生地进行讨论，然后在市政厅里或在半小时路程之外的旅馆里把笔录做了——笔录必须在当时当地一笔一画记录下来，以便每个印象都可以更新，每一个小疑问都可以被研究和纠正。然后，通过坚持厄普豪斯法则，可以很容易地确定已经过去的东西、后来添加的东西和今天发现的东西之间的差异，即对现在的认可，是我们最终认识过去的一个非常必要的部分。康德已经告诉了我们这样做会带来什么惊人的结果："有许多想法我们在生活中永远不会再次意识到，除非某些场合使它们在记忆中涌现。"但这样一个特别强大的场合也存在着其局域性，因为它能够激发我们感官回应的所有因素。[34]

当然，随着时间的推移，人工刺激记忆的可能性会像所有记忆一样消失。事实上，我们知道，那些涉及特定人和事物的经历，以及在看到这些人和事物时被想起的经历，在以后的岁月里，当记忆图像的关联性被打破时，即使这些人或事物像以前一样存在，也只能唤醒一般的观念。但是，在这种情况发生之前，一些其他不利的因素肯定已经产生影响了。

众所周知，记忆可以通过特殊场合得到强化，这是记忆的一个特征。霍夫勒的观点是，斯巴达男孩会被绑在国界边的界碑上鞭打，为的是可以回想起他们的立场，甚至是现在，我们的农民也依然保留着这样的风俗，当他们建立新的界碑时，会把小男孩拉到界碑旁，抓他们的耳朵和头发，这种方式会让他们更好地记住新界碑的位置，因为成人之后，他们会被问起这个问题。在这种情况下，当证人能够展示一些与正在讨论的情况同时发生的具有影响力的事件，并可以对当时的情况产生提醒时，相信证人就是比较明智的处理方式。

第54节　复制的特点

人类所展现出的记忆差异在所有品质中并不是最小的。众所周知，这种差异不仅表现在记忆的活力、可靠性和及时性上，还表现在记忆领域中，快速记忆伴随的快速遗忘，慢速记忆伴随的慢速遗忘，或者有限范围的强烈记忆与广泛范围的模糊记忆之间的对比。

在考虑记忆领域的时候要对某些特殊问题多加注意。通常，我们可以假定在一个方面显得特别有活力的记忆通常是以牺牲另一方面的记忆为代价来完成的。因此，对于数字的记忆和姓名的记忆就会相互影响。我父亲在记名字这方面就表现得非常糟糕，以至于经常无法快速回忆起他亲儿子的基督徒教名。他经常不得不重复他的四个兄弟的名字，直到偶然想起我的名字，而且还并不一定能成功地想起来。[35]当他进行介绍时，他总是："我尊敬的嗯……嗯……嗯……""我年轻时的好朋友嗯……嗯……嗯……"另一方面，他对数字的记忆力却令人震惊。他注意并记住的不仅是那些由于某种原因使他感兴趣的数字，而且还记得那些与他没有丝毫关系的数字，以及只是偶然读到的数字。他可以瞬间回想起国家和城市的人口数量，记得有一次，在一次偶然的谈话过程中，他提到了过去十年某个国家的甜菜根的产量，或者那块十五年前就给了我并且之后一直都没再拿在他手里的手表的工厂编号。他经常说脑子里的数字让自己很困扰。就这方面来说，上述提到的困扰表明他不是一个好的数学家，但却是一位非常出色的纸牌玩家，出色到没有人想和他一起玩。他可以在发牌结束后，便立即计算出每位玩家分别有什么牌，并且能够在比赛刚开始的时候就说出每个人有多少分。

记忆有着丰富的多样性，并且对我们很重要，比如我们经常不愿意相信在某个领域作证的证人，因为他在另一个领域的记忆被证明是不可靠的。舒伯特和德罗比什举出了这类事情的例子，但是根据像沙尔科和比奈这样的现代人关于某些心算（伊那伍迪 <Inaudi>，迪亚曼迪 <Diamandi> 等）现象的观察证实了这样一个事实，即对数字的记忆是以牺牲对其他的事物的记忆为代价的。林奈说拉普人能够单独识别他们无数驯鹿中的每一只，但是对其他却什么也记不住。同样的，荷兰一位懂花卉的朋友沃尔海姆只对郁金香有超凡的记忆，让他仅仅从干枯的球茎上就能认出一千二百种郁金香，这简直让人叹为观止。

这些领域似乎非常狭窄。比如专家（钱币学家、动物学家、植物学家、纹章学家等）除了对特定的事物有着惊人的记忆力之外，对其他事物却显得似乎没有记忆能力，还有一些人只能记住韵律、旋律、形状、形式、标题、模式、服务、关系等。V. 沃尔克玛花了一些篇幅来说明这一点，他还提醒人们注意这样的事实：半智障的人对某些事情有着惊人的记忆能力。这已得到其他学者的证实。其中一个叫迪波泰的人，[36]可能是奥地利阿尔卑斯山地区大众心目中的专家，他的观点尤其明确。他认为正如所有山区一样，都存在着许多不幸的智力障碍者，当他们长大成人后，会被称为白痴病患者，他们中症状比较轻的看起来像是拥有正常人一半的智力，但却没办法去谋生。然而，他们中的许多人对某些事情拥有惊人的记忆力。其中一个人完全熟悉过去和现在日历中的天气预测,并且可以每天引用它;另一个人则知道天主教每个圣徒的生日和历史;再另一个知道每个庄园的边界,以及其所有者的姓名等;还有一个了解牛群中的每一只牛,知道它属于谁;等等。当然,这些不幸的人中没有一个具有阅读能力。德罗比什提到一个完全不能说话的白痴男孩,通过一位女士的不懈努力,最终成功地学会了阅读的例子。这个男孩学会阅读后,即便是略读任何一本印刷作品,之后都可以逐字逐句地再现阅读内容,即使这本书是一本外国作品或者是用陌生的语言写成的也可以。另一位作者提到的一个白痴病患者,他可以准确地说出十年来所居住的城镇上所有居民的生日和忌日。

经验告诉我们,半智障的人具有极好的记忆力,可以准确地再现给人留下深刻印象或令人震惊的、对其产生影响的事件。许多普通人几乎没有注意到的东西,或者他们有记忆但已经遗忘的东西,被半智障的人记忆并再现。相反,后者不记得普通人做的事情,而这常常会对后者可能正在考虑的重要问题产生令人不安的影响。所以,半智障的人也许能够比正常人更好地描述重要事物。但是在通常情况下,他们会把我们需要记忆的东西进行过度的分解,以至于可提供的信息太少,无法做出任何有效的解释。例如,如果这样的人是枪击事件的目击者,那么他可能只会注意到枪击本身,并不会对枪击事件前后或者是其他相关的东西有太多的关注。那么可能直到对他进行讯问的时候,他都对此表现得一无所知,甚至怀疑这件事情的发生。这就是他证词中的危险因素。一般来说,心甘情愿地相信他是正确的选择。"孩子和傻瓜说的是实话。"他们所说的经得起考验,所以当他们否认一件事的时候,人们往往会忽略一个事实,就是他们已经忘记了很多事情,因此才会相信事件确实没有发生过。

在儿童记忆方面也会出现类似的情况。儿童和动物只活在当下,因为他们没有所谓的历史概念。他们直接对刺激做出反应,而不受过去观念的影响。但这仅适用于非常小的孩子。较大年龄的孩子会成为优秀的目击证人,而一个受过良好教育的男孩则会成为世界上最好的目击证人。我们只需要记住,后来发生的事件往往会在孩子的脑海中覆盖掉先前的同类事件。[37] 过去人们常说,儿童和国家只考虑最近的事情,这是千真万确的。就像孩子们为了一个新的玩具而放弃他们最珍贵的玩具一样,他们只讲述自己最近经历的事情。特别是在有很多事实的情况下,例如反复的虐待或盗窃等。孩子们只会讲最后一件事,前一件事可能已经完全从记忆中消失了。

对儿童记忆进行系统研究的博尔顿[38]得出了一个熟悉的结论，即记忆的范围是通过儿童集中注意力的能力来衡量的。记忆力和敏锐的智力并不总是同源的（后一个命题不仅仅适用于儿童，亚里士多德也明确过这一点）。女孩通常比男孩拥有更好的记忆力（也可以说，只要不需要持续的脑力劳动，特别是不需要对自己的想法进行创造，她们的智力通常更高）。在只读一次的数字中，儿童最多能记住六个。（成人通常不会记得更多。）艾宾浩斯对遗忘的时间进行了很好的图式化总结。他研究了一系列十三个无意义音节的遗忘，这些音节都是我们以前学过的。通过这种方式，他能够测量出遗忘与习得时间的关系。习得一个小时后，会遗忘56%；八个小时后，会遗忘64%。然后遗忘的过程会变得缓慢，二十四小时后，会遗忘66%；六天过后，75%；而一个月后，才会增长到79%。

我在各种各样的人身上粗略地测试过，结果都是吻合的。当然，时间的度量会随着记忆本身的变化而变化，但它们之间的关系是保持不变的，因此只要测试一个比率，就可以大致说出在一段时间过后，人们对任何一件事情还记得多少。特别推荐犯罪学家对艾宾浩斯的这项研究进行了解。

特定情况下的适用性条件有很大的不确定性，也比较特殊，很难有任何一般的识别或区分。有一些近似的命题，例如押韵的诗比散文更容易被记住，规整的排列和形式比杂乱一片的内容更容易被记住。但是，一方面，这里涉及的只是记忆的难易程度，而不是记忆的内容；另一方面，存在太多的例外。例如，很多人对散文的记忆比诗歌要好。因此对这种规则的进一步建立被认为是不值得的。四五十年前，研究者很看好这方面的研究，并把研究记录发表在当时的期刊上。

众所周知，老年人对于过去的事情有着良好的记忆，而对最近发生的事情却不怎么记得住。这可以通过以下事实来解释：年龄的增长似乎伴随着大脑能量的减少，因此它不再吸收新的东西，想象力也变得黯淡无光，对事实的判断也变得不正确。因此，错误一般指的是那些对新事物的统觉，已经被感知的东西不受这种能量损失的影响。

同样，我们也不应该对功能如此显著、组织如此精细的记忆，竟然会受到各种异常影响的这种情况感到惊讶。我们不能想当然地认为不可能出现这种不寻常的现象，这需要向专家进行咨询。[39]医生会解释病理和早期疾病状态，但有一系列非常罕见的、看起来不太可能的记忆形式似乎并不是由疾病引起的。这类型的记忆形式需要经验丰富的专家及心理学家的审查，即使无法解释具体案例，他们仍然可以从该主题的文献中找到一些线索。这些文献中应该有很多相同的例子，研究者在早期的心理调查中对这些例子进行了快速的收集和科学的研究。不幸的是,现代心理学并没有对这些问题继续进行研究,并且这些问题的研究任务在任何时候都显得非常重,以至于日常生活中的实际记忆问题必须留待以后解决。我们只能引用文献中处理过的几个案例:

最著名的是一个爱尔兰女仆的故事,她在发烧期间背诵了小时候从传教士那里听到的希伯来语的句子。另一个是关于一个大傻瓜的案例,他在发烧期间反复地与他的主人长时间交谈,因此后者决定让他做自己的秘书。但是,当仆人康复后却变得像以前一样愚蠢。有机会检查了重伤、发烧的人的犯罪学家也提出了类似的看法,尽管不是那么引人注目。这些人在特殊情况下给别人的印象是非常聪明的人,能够准确、正确地讲述自己的故事。但是在治愈后,人们会对他们的智力有了不同的看法。人们更经常地观察到,这些发烧、受伤的受害者对犯罪的了解程度比他们康复后所能了解的更高。此外,他们所说的话是非常可靠的,当然前提是他们没有神志不清或疯了。

关于人们短时间失忆或者永久失忆的例子数不胜数。我之前在其他地方也提到过发生在我一个朋友身上的事,他在山里突然头部受到了重击,完全忘记了重击前几分钟发生的事情。讲述这个故事之后,我收到了一些同事的来信,他们都处理过类似的案件。因此,我推断,人们因为头部遭受打击而失去事件发生前记忆的情况有很多。[40]

从法律上来说,此类案件很重要,因为我们不会相信被告在这方面的陈述,因为似乎没有什么理由可以让伤害产生前的事件消失,就好像炭画一样,每个印象都需要"固定剂"。但是,由于这种现象是由最可靠的人描述的,他们在这件事上并无任何企图,所以在其他条件相同的情况下,即使被告声称如此,我们也必须相信。这种情况并不是孤立的,事实证明被闪电击晕的人后来忘记了闪电击晕自己前不久发生的一切。这种情况也会出现在类似于二氧化碳中毒、蘑菇中毒和被勒住产生窒息的状态中。后一种情况尤为重要,因为伤者(通常是唯一的证人)因此对发生的事情没有任何可以陈述的。

在此我不能不再一次说到在其他地方已经提过的布伦纳的案例。1893年,在巴伐利亚州的迪特基兴镇,布伦纳老师的两个孩子被谋杀,他妻子和女仆受了重伤。过了一段时间后,他妻子恢复了知觉,似乎知道自己在说什么,但却无法告诉负责调查案件的司法人员任何与事件或罪犯等有关的事情。当司法人员完成了她充满否定回答的笔录并拿给她签字的时候,她签的是玛莎·古登伯格,而不是玛莎·布伦纳。幸运的是，这位司法人员注意到了这一点，并设法弄清楚她和古登伯格这个名字有什么关系。有人告诉他，那女仆从前有一个情人，是个满嘴脏话的人，他就叫这个名字。这名男子被追查到慕尼黑，并在那里被捕。他立即对犯罪事实供认不讳。当布伦纳夫人完全恢复健康，可以准确地回忆之前发生的事情时，她已经可以准确地认出古登伯格就是凶手。[41]

很明显，在心理过程中，"古登伯格是罪犯"这一观点已经深入到意识的次级领域，即潜意识，也就是说，只有真正的意识才清楚古登伯格这个名字与犯罪有关。处于精神虚弱状态的女人认为自己已经充分表明了这个事实，所以她忽略了这个名字，并无意识地写下了它。只有当她的大脑压力减轻时，古登伯格是凶手的想法才会从潜意识传递到意识中。精神病学家对这个案例的解释如下：

这个案例中涉及的是逆行性遗忘症。目前的观点认为这种现象在绝大多数情况下是依据创伤性癔症定义中的规则发生的，即基于臆想产生。所讨论的概念复合体被强迫进入潜意识，有时借助联想过程、催眠集中和其他类似的因素，它们可以被提升到意识中。在这种情况下，被压制的概念复合体在签名时表现了出来。

基本上所有的法医都在讨论头部创伤会造成个体对单个单词产生遗忘的事实。泰恩、盖琳、阿伯克龙比等人举了很多例子，温斯洛讲述了一个女人在大出血后，忘记了她所学的法语的故事。据说亨利·霍兰德自己也曾经因为太累以至于忘了他所学的德语，而当他恢复体力并变得更强壮时，他又恢复了所遗忘的一切。

那么我们会相信一个告诉我们这些事情的囚犯吗？

在那些早已忘记甚至从未回想过这些记忆的垂死之人身上出现的记忆现象是非常重要的。英国心理学家引用了拉什博士的例子，他路德教会的会众中有德国人和瑞典人，这些人在去世前不久会突然开始用自己的母语进行祈祷，尽管他们已经有五六十年没有使用过自己的母语了，这令我不禁想到许多临终忏悔都与这种现象有关。[42]

一些重要的事件会在极度兴奋的状态下出现无法形成意识的情况，这就塑造了错误的感知和遗忘之间的界限。我相信责任在这里应该是由记忆而不是感官来承担。我们似乎找不到理由去阻止自己在极度兴奋的状态下去感知周遭的事物，但有一种观点是比较清晰的，那就是极大的兴奋会导致刚刚被感知到的东西几乎立即被遗忘。在我的"手册"中记载了一系列此类案例，并展示了记忆如何发挥作用。例如，没有一个证人看到玛丽·斯图尔特在被处决时受到两次打击。

在许多年前执行死刑的时候,虽然每个人都注意到了刽子手的手套,但在场的人没有一个能告诉我这副手套的颜色。在一次火车事故中,尽管实际只有一人受伤,但是一名士兵依旧声称自己看到了几十具被撞碎的尸体。一名典狱长被一个逃跑的杀人犯袭击,他说自己看见凶手手里拿着一把长刀,其实那是一只鲱鱼。当卡诺被谋杀的时候,与他一起乘坐马车的三人以及两名步兵都没有看到凶手的刀或打击等行为。

我们常常会犯错误,是因为在兴奋状态下,目击者忘记了最重要的事情!

第 55 节 记忆错觉

记忆错觉或记忆扭曲,其实是一种幻觉,即认为自己经历过、看到过或听到过什么东西,尽管实际并没有这样的经历或见闻。它在刑法中显得尤为重要,因为它并不是直接通过一个明显的错误,而是悄无声息地进入视野范围的。因此更难被发现,并且具有比较麻烦的影响,这使得人们很难察觉由此产生的错误。

莱布尼茨认为记忆扭曲也许就是他所谓的"无感知现象"。后来,利希滕贝格肯定是想到了这一点,所以他坚称自己以前一定在这个世界上走过一遭,因为很多事情在他看来如此熟悉,尽管当时他还没有经历过这些事情。后来,杰森对这个问题也表现出了高度的关注,并且桑德[43]断言他是第一个思考此现象的人。根据杰森的说法,每个人对突然发生的现象都有熟悉感,曾经经历的事情有可能会预测未来。兰维瑟声称人们总是拥有很久以前就发生过这种事情的感觉,卡尔·诺伊霍夫博士发现他的感觉伴随着动荡不安和紧张。许多其他作者也讨论过同样的问题。[44]

人们给出了各种解释。威根德和莫兹利认为他们在记忆扭曲现象中看到两种关系同时发挥作用。安吉认为,虚幻的记忆取决于在感知和意识之间不时出现的差异。根据屈尔佩的说法,这些正是柏拉图在其学说中用来诠释灵魂和"永恒理念"之先存性的东西。

苏利[45]在其关于错觉的书中,对问题进行了最彻底的研究,并得出了简单的结论。他发现,活泼的孩子常常认为自己经历过别人告诉他们的事情。然而,这种感觉仍然保留在成年人的记忆中,他们仍然认为自己实际上经历过这种情况。当孩子们非常渴望得到某样东西时，情况也是如此。因此，卢梭、歌德和德昆西留给我们的儿童故事，一定是来自梦境中虚无缥缈的地方，或者来自醒着时的遐想，狄更斯在《大卫科波菲尔》中提及这种梦幻的生活。苏利补充说，当我们给经验安排错误的日期时，也会产生记忆幻觉，并相信自己在还是孩子的时候就感受到了一些后来才经历的事情。

所以，他又一次把本该是听到的东西变为了已经读过的东西。小说可能会让人产生一种所阅读或描述的内容似乎确实经历过的印象。其实是因为我们已经读过类似的东西，所以有时对一个名称或地区就会很熟悉。

也许不应该把所有的记忆异常现象都归到同样的条件下。它们中似乎只有有限的几个看起来是可以简化的。人们倾向于将经常发生的情况归于记忆的错觉，只是后来发现它们是真实的无意识记忆罢了；这些事情实际上都是真实经历过的，只是被遗忘了。例如我第一次去某个地方，然后觉得以前见过这个地方，但事实并非如此，我相信这就是自己经历的记忆错觉。后来，我意识到也许在童年早期，我真的到过一个和这个国家相似的国家。因此，我的记忆是正确的，只是我忘记了而已。

除了这些不真实的记忆幻觉之外，正如苏利指出的那样，许多（如果不是其他所有的）都是可以解释，类似于自己已经经历过的事情，事实上都已经被阅读或听到了，只是这些曾阅读或听到的事实大半都被遗忘或陷入了潜意识。只剩下那种感觉仍然存在，而不是那些事实上读到的东西。这种现象的另一部分可以通过生动的梦来解释，生动的梦也会留下深刻的印象，而不会让他们意识到那只是一个梦境而已。凡是有过逼真梦境的人都知道，如何能一连几天都有一种清晰或浑浊的感觉，觉得发现了一件好事或令人不安的事，但后来才发现根本没有真正的经历，只是梦一场而已。这种感觉，特别是对梦中所见所闻事物的记忆，可能仍然存在于意识中。如果以后真的遇到了类似的事情，这种感觉就可能会像过去的事件一样出现。[46]这就更容易了，因为梦永远不会完全僵化，而是很容易塑造和适应的，所以只要有一点相似之处，梦的记忆就会轻易地附着于真实的体验上。

所有这一切都可能发生在任何人身上，无论好人坏人，紧张的人或麻木的人。事实上，凯普林声称，记忆错乱现象只在正常情况下发生。人们也可以普遍认为，如果心灵或身体的某种疲劳状态不能完全确定，那么在这种情况下就更容易发生记忆错乱。就自我观察对这个问题有所帮助而言，这一说法似乎是正确的。在 1878 年波斯尼亚战争期间，当我们从埃塞克到萨拉热窝进行可怕的高强度行军时，我曾有过许多这样的幻想。这种幻觉经常在晚餐后出现，那时我们很累。然后我对一个以前从未见过、从未生活过的地区感到似乎既亲切又熟悉。有一次，一开始我接到命令，要攻打一个被土耳其人占领的村庄，我以为这不会有什么麻烦，因为经常这样做，从来没有发生什么事。那时我们已经筋疲力尽了，所以当我们进入空无一人的村庄时，这种特殊的情况并没有给我留下什么深刻的印象，我认为村庄这样空无一人是很正常的，尽管我以前从未"在自然状态下"或照片上见过这样一家土耳其街头旅馆。

这里可以提及另一种解释模式，即通过遗传进行解释。赫林[45]和苏利已经研究过这个问题了。特别是根据后者的观点，我们可能认为我们经历了一些真正属于某些祖先的经历。苏利认为，这一论点不能在基因上进行反驳，因为有很多活动（筑巢、寻求食物、躲避敌人、迁移等）确实是从动物身上遗传继承下来的，但另一方面，记忆错觉是一种遗传性记忆这一观点，只能通过一个关于孩子的例子来证明，这个孩子在远离大海的地方长大，但他的父母和祖父母都是沿海居民。如果那个孩子一眼就能感觉到他熟悉大海，就能证明记忆的遗传。但只要我们没有更多这样的实例，即便遗传影响的假设非常有启发性，也只能是一种猜测而已。

关于记忆幻觉对刑事案件的影响，我仅举一个可能的例子。一个刚从睡梦中醒来的人发现他的仆人正在拿放在床头柜上的钱包，并且由于记忆错觉，他相信自己已经多次观察到这种情况了。仆人的行为可能是无意的，绝不是盗窃。现在，如果主人的证据能证明这种情况一再发生，那么毫无疑问，仆人确实经常偷窃，而且这次也有偷窃的意图存在。

概括这种情况表明，如果记忆幻觉只发生一次，并且由于记忆错乱，目击证人认为该事件已经被反复观察，那就意味着这种记忆幻觉总是可能产生令人怀疑的结果。我们不难想象这样的例子有多少，但如果不知道记忆幻觉的存在，就很难说它们是如何被发现的。

当考虑记忆的所有性质和特质时，我们必须要知道，在特殊情况下对记忆的评估常常是不同的，尽管它来自第二个人，或者来自可疑记忆的真正拥有者。苏利准确地发现，与根深蒂固的信念作斗争的其中一个最有效的技巧就是攻击别人记忆的可靠性。记忆是个人的私有领域，它所有的价值都来源于他自己意识中那个没有其他人可以进入的秘密会议室。

然而，当一个人谈到他个人的记忆时，情况就会发生改变。记忆必须承担属于大脑其他部分的所有缺陷。尤其是我们律师，经常听到证人说："我的记忆力太弱，无法回答这个问题""自从受了伤，我的记忆力就不好了""我太老了，记不住事儿了"等。然而，在这些情况下，都不是记忆出了问题。事实上，证人应该说"我太笨了，回答不了这个问题""自从那次受伤以后，我的智力就衰退了""我已经老了，变得越来越傻了"等。但是，但凡有一点判断力的人都会将这些缺陷解释为记忆以求心理舒适。这不仅出现在语言中，也出现在结构中。如果一个人错误地再现了任何事情，不论是错误的观察、还是有缺陷的组合，或者是对事实缺乏熟练的解释，他都不会责怪这些事情，而是将错误归咎于记忆。如果人们相信他，则会得出绝对错误的结论。

第 56 节　记忆技术

简单说几句关于记忆技术、助记符和记忆的话。发现一些帮助记忆的方法一直是人类的目的。从希俄斯岛的西摩尼得斯到伊利斯的诡辩家希庇亚斯，都在人工开发记忆方面进行了实验，有些实验已经取得了显著的成功。自中世纪开始，很多人就已经在这样做了。除此之外还有使用逻辑学有效三段论的，比如芭芭拉等。拉丁语语法中的记忆规则等仍然具有学习优势。在他们的时代，科特和其他人的著作引发了很多讨论。

一般来说，现代心理学对记忆装置的关注较少。从某种意义上说，没有人可以完全避免使用助记符，因为无论何时你用手帕打结，或者将手表倒挂在口袋里，都是你在使用记忆装置的体现。同理，每当你想要记住任何事情时，你就会减少记忆的困难并为你想要保留的东西制定某种秩序。

因此，每个人都会对事物施加一些人工控制，这种控制的实用性和可靠性决定了记忆的可信度。这个事实对刑事律师的重要性可能体现在两个方面。一方面，记忆的错误有时候可能有助于消除误解。因此，曾经有人将一种名为"摩尔黑"的可溶于水的苯胺染料称为"苯胺黑"，并以这个名称去商店寻找这种染料。为了帮助记忆，他把它与黑人＝尼日尔＝摩尔的单词联系在一起，因此在他想要的单词的构造中用 norro 代替了 moor。同理，有人要求找"萨尔姆公爵"或"擦除公爵"。这个要求是因为奥地利方言中的"salve"发音像"salm",而"salm"的口语是"schmier"(擦除)。在对证人进行询问时,很容易发生这种由错误记忆法产生的误解。这具有深远的意义。如果怀疑错误记忆在起作用,你可以通过使用正确的同义词和考虑发音相似的单词来得出正确的想法。如果对特殊情况的决定性条件加以关注,那成功就是必然的了。

　　错误记忆法的第二个重要方面在于技术本身是正确的,但整个系统的关键部分已经丢失了,即证人忘记了它是如何进行的。例如,假设我需要回忆三个人年龄之间的关系。现在,如果我观察到 M 是年纪最大的,N 是年纪不大不小的,而 O 是年纪最小的,为了帮助我记忆,我可能会假设他们的出生顺序与他们的首字母 M、N、O 顺序相同。现在假设在另一个时间与情况下,我观察到相同的关系,但发现首字母的顺序颠倒了,变成了 O、N、M。如果现在我面对事实,停止使用这种技术,那以后我可能会将这两个情形互相替换。因此,当证人说出任何看起来难以记住的东西,都有必要问他是如何记住的。如果他指出一些帮助记忆的方法,就必须把这种方法解释清楚,除非这些方法是可靠的,否则他就不为人信服。例如,如果上述案例中的证人说:"我从未使用过逆向关系",那么他的证词似乎相当值得信赖。判断任何有助于记忆的方法的可靠性其实并不难。

　　伟大的骗子常常可以轻松使用最复杂的记忆法,他们知道自己有多需要它。

专题 11　意志

第 57 节　概述

当然，我们不打算在这里讨论哲学家的"意志"，或刑法的"恶意"或"不善"，也不探讨道德主义者的"自由意志"。我们的目的只是考虑一些可能对刑事律师有意义的事实。因此，我们只打算用"意志"来表达当下和普遍的意思。我认为意志是更强大的冲动的内在效果，而行为则是那些冲动的外在效果。当哈特曼说意志是理想到现实的转换时，他听起来很愚蠢，但从某种意义上来说，这个定义非常好。你只需要通过理想来理解那些尚不存在的东西，并通过现实来理解事实和实际发生的东西。因为当我自发地强迫自己去思考一些事情时，实际上有些事情已经发生了，但这个事件并不是普通意义上的"真实"。然而，必须要记住洛克对我们的警告，智慧和意志都是真实、本质存在着的，不要忽略它们之间的差异，它们中的一个给予命令，另一个服从命令。从这个概念来看就出现了许多毫无意义的争议和困惑。在这方面，我们的犯罪学家必须永远记住，意志和智慧共同体现在证人身上会对我们的手段带来很多的问题，在被告身上更是如此，这会给我们带来巨大的困难。当被告用钢铁般的毅力否认他们的罪行，用愤怒隐瞒他们的罪行时，或者他们在几个月间以惊人的精力践行最困难的事情时，我们必须承认他们展示了尚未被研究的意志的某些方面。事实上，我们可以对囚犯如何有效控制他们的面部肌肉做出惊人的观察，而面部肌肉是最不能被意志所控制的。意志甚至可能对证人的脸色产生影响，会让证人变的脸红或脸色惨白，这种影响比科学上确定的范围更广泛。这可以从相当久以前的事件中发现。我儿子碰巧告诉我，有一次他发现自己因为寒冷而变得脸色苍白，在这种情况下，他害怕被指责缺乏勇气去完成当下的任务，于是竭尽全力去控制自己苍白的状态，并取得了圆满的成功。从那以后，在法庭上，我经常能看到快要脸红或者是脸色开始变得苍白就完全被压制的情况，然而这在理论上是不可能的。

但是，意志对于判断一个人的整体性来说也很重要。根据德罗比什的说法，[48]一个人的意志持久力和支配能力"集合"起来就构成了他的性格。一个人性格的决定因素不仅包括倾向、习惯和指导原则，还包括意义、偏见、信念等各种各样的因素。既然如此就不能回避对个体性格的研究，我们必须对个体的意志和欲望进行追踪。这本身并不困难；当一个人被如此追踪时，对他性格的观点自然就形成了。但意志中也包含了对我们的目的来说很重要的个性区别特征。只有当可以区分刑事及逻辑上那些无关紧要的行为时，我们才能聪明并清晰地进行工作。没有什么比那些不可思议的多余细节更能让工作变得困难的了。并非每一项行为或活动都是一种动作；只有那些由意志和知识决定的才是。所以阿贝格[49]告诉我们，通过意志决定的东西应该可以通过分析发现。

当然，我们必须找到解决这个问题的适当方法，而不是迷失在自由主义确定性的争吵中，这是当代刑法的转折点。四十年前，雷南说过，十八世纪的错误主要在于赋予自由和自觉的意志以本可用人类力量和能力等自然效果去解释问题的能力。那个世纪对本能活动的理论理解太少。没有人会声称，在将意志转化为人类能力的表达中，决定论的问题得到了解决。这个问题的解决不是我们的任务。然而我们确实获得了一个机会，通过这个机会，我们可以接近罪犯——不是去审视他难以捉摸的意志，而是去理解他能力中可被理解的表现。我们工作的重心在于因果关系概念的应用，自由意志的问题与此相关联。

布瓦-雷蒙在他的《自然知识的极限》中为这个问题带来了一些思路："自由可能被否定，痛苦和欲望却不会；刺激行为引起的食欲必然先于感知。因此，这实际上是感知的问题，而不是我一分钟前所说的自由意志的问题。对于前者来说，分析的方法是可用的。"而针对感知的研究正是我们律师可能需要去完成的。

当然，仅仅研究人类能力的个体表现是不够的，因为这些可能是由未知因素决定的偶然结果或现象。我们的任务在于根据仔细和认真的理解去提取抽象信息，并在其特定活动中找到每一个决定性的因素。

德罗比什说过："正如康德所说的那样，进化的格言和主观原则是决定我们自己的意志和行为所需的一般法则。然后，它们是我们构建的自我意识和行为的规则，因此它们在主观上是有效的。当这些准则决定我们未来的意志和行动时，它们就成了一种假设。"因此，我们可以说，当了解一个人的意志时，我们就认识了一个人；当了解他的格言时，我们就知道了他的意志。通过他的格言，我们能够判断他的行为。

但理论上我们无法重建他的格言。我们必须研究围绕、改变和决定他的一切，因为正是在这一点上，一个人的环境和关系对他的影响最大。正如格罗曼在半个世纪前所说的那样，"如果你能找到一种长生不老药，它能使重要器官运转正常，如果你能改变身体的各种机能，你将是意志的主人。"因此研究个人的环境条件、周围事物和他所有的外在影响从来都不是多余的。这项研究所需要的努力是巨大的，当然也是显而易见的，但如果刑事律师要正确履行其职责，他必须做到这一点。[50]

专题 12　情绪

第 58 节　概述

一般人可能会觉得，情绪这样的小事可能与犯罪学家没多大关系，但就其意图而言，实际上它很重要。无论是囚犯还是目击者，一系列现象和事件的动机都是情绪。因此，在下文中，我们将试图表明，在目前我们需要考虑的范围内，这种感觉不需要被视为一种特殊因素。只有对其主观因素加以限制，我们的工作才能变得更加容易。如果我们可以将某个心理功能简化为另一种，那么，即使我们只知道后者，也可以解释许多事情。无论怎么说，对单一类别的研究总是比对复合类别的研究要简单。[51]

抽象地说，情感这个词指的就是通过感觉、感知和想法或好或坏的地影响思维的属性或能力。具体地说，它是指由此引起的复杂条件所产生的欲望或厌恶的条件。我们首先要区分所谓的动物情感和更高级的情感。我们假设这种区分是不正确的，因为在这些类别之间存在一系列感觉，这些感觉是可以与另一种感觉一起考虑的，所以这种转变是偶然的，并且不可能进行严格的区分。然而，我们将保留这种区别，因为通过它可以更容易地从简单情感转变为复杂情感。毫无疑问，动物情感包括饥饿、口渴、寒冷等。这些首先是纯粹的生理刺激作用于我们的身体。但是，我们又很难避免在想象这些刺激的同时产生防御这种生理刺激的想法。如果没有感觉到从中寻求解脱的压力，就不可能想到饥饿的感觉，因为如果没有这种感觉，饥饿就不会出现。如果我饿了，就去吃东西；如果我觉得冷，就寻求温暖；如果我感到疼痛，会试着消除它。如何满足这些渴望就是理解的问题了，所谓成功的满足，无论是聪明的还是不聪明的，都可能在各个可能的角度上有所不同。我们看到，最不聪明的人—真正的白痴—有时候无法满足他们的饥饿感，因为当食物被给予他们中最差的人时，尽管有强烈的饥饿感觉，他们还是把食物塞到耳朵和鼻子里，而不是嘴里。因此，我们必须说，如果我们想知道将食物放入口中可以消除饥饿感，那最基本的智力还是需要的。

更进一步：在描述动物园中类人猿的行为时，会特别提到那些知道如何在自己身上盖毯子来御寒的类人猿。同样的行动被认为是幼儿智力的标志。

对疼痛的反馈分级更加彻底，因为几乎不需要智力就能知道必须擦掉掉落在身体上的热液滴。每一本生理学教科书都提到了这样一个事实，即一只被斩首的青蛙在被酸滴到的时候会做出这种擦拭动作。从这种基于理解的无意识动作到最先进的烧伤治疗技术操作，这中间可以插入一系列逐渐提高的智力因素，这个区间如此之大以至于难以计数。

现在我们拿另一种更高度发达的动物感觉来说，例如，舒适的感觉。我们把一只猫放在一个柔软的枕垫上，它会伸展身体，使自己接触面扩大，以便尽可能多地将神经末梢接触到枕垫以求找到更多舒适感的刺激。猫的这种行为可以被理解为本能，也可以被理解为舒适感的原始来源，并且导致舒适奢侈，罗舍尔称之为舒适的最高阶段。（一、饮食奢侈，二、穿着奢侈，三、舒适奢侈。）

因此，我们可以说，理解对生理刺激的反应旨在当它令人不快时将其搁置一边，并在它令人愉快时提高和尽量享受它，并且在某种意义上它们都是一致的（驱逐不愉快的黑暗相当于引入愉快的光明）。因此，我们可以笼统地说，这种感觉是一种生理刺激，与理解者对此的敏感态度不可分割地联系在一起。当然，本能的排斥和包容与最精确的防御准备或解释相去甚远，但两边的差异都只是程度上的差异而已。

现在让我们想一些所谓的更高级的感觉，并考虑特殊情况。我第一次见到一个有着令人不快的特征的男人，例如头发颜色很奇怪的男人。这种不愉快刺激了我的眼睛，我要么把目光移开，要么希望那个人离开，以保护自己免受这种生理上有害的影响，这已经消除了对这个无害的个体所有好感。现在我看到那个男人正在折磨动物，我不喜欢看到这种情况，它痛苦地影响着我，因此我希望他能够更迅速地消失在我的视线范围内。如果他继续这样做，再增加一个令人不愉快的特征，我可能会打断他的骨头，用锁链把他绑起来以阻止他；我甚至可能会杀了他，以解放他给我引起的这种不快的刺激。我绞尽脑汁想到一些制止他的方法，显然，在这种情况下，生理刺激和理解活动不可避免地结合在了一起。

愤怒的情绪更难以解释。但它不像突然爆发的仇恨，因为它是尖锐的，而仇恨是慢性的。我可能会对心爱的孩子生气。尽管在愤怒的时候某些表达与仇恨的表达相同，但它也是传递性的。在最极端的情况下，否定行为旨在摧毁刺激。这是避免生理兴奋最根本的手段，因此我会撕掉一封令人不愉快的信件，或者将让我受伤的东西弄的粉碎。如果这个行为涉及人，那么当我不能或可能找不到对此负责的人时，我就会直接或象征性地随便采取一些措施。

　　这与吸引的感觉是一样的。我养了一只狗，它有美丽的线条，令我赏心悦目；它有一个银铃般的叫声，给我愉快的听觉享受；它皮毛柔软，给我很好的抚摸触感。我知道如果需要的话狗会保护我（这种想法让我感到内心平静），我知道它可能对我有用—总之我的理解告诉我关于这只动物的各种令人愉快的事情，因此我喜欢让它在我周围，也就是说我喜欢它。相同的解释可以应用于所有喜好或排斥的情绪。在任何地方，我们都可以发现情感是一种生理刺激，与许多部分已知、部分未知的理解功能不可分割地结合在一起。其中未知扮演着重要的角色。它们是一系列的理解过程，是从遥远的祖先那里继承而来的，其特征在于当我们明确地识别出任何事件及其需求时，未知会引导我们做应该去做的事情。

　　当一个人口渴时，他就会喝水。牛也会有同样的行为，即使没有人告诉它们，它们也会喝水，因为这是无数年来的遗传行为。然而，如果一个人喝水的行为加入了一些智慧的思考，那他会说："通过干燥或其他形式的隔离，水将从我身体的细胞中被带走，它们将变得干燥，并且将不再具有足够的弹性来完成工作。如果现在，通过我的胃，通过内部吸收和外部渗透给细胞补充更多的水，适当的条件就会恢复。"这种形式的思考的结果与最基本的动物，比如聪明的人和动物的本能行为没有什么不同，所以每种情绪的全部内容都是生理刺激和理解的功能。

　　这对刑事律师有什么好处呢？没有人会对囚犯和证人在情绪表达上所承受的巨大影响表示怀疑。没有人怀疑这些表达的决定、解释和判断对法官来说既困难又重要。当我们将这些情绪视为心灵的特殊情况时，毫无疑问，由于难以捉摸、强度各异以及混乱的影响，它们会造成更大的困难。然而，一旦我们把它看作是理解的功能，在它的活动中我们就有了更广为人知、更规范的东西，这就减少了判断其作用的固定形式方面造成的困难。因此，对情绪状态的每一次判断都必须对其隐含的理解功能进行重构。一旦完成，进一步处理就不再困难了。

专题 13　证言的形式

第 59 节　概述

无论走到哪里，我们都面临着语言对工作的绝对重要性。我们听到或读到的任何关于犯罪的内容都是用语言表达的，用眼睛或任何其他感觉感知的一切都必须用语言来表达才能被使用。犯罪学家必须完全了解这一首要且最重要的理解手段，这是不言而喻的。但对犯罪学家来说还有更多的要求，他首先必须仔细研究语言的本质。对文献的研究可以看出最早的学者是如何从语言的起源和特征来研究语言的。然而，谁需要这些知识呢？律师。其他学科只能在其中找到科学兴趣，但它对于律师来说实际产生并绝对有价值，他们必须通过语言取证，记住它，并对其进行不同的解释。对语言的不正确理解可能会导致错误的概念和最严重的错误。因此，没有人比刑事律师更有义务去研究语言的一般特征，并熟悉它的力量、性质和发展。如果没有这方面的知识，律师可能能够使用语言，但如果不理解，就会在最轻微的困难面前栽跟头。每个人都会接触到此类别非常丰富的文献。[52]

第 60 节　表达形式多样性的一般研究

一方面，人在本性和教养方面是不同的；另一方面，语言是一种随生长土壤的变化而变化的有机体。也就是说，与使用它的人类个体一样，每个人都不可避免地有特殊且个人化的表达形式。如果这个人作为证人或囚犯来到我们面前，我

| 第二部分 | 刑事侦查的客观条件：被调查者的心理活动

们就必须通过这些形式本身去研究它。幸运的是，这项研究必须与其所暗示的另一项研究相结合，即个人的性格和性质。如果两者之间缺少一个，后果是不可想象的。无论谁想要研究一个人的性格，都必须首先关注他的表达方式，因为这是一个人最重要的品质，也是最具启发性的。就好像老话"人如其言"一样。从另一方面看，研究表达方式本身是不可能的。如果要解释讲话的形式，或使分析成为可能，那就必须具备很多其他的研究条件。因此，所有这些都是互相联结的，一旦清楚地知道了一个人的言语技巧，你也就清楚地了解了他的性格，反之亦然。毫无疑问，这项研究需要相当多的技巧。但这对于任何致力于律师工作的人来说都是必需的。

泰勒的断言是正确的，一个人所说的话展示出的出身远远少于他的教养、教育程度和能力。这一事实的大部分原因在于语言作为一种有生命的和运动变化的有机体的本质，它获得了新的和特殊的形式来表达人类生活中新的和特殊的事件。盖革[53]引用了以下单词含义变化的例子。"Mriga"在梵语中意为"狂野的野兽"，在古波斯语中它仅仅是"鸟"的意思，而在与之相等的波斯语中"mrug"仍然只有"鸟"的意思，因此家禽、鸟等等现在都被称为"mrug"。因此，第一个含义，"野生动物"已被转化为其相反的"驯化的动物"了。在其他情况下，我们可能错误地认为某些表达能够代表某些事物。我们说，"烤面包、烤蛋糕、烤某些肉类"，然后再说，"烤苹果、烤土豆、烤某些肉类"。如果有外国人告诉我们他"烤了"面包，我们肯定会大笑的。

到目前为止，这些表达形式与性格没有任何关系，但它们是在所有公司、团体、班级（如学生、士兵、猎人等）以及在大城市的中产阶级中建立自己颇具特色的模式的起点。这种形式可能变得如此重要，以至于使用其中一种形式可能会让使用它的人陷入危险。我曾经在火车上看到两位互相不认识的老先生。他们在对话，一个人告诉另一个人，他看到一名军官从马上跳下来，被剑绊倒了。但他没有使用"剑"这个词，而是使用了老派的俚语"speer"，另一个老男孩用闪亮的眼睛看着他，喊道："好吧，兄弟，什么颜色？"

更值得注意的是在某些类别中突变和添加特别明确含义的新词。这些词变得更加现代化，就像俚语一样。

特定形式的使用既是个人的，也是社会的，每个人都有自己的使用方法。一个人说"当然"，另一个说"是的，确实"；一个人更喜欢说"黑的"，另一个人更喜欢说"暗的"。这个事实具有双重意义。有时候，一个人给出一个明确含义的词可以解释他的整个本性。一位医生在讲述一个痛苦的手术时说："病人都疼得唱歌了！"这种说法是多么无情和粗鲁啊，此外，我们有必要调查一下人们喜欢给出的某些词语的内涵，否则误解是不可避免的。通常情况下，这种调查并不容易，因为即使表达意图很简单，也很容易忽略人们对普通事物采用特殊表达这一事实。尤其是当人们被相似的替换和这种替换的重复引入歧途的时候。很少有人能够区分同一性和相似性；大多数人都认为这两个词组是等价的。如果除了B稍微大一点，其他方面A和B都是相同的，那么它们看起来是相似的，如果我也这么认为，那我用B替换A就不存在什么大问题了。现在我将B与C、C与D、D与E等进行比较，并且该系列的每个比较单位都比其前身逐渐变大。如果现在我继续重复第一个错误，那最终会用一个非常大的E去替换掉A，而这个错误非常明显。我当然不会在开始时用E代替A，但是重复替换类似物的行为，使物体间变得彻底不可比。

这些替换在意义的变化过程中经常发生，如果你想知道一个术语的某种显著意义是如何产生的，你通常会发现它是一个从模糊的相似逐渐走向完全的不相似的过程。一个词在长期使用过程中经历过的所有这些非同寻常的变化，以及每个语言教科书中包含的大量例子，都可能会在每个发言者中以相对较快的速度发展，如果不对这种发展进行追踪，可能会导致在法庭上出现非常严重的误解。

当语言材料，特别是原始语言材料仅包含简单的差异时，就会发生替换，从而发生突然的改变。所以泰勒提到了这样一个事实：西非沃洛夫语中包含"dagoú"这个词，"dágou"是骄傲地大步走，"dágana"是沮丧地乞求，"dagána"是要求。姆蓬圭人说，"mì tonda"是我爱，"mi tônda"是我不爱。我们自己人在语调上也会产生这种差异，而且意义的突变也非常接近。但谁会注意到呢？

尽管词汇意义的变化很重要，但这种重要性仍不及阐述方式中给出的概念意义的变化。因此，仍然存在更大的错误，因为单个错误既不容易注意到，也不容易追踪。J. S. 密尔公正地说，因为受到语言分类的影响，古代科学家错过了很多东西。他们几乎没有想到被赋予抽象名称的东西实际上是由几种现象组成的。然而，这个错误已经被继承了，现在对抽象事物命名的人会根据他们的智慧，并借助它为抽象事物构想出这样那样的含义。然后对其他人不理解他们感到惊讶。在这种情况下，犯罪学家被强制要求，无论何时任何抽象的东西被命名，首先要准确地确定对话者的意思。在这些情况下，我们有一个奇怪的发现，那就是这种决心对于深刻研究这个对象的人来说是最必要的，因为专业语言只出现在特别研究过任意一个学科的人身上。

一般来说，我们在时间上表现出的坚持是必要的，哪怕是很短的时间，都会对事物的概念造成根本的影响。米特迈尔，实际上还有边沁已经证明了观察和宣布之间的间隔对表达形式的影响。被立即讯问的证人或许几周后他会说同样的话——但他的陈述不同，使用的词语不同，他通过不同的词语理解不同的概念，因此他的证词变得不同。

提供证据的条件也可能产生类似的效果。我们每个人都知道，证人在预审法官安静的办公室和秘书面前所作的陈述与在公开审判中陪审团面前所作的陈述有什么惊人的不同。人们经常倾向于愤怒地攻击做出这种不同陈述的证人。然而，更准确地观察将表明证词基本上与前者相同，但提供证词的方式是不同的，因此显然是不同的故事。听众之间的差异具有强大的影响力。通常情况下，看到更多的细心听众会加剧复述的构建，但这并非无例外。在"倾听者"这个词中，有一种观念认为说话者需要讲得很有意思又很好，否则他的听众就不会注意，如果他讲得好，并且知道自己讲得好，听众的数量是可观的，因为每个听众都被认为是一个令人兴奋的崇拜者，情况也总是如此。如果有人在观察下做一件工作，当他知道自己做得很好时会感到愉快，但如果他确定自己缺乏技巧，就会感到不安和困扰。因此，我们认为听众达到一定数量之后会增加复述的水平，但这种情况只出现在当发言人对主题和听众的喜好有把握的时候。对于后者，不自然的关注带来的影响并不总是很明显。当一个学者谈到自己选择的某个主题，并且听众聚精会神地听他讲时，可以说他很幸运地选择了这个主题，并且讲得很不错；这种关注起到了刺激的作用，会使他讲得更好。但是，当一个引起普遍兴趣的大审判过程中出现了政府的证人时，这种情况就会发生变化。关注依旧会存在，但它并不是针对证人的，而是变成了对案件本身的关注。证人没有选择自己的主题，也没有得到应有的认可，对他来说，无论说得好还是不好，都无关紧要。兴趣只属于主题，而说话者本人也可能受到所有听众不可分割的反感、仇恨、厌恶或蔑视。然而注意力是紧张和强烈的，并且由于发言者知道这与他或他的优点无关，因此会令他感到困惑和沮丧。正是出于这个原因，如此多的刑事审判结果与预期完全相反。那些只参与庭审但未经过事先审讯的人，当他们被告知自从审讯调查以来"没有"改变时，他们对结果的理解就更少了，但实际情况是情况已经发生了很大的改变；证人会因听众过多而感到兴奋或害怕，会用一种与之前不同的方式说话和表达，直到整个案件以这种方式变得不同。

以类似的方式，某些事实可以通过特定证人使用的叙述方式以另一种方式表现出来。举个例子来说，可以通过一些有影响力的品质，比如幽默来表现。显然，笑话、俏皮话、喜剧被排除在法庭之外，但是如果有人在允许的限度内，通过枯燥的证词表现出了真正的、真实的幽默，他就可以讲述一个非常严肃的故事，并将危险降至最低。一些有趣的证人的证词经常在报纸上流传并取悦读者。每个人都知道一个真正幽默的人如何讲述自己的经历、学生时代的可疑情况、不愉快的旅行经历、争吵中的困难处境等，每个听众都会发笑。实际上，所讲述的事件既麻烦又困难，甚至非常危险。讲述者不是在说谎，但他设法给故事带来转折，让所有人甚至是受害者都觉得想笑。[54] 正如凯普林所说，"幽默的任务是掠夺人类不幸遭受的创伤。它以我们的同伴为样本，向我们呈现了人类生活中无数愚蠢行为造成的喜剧，通过这样的方式来实现这一任务。"

现在假设有个非常幽默的证人讲述了一个十分重要的故事，但这个故事并没有真正以悲剧结尾。假设主题是一场大争吵、一些非常愚蠢的欺骗、一些关于荣誉受到攻击的故事等等。人们对这一事件的态度会发生转变，尽管它看起来是在之前10个证人的证词基础上逐步形成的，但至少针对事物的新观点在判决中是有效的。因此，没有听过全部证词的人，是没有办法理解这个案子的。

同样地，一个实际上无害的事件可能因为忧郁的证人的负面证词变成悲剧，而他在这种情况下或其他任何情况下可能都没有使用过一个不真实的词。同样地，一个证人认为他的个人经历大体上是真实的，那么他的痛苦可能就会影响和决定人们对一些不严重的事件的态度。这也不夸张。每个有经验的人只要足够诚实，就会证实这一事实，并承认他自己也是那些态度如此改变的人之一；我避免使用"受骗"这种说法。

此外，有必要在此重申，关注证人在做出陈述时手的动作和其他的姿势，将大大有助于保持正确的平衡。动作比言辞诚实得多。[55]

另一种发现证人是否被态度和自己的品质所诱惑的方法是仔细观察他的叙述给自己留下的印象。斯特里克对讲话的条件进行了控制，并观察到，只要他不断地将复合问题用一种自己满意的因果关系描述出来，就可以使他的听众变得兴奋；一旦他使用了一种不满意的因果关系去描述，听众的态度就会发生改变。我们必须颠倒这种观察；我们是证人的听众，必须观察他的因果关系是否令他自己满意。只要是这种情况，我们就相信他。如果事实不是这样，他要么在撒谎，要么知道没有表达自己,因为他应该让我们正确地理解他在说什么。

第 61 节　方言的形式

每个刑事律师都必须无条件地了解他经常打交道的那些人使用地方言。这是非常重要的,以至于我认为在不懂方言的情况下从事犯罪学职业是不负责任的。任何有经验的人都不会质疑我的断言,对方言的无知、对人类群体的表达方式的无知会造成巨大和严重的误解,甚至可能是颠倒正义。由此造成的错误永远无法纠正,因为他们的错误主要在最基本的句子中,没有任何否定、争议和重新定义可以改变它们。

只要一个人不被莫名的骄傲和对自己优势的愚蠢无知所欺骗,相信流行的语言是低级或普通的东西,学习方言就不是一件很难的事情。方言拥有与文学语言一样多的权利,是一个活的、有趣的有机体,也是最发达的表达形式。一旦对方言的兴趣被唤醒,所需要的就是学习许多含义。否则,没有困难,因为真正的农民(世界各地都是如此)的讲话方式,始终是最简单、自然、简洁的。农民不知道诡计,不懂困难的结构、迂回曲折的方式,如果让他自己去做,他就会使一切都明确、清晰、易于理解。

如果需要学习教育程度不高的城市居民的表达方式,则存在着更多的困难,因为他们经常试图利用一堆不容易理解的短语,不管这个说法是否恰当,都假设这个短语是有美感的。听到这样一系列扭曲的短语是不愉快的,没有开头也没有结尾,同样很难弄清楚这个人想说什么,尤其是所用短语是否真的带有一些目的或仅仅是为了炫耀,因为这样会让他们听起来"受过教育"。

在这方面,没有什么比该用完成时态的时候用非完成时态这种不按照语法说话的行为造成的影响更大的了;不是"我要去",而是"我走了"(去了)。造成这种结果的一部分原因是从报纸上学的,另一部分原因是学校老师不好的习惯,迫使孩子使用非完成时态的形式,然而这种形式其实并没有完成时态那么严谨,它是人们在某些特殊情况下才使用的,比如在他们未成年的时候与受过教育的人交流的情况下。

我承认自己经常不信任一个语法错误或使用其他不常见用法的证人。我预先假定他是一个意志薄弱的人并允许自己被说服；我相信他并不完全可靠，因为他使用错误的形式来表达自己的意思，我还担心他为了形式而忽略内容。如果一个简单的人安静而毫不违和地使用他的自然方言，那就不存在任何不信任他的理由了。

有几个语言使用的特征必须时刻注意。首先，所有方言在某些方面都比文学语言差。例如，它们包含较少形容颜色的词。蓝葡萄、红葡萄酒都可以用黑色这个词来表示，浅色的葡萄酒可以用白色这个词来表示。文学语言则采纳了最后提到的这种方言表达方式。尽管没有人见过白色的葡萄酒，但也没有人说水色酒或黄酒。同样，没有农民说"棕色的狗""棕黄色的牛"，这些颜色总是用红色来表示。这在服饰的描述中很重要。然而，这一特征与方言中表示可能非常有用的物体的术语很丰富这一事实并不矛盾，例如，工具的手柄可以被称为手柄、把手、轴、棍、扣等。

当使用外来词时，有必要观察它们的使用趋势和意义。[56]

让没有受过教育的人用直接引用来作证的难度非常大。你可能会向说话者提问数十次，而总是听到："他告诉我，我应该进去。"这样的回答，从来没有听到"他告诉我，进去吧。"这要用上面我们提到的人们只记得他们听到的意思来解释。当有关实际用语的问题被提出时，克服这种不愉快倾向的唯一方法就是展开对话并对证人说："现在你是 A 而我是 B，它是怎么发生的？"但即使是这个方案也可能会失败，当最终不得不采用直接引用时，你也无法确定它的可靠性，因为对于证人来说，直接引用显得太不寻常了，不寻常和不正常的东西总是不安全的。

真正的农民在陈述中出现的沉默情况是特别需要去注意的。我不知道有没有人研究过全世界农民沉默的原因，说闲话的农民是很少见的。遗憾的是，当我们进行高强度的审查时，后者也不能为自己辩护。据说，不为自己辩护是有勇气的行为，这可能显示了一种高贵，一种对指责的厌恶，或对自己无罪的确定，但通常表现出来的只是没话说，而缺乏经验的法官可能会认为这是狡猾或有罪的表现。因此，在这一点上，明智的做法是不要过于匆忙，并试图努力，清楚地了解沉默者的本质。如果我们确信后者天生沉默寡言，就不必怀疑他故意不说话，即使言语显得十分必要。

在某些情况下，对未受过教育的人进行研究，必须从与研究儿童相同的视角来进行。

盖革[57]谈到一个只认识一个男孩的孩子，所有其他男孩对他来说都是奥斯欧，因为他认识的第一个男孩叫做奥斯欧。所以，二战时期在莱茵河驻扎的新兵相信，在自己的国家莱茵河被称为多瑙河。孩子和未受过教育的人不能把事物置于更高的概念之下。每一个画出来的正方形都可能是夹心软糖，每一个画出来的圆圈都可能是盘子，新事物以旧事物的名字命名。通常，犯罪学家的技巧常常在于从表面上毫无价值的陈述中获得重要的材料，通过对简单的、不切实际的，但在大多数情况下极其明确的意象的探究来找到正确的意义。而且还绝对不能被欺骗。

第62节　不正确的表达方式

如果认真和反复地研究词语的含义，我们最终可能会发现它们含有比开始时更深刻的意义和内容，那么就不得不怀疑人们是否能够相互理解。因为如果词语本质意义上有显而易见的含义，那么，每个使用它的人都会根据自己的倾向和角度，提供"更深刻和更丰富的意义"。事实上，能用更形象的方式表达的单词比我们想的要多很多。随便举几个例子你就会发现数量惊人的夸张词语。如果我说："我搞定了这个案子、我挤过去了、我跳过去了，等等。"这些短语都是高度形象的表达，因为我没有搞定任何东西，也没有从什么东西之间挤过去，没有跳过任何物体。我说的话并不代表任何真实的东西，而只代表一个形象，并且不可能确定后者与前者之间的差异，或者这种差异可能会在每个人那里获得各种方向和程度的变化。因此，无论在何处使用形象的表达，如果要了解其含义，我们必须首先确定使用的方式和地点。例如，我们多久听到一次"四角"桌而不是方桌，一个"非常普通"的人，而不是远远低于平均水平的人。在许多情况下，这种虚假表达是为了美化请求或使请求看起来更适度而做出的介于有意识与潜意识之间的动作。吸烟者说："我可以借个火吗？"尽管你明确知道香烟所燃起的火焰大小其实是无关紧要的。"我可以只吃一小块烤肉吗？"据说这样说是为了让另一个人把那个沉重的盘子递给发出请求的人，而这样显得更加谦虚。再说一遍："请给我一点水，"并没有改变另一个人必须递来整个水瓶的事实，而且之后你实际喝了多少水，他是不管的。所以，我们经常在谈到借的时候，根本没有想到要还的问题。一个学生对同学说:"借给我一支笔、一些纸或一些墨水。"但他完全没有归还的打算。类似的事情也会在那些认为自己行为不当,然后又想以最有利的方式展示这种不当行为的被告或证人身上发生。这些行为在美化之路上经常走得很远,而且可能做得很巧妙,以至于很长一段时间都无法观察到真实的情况。在这种情况下,习惯用法也提供了最好的例子。多年来,诚实地谋生并通过快速无痛地宰杀牲畜来满足许多人的绝对需求被称为一项残酷的工作。但是,当有些人仅仅是为了消磨时间或因为倦怠而射击和猎杀无害的动物,或仅仅伤害它们,并且不给予救治,让它们惨死,却被称为高尚的运动。我想看看宰杀一头公牛和射杀一只雄鹿之间的区别。后者甚至不需要高超的技能,因为与严重射伤雄鹿相比,快速无痛地杀死一头公牛更加困难,即使是最精确的射击也比正确屠杀公牛需要更少的训练。此外,杀死一头野牛比杀死一只温顺善良的野鸡需要更多的勇气。但是,习惯已经一劳永逸地假定了人与人之间的这种本质区别,而且这种区别在刑法中经常是有效的,而我们却没有真正看到如何做或为什么。在马匹交易中作弊和在其他商品交易中作弊,这之间的区别是相似的。这也体现在两个决斗者按规则打架和两个农民出身的小伙子按协议用他们的镐柄打架之间。它还出现在"受香槟激发"的人实施的违反法律的行为中,而不是某个"纯粹的"酒鬼违反法律的行为中。但是,对于第一种说法有偏爱的、原谅的使用意图,而对于后一个说法则是指责的、拒绝的意图。从不同的角度来看各种事件是不同用法的结果,这些用法首先将不同的观点区分开来。

  此外,在表述和聆听的过程中存在着某种不诚实的情况,这种情况下,说话者知道听者在听不同的事情,而听者知道说话者在说不同的事情。正如斯坦因塔尔[58]所说,"当演讲者谈论他不相信的事情,以及他不相信的现实时,他的听众同时非常清楚前者所说的话;他们理解正确,并没有责怪说话者含糊不清的表达。"这在日常生活中频繁发生,不会在人际交往中造成太大困难,但出于这个原因,在我们与证人和被告交谈的过程中应该出现相反的情况。我知道,证人经常会想要在没有明确表达的情况下去说明某种明确的怀疑时,使用刚才所描述的说话方式。例如,在这种情况下,审讯人员和证人认为 X 是罪犯。出于某种原因,也许是因为 X 与证人或"高层人士"的密切关系,审讯人员和证人都不愿意公开地说出真相,因此在这个问题上纠缠了很久。如果现在双方都想着同样的事情,结果最多只会浪费时间,而不会发生其他不幸。然而,当每个人都想的是不同的事物,例如,每个人都想的是不同的罪犯,但都错误地认为他们意见一致，他们分歧的且都没有明确表达的想法可能会引发危害性的误解。如果审讯人员认为证人同意自己的想法并且只在这个看上去确定的基础上进行审理，那么案件可能会变得非常糟糕。当出现法官认为嫌疑人想要认罪，虽然可能只是建议嫌疑人认罪，后者可能从未想过认罪的情况时，结果是相同的。只有一件事是我们的工作所允许的，即坦率和清晰的表达；任何混乱的表达形式都是有害的。

然而混淆的情况往往就这么偶然地发生了，并且因为很难避免这种情况的发生，所以就必须尽量去理解这种混淆。因此，根据已知的例子来理解未知的东西是极具特征性的，比如，罗马人最初看到大象的时候，称之为"罗马尼牛"。同样的情况还有"丛林中的狗"=狼、"海猫"=猴子等。这些是常见的用语形式，但每个人习惯于在遇到任何陌生物体时加以识别。因此，他的表示在某种程度上是形象化的，如果听众没有意识到这一事实，则无法理解他。所以可以通过清楚地找出对于发言者来说，哪些属于新事物、哪些是陌生事物来理解他的表达。当认识到这一点时，可以假设他在考虑不熟悉的对象时会用意象表达自己。这样就不难发现意象的性质和来源了。

使用外来词会产生类似的困难。当然，这种使用错误并不仅限于未受教育的人。我尤其记得我们语言中含义的弱化问题。根据沃尔克玛的说法，外来词通过剥夺母语同义词的准确性和新鲜性而形成了自己的意义，因此会被所有不愿用正确词汇称呼事物的人所使用。"忧郁的心境"远没有"悲伤"的心境那么悲伤。我想知道，如果不允许使用不幸、恶毒、背信弃义等词语，至少在一定程度上降低了词义强度的词语，那这些人要怎么正常地说话呢。使用这些词的原因并不总是归结为说话者不愿意使用正确的词语，而是因为有必要在不使用术语注释或其他扩展形式的情况下对同一事物的不同程度进行表达。因此，外来词在某种程度上是作为专业的表达引入的。然而在使用代替词的人看来，母语词弱化的方向绝不是普遍统一的。这完全是个人使用习惯决定的，每种特定情况下都必须重新审查。

在我们这个八卦时代，大量使用缩写形式是非常普遍的，这是从另一个角度表达自己。例如，在我的桌子上有一本古老的家族传记，叫《从悬崖到大海》。这个标题是什么意思？显然是它的内容及其阅读者的空间分布——即"遍布整个地球"，或"关注所有的土地和所有的人。"但这样的题目太长了，因此它被合并成为"从悬崖到大海"，没有考虑到悬崖经常屹立在海边，所以它们之间的距离可能只是毫厘之间——悬崖和大海指的不是地理位置上的对立面。

或者我儿子进屋后讲了一个关于"老学期"的故事。"老学期"指的是一个在大学里比规定学制多待了好几个学期的学生。由于这个解释太长，整个复合体被缩减为"老学期"，这样说起来更顺畅，但对于所有不熟悉大学的人来说却难以理解。通常会出现很多这种缩写，如果要避免误解就必须经常加以解释。沉默寡言的人不太常使用它们，多嘴多舌的人通过使用它们来寻求展现言语能力的机会。当人们以一种明显不舒适的方式进行累赘陈述，例如"半打"，英文为四个音节，而不是单音节"六"时，或者"圣史蒂芬穹顶上吊钟的划痕与一年中的日子一样多"等时，这种表达方式并非无关紧要。假设使用了这些繁复的表达，要么是想表达一种断言，要么是希望帮助记忆。有必要对这些陈述保持谨慎的态度，因为正如所表现的那样，它们只是在把数字进行某种程度的"完善"，或者在使用之前必须先考虑这种陈述带来的记忆辅助效果的可靠性。最后，众所周知，外来词往往会变成发音相近但是没有实际意义的词。所以当听到这样难以理解的单词时，大声重复或复述这些词有助于找到词的出处。

注释

[1] The first paragraph, pp. 78-79, is omitted in the translation.

[2] E. L. Fischer: Theorie der Gesichtswahrnehmung. Mainz 1891.

[3] A sentence is here omitted.

[4] E. Benneke: Pragmatische Psychologie.

[5] Cf.H. Gross's Archiv, XV, 125.

[6] Cf. Borst u. Claparfède: Sur divers Caractères du Temoignage. Archives des Sciences Phys. et Nat. XVII. Diehl: Zum Studium der Merkfahigkeit. Beitr. zur Psych, der Aussage, II, 1903.

[7] Gericht. Medizin. Vienna 1898. p. 447.

[8] J. M. Cattell: Über die Zeit der Erkennung u. Benennung von Schrift etc. (in Wundt's: Philosophischen Studien II, 1883).

[9] Cf. Windelband: "Präludien."

[10] H. Gross: Korregierte Vorstellungen. In H. Gross's Archiv X, 109.

[11] C. de Lagrave: L'Autosuggestion Naturelle. Rev. d'Hypnot. 1889, XIV, 257.

[12] Several sentences are here omitted.

[13] Cf. E. Storch: Über des räumliche Sehen, in Ztschrft. v. Ebbinghaus u. Nagel XXIX, 22.

[14] S. Stricker: Studien über die Bewegungsvorstellungen. Tübingen 1868.

[15] Cf. Näcke in Gross's Archiv VII, 340.

[16] L. Geiger: Der Ursprung der Sprache. Stuttgart 1869.

[17] W. Ostwald: Die Überwindung des wissenschaftlichen Materialismus.

[18] A. Höfler: Psychologie. Vienna 1897.

[19] Volkmar: Psychologie. Cöthen 1875.

[20] Th. Lipps: Der Begriff des Unbewussten in der Psychologie. München 1896.

[21] Cf. Symposium on the Subconscious. Journal of Abnormal Psychology.

[22] Cf. H. Gross's Archiv, II, 140.

[23] H. Münsterberg: Beitrage I-IV. Freiburg 1882-1892.

[24] A. Mayer and J. Orth: Zur qualitativen Untersuchung der Assoziation. Ztschrft. f. Psychol. u. Physiol. der Sinnesorgane, XXVI, 1, 1901.

[25] H. Münsterberg: Beiträge II, IV.

H. Ebbinghaus: Über das Gedächtnis. Leipzig 1885.

J. M. Cattell: Mind, Vols. 11-15. (Articles.)

J. Bourdon: Influence de l'Age sur la Memoire Immédiate. Revue Philosophique, Vol. 38.

Kräpelin: Über Erinnerungstäuschungen. Archiv. f. Psychiatrie, XVII, 3. Lasson: Das Gedächtnis. Berlin 1894.

Diehl: Zum Studium der Merkfähigkeit. Beitr. z. Psychol. d. Aussage, II. 1903.

[26] E. Hering: Uber das Gedächtnis, etc. Vienna 1876.

[27] Cf. V. Hensen: Über das Gedächtnis, etc. Kiel 1877.

[28] Ethies. Bk. III, Prop. II, Seholium.

[29] G. K. Uphues: Über die Erinnerung. Leipzig 1889.

[30] H. Dorner: Das mensehliche Erkennen. Berlin 1877.

[31] O. Külpe: Grundriss der Psychologie. Leipzig 1893.

[32] v. Kries: Beiträge zur Lehre vom Augenmass. Hamburg 1892.

[33] Cf. Schncikert in H. Gross's Archiv, XIII, 193.

[34] Jost: Über Gedächtnisbildung.

[35] Cf. S. Freud: Psychopathologie des Alltagsleben.

[36] Du Potet: Journal du Magnetisme, V. 245.

[37] F. Kemsies: Gedächtnis Untersuchungen an Schülern. Ztsch. f. pädago Psych. III, 171 (1901).

[38] T. E. Bolton: The Growth of Memory in School Children. Am. Jour. Psych. IV.

[39] L.Bazerque: Essai de Psychopathologie sur l'Amnesie Hystérique et Epiléptique. Toulouse 1901.

[40] Cf. H. Gross's Archiv. I, 337.

[41] J.Hubert: Das Verhalten des Gedächtnisses nach Kopfverletzungen. Basel, 1901.

[42] Cf. H. Gross's Archiv. XV, 123.

[43] W. Sander: Über Erinnerungstäuschungen, Vol. IV of Archiv für Psychiatrie u. Nervenkrankheiten.

[44] Sommer: Zur Analyse der Erinnerungstäuschungen. Beiträge zur Psych, d. Aussage, 1. 1903.

[45] James Sully: Illusions. London.

[46] H. Gross's Archiv I, 261, 335.

[47] E.Hering: Über das Gedächtnis, etc. Vienna 1876.

[48] M. W. Drobisch: Die moralische Statistik. Leipzig 1867.

[49] Neues Archiv des Kriminal-Rechts. Vol.14.

[50] H. Münsterberg: Die Willeshandlung and various chapters on will in the psychologies of James, Titchener, etc.

[51] A.Lehman: Die Hauptgesetze des menschlichen Gefühlsleben. Leipzig 1892.

[52] Cf. Darwin: Descent of Man.

Jakob Grimm: Über den Ursprung der Sprache.

E. Renan: De l'Origine du Language, etc., etc.

[53] Ursprung u. Eutwicklung der Sprache. Stuttgart, 1869.

[54] E. Regnault: La Langage par Gestes. La Nature XXVI, 315.

[55] Paragraph omitted.

[56] Paragraph omitted.

[57] Der Ursprung der Sprache. Stuttgart 1869.

[58] Cf. Zeitschrift für Völkeranthropologie. Vol.XIX. 1889. "Wie denkt das Volk über die Sprache?"

第五篇
作证的差异条件

专题 14　一般差异

第 63 节　女性——总则[①]

参与心理调查的犯罪学家最困难的任务之一是对女性进行判断[1]。女性不仅仅与男性在身体和心理方面差异巨大，男性也永远无法彻底地将自己置身于女性的立场。在判断男性时，犯罪学家面对的是同类，虽然他的年龄、生活环境、教育和品行跟犯罪学家自己完全不同，但同为男性，生理构造依旧是相同的。当犯罪学家对一个年龄比自己大很多的老人进行判断时，他看到的仍是自己以后可能会变成的样子，根据自身对这个老人进行想象，只是年龄更大些。当犯罪学家要研究一个男孩时，他知道自己作为男孩的感受和想法。因为我们永远无法完全忘记态度和判断，当然，无论多长时间过去——也同样无法完整地记住它们，同样也不会轻易地忘记这些态度和判断是如何形成的。即使犯罪学家面对的是一个青春期前的女孩，他仍然有一些判断方法，因为这一阶段的男孩和女孩的本质差异不至于妨碍他通过对比女孩与自己的童年来做出推断。

但对于女性的本质，男性却缺少很好的研究方法。我们无法找到男性与女性的类似之处，如果把女性当成男性的话，结论可能正确，但在这种情况下，有可能会造成刑法上的严重错误。[2] 我们总是以男性的标准来预估女性的行为和言语，所以总是出错。女性与男性是不同的，这一点经过了解剖学者、医生、历史学家、神学家和哲学家的验证；每个人都有亲身体会。女性与男性的外貌不同，且观察、判断、感知、欲望和发挥作用的方式也不同，但是律师惩罚女性犯罪的

[①] ☆本节是"女性"主题下的起始章节，后面至第 69 节都属于该主题下的内容。——编者注

方式却与惩罚男性犯罪的方式相同，我们以判断男性证词的方式来判断女性的证词。当今时代试图抛开性别差异并追求性别的平衡，但却忽略了因果关系法在此问题上展现的有效性。男性与女性的身体不同，因此他们的思维肯定也不同。但即便我们理解了这一点，在评估女性时还是会出错。我们无法获得对女性的正确认识，因为我们男性永远无法成为女性，而女性永远无法告知我们真相，因为她们也无法变成男性。

正如一个男性无法了解他和邻居是否将相同的颜色称为红色，男性和女性的精神生活之间毋庸置疑存在差异的根源也永远无法被发掘。但如果无法学会去了解最根本的女性问题的根源，我们至少可以研究其表现并希望可以在这一课题的难度允许的范围内尽可能搞明白些问题。有一个要点，我可能要提一下，即不科学的经验可能对此有所帮助。对此我们信赖真正的研究、学者的决定，以及他们在格言、法律差异、使用和谚语中所表达的观点。我们本能地认为大众观点呈现了数百年的经验，包括男性和女性的经验。这样我们可能会假定对个人观察的错误已经尽可能地得到了纠正，并体现了一种平均化的结果。现在，即使这种结果基本都是错误的，要么过高，要么过低，错误也不仅仅是部分的错误。如果在一列数字中，最小的是 4，最大的是 12，平均值为 8，如果对个别问题采用了 8 这个数值，误差最多就是 4，但绝不可能是 8。而如果对个别问题采用 4 和 12 这两个数值，误差可能就是 8。通常的看法给了一个平均值，我们至少可以假设如果几个世纪以来并没有相关的重大错误，那么无论是常用的规则还是格言都不可能继续存在。

在各种事项中，普遍的方法相对较为简单，并没有进行细致的区分。对女性采用的一般标准下的评估结果表明，女性仅仅是一种不太有价值的生物。我们发现在多数文明历史的早期以及当代一些落后的国家和部落中存在这样的观念。现在如果我们普遍认为一个种族的文化及其中女性的地位具有相同的衡量标准，那紧接着只会是不断地研究、揭露女性卑劣这种简单假设是错误的，男性与女性心智的根本差异还是无法确定，并且时至今日，当要求我们对女性的任一方面进行判断时，这种陈旧的观念无意识地影响了对女性的评估。因此，我们对未开化及半开化的种族中女性的附属程度并没有特别的兴趣，但另一方面，了解对我们自身文化具有影响的种族和时代的情况于我们而言并非无关紧要。让我们迅速回顾一下这些情况。

芬克[3]和史密斯[4]汇总的许多经典例子表明古希腊人如何轻视女性，W 贝克尔[5]认为最重要的是希腊人总把孩子放在首位，并说"τεχναχαιγυναιχας"（这个女人）。希腊自然法学家希波克拉底和亚里士多德谨慎地称女性为半个人类，即使是诗人荷马也持有这种观点（比如阿伽门农给奥德修斯的建议）。此外，他大谈女性散播丑闻和撒谎，而后来欧里庇得斯直接将女性的地位降至最低（比如伊菲琴尼亚）。

东方人也没有做得更好。中国人断定女性是没有灵魂的。伊斯兰教徒认为女性不能进入天堂，而《古兰经》(xliii, 17)将女性定义为在华丽的服饰和首饰中长大的生物，而且总是准备喋喋不休。《奥斯曼法典》第355条就是这种观念延续的体现，根据该法典，两名女性的证词与一名男性的证词效力相同。但即便如此，《古兰经》对女性的观念也比早期教堂神父的观念要先进得多。地方议会总是争论"女性是否有生命"这一问题。作为地方议会之一的梅肯议会虽积极地处理"讽刺的 MS"，"Mulieres homines non esse"（女性不能与男性有同等的地位）的问题；但同时也禁止女性徒手触碰圣餐。这种态度在无数狭隘的箴言集中有所体现，这些箴言集对女性的下等品格进行了讨论，当然这种看法有其环境背景，大量的女性被认为是女巫而被关押，其中仅在德国就有 10 000 人被火烧死。法律对女性作为证人之可信度的贬低也是非常明显的。例如，班贝根西斯刑法典（第76条）仅允许年轻人和女性在特殊情况下参与特别案件，另外，米德迈尔[6]也曾经对年长律师就女性证词价值的争吵进行过描述。

如果忽略塔西佗出于羞辱及改造其同胞的目的说出的关于女性在日耳曼部落中有崇高地位的言论，我们就会得到许多断言，从古挪威人哈瓦马勒的断言——日益恶劣地以蔑视的态度谈论女性，称女性善变、虚伪且糊涂——到结合了女性的极致崇高和极端堕落的现代箴言："给女性一双翅膀，她要么成为天使，要么成为猛兽。"这个表达很简练，它本意指的是一种恰当的观点——女性要么优于男性，要么劣于男性，或者同时具有这两种倾向。有些女性优于男性，有些女性则劣于男性，进一步讲，一位女性可能在一些方面要优于男性而在其他方面劣于男性，但在任何方面她都不像男性。女性自身是完整的，就如同男性自己也是完整的，如果将女性的优越和低劣与"目的性"相关联，这种观点就变得与上述提及的态度相符了。我们判断一个较高等或较低等的生物是从了解、感知和执行能力的角度进行的，但这种判断并没有考虑到这些生物体是否具有我们为它们假定的那种意图。因此，比起暴躁的天才，一项简单但需要不被打扰的集中注意力的单一任务可以由一个普通、有耐心、无思考能力的个体更好地完成。该个体比暴躁的天才更适于这种工作的目的，但他并没有比天才更优越。这就如同女性。女性被赋予了很多目的性，并且她们都适应得很不错。但根据我们的了解和感知，这种适应是否可以视为更优越或较低劣，则是另外一个问题了。

因此，当我们称一些不符合我们自身的女性特质为较差、劣等的品质时，在某种意义上是正确的。尽管根据现代自然主义者的观点，我们应假设每一种动物都朝着自身的目标在正确发展，但很可能忽略了这种品质本身是自然的品质和女性的天职。如果情况对于女性并非如此，那么女性就是自然进化法则的首个例外。因此，我们的任务不是去探索女性的独特性及稀有性，而是去研究自然赋予女性的身份和职责。进而会发现我们称为非凡的品质似乎是自然的必需品。当然很多女性品质不会将我们带到需要这些品质的情况中去。那根据一般共存法则就不一定可以推断出这一品质，但我们是否直接或间接得出某些结论在当下其实并不重要，因为我们并不了解面前的事实是什么。如果只找到一块人类的盆骨，我们应该能够从大概的形状推断它属于某一位女性，并能够将这一推断建立在生殖的基础上，生殖是女性的事情。但是我们也可以在面前只有一块盆骨的情况下，就该个体下肢骨头的位置做出可信的说明。并且应该能够说出胸腔的轮廓以及脊柱的曲线。这一点或多或少是依据女性的生育功能推断得出的。但也许会更进一步，并说这个个体——根据盆骨判断是一位女性，一定具有相对较小的头盖骨，尽管不能把现有的标志与生育功能或女性的其他特质关联起来，但我们的推测还是很可信，因为知道这个较小的头盖骨容量通常与宽大的盆骨之间的关联。类似地，将女性的各种心理差异全部总结起来，以确定其中直接必要的部分，并进一步推论出一般与之共存的其他心理差异。此处存在的必然性与之前的情况是相同的，一旦这种必然性成立，我们应该就能够对女性的行为给出令人满意的解读。

在了解女性心理之前，想简要地提一下，鉴于我们的问题所使用的文献并认为如果试图满足法律需求，那么诗人的成果对我们就没什么益处了。当然，就关于女性内心（女性最重要的特质）的信息，诗人可以提供参考，但史上有名的几位理解女性内心的诗人让我们陷入了困境，甚至引导我们犯下明显的错误。我们不关心文学史，也不关心"女性之谜"的解决方法。我们是寻求以其他人的荣誉和自由为代价来避免错误的律师，尽量避免情绪化。如果不愿意相信诗人，那是因为有许多代价昂贵的错误。我们也曾年轻过、理想化过。诗人告诉我们的，应该当成生活的智慧——其他人从未给予我们——我们想强迫自己用理想化的视角来解决最迫切的人类问题。错觉、错误以及无辜的悔恨都是这种混乱方式带来的结果。

当然我并不是想跟诗人对簿公堂，指责他们用虚无的神灵诱导年轻人，我相信如果诗人们被问起，他们肯定会告诉我们，他们的诗是为医生和犯罪学家所准备的。但有意思的是通常他们引入的观点都并非指向现实生活。理想化的形式并非自然生成的，然后在一个创造性的想法中突然结合。诗人首先创造一种想法，为使这个想法变得可能实现，再根据具体的感觉对个体的形式进行演化。过程越自然和必然，诗作就越好。但并不是说因为诗作看起来如此自然就没有产生怀疑，诗作就映射了生活的过程。犯罪学家没有一个人见过一种如诗作描述的情形，尤其是关于女性的主题。显然，在严肃且枯燥的工作中，或许能够将诗作的许多观察和断言解读为黄金真理，但也仅仅是当我们验证了其在日常生活中的正确性之后。必须明确的是，我在此并不是指我们自身只能通过观察，或者从各种变化的表象中提取真相，或者至少优雅简洁地将其（我可能是指令人信服地）表达出来。我只想说必须允许我们检验那些优雅的表达是否被普通化，以及是否能在日常生活中找到相同或类似的表达。这听起来存在着很大的矛盾，但我们绝不能忘记优雅自身就存在着一种实据性。克洛普施托克卓著的圣诗之一开头是"月亮围绕着地球，地球围绕着太阳，整个太阳系围绕着更大的太阳。我们的天父，那就是你啊！"在这篇不可言喻的诗篇中，本质上以极其精炼的形式证明了上帝的存在，而且如果深信不疑的无神论者阅读它，他至少当时是相信上帝的存在的。同时，真正的证据既不会被给出，也没有打算给出的想法。有宏大的意象、不容置疑的正确主张：月亮围绕地球转，地球围绕太阳转，整个系统围绕中央的太阳转——然后不假思索地把圣父和中央的太阳作为一种真实的存在加入第四个主张中。读者至少有一分钟因此而迷惑！这种极端的例子在诗歌中多次出现，特别是涉及女性的主题时尤为明显，所以，我们可以一致相信，诗作无法就该主题给予我们知识，反而会将我们引向错误。

为了了解女性的本质以及其与男性本质间的差异，我们必须摒弃一切理想化的事物。最切实的是我们必须抛弃一切犬儒主义，只在严肃的学科中寻找启发。这些学科可能是通史、文学史，但绝对不是自传，自传通常代表个体的经验以及片面的观点。解剖学、生理学、人类学及严肃的特殊文学可能带来没有偏见的观点，然后花费很大精力观察、对比并更新我们之前的观点。sine ira et studio, sine odio et gratia（没有愤怒和决心，没有憎恶和恩惠）。

我会补一个附加了参考文献列表的特别文献的清单。[7]

第 64 节　男性与女性间的差异

人们做过多次尝试来确定男性与女性心智的差异。沃尔克玛在《心理学教科书》中试图审查这些实验。但一些个例表明就该问题的明确陈述是多么不可能。许多陈述过于宽泛，还有许多过于狭隘、不知所云。如果人们了解问题了的发现者的观点并且倾向于同意他，则至少有些是正确的。我们可以思考下面的对比。

男性
个体
活动
领导力
活力
有意识的活动
有意识的推理
意愿
独立
个性
否定

女性
接受能力（布达赫，贝特霍尔德）
被动（多布，乌里奇，哈格曼）
模仿性（施莱尔马赫）
对刺激的敏感性（贝内克）
无意识的活动（哈特曼）
无意识的感应（冯特）

意识（费舍尔）

完整性（克劳斯，林德曼）

一般通用性（福尔克曼）和断言（黑格尔及其学院）

  这些对比没有一点令人满意。而且许多令人无法理解。布达赫的对比在某些限定范围内是对的，而哈特曼的对比近乎真实（如果你接受他的观点的话）。我认为这些解释对任何人都没有帮助或者不会让他更容易地理解女性。事实上，许多人似乎只会说男性的思维具有男子气概，而女性的思维是阴柔的。无论多么意气风发，都不能用隽语来形容。隽语只会让本身已经很困惑的人变得更加困惑。

  以描述女性一个明确以及具有决定性的特点的某些表达作为依据，对理解此课题没有什么帮助。例如，"在禁止的范围里，女性是小心的而男性是急切的"，在某些情景下，这句名言在刑事案件中，尤其是在有必要确定罪犯的性别时具有重要意义。如果是小心谨慎地作案，可能推测是女性所为；如果是迅速作案，则可能是男性所为。这句话存在两方面的不足。男性及女性不仅仅是在一些禁止范围里如此行事，而是在普遍情况下也如此。重申一下，这种特点可能被人们称为普遍情况，但不是绝对的：存在很多女性比男性热心得多而男性比女性小心得多的案例。

  错误概念最危险的地方在于，将未被证明的特性因素归结到女性身上，并通常以一些巧妙的形式来表达，因而听起来似乎非常正确，如谚语和格言。例如知名的格言：男人总是原谅漂亮女士的一切，而女人则不会原谅任何事情。这个本身是正确的，我们在舞厅的八卦及一些刑事案件的最可怕之处验证了这点。男人倾向于将漂亮罪犯的行为以最温和及最不令人感到被冒犯的词语进行解读，而女性对漂亮的女性罪犯的评判则更严厉，这种严厉程度与罪犯的漂亮程度及其偏袒者的数量成正比。那么就容易通过该主张的正确性得出下列结论：男性普遍倾向于善良地去宽恕，而女性则是难以轻易去原谅的种类。这种推断整体是不客观的，因为格言仅仅在偶然的情况下才会将女性作为对象，也可以解读为女性能够原谅一个英俊的男士的一切，而男性则不会原谅英俊的男士的任何事情。我们在此讨论的并不是嫉妒在生活中扮演重要角色这一极其重要的事实。

  在观察中使用通俗事实的另一个难点在于这些事实在更明确或较不确切的画面中被表达出来。如果你说，"男人用嘴乞求，而女人用眼神"，这个命题在许多刑事案例中是有用的，因为事情常常取决于两人之间存在或不存在奸情（丈夫被谋杀，嫌疑人是否与寡妇有关系）。

当然，法官看不到他们一起交谈的情景，看不到男性如何激动地说话以及女性如何移开视线。但假设法官已经握有一些信件——接着如果结合那个格言，他会看到男性比女性更直率，女性在一定程度上会感到羞愧。因此如果男性在信件中表达得非常果断，就没有与二人关系推断相矛盾的证据了，即使女性的信件里不会找到类似的表述。这一点可以用另一个格言来表达：男性想要的都表达在字面上，而女性想要的则表达在言外之意里。

区分男性和女性的重要难题在让·保罗的《列华纳或教育学说》中有所提及，让·保罗说"女人无法同时爱自己的孩子以及世界的四个大陆，而男人可以"。但谁见过一个爱四个大陆的男人呢？"男人热衷概念，而女人尤其热衷表象。"什么样的法律人明白这点呢？还有这个"一旦女性爱上了，她就会不断地爱，而男性则会间歇性地头脑清楚。"这一事实格拉比也另有表达，他说："对于男人来说，世界在他心中；而对于女人来说，她的心就是全世界。"那我们可以从中学到什么呢？女性的爱更伟大，占据了她更多的生活吗？当然不是。我们只注意到男性比女性要做的事情更多，且这阻止了其根据自己的印象做决定，所以他无法完全沉浸在自己强烈的倾向里。因此有句古话说，每一段新恋情都会让男人更加愚蠢，但会让女人更加明智，意思是男人的工作和做事效率因各种倾向被妨碍，而女人每次都能汲取生活中的新经验。当然男人也会收获一些新经验，但他有获取新经验的其他的且更有效的机会，而女人在生活中的地位不比男人，必须尽可能地总结自己的经验。

因此最好坚持简单且清晰的发现，这些发现可能没有文学性的描述，且不容许存在例外。正如弗里德里希[8]的陈述："女性比男性更容易激动、精神更不稳定且更易变；思想领导着男性，而情绪左右着女性。男性思考更多而女性感知更多。"这些未作修饰的、明确的表达虽然给出的不是新观点，但仍然包含了所需说明和解释的全部。我们或许可以用豪辛格的观点来补充："女性的想象力中，重复的较多而有用的则较少。因此，虽然女性中有优秀的风景和肖像画家，但自从女性开始绘画，历史上就没有出现过伟大的女画家。女性可以写诗、写风流韵事、写十四行诗，但没有女性能写出好的悲剧。"这种表述表明女性的想象力事实上更多是重复的而非更有创造性，在犯罪案件和目击者证词中也可以观察到这一点。

在犯罪案件中，这一事实本身不容易遵循，或者这个事实的执行方式不容易遵循，但在所使用计划的本质中遵循起来是没什么难度的。如果一个计划具有有效的创新，并不意味着这个计划是原创的。即便在一个例子中，原创也不可能在不存在被误解风险的情况下显现出来，我们只能依附豪辛格的范例，并称当犯罪行动的计划看上去似乎是更独立且完整地制定出来的时候，它就会被假设为是男性所为；但如果它需要一些支持，比如计划只是对已经发生犯罪情况的模拟，在计划执行期间寻求外部帮助等，则制定者为女性。这一事实被广泛地延用了，以致在后来发生的案件中，尽管罪犯实际上是一位男性，也会有女性被锁定为犯罪计划的制定者，但这种矛盾的推论几乎无法秉持公正。如果男性构想出一个方案，而女性执行，基本依据就被抹去了，女性会让方案有用的一面消失，或者变得不确定，以至于无法就这一方案得出确定的结论。

　　这种现象在目击者的陈述中同等重要。在许多案件中，如果假设目击者的全部或部分证词不正确、刻意编造或存在无意识的想象，那么我们或许能够成功提取证词的一部分来单独构想，然后决定证词中什么是错误的。这种情况下，如果目击者是男性，他的谎言是以编造的形式表现出来的，而如果目击者是女性，她的谎言则似乎是复制来的，至少我们得知了不真实的叙述。显然这个过程自身不包含证据性的东西，但至少可以引起怀疑和注意，而这在多数案例中就够了。可以说在自己的工作中我常从这种方法中获得许多益处。如果怀疑目击者的证词不真实，尤其是一些所犯罪行的概念，我会想到豪辛格，然后问自己："如果事情不真实，这是十四行诗还是悲剧？"如果答案是"悲剧"且目击者为男性，或者如果答案是"十四行诗"且目击者为女性，那么我就会认为可能全部都是编造的，接下来会变得非常谨慎。如果得不出任何结论，我也会从豪辛格的其他观点获得极大的帮助，我问自己"花朵是图像还是历史主题"，然后我再次找到了依据，以及是否有怀疑的必要。我必须重申，这样不会获得任何证据，但当预先得到警示时我们常常会胜利。

第 65 节　性别的独特性——总则

　　我们知道饥饿和爱不是产生冲动的唯一要素，也知道爱和与之相关的一切在事物变迁过程中产生的深远影响。这一点大体上可以说是正确的，女性自身性别的影响比男性自身性别的影响更重要，因为大量重要的条件会作用于女性，而不是男性。因此仅仅考虑女性肉体上的生理特征是绝对不够的，例如月经、怀孕、生育、哺乳及最后的更年期。我们也必须学习可能更为重要的源自女性本质且因文明和风俗而发展的生理特征。我们必须询问，当一个人自青春期开始之时起，就需要在每月的几天里对一些事情进行隐瞒，这对性格会产生什么影响，甚至是怀孕期间这种对秘密的隐瞒也要维持很长时间，这样的行为会引起我们的思考，即对于儿童和更年轻的人来说这种隐瞒又意味着什么？不可否认的是，要求女性更加自控的风俗肯定对女性的本性产生了形成性的影响。我们的观念不允许女性直接地表明自己厌恶或喜欢谁，女性也不可以明确地说爱谁，也不可以表现热切。一切都必须间接、秘密、婉转地进行，如果这个需求被延续了数个世纪，肯定会作为一个特征给予性别确定性的影响。这种表达对于犯罪学家非常重要。通常我们回忆起这些情形，就可以对现象进行解释了。现代观点和趋势的不同之处待后人发现。

现在让我们看看具体的特征。

第66节　月经

男人在生命中没有与这一女性特有的基本过程类似的事物，哪怕是一丁点类似的事物都没有。在女性的精神生活中，月经比男性惯常认为的要更加重要。在多数月经影响犯罪或事实陈述的情况中，有必要向法医求助，法医必须向法官汇报，法官必须要理解月经的相关事实和影响。当然，他也必须对月经的全部有个整体的了解，比如他必须要求法医确切地告诉他月经什么时候开始的以及是否有明显的患病状况。然后法官的工作是以心理学的方式解释法医的报告——根据法官接受的训练，他所知道的心理学知识不会比医生多，也不会比医生少。任何生理学的课本都会讲到关于月经的一些重要事实。对我们来说，重要的是了解月经开始于13岁到15岁，结束于45岁到50岁。通常月经周期是一个日历月——27天到28天，并持续3到5天。月经结束后，性冲动会加强，即使是对于因为其他原因而性冷淡的女性，多数情况下也会有所增强。此外值得关注的是，大多数女性在月经期间会表现出重要的精神生活的变化，通常表现出在其他情况下自身没有的心理状态。

在多数情况下，没有其它合理的理由可能不去询问经期是否开始了，值得注意的是，根据一些权威机构的观点，多数女性的月经期在上玄月时出现，而少数女性的月经期在新月或满月期间。这些事实非常可疑，但我们也没有其它确定女性经期的线索。普遍承认的经期标志（例如，一个特别的穿着，眼睛重要的一闪，嘴里难闻的气味或者对出汗的敏感性）都不太可靠，还有比如感到不适、后背紧张、身体疲乏等等，只有通过直接询问或医生的检查才能更好和更简单地发现经期的线索。

如果对于月经会影响证词或犯罪有任何怀疑，并且如果其他事物，尤其是以上提到的事实不是对立的，那么需要决定我们是否在考虑一起受月经影响的心理事件。关于这个主题，伊卡德[9]写了最好的专题著作。仔细考虑这个问题，我们的注意力首先应放在经期开始的重要性上。女孩在青春期开始时是最温柔、最安静、最有灵性、最有魅力、最倾向于理智的，通常就是月经开始前一段时间，或者是在月经规律之后一段时间。然后此时年轻女孩犯罪的倾向就非常低，也许比其他任何时候都低。因此，更需要担心的是这样的女孩可能会成为放荡之徒激情的受害者，或者可能会因自己的错误行径引来最大伤害。这更有可能发生在孩子无事可做时，尽管她们天生这样。未利用的精神品质、倦怠、清醒的敏感性以及魅力共同作用，表现为对令人兴奋的经历、浪漫的经历或者至少是不平常的经历的一种兴趣。性别的事情也许不能完全或部分被理解，但刺激是存在的，结果就是一些关于非凡经历的无害梦境。这些危险之处在于可能会由此出现幻想、未完全合理化的原则以及欺骗的倾向。然后当具备了所有的先决条件，就造成了那些不公正投诉、关于引诱的假证词、强奸、试图强奸，甚至是纵火、指控信及诽谤的著名案例。[10] 我们每个人都足够了解这些指控，每个人都知道常常无法不对原本安静、诚实、平和的女孩会做出如此费解之事感到惊讶。如果已经调查了她初潮的时候是否发生过这种事情；如果在下一次经期期间对女孩进行了监督以确定是否出现一些新的重要变化，法医也许能够对此做出解释。我知道许多半大女孩犯罪的案例，在任何情况下这些女孩都不应被控告这样的犯罪行为，其中有纵火、冒犯君主、书写无数匿名信以及通过抱怨完全幻想出来的引诱而进行诽谤。在这些案例中，我们成功揭示了受质疑的女孩在其初潮时就犯过罪；而在其他情况下，她则安静且表现良好，且在下次经期时表现出某种程度的严重不安和激动。一旦月经得到正确调整，前期的现象也就没有了，女孩也不会有进一步犯罪的倾向了。[11]

当像女性这样的生物不得不陈述自己感兴趣的感知或以有趣的方式发生的感知时，她们也会经历类似的危险。这里需要注意两方面。首先，确认当有问题的孩子看到被讨论的事情时，或者当她讲述被讨论的事情时，她是否正在月经期。在前一种情况下，她说的要比可能感知到的要多，在后一种情况下，她产生了超过真实看到的错觉。大家都非常熟悉年轻女孩的证词有多不可靠，以及这种不可靠所引起的错误，但是很少有人关注的一个事实是，这种不可靠性并不是永远存在于个体上的，且多数情况下会变得完全可信赖。通常，刑事法官几乎无法确定一个处于经期的女孩的证词的不一致性，因为他最多见她几次，这些时候也不能观察出她对真相的热衷是不是有差异。幸运的是，刚刚开始来月经的女孩的陈述，如果不实，是非常有特点的，这些陈述会以基本比较浪漫、非凡且有趣的形式呈现。如果发现这种将简单的日常事务说成非凡经历的倾向，然后如果女孩的证词与其他目击者的证词不符等等，我们就要有所警觉。但通过事前审查非常了解这个女孩的人以验证其可信赖性以及对真相的热衷度，仍然可以获得一定程度上的保障。如果这些非常了解该女孩的人的陈述增强了对经期带来影响的怀疑，直接询问或重新审查也没什么，如果必要的话，引入医疗援助以确认真相也是可以的。在大量典型案件中，直接询问得到的回答是错误的。如果在这种案件中，我们了解到目击或作证是在经期进行的，也许可以假设如果不是纯捏造的话，大量夸张的存在是合理的。

从年幼的小孩到完全成年的女性，经期容易改变认知的质量以及描述的真实性。冯·赖肯巴赫[12]写道经期时敏感性加强，尽管这位伟大的发现者就此课题说过许多疯狂的观点，但他的观点依旧表明他应该被视为一个聪明的男人及一位优秀的观察者。毫无疑问，他观察的人仅仅是那些非常紧张的个体，她们对所有的外部刺激反应都很剧烈，且由于冯·赖肯巴赫的观点与其他人一致，我们也许可以假设他的观察至少展示了经期女性是多么情绪化、易激动以及倾向于好的感知。大家都知道在某些生病状况下，感知会变得多么敏锐。在感冒前，嗅觉通常会强化，某些头痛还伴有听觉强化的情况，所以会受到在其他时候根本听不到的声音的干扰。身体每一处瘀肿的地方对触碰都非常敏感。总之，我们必须相信女性的感官，尤其是肌肤的感觉，即触感在经期会加强，因为她的身体在经期处于"警戒状态"。这一点在许多方面都显得非常重要。一个月经期间的女性会听到、看到、感觉到及闻到其他人及她自己在其他时候无法感知的，这是可能的。再比如，如果追溯经期女性的众多想法，我们会了解到更微妙的感知和知觉间的界限无法轻易界定。我们会看到从感知到敏锐的应激性（许多争吵的来源之一）的一般过渡。目击者、伤员或被告方全部都很大程度上受此影响。大家普遍了解一个事实，即绝大多数对女性荣誉的指控都是不实的。仅仅了解对经期女性的抱怨是如何出现的就很有趣。当然，没人能够从统计学确定这一点，但事实是这种尝试并非在犯罪后整整四周进行最好，也不是在控告后四周进行最好。因为如果对经期女性的多数抱怨是在其月经期间发生的，她们四周后会同样激动，且对每次调整的尝试都会反对。这一点是已验证的基本原则！在一次帮助小镇上一位值得尊敬的、爱好和平的市民时我运用了这个原则并成功了。这个市民的妻子不断地抱怨 inuriam causa（受到伤害），但是我得到的回答是他妻子有一个优秀的灵魂，但"月经期间变得邪恶，并试图找机会和每个人吵架，然后立刻认为自己被侮辱了。"

龙勃罗梭[13]指出了一种比生气的能力更可疑的特质，他说经期的女性易于生气和捏造。在这点上龙勃罗梭可能是正确的，因为撒谎可能与观察到的其他特质相结合。我们常常注意到最可敬的女性以最无耻的方式撒谎。如果找不到其他动机并且知道女性周期性地进入这种异常状态，那么我们至少有理由假定两者是协调的，并且周期性的状态是女性罕见说谎的原因。在这方面也需要小心谨慎，如果我们听到来自女性的重要且未经证实的断言，必须记住它们可能是由月经引起的。

但我们可能要再深入一点。杜绍莱[14]基于意义深远的调查断言，巴黎商店的许多盗窃案件常常是最优雅的女士在其月经期间所为，每36起盗窃案中不少于35起是这种情况，而这其中还有10多起盗窃案件发生在经期开始时。

研究这项问题的其他权威人士[15]表示，展示女性渴望的物品会导致盗窃。假设女性在经期处于更易于激动且更无法主动拒绝的状态，那么她可能很容易屈从于漂亮珠宝和其他小玩意儿的诱惑。但这种可能性让我们得出了更进一步的结论，女性想要的不仅仅是漂亮的事物，且在经期期间更不能够抗拒她们的欲望。如果她们无法抗拒这些事物，那也无法抗拒其他事物。在处理这些以前被称为盗窃癖的人犯下的盗窃案件时，尽管拒绝使用这个术语，但盗窃癖是不可否认的，如果盗窃行为反复出现，通常还要看怀孕是不是原因之一。当然也要考虑到月经的影响。

月经可能会使女性犯下更糟糕的罪行。很多作家都引用过无数类似的案例，在特殊情况下理智的女性被驱使作出最不可思议的事情——绝大部分是谋杀。当然，如果这个女人的朋友不知道这种反常的趋势，这种犯罪会更多，在这个短暂而危险的时期，朋友们应该仔细照看她。

众所周知，月经失调会导致精神异常。这种精神疾病开始时悄无声息，以至于在众多案件中它被忽视了，因此尽管这种疾病需要注意，但由于它的过渡性，所以一般更容易被解释为"神经兴奋"，或者不被注意。[16]

第 67 节　怀孕

我们可以非常简短地谈谈怀孕的情况和影响。众所周知，怀孕对女性的精神层面有着强烈的影响，因此对怀孕的疑虑将比对月经的疑虑要少得多，那么，在孕妇犯罪的情况下，或者在孕妇做出重要证词的情况下，医生很有必要到场。但是，事实上经常表现的显著的欲望和行为，以及影响孕妇的异常、残酷的冲动，并不是唯一要请医生来解释的东西。关于怀孕最困难和最深刻的问题纯粹是心理性的，其表现为时而轻微时而明显的观点和视角的改变。它们本身似乎并不重要，但会使个人对于所发生事情的态度产生变化，而她必须向法官描述这种变化，即这种变化可能会导致判决的改变。我在这里重申，理论上可以说，"证人必须讲述事实，而且只能讲述事实。"但事实并非如此。除了任何一种感知的陈述都包含判断这一原因之外，它还总是取决于观点，而观点又取决于情绪状态。那么，如果从未经历过孕妇所受的任何情感变化，我们必须能够有逻辑地解释它，才能找到符合事实的东西。我们撇开母亲身体条件的变化对于营养和循环条件的干扰；需要清楚地了解，照顾一个正在发育的生命意味着什么，知道未来的生命正在幸运或不幸地成长，并且能够为父母带来欢乐或悲伤、痛苦或祸害。女性知道自己的状况危及生命，至少带来痛苦、苦恼和困难（通常孕妇高估了这一点）。无论是否受过教育，她会不由自主地感受到所承受的成长生活的秘密性，难以捉摸性，一个生命即将出世，从而使它的母亲陷入危险。她感到自己更接近死亡，这种感觉所伴随的各种倾向是由每一个未来母亲感觉的性质和条件所决定的。一个可怜的、被遗弃的新娘怀上了孩子，和一个年轻女性的感觉有多大的不同？她知道自己要把一个渴望的名字和财富的继承人带到这个世界来。想一想一个病态的、刚刚又怀上孩子的无产阶级者和一个舒适、完全健康的女性面对同样的情况感觉之间的差异,前者知道这个新生儿是个不受欢迎、多余的孩子,他的出生可能会夺走无助母亲的生命,而后者则认为生三四个孩子没有区别。

如果这些感受是多种多样的,难道它们就不应该如此强烈,而且影响深远,以至于影响女性对某些她观察到的事件的态度?可能有人反对说,证人的主观态度永远不会影响法官,因为法官在片面观察事件时能够轻易地发现客观事实。但是还是不要自欺欺人了,让我们接受事物的本来面目吧。尽管证人尽了最大努力,主观态度可能会导致客观的谎言,而审查员可能完全无法区分什么是真理、什么是诗歌。此外,在许多情况下必须询问证人的印象。特别是在事件不能用文字描述的情况下。

我们必须要问,证人的印象是否属于危险性的攻击、严重的威胁、可以想象到的勒索、蓄意的斗殴、侮辱性的姿态或有预谋的攻击。在这种以及成千上万种其他的案例中,我们必须了解这一观点,并被迫从中推出结论。最后,有谁会认为自己完全不受情绪诱导的影响呢?证人以明确的语调述了事件,这也是我们的回应。如果有其他证人,则可以补充不完整的观点,然而如果只有一个证人,或者由于某种原因相比其他人,我们更相信这个证人,或者如果有几个同样值得信任的证人,但条件、观点还有"事实"仍然是不充分的。无论一个怀孕的女性站在谁的面前,她的印象也会是千变万化的,因此很可能"悬而未定"![17]

较早的文献发展出了一种精心设计的、关于孕妇表现出特殊欲望或其感知和表达的异常变化的诡辩,在许多方面具有相当重要的意义。然而,我们必须记住旧的观察结果很少是准确的,而且总是比现在拥有的知识少。

第68节 性欲方面

涉及女性性冲动程度的问题经常被等闲视之。当然,对于律师来说,了解这一点很重要,因为如果知道女性在多大程度上鼓励了男性,很多性犯罪可能会得到更合理的判断,在类似情况下,这些知识会有助于推测女性证人可能对此采取的态度。首先,女性个体的需求与男性个体的需求存在不同,就像对食物、饮料、温暖、休息和其他上百种动物的需求一样。即使确定了一个平均值，我们也找不到任何标准。要说女性的性欲比男性更加不敏感是无用的，因为专家们在这件事上相互矛盾。我们既没有得到塞尔吉[18]主张的帮助，她认为女性的敏感性低于其易怒性，也没有得到曼特加扎说法的支持，即女性很少有强烈到给她们带来痛苦的性欲。所以我们只能通过观察以及对其结果进行解释才能有所收获。例如，当意大利的实证主义者们一再声称，女性的性欲不强且更加性感时，这就意味着男性更关心性冲动的满足，而女性更关心母性本能。这条信息可以帮助我们解释一些案例，至少应该理解某个女孩的很多错误，而不需要立即假定强奸，或通过婚姻承诺被诱奸等等。一旦我们清醒地意识到这种耻辱给女孩带来了什么——蔑视、耻辱、怀孕的难处、与亲戚的疏远、甚至可能被驱逐出出生的家庭，或许会失去了一个好的职位，然后是孩子出生的痛苦和悲伤、照顾孩子、收入减少、孩子的困难与烦恼、生活中的困难、通过婚姻获得照顾的可能性更小——这些后果都如此严重，以至于不可能将它们全部归结于性冲动这种基础的原始力量，这并不足以掩盖对这种满意结果之外的看法。

　　著名的维也纳妇科医生布劳恩说："如果自然设定生产行为由男女轮流承担，那么任何家庭的孩子都不会超过三个。"他的意思是即使妻子同意生第三个孩子，丈夫也会因为第一次生产时的疼痛而感到害怕，并再也不允许自己生第四个孩子了。由于很难说我们有理由断言女性的性需求实质上更强，或者说女性比男性更能承受较多的痛苦，所以不得不相信女性必定有着一种男性所缺乏的冲动。这种冲动如此强烈，以至于可以简单地抑制对私生子或其他不受欢迎的孩子的出生的一切恐惧，这就是我们所说的性冲动，也就是母性本能。

　　似乎至少在个别情况下，这种观点听上去是很自然的事情。根据伊卡德的说法，有些女性只是为了哺乳的乐趣生孩子，哺乳是一种愉快的感觉。如果自然产生性冲动纯粹是为了保护物种，那么她至少可以在一些特定的情况下，赋予性冲动某种特殊的冲动，并更充分地表达自己的性欲和母性本能。这种冲动将向犯罪学家解释大量的现象，尤其是女性对男性欲望的顺应；仅凭这一点，犯罪学家就可以推断出许多其他难以解释的心理现象。

　　当然，有一系列事实否认了这种冲动的存在——但只不过是看上去如此。谋杀儿童、母亲经常虐待子女、非常年轻的女性反对生育和抚养子女（参考文献：受过教育的法国和美国女性），类似现象似乎违背了母性本能。然而，不能忘记所有的冲动都会在反向冲动变得更强烈的时候结束，在特定的情况下，即使是最强烈的冲动,也就是自我保护的冲动,也可能遭到遏制。一切绝望的行为——拔掉胡子、拳打脚踢、对自己的健康状况大发雷霆——最终随之而来的可能就是自杀。如果母亲杀死自己的孩子,这种行为与绝望中的自我伤害属于同一类型。那么,和这个类似的其他更有序更常见的行为,例如女性不愿意生育,也可以解释成是一定文明条件的结果。如果回忆文明和时尚强加给我们的在营养、衣着、社会适应等方面的那些不自然、无意义和半疯狂的习惯,我们不需要举出真正的反例来理解对舒适的渴望、懒惰和对财富的争夺如何导致了对母性本能的压抑。这也可以称为退化。还有一些似乎不太重要的其他情况也在违背母性本能。这主要是因为性冲动会持续到母亲的年龄已经不足以生育孩子的时候。我们知道,第一根白发在某种意义上并不代表最后一位情人,根据泰特的说法,还会有一段强烈的性冲动发生在更年期之后。那么,就怀孕和生产而言,这种冲动又能有什么用呢?

但是,由于自然本能的持续时间超过了它们的有效周期,所以这并不意味着它们与效率无关,我们在营养过剩的时候照样吃喝不误。令人惊奇的是,当自然的本能和功能被完美地调整到明确的目的时,它仍然没有划定出一个明确的界限,并且在没有需求的时候摧毁了工具。正是因为自然在其他地方表现得很吝啬,所以她才常常看上去很奢侈;然而,这种奢侈其实是实现必要目的的最廉价的手段。因此,当母亲的职能不再需要女性的激情时,这种冲动仍可用来对不止一桩犯罪事件进行心理解释。

重要的是把母性本能算作犯罪情境中的一项因素来考虑。如果这样做了,我们不仅会找到对不当性行为的解释,还能找到丈夫和妻子之间或多或少纯粹关系的更微妙问题的解释。女性对丈夫和孩子的态度、对他们的要求、为他们所做出的牺牲,是什么使她能够忍受一种明显无法忍受的局面;尽管看起来价值不大,但又是什么直接而突然的削弱了她生活的勇气——这些都是在无数过程中作为区别和解释因素而出现的,我们应该用"母性本能"一词来概括解释和理解它们。在很长一段时间里,爱情和性冲动的不可理解性被当作借口,但这些强大的因素中又包含了相当显著和自相矛盾的方面,以至于困惑不断互相叠加,最终形成了所谓的"解释"。现在假设我们试图通过母性本能来解释它们。

第 69 节　隐藏的性因素

犯罪心理学家发现困难往往在于一些隐藏的冲动其实是真正发挥作用的根源，但它们看起来似乎与结果没有任何联系。正因为如此，我们在探寻原因时的出发点往往一开始就走错了方向。我之所以说出发点，是因为"动机"必须是有意识的，而"理由"可能会被人误解。我们也明白，对于无数刑事案件显得无能为力，这是因为纵然知道这些是犯罪，但却无法对罪犯和犯罪之间的因果联系（他们犯罪的原因）做出解释，或者因为没有对罪犯进行先期了解，所以只能先通过了解罪犯的心理发展来得到线索，之后再做判断。如果我们寻找"理由"，很可能会把其中的绝大多数理由归结为非正当理由；如果寻求动机，可能会对此产生严重误解，因为只可能把罪犯与犯罪事实联系起来，而这一点也是罪犯从一开始就能想到的。我们很难将一些动机与犯罪本身做直接联系。例如贪婪就意味着盗窃，报复就意味着纵火，嫉妒就意味着谋杀等。在这些情况下，审查的整个过程就像是在做算术，可能很难，但却是基础层面的。然而，当我们只能从犯罪行为到最后可追溯的理由，甚至到罪犯的态度来发现一系列相互关联的行为，但却无法做出任何解释时，进一步理解案情的机会就很渺茫了；我们开始陷入盲目的摸索。如果没有找到这种解释，情况还比较好，但是多数情况下，我们会误认为自己已经看到并寻求到了适当的解决办法，这就很糟糕了。

性是许多犯罪的一个隐藏根源，也可以说是出发点。它常常隐蔽地发挥作用，由于羞耻感，这在女性中更为常见。隐藏的性这一出发点可以使一个无关紧要的女证人说出不易被察觉的小谎言，也可以让一个丈夫为了得到情妇而投毒害人。"性"这一动机总是打着一面假旗横行，因为没人喜欢让自己的欲望赤裸裸地暴露出来，所以必须假借它名，即便是女人也不例外。

性冲动的第一种隐藏形式是虚假的虔诚，也就是所谓的"宗教虔诚"，一般存在于较早的时期。弗里德里希指出了宗教活动和性组织之间的联系，并引用了许多关于圣人的故事，就像修女布兰伯金说的那样，她说："Eam scire desiderasse cum lacrimis, et moerore maximo, ubinam esset praeputium Christi."（我渴望有一天，我会和你一起去见上帝）神圣的维罗妮卡·朱利安尼为了纪念上帝的羔羊，带着一只小羊羔让它睡在胸前并喂养它。类似的事也发生在热那亚的圣凯瑟琳、圣阿尔梅拉、伊丽莎白、幼年耶稣身上等。正如莱因哈德所说，甜蜜的记忆往往不外乎隐藏的激情和感性之爱的迸发。索姆曾错误地断言，神秘主义主要存在于衰弱的神经和绞痛之中，其实这是一个更深层的问题。

这一事实的作用很简单。我们必须先弄清楚一些问题，例如一个女人在道德上是纯洁的还是感性的。这一点对于判断其是否违反道德和法律方面都很重要。关于这个问题，我们所得到的回答几乎全是毫无价值或不真实的，因为所讨论的主题并不是开放的，并且是难以见人的，甚至对最亲近的人也保密。因此最好是通过将问题引向宗教活动、宗教虔诚和类似事件来达到这一目的。这些特征不仅容易察觉，而且还是公开的。假设一个人虔诚，会为了别人着想，这种（高尚的）想法一般不会被隐藏。如果基于宗教原因的过度言行能得到目击者的可靠证实，那么，人们一般不会判定它是错误的并将其归因于或多或少被抑制的性快感。

这种例子我们都知道不少，但我还是想用自己经验中的两件事作为案例。其中一个是这样的：一位稍上年纪的未婚女子挪用了数目可观的信托基金并将钱交给了她的仆人。起初，所有关于性影响的怀疑都被排除在外。直到她在家里筑起一座圣坛并迫使仆人和她一起在圣坛上祈祷，这件事才引起了人们对这位非常有道德的少女和她仆人的深切关注。

第二个案例是关于年轻妻子毒害自己年老无能的丈夫。起初谁也没有怀疑过她，但是在审讯时，她那佯装的虔诚引起了怀疑。她被允许就宗教问题陈述自己的观点，并表现出对圣徒和宗教秘密的极大热爱，以至于让人难以相信，在这宗教外衣之下隐藏着的竟是一种强烈的感官享受。无法证明是否通奸，她一定会出于种种原因避免了这一点，而不容置疑的是那无能的丈夫不能让她满意。所以不可避免地出现了为了嫁给别人想摆脱他的想法。而当这个"别人"被找到时，要对她的罪行进行举证就不再困难。

克劳斯曾说：[19]妻子从不假装对丈夫有激情。她的欲望就是引诱他，如果没有激情，她就不会有这种欲望。他的话表明，要证明直接的激情并对此产生合理的怀疑很困难，首先很有必要确定掩盖的事实是什么。这种断言只有在一般情况下才成立。因为女人并非没有理由装腔作势，在很多情况下，有些女人怀上了贫穷男人的孩子，想借此勾引有钱人，为自己的孩子找个有钱的父亲。这时，她们可能会利用各种诱惑、诡计达到目的，而需要表现出热情的一面。

性的另一种重要潜在形式是倦怠。没人能说明白倦怠是什么，但都清楚倦怠是什么。没人认为倦怠是种负担，但都知道它是万恶之源。它不同于懒惰，因为

| 第二部分 |　　刑事侦查的客观条件：被调查者的心理活动

我可能闲得倦怠，也可能忙得倦怠。无聊，可以说是一种对新鲜事物的欲望未得到满足时产生的态度。一般说"无聊的地方""无聊的讲座"或"无聊的同伴"，只是通过转喻的方式来表达这些事物带给我们的情绪状态。但内部因素才起决定性作用，因为同一件事情对一个人来说无聊，但对于另一个人来说却可能很有趣。通过情感状态到客观事物转换，一次集合、一个图书馆、一个讲座都可能是枯燥乏味的，由此，无聊这一概念就有了广泛的范围。然而我们依旧把无聊说成是一种情绪状态。因为我们发现这种情绪在女孩、年轻女性、未成熟或女性化男性中最为常见，这是一个非常重要的现象。由此，这种特殊渴求、幸福或不幸福的态度，表现在对某种缺失的东西的渴望上，表现在对那种渴望得不到满足时无声的责备中，表现在对填补内心空虚的不断萌动的渴望上。这一切的根源主要来自性。这虽然不像数学公式一样能得到证明，但经验表明，情感态度只发生在有性能量存在的情况下，而当欲望得到满足时，这种情感态度就会处于空缺，否则，即使是最丰富和最好的替代物也不能使其达到满足。因此，推断色情的起点并不算大胆。我们再次看到，在工作中对道德的严格要求和训练，是如何压制所有"不必要的状态"的，而这些状态表达着各种需要，它们需要完全被满足。

但每件事都有局限性，这种甜蜜的"倦怠"带来的温和而平静的力量往往比工作上的压力和强制力更强大。这种力量一旦存在，它永远不会带来好结果，而且很多情况下它带来的后果都事关重大，这种阴暗力量下常常有禁果慢慢成熟。没人能断言倦怠是不正当关系、引诱、通奸以及由此产生相关罪行的万恶之源，其中包括为心爱的人挪用公款和谋杀失宠的丈夫。但对于犯罪心理学家来说，无聊是种迹象，表明这个女人对自己所拥有的并不满意，并想要别的东西，这种从希望到渴望再到渴求之间的距离并不远。但当我们审问这个悔过的罪人并且当她开始忏悔犯罪行为时，我们会发现，她经历了无法挽救的厌倦，在这种厌倦中滋生出邪恶的念头，继而酝酿出更加邪恶的计划。当你问起时，有经验的犯罪心理学家都会告诉你，自己是否在试图以女性无聊为出发点来解释女性犯罪时所犯下的很多错误。邻居们知道这种无聊会在什么时间产生，而罪犯认为如果被问及时间点，说明这种事已经败露了。这种情况下一般都会找到答案，比如"寻找女人，寻找真爱，打发无聊"。

自负可能是由潜在的性引起的。我们只需用一个词来概括，因为当谈到学者、官员或军人的自负时，指的是对名利的欲望，这是种让自己得到赞扬和承认

281

的做法。自负本身只是女性的特质，或者说是具有女性特点的男性特质，正如达尔文所说，鸟类、昆虫甚至植物的颜色都是以性选择为目的，所以，女人的自负也是以性为目的。女人只为男人而自负，即使需要通过其他女人来达到这个目的。正如洛策在他的《缩影》一书中所写的：在不伤害自己的情况下，任何能引起女性注意的事，都会在两性冲突中被她本能地用作一种手段。"手段"和"两性冲突"这两个词蕴含了很多道理。男性直接挑起战争，如果我们不加修饰地处理这个问题，就不能否认人类和动物的这种行为有类似性。男性为了女性直接争斗，所以女性不得不研究如何为自己挑起这种斗争，从而在两性冲突中偶然发现了如何利用自负来达到这一目的。女性自负这个问题对犯罪心理学家来说已有所了解，不需要被告知，也并不重要。重要的是她们的自负是以何种方式呈现出来，造成的后果以及与其他条件的关系。

在法庭上利用女性的自负并不是一种聪明的技巧，而是一种不可容忍的、可能会很过分的诡计。正如里欧夫人所说："想要成功对付女人，就必须善用她们的自爱。"普洛斯佩尔认为，不能通过女人的感觉去探寻她们，她们的弱点在于内心和自负。然而，这些属性往往过于强大，导致人们很容易受到欺骗。如果法官不明白如何利用这一点，那就无法起到积极作用，但如果他明白这一点，就拥有了一种武器，利用这种"武器"可以让女人被迫走向极端，然后自尊心受伤、诱发愤怒，甚至连一个建议都可能会带来很大的反应。例如，一个女人想在法官面前为情人辩护。这时，如果法官成功地证明了一些事实并伤害了她的自负，说服她并告诉她，她被自己一直维护的爱人背叛、伤害或遗忘，或者她仅仅是听信了这样的话，那么多数情况下，她很可能会尽其所能地指责和伤害他，而这种指责和伤害的程度远比自己能解释的更严重；如果可以的话，她还会试图摧毁他，无论对错，因为她并不在乎。她认为，如果失去了情人，别人也不能得到他。龙勃罗梭说："女人的自负告诉我们一个事实，即女人生命中最重要的事就是为男人争斗。"这一论断通过一系列实例和历史事件不断得到印证，可以为许多错综复杂的案件提供线索。首先，在很多实例中，重要的是要清楚女人是否已经开始为男人争斗，无论她是否有情人，或希望有情人。如果能证明她突然变得自负，或者她的自负确实变得更强烈，那么这个问题的答案无疑是肯定的。有时甚至可以通过确定这种自负最初开始的确切时间，以及它是否与某个人有更密切的关系来成功地确定是谁。如果发现存在这些条件，并且这些条件全部得到证实，并且在观察中没有问题，那么就能确定这种推论的正确性。

| 第二部分 | 刑事侦查的客观条件：被调查者的心理活动

当提到男人如何能改变一个女人的倾向时（这个女人与他在任何意义上都不平等），我们都能了解到许多有关女性自负的问题。在这种情况下，我们不必为女性心灵中无法解开的谜题和灵魂中永远黑暗的秘密而烦恼。"Vulpes vult fraudem，lupus agnum，femina laudem"（狐狸渴望欺骗，狼渴望羊，女人渴望赞美）——这句话道出一切奥秘。男人知道如何利用"laudem"（赞美）——即如何激发女性的自负，从而战胜比他更有价值的人。

通过了解女性的自负程度，我们还能了解女性性行为的活跃程度，后者在犯罪学上有着重要意义。海因罗斯说过，每个女人只要有这样的需求，或相信可以这样，就会有最大的自信。"自负是性的特征，"这还涉及"性的标准"。当孩子渐渐长大，性兴奋必然会有。这种需求随着她们变得喜欢打扮自己开始，而当她们渐渐年老蓬头垢面时，这种需要就消失了。当一个女人坐在你面前衣冠楚楚却说自己的心完全死了，她一定是在撒谎；当她对自己的身体和衣服表现得相当粗心却说仍然爱自己的丈夫时，也一定是在撒谎；当她向你保证她一直都是这样却偶尔自负、偶尔不自负，那也是在撒谎。这些情况无一例外都逃脱不了这一"规律"，因此这种方法屡试不爽。

我们现在有机会了解一些有价值的女性知识以及在何种程度上这些知识是可靠的。这不是为了讨论女性的大脑能力，也不是为了冒险进入一个危险领域，卷入叔本华和他弟子们以及现代人类学家之间的争论。法官的工作是处理具体的案例，在这个案例中，他必须检验一个女人的表情是否依赖于一些真实的或显性的知识，就像他必须通过专业手段审查其他证人的证词一样。因此，我们只能指出女性知识的显性价值，这些知识与女性的自负有关。洛策说过："女人去剧院和教堂只是为了借着艺术和虔诚的幌子来展示她们的衣服"；阿康威尔先生说："女人学习知识，只是为了让别人说'她们是学者'，但她们根本不在乎知识本身"。

这一点很重要，因为就最深层次的知识而言，我们往往很可能对女性不公平。我们习惯地认为某种形式的知识积累（就因果关系而言）必然出于某种特定的目的。对于学者，我们会问他们为什么对自己的学科感兴趣，为什么要探索这些知识。多数情况下，当我们找到了逻辑上的联系，并认为这种联系合乎逻辑，才会确信自己找到了真正的原因。这也许可以用来解释一些棘手的案件，但其中如果涉及女性知识，那就会变得无法解释。女性对艺术、文学和科学感兴趣，多数是出于自负，她们也关心其他许许多多的小事情，但这也是为了通过学到的知识来炫耀自己。自负与好奇心密切相关，女性往往会因此获得一些知识，如果不能以"自负无害"这种说法进行解释，这些知识就很可能使她们被列为嫌疑犯。然而，自负本身可以解释成"为了男性而争斗"，因为女性本能地知道自己可以在这场争斗中利用知识。而这种对异性的争夺往往会暴露女性自身的罪行或其他人的罪行。有人说夏娃在吃了苹果后的第一个念头是：我的无花果叶合身吗？这个想法是关于品味的，夏娃当时只想着取悦亚当，而这竟是她在经历了最初罪恶带来的悲伤之后唯一所想的！如果这是真的，就可以想象夏娃当时的心境：我现在是应该多一点讨他的欢心呢，还是应该少一点讨他的欢心呢？据说这就是她当时的第一个念头。关于衣着的问题体现了女人的这个特点。这说明了自负的力量是一种迅速冲向前的动力。事实上，在所有侵犯财产的犯罪中，如果罪犯能够自我控制，把他们的赃物暂时藏起来，那么有一半的犯罪就不会被发现。每个法官发现罪犯的希望就在于他们的行为是否构成犯罪，而随着盗窃行为的继续，这种发现犯罪的希望也随之变大。假定罪犯暴露了自己的罪行，但是如果罪行不多，我们就难以发现。这个规律对女性比对男性有效得多，因此，犯罪学家如果怀疑某人有罪，就会想办法逮捕这个人的妻子或情妇，而不是他本人。当一个学徒从他主人那里偷了东西，他的女朋友会得到一条新披肩，这条披肩没有在箱子里，而是立即戴在女孩的肩膀上。事实确实如此，女性这一最深邃的"文化"使她们迫不及待想要用这些俗物装饰自己，我们听说了关于吉卜赛人的事，许多犯罪都是在确认一项事实的情况下暴露的，那就是入室抢劫中望风的女人在男人还在清理现场的时候就开始试衣服了。对女人来说，最重要的是装扮一新后去见那些终于回来的男人。[20]

　　从性方面来分析，"老处女"这一信息在法律上很重要，因为这些人本身与其他女性有很大不同，因此必须用不同的方式去理解。这类人的特点众所周知，她们一般都有许多实在不受欢迎的特点。这些人没能成功发挥作为女人的天性，由于这方面的失败她们就出现了与此相关的很多问题，苦涩、嫉妒、不愉快、对他人品性和行为的苛刻判断、难以建立新关系、过于恐惧和拘谨——这主要是通过假装无辜的方式表现出来。众所周知，有经验的法官都能证实，老处女作为证人（这里是指年龄相对较大的没有孩子的未婚女性，而不是解剖学意义上的处女）总是会带来一些新东西。如果你听到10个相互成立的说法，而第11个是一位老处女的供词，那就不一样了。她们由于天性会有不同的看法，会提出不少怀疑和建议，对原本无害的事物做出令人讨厌的暗示。如果可以，她们还会把自己和这件事联系起来。这个很重要,也可以解释。这类人没有从生活中得到多少好处,没有男人的保护,常常毫无防备地受到蔑视和戏弄,因而也很少从社交生活中享受舒心和友谊。这样一来,她们几乎无法避免地认为邪恶无处不在。比如,如果听见窗户外有争吵,她们会认为这是故意挑起来打扰自己的;看见马车从孩子身上碾过,会认为这是为了吓唬自己才发生的;小偷闯入邻居的房子,这类人会认为小偷其实是想进她的房子,因为自己没人保护,任何人都能袭击自己,进而认为小偷应该是想伤害她。一般情况下都会有其他证人,老处女多半也会振振有词地说出自己的看法,其实也没什么坏处,但还是谨慎为好。

当然还有例外,而且我们都知道例外一般都是相对极端的。如果一个老处女不具有上述不好的性格,她平常是非常善良和受欢迎的,但如果对一件事的看法过于温和、相当盲目,也会使她成为一个危险的证人。正如德·昆西所指出的,老处女往往比其他妇女受到更好的教育而且更有教养。因为她们没有丈夫和孩子需要照顾,有时间按意愿让自己变得更优秀。值得注意的是,妇女慈善团体的创始人通常是老处女或无子女的寡妇,她们没有做母亲这样的乐趣和任务。因此,我们在判断一个女人的善良时必须小心,不要被她的慈善活动所蒙蔽。这或许是种仁慈,但一般说来,这种仁慈可能源于没有职业,或者也是因为想要在某种形式上努力成为母亲。在判断老处女时,我们更容易上当,因为正如达尔文一针见血的话:她们在外表、活动和感情上总是多少有些阳刚之气。这种女人对于我们来说一般很奇怪。如果我们以习惯的标准来判断,那一开始就错了,对于这类人,我们只假定她们具有女性品质,而忽略了她们身上多出来的阳刚之气。除了上述老处女特点外,我们发现她们还具备其他一些固有的能力。本内克在《实用主义心理学》一书中将一个繁忙家庭主妇的行为与一个未婚处女的行为进行了比较,认为前者价值更高,而后者则更多通过"情爱幻想、阴谋诡计、遗产继承、彩票中奖和病态的抱怨"来达到更高价值。从犯罪学角度看这一点很有用。因为当犯罪学家审问的对象是老处女时,那么再谨慎也不为过。因此,当案子涉及一些不平常的阴谋诡计、离奇的遗产继承和彩票中奖时,最好能找出这些事情背后的老处女,这在很大程度上可能有助于案件进展。

无论是专业判断还是大众判断都认为,绝大多数女性都害怕成为老处女。我们了解到这种恐惧在国外以各种形式表现出来。例如,在西班牙,据说一位西班牙女孩为了避免成为老处女,在刚过青春期的时候就会把第一个可以得到的追求者抓在手里;而在俄罗斯,每个有能力做到这一点的成熟女孩,都会出国几年后再以"寡妇"的身份回国。这种事众所周知,所以没人细问。这样的过程是普遍存在的,由此可能造成许多不幸的婚姻和共同密谋的罪行。那些十七八岁的姑娘有权利挑剔,接着在二十岁变得谦虚,然后在二十六岁时为了不做老处女不惜一切代价结婚。很明显这不是爱情婚姻,而且常常是不理智的。当心灵和头脑都不受支配时,邪恶就会占据上风,魔鬼就会笑出声来,正是从这种不幸的婚姻中滋生了通奸、妻子出走、残酷的行为、第三者乃至更糟糕的事。因此有必要研究这段婚姻的历史,比如这是以上帝之名举行的婚礼,还是一个"老处女的婚姻"?在研究这类案例时必须加倍小心。

了解一些关于女孩子什么时候变成老处女的普遍观念是有好处的,因为老处女的身份是一个观点问题,这取决于他人的意见。纯文学中有很大篇幅说的就是这个问题,因为它本身就明示了大众对未婚状态的态度。比如,布兰德斯发现,古典小说家拉辛、莎士比亚、莫里哀、伏尔泰、阿里奥斯托、拜伦、莱塞奇、斯科特书中的女主人公年龄几乎都是 16 岁。现代小说中的女性一般在三十岁会经历一次伟大的爱情冒险。这些年来的进步是如何发生的我们先不必费心去想,但我们必须记住,它已经发生了。

在结束本章有关性因素的探讨之前,我们解释一下"癔症",因为法官常常被这种情况欺骗。众所周知,癔症被古人称为"$\eta\nu\sigma\tau\varepsilon\rho\alpha$"——子宫,更确切地说,大多数邪恶的原因都隐藏在那里。癔症在法律上有多种含义,但固有的观点常常引起一些详尽但不合理的解释;他们想要吸引注意,他们总是关心自己,总对别人充满热情;他们经常以毫无根据的仇恨迫害他人,他们是最粗暴的谴责的来源,特别是关于性犯罪。偶然情况下,他们中的大多数人都很聪明,而且感官敏锐度都有问题,尤其是听觉和嗅觉,有时会非常警觉,尽管这并不总是可靠的,因为癔症患者往往会发现比实际情况更多的东西。另一方面,他们常常又很有用,因为他们的感官很微妙,但也没有必要立即证明他们的感知是否正确。比安奇提醒人们注意这样一个事实(这是正确的),癔症患者喜欢写匿名信。这些匿名信作者一般是女性,主要是女癔症患者;如果作者是男性癔症患者,那么他们无疑具有女性化的特质。

癔症患者的主要问题一般会在他们遭受伤害的时候出现,[21] 因为他们不仅增加了一些不真实的现象,而且还真的感觉到这些不真实。我举一个多姆里奇的例子,癔症患者经常在脚变冷的时候抽筋大笑。如果这是真的,那么可以设想还会发生些什么。

| 第二部分 | 刑事侦查的客观条件：被调查者的心理活动

显然，所有这一切都是法医的事，当癔症患者出庭时，只有法医才是真正的权威。而我们律师只需要知道癔症患者可能会带来什么样的重大危害，而且一旦有任何危险出现在我们面前，就需要求助法医。但不幸的是，癔症患者没有具体症状，那么外行很可能就被这一点"利用"了。不过我们依然可以根据上述内容了解一点，因而也能感到些许欣慰。幸运的是，就像我说过的，癔症在如今非常普遍，人们对其危害都有了些大致的了解。

第70节 特殊的女性化特质——智力[①]

女性智力这部分内容多到可能需要另列一个章节。智力对两性关系的基础、目的和结果以相同规则发挥着作用，但如果我们认为它非常严格且难以确定，以至于男人和女人之间存在已久的差异可能对它没什么影响，那这种定义就必须被放弃。从根本上说，两性不同的身体、职业和命运必然会对智力产生深远影响。此外，我们必须始终从两性态度上的差异出发，就两性态度上的差异而言，纯粹的积极因素只属于一方，我们必须看到另一方消极因素是否激化了这种态度。当一个身体压在另一个身体上时，所产生的印象不仅是由于第一个身体的坚硬，也是由于第二个身体的柔软。而当听到一个女人具有非凡的智慧时，我们一定会责怪与她交往的男人相当愚蠢。有多少女性在智力方面值得信任，这对犯罪学家来说非常重要，因为正确的判断取决于证人的态度和良好的判断力，而且必须确定呈现给我们的材料是有价值的。

对于这个问题，我们仅从一般方面来考虑它在工作中的作用，还仅限于已经习惯了的这些作用，因此在这里不再详述。

[①] ☆本节为"特殊的女性化特质"主题下的起始节，后跟的内容至第77节都属于该主题。——编者注

第 71 节 感觉

我们已经说过关于女性感觉的问题。尽管在概念上我们发现男女的差异非常明显，但就这一点而言，两性之间没有明显差异。

正如在日常生活中体会到的，一般来说，女性考虑问题的方式与男性不同。不管十几个男人在概念上有何共识，每个女人的看法都会与此不同。重要的是，女人一般是正确的，她们有更好的考虑问题的方式，如果在同样情况下我们继续以同样的方式考虑问题，即使是第十次，结果还是如此。这一事实体现了一种不同的组织形式，也就是说，这种天性上的本质区别决定了两性在概念上的不同特点。如果我们就价值进行比较（即使是物质方面的比较或是在发现方式方面），结果会因性别差异而不同。在对情况的理解、对态度的感知，对某些关系的判断，在一切所谓的"机智的问题处理"中，总的来说，在所有涉及对混乱和扭曲的材料进行抽象或澄清的事物中，女人都比十个男人更可靠，能处理得更好。但女性获得其思维概念的方式（一种纯粹本能的方式）就不那么有价值了。假设我们把它称为更微妙的感觉（名称并不重要），这种过程基本上是无意识的。因此可以这样说，因为它需要较少的思考，所有价值就会更低。综上所述，女证人的证词其价值不但没有降低，而且可靠性非常高。男人在辩证过程中可能会有成百上千个错误，而女人的本能概念和直接再现则会有更多的确定性。因此，女人的陈词一般比男人更可靠。

我们没必要把这种本能上的优势看成上帝对女性在其他方面缺陷的补偿，但可以证明，这是自然选择的结果——女性所处的位置和职责要求她们必须能非常仔细地观察周围形势。这需要强化内在感觉，直到它成为无意识的概念。女性对周围形势的兴趣使直觉迅速而确定，这是最有深度的哲学家在沉思中也无法企及的。直觉的快捷性是重要的，它排除了所有反射过程，只解决问题。正如斯宾塞所说："女性能清楚地感知她周围人的心理状态"，而叔本华错误地认为女人和男人在智力上的不同是因为女人懒惰，想要走捷径以达到她们的目的。但事实上是，她们不想走捷径，只是避免复杂的推理、依赖直觉，就像她们处于非常安全的状态一样。只有在能感知的情况下才有可能看到，比如当东西很近的时候。而对于远处戴面纱和看不清的人，就必须靠推断；因此，女人不推断，从而让自己在这一点上做得更好。这说明对女性概念模式的不同解读价值重大。作为律师，我们可以相信女性的直觉；但在需要推论的情况下，我们一定要非常小心。我们要以同样的方式去理解感官概念和知性概念。曼泰加扎认为[22]：女性对事物微妙的一面有着特别好的眼光，但却很少能看到地平线上的事物，一个遥远的大物件并不能引起她们多大的兴趣。为了解释这一点，他用了一个假定的"事实"：女人通常看得不如男人长远，而且不能很好地辨别远处的事物。这种解释是不成立的，因为所有目光短浅的人都如此。事实上对遥远事物的定义或多或少需要原因和推理。女人并不擅长这个，如果她对面前的事物失去直觉，那这些事物对于她们来说就"不存在"了。

女性的另一项特质就是缺乏客观性，总是倾向于根据人格情况来思考，以个人的同情来构想事物。如果你告诉某个女人一件事，而没有告诉她事情涉及人物的姓名（例如 A 和 B）而且还期待激发起她对此的兴趣，那么就难以使她表明立场或做出判断。"这些人是谁""他们是什么人""他们多大了"，此类问题必须首先回答。因此，在你告知她们诸如"姓名"之类信息后会让她们产生不同的女性概念。此外，个性化倾向会导致不寻常的事情发生。假设一个女人在描述两个人或两群人之间的争吵，双方在力量和武器方面势均力敌，而且事件中的见证者不认识这些人中的任何一个人。这种情况下，如果其中一个人意外地引起了她的兴趣或表现出了"骑士"风度，那么即使在其他方面不喜欢这个人，她也会在描述中重新安排一些"太阳"和"风"这样的条件进行叙述。如此，就会又一次出现"只摆事实的童话故事"。我必须重申：没有人只讲事实——判断和推理总会涉及陈述，而且女性比男性更频繁地使用陈述。我们当然能区分真正的事实和推断的"事实"，但通常不这样做，而且从来没有确定性。因此，最好确定证人是否与当事其中一方有什么关系。多数情况下，这种关系是重要因素，因为很少有人不参与争吵。但即使出现了这种情况，也有必要先听取所有细节，以便弄清楚女性的态度。女性思考方式的证据比事实本身的证据更为重要。如果在短时间内允许女性发言，那么就很容易发现女性思考问题的方式。了解了她的态度后，就会很容易找到标准来衡量她的借口和指责。

在纯粹的个案中同样如此。在女人眼里，同样的罪，一个男人犯是不可饶恕的，但如果是另一个人干的，却可以找任何理由为他开脱。这种态度上的反差源于同情和反感这两种因素所起的作用。就像女读者喜欢浪漫小说中一个男主角而讨厌另一个一样，女目击者也会根据她描述的人物做出不同反应。也许她会发现他们中的谋杀者表现得那么厉害，而受害者又那么俗气，她就会原谅他的罪行。

所以在这里，谨慎是最必要的。当然，持这种态度的并非只有女性，而且在当时她们的态度不会总是那么明确和坚决。

第72节 判断

阿芬那留斯讲了一对英国夫妇谈论天使翅膀的故事。男人认为"天使有翅膀"这件事是可疑的，而女人认为这不可能。许多女证人使我想起了这个故事，我可以用它来解释许多事。女人说"那一定是"，但又讲不出理由；当她厌烦正在谈论的事情时候会说"那一定是"；在感到困惑的时候说"那一定是"；当她不理解对手提供的证据时，尤其是当她迫切希望得到某样东西时也会这样说。而且，人们常常希望英国女人能直截了当地说出"那一定是"，但不幸的是，她们把这种态度藏在许多话里。因此，当我们想从女性那里学习这种"概率科学"时，就陷入了困境。她们常常告诉我们很多令人惊讶和重要的事，但当询问这些东西的来源时，得到的肯定是从"耸耸肩"到"滔滔不绝"。没有经验的法官可能会被这种肯定的表达欺骗，认为这种肯定一定建立在某些根据上，只是证人因缺乏表达技巧而无法说出这些根据。这种情况下，法官如果要帮助这种"无助的"的证人，就会说"当然你的意思是，因为……"或者"也许因为"等，如果女证人不是傻子，她当然会说"是的"。因此，我们"显然"得到了有根据的断言，而这些断言的根据实际上不过是句"那一定是"。

在涉及分歧、区别和分析的案件中，一般很少涉及女人提出的这些没有根据的断言。女性能够很好地分析和解释数据，一个人能够理解什么，就能成功地证明什么。她们的困难往往在于一些综合工作和渐进性活动，所以在这方面她们只是提出断言。对这一特征的少数观察证实了这一说法。例如，拉菲特说，在医学检查中，女性做不了任何需要综合力的事情。女人对男人的判断进一步证实了这一观点，因为据说她们对微小的成功比对最大的努力印象更深刻。这句话没有不公正，也不肤浅，其指出的问题与女人综合力上的欠缺是相互平行存在的。因为她们能够关注特定的事情，所以就可以理解一件事上的成功，但是要不断获得成效以达到成功则需要兼顾很多方面以及具有更开阔的眼界，这一点是她们不能理解的。因此，随着怀疑程度的变化，女性言论中出现了奇怪的矛盾。比如，一名妇女今天知道了一百个犯人有罪的原因,当后来得知囚犯成功地制造了一些明显的不在场证明时,她就试图把一切转到另一个方向。因此,如果起诉看似成功,辩护方的女证人往往对辩护人来说反而是最危险的。

但在这里,女性也是有局限性的,也许是因为她们像所有弱者一样害怕得出最终结论。正如勒鲁在《人性之书》中所言:"如果把罪犯留给女性,她们会在一开始愤怒爆发时把他们全杀掉,但等到这种愤怒平息后,她们会把罪犯全部释放。"这种杀戮说明女性容易激动、动情,而且本能的正义感要求她们立即对一些恶行进行报复;而后面的释放说明女性害怕为最终结果做出有力推论,也就是说,她们对真正的正义一无所知。"男人寻找理由,女人用爱来判断;女人可以爱也可以恨,但没爱就做不到正义,也从未学会珍惜正义。"席勒也是这么说的,而且,我们有多少次没听到女人在问,被告的命运是否将取决于她提供的证据。如果我们说"是",她们通常会在提供证据时有所保留、扭转气氛和扭曲结果——我们必须永远记住这种情况。如果你想从女人那里得到真相,你必须知道什么时候开始,更重要的是什么时候停止。正如一句古老的谚语:"女人在不知不觉中的行为是明智的,但在做出反应的时候就像傻瓜一样"这需要牢记在心。

"犯罪中的女人总在走极端",这是大家都知道的事实。正如现代作家所做的那样,把女性智力上的弱点归结于社会条件,这也许是正确的,正因为如此,女性的未来也许在于改变她们所处的环境。但就环境而言,女性还是极端主义者。就像黎塞留所说,最虔诚的女人也会毫不犹豫地杀死一个后患无穷的证人。最复杂的罪行往往是女性策划的,而且其中往往掺杂着一些完全没有目的的犯罪行为。

在这种情况下,我们有时会对一种无法解释的罪行找到解释,这也许同样表明,第一个罪行是女性犯下的。就好像她有一种堕落的快乐,一旦第一次犯罪就放弃了自己。

第 73 节　与女人争吵

这个小问题适用于年轻和缺乏经验的刑事法官。没有什么比与受过良好训练的聪明女人就有价值的问题争吵更刺激人或更有教育意义的了，但这种事在法庭不会发生，而且女证人中有90%是不可与之争吵的。争吵可能发生在两种情况下：第一，当我们试图向她证明她的罪行已经得到证实，并且她拒不承认是愚蠢的；第二，当我们试图传唤一个证人，她一定知道一些事，但又否认自己知道这些事；或者当我们想证明她的结论是错误的，或者当我们想引导她进一步提供具有更大价值的证词时。这种情况下，口头争吵将不利于案子的进展。这涉及一个古老的经验问题，正如波恩所说：任何与女人争吵的男人，都处在一个必须不断"指明要点"的状态。[23]

女人有一种固执，所以在吵架中被动地反对她们并不容易。但为公平起见，一部分聪明人在任何时候都不会浪费时间通过与女性证人争吵来展示自己。法官可能完全相信他与女子争执后的成功可能有助于案件，但这种成功非常罕见，而且当他认为自己（吵）成功了，也只是表面上的，暂时的，或者仅仅是他天真地自认为如此。因为女人确实喜欢为了一时利益取悦男人并且表现得很有说服力，但必须考虑的是，女人这样做是为了谁。

还有一些关于女性智力的细节问题。但这些只是间接地联系在一起，就像左撇子在女性中比在男性中更多，色盲在女性中比男性中更少这种事实一样难以理解。然而如果要解释女性的智力，我们必须要设想女性的智力功能在某一特定的点上会停止而且无法超越。

要考虑她们对金钱的态度。无论金钱本身多么令人讨厌，它在生活中却是非常重要的，因此，人们费解地把它说成是"冰冷的权威"。但是，不恰当地利用这么重要的事物是不明智的。浪费金钱的人，没有足够的智慧去懂得它可以为自己带来多大的快乐，聚积钱财的人并不知道如何正确使用它。如今，单身女性要么囤积要么挥霍，她们很少采取中庸的方法，很少有家庭主妇的谨慎，这个问题通常会使她们变得吝啬。这一点在妇女们愚蠢地讨价还价时表现得最清楚，她们以为自己砍掉了几分钱就像做了大事。商人们的说法都证实了这样一个事实：为了应对女人讨价还价，他们给女人的第一次报价就提高了。然而女人不会砍到合适的价格，而是砍到高于合适价格的价格，而且她们经常买一些不必要或劣质的产品，这不过是因为经销商足够聪明，能通过降价来吸引她们。这一点在一个刑事案件中得到了体现，[24] 在这个案件中，女性小贩声称她立即对一个顾客产生了怀疑，认为她给了假币，原因是她没有讲价。

现在这种囤积的倾向本质上并不是吝啬，因为吝啬的主要目的是为了聚敛钱财，享受拥有它的感觉。这种倾向是对金钱的一种不明智的态度，是对金钱价值和属性的判断失误。而这种失败是许多犯罪的主要原因之一。女人需要钱买她那些许许多多的东西，就向丈夫要钱，而她丈夫必须提供钱，但她却不问自己的丈夫实际上是否能拿得出这些钱。据说一个妻子只对丈夫的钱（而不是钱的来源）感兴趣。她知道他的收入和每年必需的开支，并能立即算出这收支相抵，但她却可以平静地向他要更多的钱。

当然，我在这里指的并不是那些勇敢地帮助她丈夫承担生活重担的人，她们不关犯罪学家什么事。我指的只是那些头脑简单喜欢享乐的女人，她们现在占了绝大多数；还有那支"情人大军"，她们使这个国家失去了无数值得拥有的男性。女人的爱是许多犯罪的关键，甚至谋杀、盗窃、诈骗和背叛。首先是女人不懂筹谋，没完没了地要求，最后男人在达到极限后不得不"投降"；然后又是新的要求，长期的反对，然后再投降，最后被迫演变成非法行动。从此进一步迈向更大的犯罪。这是刑事法庭上无数次上演的简单主题。有足够多的谚语说明，公众对爱情和金钱之间的联系理解得有多透彻。[25]

与女性智力相关的一种明显无关紧要的女性特质，是其臭名昭著的"从未完全准备好"的状态。犯罪学家碰到这种情况时，会寻找一种解释来分析一些可能非常聪明的犯罪计划失败的原因。或者，当犯罪发生时，如果能在适当的时候提前采取措施预防它的发生，女人总是会比应该的时间晚十分钟。但是，如果事情提前十分钟开始，这几分钟也是省不出来的。除非女人因迟到而遭受了真正的损失，她才会决定提前十分钟。但当这样做时，她的决心也不起作用，这种失败可以用缺乏智慧来解释。女人从不守时这种小事情解释了许多难题。

女性保守主义和女性守时一样微不足道。龙勃罗梭向我们揭示了女人是多么依恋旧事物。女人比男人更容易记住一些观念、珠宝、诗句、迷信和谚语。没有人敢断言一个保守的人一定不如一个自由主义者聪明。然而，女性的保守主义表明她们一定程度上的愚蠢、呆板和较弱接受新事物的能力。女性在接纳和重构事物方面存在一定困难，正因为这种困难，她们才不愿意在接受了一个事物之后就放弃它。因此，最好不要过于自由地拥有更高尚的品质，比如虔诚、爱、忠诚、尊重她们已经学到的东西；更深入的调查发现了太多智力停滞的例子。

我们在职业生涯中发现了这样一个事实：男人更容易从诚实变得不诚实，或从不诚实变得诚实——他们更容易改变习惯，比如开始新计划等。当然，这不能一概而论。每个案例都必须按照其是非曲直来研究。即使在实际问题中，例如在搜查房子的时候，也要切记这种区别。与男人相比，女人更多会把旧信件、真正的犯罪证据藏在盒子里，而男人会早早毁了证据，女人会"出于虔诚"把证据保存好多年，即便是曾用来毒杀的药，她们也会保存下来。

第74节　诚实

在这里，我们仅讨论与法庭上最密切相关的女性的诚实。在这一方面情况不容乐观。诚不诚实和说谎是两码事；后者是积极的，而前者是消极的，不诚实的人不说真话，说谎者说假话。隐瞒部分事实，把人引入错误，不为表面现象辩护还利用表面现象等做法都是不诚实的。与说谎者相比，一个不诚实的人可能没说过不真实的话，却引发更多困难、困惑和欺骗。因此，不诚实的人比说谎者更危险。因为与说谎者相比，不诚实的人，其行为更难以揭露，因为他比说谎的人更难以说服。然而，不诚实是一种特殊的女性特征，男人只有是娘娘腔才会不诚实。真正的男子汉气概和不诚实是两种不能统一的概念。因此有流行的谚语说："女人总是说实话，但却都不完全是实话"。这比许多作家指责女性撒谎更准确。在我看，刑事法院也无法核实后一项指控。我并不是说女人从不说谎——她们说的谎够多了，但她们说的谎并不比男人多，没有人会把说谎归因于女人的性别特征。一旦这样做，就会把不诚实和说谎相混淆。

由于我们本身和社会条件对女性的不诚实行为负有很大责任，因此，在法庭上过于严厉地对待女性的不诚实行为也不对。我们不喜欢直接说出东西的名字，而是选择采用暗示的方式，保持尴尬的沉默或脸红。因此在法庭上，如果难以"直言不讳"，就不应该吝啬于采取这种"绕圈子"的做法。龙勃罗梭认为，[26]女性说谎是因为她们（性别上）的弱点，例如月经和怀孕，她们会在谈话中宣泄这种不适。羞耻感、性别等原因迫使她们隐瞒年龄、缺陷和疾病；或是因为她们想要有趣，喜欢暗示，以及那一点特有的判断力。由于这些，她们往往得撒谎，之后作为母亲，不得不在许多事情上欺骗自己的孩子。龙勃罗梭总结说：事实上她们自己也不过是孩子。然而，认为这些条件会导致说谎是错误的，因为在此条件下，女性通常会沉默、以其他形式或者错误消极的方式表现出来。但这在本质上是不诚实的。因此不能错误地断言：欺骗、撒谎已成为女性生理原因造成的特质。洛策认为女人因为讨厌分析而不能区分真假，但是只有当别人将她们作为分析对象时，女人才讨厌分析。女人不想被分析，因为分析会暴露出很多她们的不诚实，因此，她们对彻底的诚实行为很生疏。但责任应该归咎于男人。正如福楼拜所说，没有人会告诉女人真相。当听到这些分析时，她们会与此作斗争。她们甚至对自己都不诚实，但这不仅仅限于一般情况，在特殊案件的法庭审理过程中也是如此。我们在法庭上难以使女人诚实。当然，我并不是说，为了避免这种情况，我们与女性谈话时需要尽显粗鲁无耻，但可以肯定的是在处理每个棘手问题时都迫使她们不诚实。任何经验不足的刑事司法人员都知道，通过简单和绝对公开的讨论可以取得更大的进展。一位受过高等教育的女人和我坦率地谈论过这个问题，在这段非常痛苦的谈话过程的最后，她坐在那里说："感谢上帝，你说话坦率，没有'假正经'的话，我之前还非常担心你会问一些愚蠢的问题迫使我不得不给出'正经'的回答，以致让我陷入不诚实。"

根据司汤达的说法，我们一直在间接地引导女性变得诚实，但这对于她们来说就像裸身示众一样。巴尔扎克问道："你有没有观察过女人通过态度和举止撒谎？欺骗对于她们来说就像天上掉下的雪一样容易。"但他的话只适用于不诚实的情况。女人并不是真的很容易说谎。虽不知道这一事实能否得到证实，但我确信女性在说谎时一些不对劲的表现是可以观察到的。即使是经验丰富的女罪犯，她们的面部特征、眼睛、胸部和态度几乎总是出卖她们。但她们本质上的不诚实却无法被揭露。如果一个男人一旦坦白，这种坦白看起来就没有女人的那么拘束，即使很坏，他也不太可能利用虚假有利的外表，而女人则会装出无辜的样子。如果一个男人没能自圆其说，我们可以通过他的犹豫识别这一点，但女人的意见总能归结到一个明确的目标，即使她可能只告诉我们自己所知道的十分之一。

甚至最简单的肯定或否定都是不诚实的。她的"不"是不确定的，就像拒绝男人的要求时说的"不"一样。更进一步说，当男人肯定或否认时，他的话也有一定局限性。他要么明确地宣布它，否则，耳朵通过训练的人在语调犹豫的情况下就能识别出它。但是女人说"是"和"不是"，即使其中只有一小部分被声称是真相，她也可以隐藏自己，这是法庭上要记住的事情。

此外，欺骗或隐瞒的艺术依赖于不诚实而不是纯粹的欺骗，因为它更多的是利用手头任何东西和材料，而不是直接通过谎言进行欺骗或隐瞒。因此，当谚语说一个女人在一年中只病了三次但每次都病四个月时，说她故意不承认得了一年的病是不公平的。因为她并没有这样,而事实上她一年至少病 13 次,而且虚弱的身体经常使她感到不适,所以她没有谎报病情。但并没有立即宣布她的康复,而是让自己即使在不需要的时候也能得到护理和保护。她这样做也许是因为在漫长的年头,她发现有必要放大小麻烦,以保护自己免受别人的伤害,因此不得不利用这种不诚实,把它当作武器。所以叔本华也同意,大自然只给了女人一种保护和防御的手段——虚伪,这是她们与生俱来的,使用它就像动物使用爪子一样自然,女人认为有一定的理由为自己的虚伪辩白。

作为律师,我们不得不与这种虚伪不断做斗争。且不说女人在法官面前所假定的各种疾病,其他一切都是假装的;包括纯真,对孩子、配偶和父母的爱,因失去而痛苦,因受到责备而绝望,分离时破碎的心,虔诚等任何有用的东西。这使审查公正面临着危险和困难——不是形势过于严峻,就是被愚弄。她可以记下这里的很多不诚实和较少的谎言,以此为自己节省很多麻烦。模拟情况大部分是不彻底的,这只是对实际情况的强化。

现在想想在人前尤其是刑事法官面前流着泪的那些人,流行的谚语认为泪流满面的女人往往不可信。

曼特加扎[27]指出,每个 30 岁以上的男人都能回忆起这样的场景,很难判断一个女人的眼泪有多少是因为真正的痛苦,多少是发自内心。眼泪是渲染因素和真相的混合物,由此我们可以找到有效的解决办法。在这个问题上,当女性艺术家(当她们看到自己可以真正地教导她们的时候,往往是诚实的)流泪的时候,询问她们会是一件有趣的事。发问者必然会认识到,在没有理由的情况下是不可能随意哭泣的,只有孩子才会那样做。流泪需要明确的原因和一定的时间,这些虽然可以通过大量练习减少到最低限度,但即使是这样也需要过程。在小说和漫画中,女性因为没能得到新外套痛哭的故事都只是童话;事实上,女人一开始只是因为丈夫拒绝给她买东西而感到伤心,然后想到他最近拒绝给她买衣服,也不愿意带她去看演出;而且,他态度很不好,还走到了窗边;她认为自己的确是个可怜的、被人误解的、无比不幸的女人。当情感就这样不断被激化后,她便忍不住哭起来。一些微小的原因、一点时间、一点自我暗示,再加上一点想象,这些就可以让任何女人泪流不断,而这些眼泪会让我们永远冰冷。然而,我们还要注意那些真正痛苦时无声的眼泪,尤其是受到伤害后流下无辜的眼泪。这种情况不能被误认为是上述第一种情况。否则可能造成更大的伤害,因为这些眼泪如果不是对罪行的悔过,就是真正无辜的证据。我曾经认为判断这种眼泪最可靠的标志,就是以一种迷惑人的方式尝试着忍住或抑制它,而且这种尝试是出自最大的努力。但这种尝试往往不是真心的。

与眼泪类似,昏厥也是这样,多数昏厥要么是完全装出来的,要么是介于昏厥和清醒之间。当然,与囚犯、证人一样,妇女在法庭上往往非常不舒服,如果在这之后立即出现疾病、头晕和极度恐惧,那她们晕倒也不奇怪。如果再加上一点夸张、自我暗示、缓和以及试图避开不愉快的环境,那么昏厥的发生就如同准备好的一样,而且这种昏厥造成的效果一般对昏厥者有利。因此,虽然不该事先假定昏厥为闹剧,但还是有必要提防这种欺骗。

感谢上帝,这里有一个有趣的问题与刑事司法无关,即妇女能否信守诺言。当一个犯罪学家允许一个女人承诺不告诉任何人她的证词或者类似的事,那么他可能要为自己的良心付出代价。罪犯绝不可能接受承诺,他这样做只是在被女人愚弄时想要得到回报。事实上,女人在对与错之间并无明确界限。较好的情况也只是她以不同的方式对此进行界定;女人有时比男人更尖锐,但总的来说比男人更没有确切的概念,而且在许多情况下,女人根本不明白某些区别是不被允许的。这主要发生在界限确实比较模糊的地方,或者在不好了解当事人性格的情况下。因此,要使女人明白国家、社区或其他公共福利本身必须是神圣不可侵犯、不受任何损害的,这一点总是很难。即便是最诚实虔诚的女人,不仅在逃税方面没有良知,而且还会在成功逃税后感到很有趣。不管走私了什么,她都会为这种成功感到很高兴,尽管这种事并不局限于女人会做,但女性比男性更需要紧张刺激。她们的态度说明她们真的无法意识到自己正在铤而走险、触犯法律。当你告诉她们国家明令禁止走私,得到的回答总是她们走私得特别少,没有人漏税。谈到走私者和走私这件事人们就会很感兴趣。曾有一个出生在意大利和奥地利边界上的女孩,她的父亲是个咖啡和丝绸走私团伙的头目,臭名昭著。他借此发了横财,但在一次特大走私活动中失去了所有,最后在边境被海关官员开枪射杀。但这位姑娘却饱含着爱和关切、眉飞色舞地对父亲可疑的行径作了正面的描述,从这里就能看出她丝毫没有意识到她父亲的行为有什么不对。

而且女性根本不懂规章制度。我经常遇到这样的情况,即使是聪明的女性也不明白,为什么在公共登记簿上做细微变动是不对的;为什么在外国旅馆里不能用假名登记;或者为什么警察会禁止她们在行人上方晃动防尘布,即使是在自己家也不行;为什么必须把狗拴起来等等这些"令人烦恼的琐事"有何必要。

这又一次证明了女性很可能会"占小便宜"。你很难使她们明白为什么从别人家花园里摘下鲜花或水果就等于掠夺私人财产。虽然问题不严重，而且财产所有者一般也不会介意，但必须承认财产所有者有权这样做。女人们偷窃的倾向、侵占别国小块土地和边界的行为也是众所周知的。我们遇到的大多数侵犯边界领土的案例一般都有女性涉入其中。

　　甚至在自己家里，女人对财产归属也没有严格的界定。她们会顺走纸笔、衣服等小物件，却不懂应该用什么去代替这些被拿走的东西。办公桌并非神圣不可侵犯之处，所以人们常常对女人的这种行为深有体会，而且也认为她们这样并不是因为马虎，而是缺乏财产权意识，因为即便是最完美的管家也会这样做。这种意识上的缺陷最大地表现在一种不光彩的事实上，那就是女人在打牌时会作弊。据龙勃罗梭说，一位受过良好教育并且经验丰富的女性私下告诉他，由于她的性别她很难在打牌时不作弊。而据赌场管理员说，他们遇到的情况更糟。他们认为必须更注意女性，因为她们不仅更频繁地作弊，而且在这方面表现得更专业。即使在槌球和草地网球比赛中，为了能把男性对手置于劣势，女生们在作弊这件事上也是无比聪明。

　　我们发现，在骗子、赌徒和造假者中有许多是女性。此外，经验丰富的家庭主妇提供的证据表明，最聪明、有用的仆人往往是小偷。这些事实告诉我们一个问题，那就是诚实和不诚实之间界限的不确定性，即使是很琐碎的事也是如此。由于对小东西财产意识上的缺陷，有很多女人由此所犯的错误不断扩大，最后成了罪犯。因为没有明确的界限，女性不可避免地越走越远，当受过教育的女人只不过从丈夫那里偷来铅笔和悄悄地欺骗，她只能庆幸自己不需要或可以避免把这种错误搞得更严重。但对于没受过教育的贫困女性来说，她们既有犯这种错误的机会也有这种需要，因此犯罪对她们来说变得很容易。生活充满考验，我们的意志又太薄弱，在迫于生存的紧急情况下，没法保证不犯这种错误，如果一开始没有偏离正直之路就不会误入歧途。如果需要带着正义去判断一个女人是否在财产问题上犯了大错，那么需要考虑的不是行为，而是当女人在不同情况下，除了一点点窃取或愚蠢地摄取别人财产之外有没有别的机会去做错事。如果能证明这种倾向，那么至少有理由怀疑她犯了更大的罪。

　　如果必须通过女证人来发现这种罪孽，女性与这种罪孽的关系就变得更具启发性。一般来说，人们倾向于为自己犯的错找借口，但没有理由证明这种假设成立。相反地，我们倾向于为自己最严重的罪以最严厉的方式惩罚别人。而且，事情还有另一面，当一个诚实、品行良好的女人犯了轻微罪行时，她并不认为这是罪，也不知道这些罪行是不道德的，但如果她认为别人犯了这样的罪行才是罪行，那就不合逻辑了。正是因为这个原因，她倾向于原谅邻居的不正当行为。现在，当我们试图从女性目击者那里找到事实（这些事实是我们适当强调的事），她们并没有回答而且让我们犯错。女人认为她的女仆只是贪吃甜食，而在刑法中却是盗窃。她所谓的"小钱"，我们称之为欺骗或违反信任。对于那个被女人称为"龙"的男人，我们发现在很多情况下他有完全不同的称呼。这种女性态度并非基督教中的仁慈，而是对法律的无知，而在审问证人的时候又不得不考虑这种无知。当然，这不仅是关于女仆盗窃的问题，还总出现在我们试图理解人性弱点的时候。

从诚实到忠诚只有一步，这些特征通常是并列或重叠的。如今，刑事司法更多的是在处理女性的忠诚问题（这些问题远比我们看到的更多）。通奸问题的意义通常只居于次要，但这种忠诚或不忠诚往往在所有可以想象的罪行的审判中发挥最重要的作用，根据这种忠诚是否存在的假设，整个证据方面的问题会采取不同的形式去解决。像丈夫谋杀、可疑的自杀、身体残缺、盗窃、信任扭曲、纵火等案件，如果能证明女性不忠，案件就会以不同形式呈现。

这一重要前提在提供证据时很少提到，因为我们不了解它的重要性，它的决定因素不明显，是隐藏着的，所以往往很难呈现出来。

公众对女性忠诚的看法并不乐观。狄德罗断言，忠诚的女人始终忠诚，至少她们是这样想的。当然这并不意味着什么，因为严格地说，我们所有人都有许多罪，但如果狄德罗是对的，人们可能会认为女性有不忠的倾向。当然，造成这一现象的最主要原因是女性纯粹的性特征，但我们不能假定这一特征是唯一的调节性原则，因为这对女性来说不公正，而且对我们自己也有害；女性对变化的无限需求也是一个重要的诱导因素。我怀疑是否能通过一系列案例证明女人会变得不忠，就算她的性需求很小；但是她的性别导致她这样做是肯定的，因此我们必须为她们的不忠寻找其他原因。这种对变化的热爱是根本性的，这一点可以通过对以往犯罪记录的总结发现。戈尔茨[28]认为："即使是受过良好教育的女性，也无法忍受持续的始终不变的顺景，她们会有不可思议的冲动想要触及一些恶作剧和愚蠢的事，好在生活中获得一些'不一样'。"所以对法官来说，与"发现她自己丈夫是否性能力不足或其他可能涉及的类似秘密"相比，判断案件中的女子在关键时刻是否另有这种邪恶的倾向，对案件有更大的帮助。

然而，如果女人一旦有了寻求变化的冲动，那么她为自己提供的无害且允许的变化将永不会满足或是一直处于缺乏状态,而日常生活发展轨迹也会走向可疑。其次,她还会有一种欺骗的倾向,这种倾向会带来一些特定的必须承担的后果。比如,一个女人为了爱情、金钱、怨恨或是为了取悦她的父母而结婚。当她在生活中思考为什么结婚时,而原因几乎总是被归结于她的丈夫,比如,他可能无礼、要求太多、拒绝一些事、忽略了她等,从而伤害了她。带着这些情绪,她考虑到自己结婚的原因非常糟糕,然后就开始怀疑自己的爱是否真的如此伟大,得到的金钱是否值得让她承受这些麻烦,她是否不应该反对父母等。假设她也等待过,但如果情况还是没有起色怎么办,她不该得到更好的吗,她每多想一些都使自己与丈夫疏远一些。男人并不是一切、对女人来说并不算什么,如果不算什么那么他也不值得特别考虑,如果他不值得考虑那么一点不忠也并不那么可怕,最后,一点不忠逐渐自然地发展成通奸,导致一连串犯罪。这种心理变化过程并不会反复频繁出现,关键是在这些所谓的脆弱时刻没有合适的男人在她们身边出现。有多少女人吹嘘着自己的美德而蔑视别人,然而,她们是否应该感谢在情况来临时自己能够坚守这种吹嘘过的美德。如果那个合适的男人就出现在合适的时间(女人脆弱的时候),女人就没有更多理由骄傲了。只有一种简单而安全的方法来发现一个女人对丈夫是否忠诚——那就是引导她说出丈夫是否忽视了她。抱怨丈夫忽视自己的女人都是通奸者或者想要变成通奸者,因为她在寻找最省事合理的理由来为通奸辩护。从她对丈夫谴责的强烈程度我们就很容易辨别她离这种罪恶有多么近。

除了通奸、寡妇和新娘的不忠,还有一种感觉对不忠问题可能很重要。需要注意的是,如果以寡妇的行为来判断妻子的行为,我们很可能会变得不公正。一般情况下是没有办法作比较的。许多情况下,妻子爱她的丈夫,甚至在丈夫死后也保持忠诚,但这些情况总是涉及那些不再受性欲影响的老年妇女。如果寡妇年轻漂亮,又相对富有,她就会忘记她的丈夫。如果她忘记了自己的丈夫,在很短的时间内再找到情人、丈夫,无论是"为了孩子",还是因为"初恋的美好回忆",或是因为"第二个和第一个很像",或是她给出的其他原因,仍没有理由假设她不喜欢第一任丈夫,背叛、掠夺财产然后谋杀了他。她本可以和他维持最幸福的关系,但他死了,死了的人不算人。还有一种情况是,新婚寡妇暗示第二任丈夫是谋杀第一任丈夫的凶手,这意味着会出现各种事端。如果怀疑有这种可能,显然就有必要慢慢调查,但最重要的是要密切观察第二任丈夫。一个男人娶了知道自己谋杀了她第一任丈夫的女人,这本身就自相矛盾,但如果他只想做她的情人，就没有必要谋杀她的第一任丈夫。

相反的情况是，女人为了不受干扰地与另一个男人继续风流韵事而与他结婚，这就是预料之中的不忠。显然，这在大多数情况下都会酿成恶果。这种婚姻在农民中很常见，例如，有的女人爱上了一个有钱鳏夫的儿子。儿子一无所有，或者父亲不同意，所以女人就嫁给了父亲，从而愚弄了父亲，继续与儿子的爱情，这就是罪加一等。如果不是儿子，她可能有一个情人，情人可能只是一个仆人，然后他们联手谋夺了丈夫的所有财产，特别是当前妻留下一个孩子，导致作为第二任妻子的她并没有办法继承财产的时候。在爱人变成邻居、表亲、朋友等情况下，就会涉及这种变化，当问题出现时，就有必要考虑这些可能性。

有关新娘的不忠，我们就不谈这个"诗意"的话题了。人们都知道女孩可以多么无情，她是怎样为了实际情况或其他不光彩的理由而离开心爱之人，每个人都知道这样做的后果。[29]

第75节　爱、恨、友情

如果爱默生是对的，即爱情只不过是对人的神化，那么犯罪学者就不需要过分担心人类的这一罕见症状。一个姑娘对她的情人几乎神化的崇拜，在我们看来他只是一个被指控犯了某项罪的普通人而已。然而，我们在法庭上没见过这样的爱情。我们看到的爱情比诗中描述的更简单、更普通。那种瓦格纳献给自己女神的自我牺牲精神在工作中并不完全陌生。我们在地位低下的无产阶级女性身上看到了这种品质，她们可以为自己的丈夫牺牲一切，追随他、陪伴他度过漫长的痛苦，用这种微弱的英雄主义照顾他、支持他。尽管这比诗中描述的自我牺牲精神更伟大，但它是如此特别，需要用不同方式来解释。根据日常生活的作用和力量来理解创造爱的条件。如果我们无法从不同角度看待它，就不得不把它当作一种疾病来谈论，如果把它当作疾病也无法对其进行充分解释，我们就得和意大利人说的那样认为："l'amore é une castigo di Dio."（爱是上帝的惩罚）

在刑事法庭上，爱显示出的重要性已经突破了法律所允许的范围，从未将爱作为一个应该考虑在内的因素，是我们犯下的最大错误。首先要先做好本职工作，区别罪犯和普通人的生物差异，而不是照本宣科将其归纳到相应的法律条例下。当一个女人出于嫉妒犯下罪行时，当她不由自主爱上一个一无是处的男人时，当她满怀仇恨与情敌对战时，当她忍受着非人的虐待时，当她做了数百件其他事情的时候，谁会计较她的爱情？她有动机，犯了罪，然后接受惩罚。当陪审团宣判一个因嫉妒而杀人的女凶犯或一个投掷硫酸的犯罪分子无罪时，我们已经竭尽全力了吗？这些案件骇人听闻，但在无数小型案件中，没有人会关注这个女人的爱，爱只是犯罪动机，而法律宣判的惩罚则是结果。

现在，我们要研究一下疯狂的嫉妒所产生的力量，然后再质问谁是犯罪嫌疑人。奥古斯丁曾说过，不嫉妒就不是爱，如果爱和嫉妒是相互关联的，那么从其中一个就可以推断出另一个。起作用的是嫉妒，表现出来的是爱。也就是说世间的罪恶都是由于嫉妒，但嫉妒很难像爱一样被证实。众所周知我们很难将心底的爱掩藏起来，就像一个谚语讲的那样，一个女人有了情人，所有人都心知肚明，除了她的丈夫。如果因为嫉妒而犯罪，我们要是再问这个女人是否出于嫉妒那就太天真了。嫉妒很难发现且并不可靠，而她的风流韵事却是众所周知的。一旦这成为一个既定事实，我们就能判断出她嫉妒的程度。

女人的嫉妒倾向有自己独有的特征。男人试图轻松地、毫不困难地占有自己的妻子，这同样也是出于天生的嫉妒。被骗的女人将所有的怒火转向她的情敌，并且只要她相信自己的丈夫仍然深爱着她或重新赢得了丈夫的爱，女人就能原谅自己的丈夫。如果认为女人是因为在长时间的嫉妒后重新爱上了自己的丈夫，或是之前不存在这样的嫉妒，或者她原谅了她的情敌，那么就大错特错了。可能她已和丈夫达成谅解，并且不再关注自己的情敌，但这只是表面或暂时的，因为对危险的怀疑会使之前的嫉妒情绪释放出来，产生严重的后果。她的丈夫再次安全了，但所有的矛头指向了她的情敌。很多典型案例也说明这一问题。被抛弃的情妇大闹她情夫的婚礼现场，她们总是会扯下新娘的花冠和头纱，但从未听说过她们打掉新郎的礼帽。

女人陷入爱情的另一个特征就是热情，这通常会引起诸多麻烦，但正是由于这样的热情，妻子通常会将自己的所有献给丈夫。两个不同风格的作家库诺·费舍和乔治·桑对此深信不疑。前者认为女人的天性就是臣服于男人，而后者则认为爱情是女人天性渴望得到的。在此我们终于知道了为什么女人的意愿与男人的相比显得一文不值。如果一个女人曾经依靠一个男人，那么她愿意追随他到天涯海角，甚至在他犯下十恶不赦的罪行时还愿意协助他而成为忠实的共犯。我们只是简单地将这种情况归类为共犯，但没有法律规定女人天生不能做别的事情。一个男人犯了罪，我们很难发现他的共犯，但是如果有一个女人深爱着这个男人，我们可以肯定她一定是共犯。

出于同样的原因，女性往往会忍受丈夫或情人的长期虐待。我们会想到一些特别动机，但如果真正的动机是这个女人的爱，那么整件事情就会得到解释。当男人无论在身体上还是精神上都不是合适的爱情对象时，我们就更难相信这种爱了。女人的爱被视为动机，这一点引起了广泛讨论，但从未得到明确的证实。一些权威人士把力量和冲动作为动机，但也有无数反对意见，因为历史证明情人是软弱的、怯懦的、理智的，而不是愚蠢的，尽管叔本华曾表示女人讨厌智慧和天才。虽没有什么特定原因但我们必须要接受这一事实，即一个最讨厌的男人通常会被一个最痴情的女子深爱着。我们也要相信男人的爱会使女人放弃她们的浪漫想法。我们错误地认为只有轻罪才会使一个女人仍对某个一无是处的男人忠心耿耿。人们再一次错误地认为，如果一个女人拒绝了男人留给她的最珍贵的传家宝，那么她一定知道这个男人所犯的严重罪行。但是我们只需要知道此举的动机，而不是她的爱以及在爱的本质中发现的其他原因。实际上，女人只是男人生命中的一段插曲。当然我们在此说的并不是一种短暂的喜欢或调情，而是每个女人都知道的伟大深沉的爱，这种爱可以压倒一切、战胜一切、原谅一切、忍耐一切。

还有一件令人费解的事。男人很在意女人的贞洁，而女人对男人的贞洁却并不在意。只有年轻单纯且没有经验的女孩才会对真正的浪荡子感到本能的厌恶，但是根据罗谢布兰所说，深爱一个男人的女人在数量上与曾经深爱这个男人的女人成正比。这很难理解，但是如果一个男人因为能够很好地协助女人而声名在外时，那么他应付女人时就会轻松自如。或许这种游刃有余只是女人幻想和嫉妒的表现，因为她们不能忍受一个男人对其他那么多女人感兴趣，而不对自己感兴趣。就像巴尔扎克说的那样："女人更喜欢征服已属于别人的男人。"一些类型的男人利用这种轻松自如勾引到女人，女人也愿意投怀送抱，尽管这个男人一无是处，从这一点，这种轻松便可以很好地得到解释。或许这是对的，就像我们经常说的那样，性总是以一种无法解释的方式表现自己。

当然，男人和女人之间还是存在友谊的，尽管这种友谊实属罕见。但毫无疑问这种关系是由性决定的。我们认为它很罕见是因为关系双方需要自发排除对彼此的性兴趣。三种情况下才会产生这种友谊：1. 二者年龄的差距不可能产生这种激情；2. 在童年时，出于某种原因发展成了一种纯粹的"兄弟情"；3. 上述两种情况的结合使得双方无法擦出爱情的火花。我们经常看到两个人毫无理智地选择了对方，好像着了魔似的，但现在看来这种选择最后变成了友谊。这种友谊在审判中经常被提及，当然没人会相信他们。要谨慎对待此类案件，如果不能证明这种友谊是不可能发生的，那么在没有进一步证据时否认这种友谊就显得不公平。所以有必要查明这种性兴趣是否被排除在外，或可以被排除在外，如果证实不能排除，那么这种友谊只是名义上的。

女人之间的友谊通常没有什么价值。喜剧、漫画和评论通常拿女人的友谊开玩笑。第一根白头发的出现和丈夫不忠的新闻屡见不鲜，据说根源就是女人的闺蜜，女人打扮自己、提升自己就是给朋友看的。一个作家这样描述女人间的友谊："两个女人之间的友谊只是针对第三个女人的密谋而已"，狄德罗曾说过，女人之间的秘密联盟就和同宗教牧师之间的联盟一样。她们憎恨彼此又保护彼此。而后者经常在法庭传唤女证人的时候看到。嫉妒、讨厌、妒忌和自我主义粉墨登场。经验丰富的法官可以发现这些动机中的证据，但是当女人之间互相合作时，就不容易发现了。这一点很容易发现，因为它存在于我们概括的所有女性特征当中。在询问中，只要举出一个具体例子，只要证人觉得她的行为和观点与证词的对象没有关系时，她所做的证词一半会受真相指引，一半受例子中对象的指引。但当我们明确且严肃地提出或暗示出女性的共有特征，或开始谈论使证人感到负罪感的事情时，她就会转而为刚刚受到抨击的朋友辩解。这种情况下要设法弄清楚我们对此是否已有了大致的了解。如果是，我们就知道为什么这位证人会为被告说话了。

女人的恨与爱一样。爱恨只是相同关系的正反两面。如果一个女人恨你，那说明她曾经爱过你、正在爱着你或将会爱上你。这在很多案件中都多有体现。女人的恨比男人的强烈。圣·乔治说女人的恨比魔鬼还可怕，因为魔鬼只会单独行动，但女人可以让魔鬼帮助她，施托勒也认为复仇的女人无所不能。这让我们想起了底层社会的女性之间恨、生气、报复是同一种情感的不同阶段。另外，没有任何人能像女人一样在复仇中找到快感。确实可以说复仇和对复仇的追求是典型的女性特征。真正且有活力的男性不会轻易将自己置于此种境地。这可能跟女性比男性更敏感有关，这种敏感是生气、愤怒和复仇的根源。龙勃罗梭做的很多调查也证实了这一点，而且曼泰加扎也举了很多女性陷入愤怒的情感案件。所以，当面对复仇为动机的犯罪案件时，我们无法查明犯罪分子，但怀疑的眼光首先会落在女性或阴柔的男性身上。另外，在进行有序推断时，我们就从这一点打开突破口，查明嫌疑人的过去、现在和未来，如果成功的复仇远远超过真实或幻想的场合，或很长时间后仍未完成也不必为此感到惊讶。Nulla irae super iram mulieris.（愤怒已经到了无以复加的程度）

女人的残忍与愤怒、仇恨直接相关。龙勃罗梭已经指出女性倾向于残忍的根本原因。一些众所周知的案件通常是由内心的良善和邪恶之间的纠结而引发的。或许我们更应该把残忍看作一种防御形式或表现，因为经常发现残忍和柔弱在特定人群中相辅相成，如孩子、白痴等。这一点尤其体现在阿尔卑斯白痴病患者中。他们的愤怒所造成的危险使那里的人深有体会。曾经一个白痴病患者虐杀了另一个白痴病患者，原因是他觉得做慈善的僧侣分给受害人的面包比自己的大，另一个白痴病凶手的动机竟然是受害人收到了两枚裤子纽扣。我认为这些例子说明残忍和柔弱是有真实联系的。残忍是一种防御手段，因此也是女性的一个特征。另外，很多人对女性残忍之所以好奇，是因为对女性特质的误解，认为她们是受压迫的对象，但内心是善良的。正如我所知，节俭和试图从家用开支中省下一笔开销等行为通常会导致谎言的发生，我们察觉到，这些特质会导致一些女人对服务人员大呼小叫，有的甚至想要赶走家里年迈、讨人厌的亲戚，原因是这些亲戚每天都享用着本属于她丈夫和孩子的面包。

这些事实不仅可以解释犯罪动机，而且有利于锁定犯罪嫌疑人。如果在其他条件都相同的情况下成功地列举众多女性特征（其中任一特征都可以对罪行的残忍进行联系和解释），我们就掌握了一个有关犯罪嫌疑人的线索。以上所举例子（如母亲般对家庭的关爱、节俭、吝啬、对服务员蛮横、对年迈的父母残忍）似乎都比较罕见，也不完全合理，但是它们确实经常发生，并给出有关犯罪嫌疑人的正确线索。还有其他类似的组合。大家都知道女性喜欢法庭审判、日报的报道，以及公开处决。虽然最后一种情况在奥地利仍然很普遍，但报纸上经常会得出这样的结论，即在人群中观看公开处决的绝大多数都是女性。观看公开处决的女性大都属于下层阶级，庭审现场的女性则大都属于较高的阶层，她们组成了听众和庭审观众。无论是出于渴望、好奇、紧张刺激，还是铁石心肠或不可否认的残忍，这一举动都足以说明这一点。

如果不能很好地处理残忍的最终表现形式——谋杀，尤其是女性特有形式的谋杀、儿童谋杀、投毒，那么我们对此将无能为力。当然，这些表现形式，尤其是女性特有形式的谋杀通常涉及一些异常条件，这些异常条件是医师们的研究对象。同时对于负责审讯和判决的法官来说，法律要求他充分考虑并了解这些条件，以便做出最终判决。

投毒是女性犯罪的主要表现形式，也是现代法医界学者经常提到的一种事实，甚至古代非医学界的一些作家如李维、塔西佗等也曾经提及过这一点。因此，有必要对女性特性进行仔细研究以便了解此类谋杀案的动机和手段。为此我们只需要考虑日常生活的普通因素，而不必考虑那些不寻常的条件。

当实施犯罪的原因比拒绝犯罪的原因重要时，犯罪行为就会发生。这也适用于激情犯罪，激情犯罪付诸行动仅仅在一念之间，实施犯罪和拒绝犯罪的声音在行为人的脑海中不断地争斗制衡，一旦实施的声音战胜了反对的声音，他们就开始触及犯罪。而其他类型的犯罪，这种矛盾持续的时间较长，在实施时已初露端倪，另外，在一些重大犯罪案件中，这种矛盾通常持续的时间更长，需要更多动机。这是善与恶的争斗。当一个人堕落到一定程度失去了善良的本性，取而代之的是害怕被人发现、被惩罚，衡量从这件事上获得的好处是否值得自己冒险。犯罪本身就证明了动机充分。假设一个女人想要杀死某人，就会在心里衡量，当支持犯罪的声音获胜，她就会认为必须实施谋杀。反之则不会犯这种罪。除了投毒外，每一个谋杀案都需要胆量、动机和体力。而女性并不具备这些特性，因此她通常会自发性地选择投毒，所以这并没有什么特别或意义重大的地方。因为这是典型的女性特质。在投毒案中，当对凶手有任何怀疑时，首先应该考虑女性或柔弱的男性。

从另一个角度看，女性的柔弱也会为我们提供帮助。显而易见，所有形式的柔弱都会得到人们的支持和帮助，无论是在身体上还是精神上的，而在需要利用精神去进行个人的深度内观时，通常会倾向于后者。当前，这种反应的表现形式一方面是劝阻，另一方面是说服和自我说服。首先表现出来的是自责，随后是害怕被发现。因此，女性犯罪嫌疑人会说服自己和其他人，自己这么做也是情有可原的，是有正当理由的，她会把遭受的不公正对待作为替自己开脱的理由。也许确实存在一些不公正的对待，但这种不公正对待已彻底被扭曲而失去了原本的样子，变得令人无法忍受。因此，从犯罪嫌疑人对她所处环境的反应可以轻易得出一系列结论，如果它们是在相当长的一段时间内发生的则会更具说服力。在这段时间内，这些结论可以按时间排序，这些排序可以证明一个缓慢且清晰的情绪方面的增强。当然这样的分析很麻烦，但如果系统地去做就会有较多收获。

　　克服被发现的恐惧使用的自我说服技巧也能为我们提供另外一种形式的帮助。通常，这些技巧比较普通，并指向一个事实——设想中的犯罪在没有危险的情况下提前发生，一切都是精心策划。虽然目前已没有危险，但当需要利用某种流行观点，尤其是迷信、习俗和假想时，她们就需要认真考虑。例如，假设一个年轻女人因为钱而嫁给一个比自己年龄大很多的男人，现在她想要摆脱年迈的丈夫。这就应验了这样一个广为人知的说法，即年纪大的男人在娶了一个年轻的妻子后不久就会死去。这种说法主要的判断依据是生活方式的完全改变、不寻常事情的发生、刺激、极度紧张，可能还使用了兴奋剂等，最终造成这位丈夫身体虚弱、生病最后死亡。但是公众不会做出这种推断，他们只会不问缘由地认为当一个年纪大的男人迎娶一个年轻的女人，他会死去。因此年轻的妻子会想到："如果我使用别人不知道的毒药，那就没人会怀疑丈夫的死因。这只是一个所有人都认为一定会发生的事实。年纪大的男人迎娶年轻的妻子就会死去。"这样的认知很容易诱使一个无知的女人并对其行为产生影响。当然，这些认知过程无法被直接观察到，但也不会失控，前提是大众认可的某些事情的相关看法能够形成一种标准。因此他们对嫌疑犯的诱导可能有助于我们做出一些有用的推断。[30]

　　关于儿童谋杀，对精神状况的考虑并非绝对必要。当然，必须确定他们是否在场，因此，首先有必要了解犯罪嫌疑人的行为特征。这些行为特征在任何有关法律医学、法医精神病理学和犯罪心理学的教科书中都有记载。许多年纪较大的作家[31]、权威人士引用的大部分案件表明，如果女性处于最佳状态下并多次以类似的行为行事且处境令人同情，那么就可能会立即被假定为儿童谋杀嫌疑人。这些案例还表明，世界上最美丽无害的生物在分娩时或在对其孩子和丈夫产生憎恨后不久也会变成凶残的"野兽"。很多儿童谋杀案都可以通过一些动物在分娩后会吃掉自己的孩子这样的习性来解释。这样的案件使我们在处理儿童谋杀案时要求精神病医生对母亲的精神状况进行彻底检查，并以心理学家和人道主义者的身份解释与儿童谋杀案有联系的一切因素。同时必须要牢记正是这种态度造成了最危险的结果。立法者没有进一步考虑到母亲的精神状况，并使谋杀儿童的惩罚比普通谋杀轻得多。因此推断没必要研究引起儿童谋杀的条件。而这是很危险的，因为它暗示这个案件是通过给予最低限度的判决来解决的，而实际上可能会出现各种不同的评判和差异。立法者所研究的情况只是万中之一，大多数情况我们尚未理解和检验。

第 76 节　情感因素和相关主题

德克吕德纳夫人曾在给贝纳丹·德圣比埃的一封信中写道:"我需要被感觉。"这位睿智、虔诚的信徒简洁的话语让我们洞悉了女性情感生活的意义。男人需要理解,女人需要感觉。带着这种感情,她破坏了许多男性出于正义感所做的事。确实,许多女性备受瞩目的特质都或多或少与情感生活有关联。同情、自我牺牲、宗教信仰、迷信,所有这些都依赖于情感生活的高度发达和几乎病态的情绪。女性的慈善、对别人细致的照顾、请求赦免罪犯的请愿书以及众多其他女性善良的品质使我们相信这些行为是女性情感生活不可分割的一部分,只有在她们感到无助时才会体现。一方面无意识的自我主义使她们会为一个境遇相似的人辩护;另一方面女性在处理任何事时先进行自我评判,然后再做出决定,这是女性的一个特征。她所做的事情很大程度都出于情感。因此叔本华曾说:"女人很有同情心,但在正义、正直和一丝不苟的责任心方面,她们落后于男人。不公正是女性的根本缺陷。"[32] 他还说道:"由于女性同情心过甚,情感占据了她们的脑海,公正已没有立足之地。"蒲鲁东说:"女性的良心弱于男性,智慧也落后于男性。她的道德评判标准、是非观不同于男性,永远站在正义的这一边或那一边,永远不要求权利和义务之间有任何对等,而权利和义务对男人来说是无比痛苦的必需品。"斯宾塞表示,[33] 简单来说,女性明显缺乏正义感。

这些认知表明女性缺乏正义感,但没有说明原因。只能从女性过多的情感生活来解释。这些过多的情感生活阐明了她们日常生活的众多事实。当然,我们要把一个贵妇与一个农家妇女的感情,以及二者之间无数阶级的感觉加以区别,但这种区别并不重要。同样,贵族和无产阶级都是不公正的,但是丰富的情感可以使正义中缺失的东西得到一千倍的补偿,也许在许多情况下,它比纯粹的男性正义感更能触及绝对正确的东西。当然,我们常常错误地依赖女性的证词,但只有当我们假定严格的司法判决是唯一正确的判决时,以及不知道女性如何判断时,这种情况才会发生。因此很难正确解读女性的证词;我们忘记了几乎每个女人的陈述本身都包含着比男人更多的判断;我们没有检查它包含了多少真正的判断;

最后，我们用不同于女性使用的标准来衡量这种判断。因此，当把男人和女人的证词放在一起以便找到正确逻辑时，我们表现得最好。这很不容易，因为我们不能正确地进入女性的感情生活，因此不能忽视她把客观事实拖向某种偏见的倾向。从理论上讲，一种高贵、善良、女性化的感情往往会把一切都反映得更好、更温柔，而且往往会倾向于原谅和掩饰。如果是这样的话，我们也许就有了一个明确的评价标准，也许就能忽略女性的偏见。但在我们面对的案件中，这种情况可能不超过一半。在所有其他方面，女人都允许自己被感动、难过，并以复仇者的形象出现。因此，她竭尽全力站在自己看来是受压迫和无辜受到迫害的一边，不管是被告的一边还是原告的一边。因此在判断她的言论时，首先必须确定情绪推动的方向，而这不能仅仅依靠对人性的认识。除了仔细研究给出证据时具体的女性证人，我们什么也做不了。这就需要花费大量时间，因为在没有任何比较或联系方法的情况下，直接投入到事物的中间就会使判断变得不可能或非常危险。如果要做这件事，你必须先讨论其他事情，甚至允许自己不诚实地问一些你已经知道的事情，以便找到一些衡量女性倾向性的标准。当然，人们在这里只发现了女性的倾向性，而不是倾向的方向——在选择用来比较的案例中，女性可能判断得过于温和，而在手头的案例中她也可能过于严格。但一切事物都有一定的限度，因此，大量的实践和善意将帮助我们发现倾向的方向。

当探究单纯、未受过教育的女性的情感生活时，我们发现她们的情感生活与其他阶级女性的情感生活基本相同，只是表达方式不同，而我们必须观察这种表达方式。它的形式通常非常原始，因此很难发现。尽管她可以通过咒骂来表达自己，但这仍然是一种情感的表达方式，就像母亲因孩子跌倒摔伤而打骂孩子一样。但是请注意，情感的普遍存在是一种彻底的女性化特征，所以只有在女性化特征明确的情况下，才能明显地注意到情感的普遍性——因此，在男性特质较强的女性中，情感程度通常普遍较弱，而在女性化得到充分发挥的个体中，情感程度普遍最强。它在孩童时成长，当完全变为女人时，保持在一个恒定的水平，而在老年，当性别差异开始消失时就会减少。高龄的男性和女性在这方面就很接近。

第 77 节 脆弱

莎士比亚曾说过："弱者,你的名字是女人。"科尔文用开玩笑的语气解释说:"女人每天都在祈祷:'不要诱惑我们,亲爱的上帝,如果你这样做,我无法抗拒。'"甚至康德[34]也将女性的软弱作为区分标准:"为了了解整个人类,我们只需要把注意力转向女性,因为力量越弱的地方,工具就越具有艺术性。"有经验的犯罪学家解释了一个众所周知的事实,即因为女性的这个弱点,她们通常是匿名信件的主要来源。从女人身体上的劣势可以推断出其心理上的自卑,虽然很多事实告诉我们身材矮小瘦弱的男人在精神上比高大强壮的男人强大,但是,一个强大的身体通常也拥有一个强大的头脑,这是很自然的。困难在于发现女性的弱点是如何表现的。伏尔泰经常开玩笑说男人怕老婆,他把这种现象解释为通过特殊创造的工具女人驯服男人这一神圣目的得以实现。维克多·雨果把男人称为女人的玩具。"哦,上帝给了每个人玩具,娃娃给了孩子,孩子给了男人,男人给了女人,女人给了魔鬼。"这句流行的谚语似乎也赋予了她们相当大的力量,至少对老年女性来说是这样。因为我们在各种各样类似的版本中都听到过这句话:"一个老妇人敢于到魔鬼不敢踏足的地方冒险。"我们也不能低估女性承受痛苦的能力。有经验的助产士一致向我们保证,没有男人能够像女人一样忍受日常要忍受的痛苦、每次生孩子时的痛苦,外科医生和牙医也同样向我们保证了这一点。事实上,据说伟大的外科医生比尔罗斯曾声称,他会首先在女性身上尝试新的手术方法,因为女性比男性更能忍受痛苦,与野蛮人一样,她们地位较低,因此比男性更能抵抗痛苦。根据这些说法,我们不得不怀疑女性以软弱为特征的说法,然而这种说法是正确的。但是无法在期望的地方找到女性的弱点,而应该在完全不同的女性智力方面寻找弱点。如果不考虑智力因素,女人往往比男人更强大。她能更好地忍受不幸、护理病人、忍受痛苦、抚养孩子、执行并坚持计划。女性的意志力软弱这种说法是错误的,因为大多数例子表明女性拥有顽强的意志力,她们的失败是由于智力问题。当必须说服一个人的时候我们会发现,如果给一个正常、有条理的人看一系列逻辑联系紧密的理由时,他可能会同意。但女性的智力却缺乏逻辑性;事实上,如果一个女人有逻辑能力,我们就不会在尊重女性特质方面犯错误。她宁可被显而易见的理由说服,被那些表面上看来真实、瞬息万变的、冠冕堂皇的事情说服。我们发现她太容易同意一些事情了,并且当意志只是女性智力的不同表现形式的时候，我们会责备这种意志。她以同样的方式说服自己。对她来说，一个绰号、一个有意义的警句、一个平静的反应就足够了；不需要一个完整的理性结构，会继续做我们称为"软弱"的事情。拿女性的反应为例，"心似乎在跳动——为什么它不应该为某人跳动呢？"，因此女人会投入一个冒险家的怀抱。听到这一事实后，整个世界都会为女性的"弱点"而哭泣，而也确实应该为女性的智力缺陷和逻辑错误而哭泣。心脏的生理搏动不需要成为爱情的象征，其主人不需要对某个男人感兴趣，当然也不需要对某个冒险家感兴趣，她甚至认为这是不可能的。她满足于这种清清楚楚、存在闪光点的推断，她的理解力一般。刑事法院的法官必须始终首先考虑女性智力上的弱点，而不是女性意志力上的弱点。

女人多嘴多舌，不能保守秘密，这应该是意志薄弱的表现。但这又一次是她的理解出了问题。这一点可以通过一个由康德详细讨论过的事实来证明，即女人善于保守自己的秘密，却从不善于保守别人的秘密。如果这不是智力上的缺陷，她们就能估计出这样做所造成的伤害。现在每一个犯罪学家都知道，在大多数情况下所犯下的罪行，甚至犯罪计划，都是因为女性的背叛被发现的。我们可以从侦探那里了解很多关于这个问题的情况，他们总是通过女人来寻找事实真相，几乎无往不利。当然，法官不能表现得像侦探，但是当讨论某件事，并且需要追溯它的来源时，他必须知道要从哪里入手。这种情况下要向女人寻根溯源。

另一个需要考虑的重要事实是，那些透露秘密的女性也经常修改了秘密的内容。那是由于她们不知道这个秘密的全部，所以不得不进行推断，或者没有正确地理解这个秘密的内容。如果认识到只有一部分揭示出来的秘密是正确的，那么我们就可以有把握地推断出这种情况，但这只能通过牢记女性智力这一奇怪的特征来实现。我们只需询问这个问题包含了哪些不合逻辑的元素即可。当这些被发现时，我们不得不询问一下它们的逻辑形式。如果遵循这个过程，我们就会发现事实的真相，即事情的发生是合乎逻辑的，但思想，尤其是女人的思想是不合逻辑的。

当对所知道的有关女人的一切进行总结时，我们可以简单地说，女人并不比男人好或差，也不比男人价值低，但女人和男人是不同的，这是大自然有意为之，正确地创造了每个事物，女人也是这样被创造出来的。她存在的原因不同于男人，因此天性也就不同于男人。

第78节　孩子[①]

孩子无论作为证人还是被告，我们都必须牢记他们的特质，把他们当大人看待总是不对的。此外，从其不成熟和缺乏经验，以及有限的知识和狭隘的眼光方面寻求区别是错误的。这只是差异的一部分。事实是，由于儿童时期是人体器官生长发育过程中的一个阶段，并且这些器官之间的关系和功能都不相同，儿童实际上是与成人不同的一种存在。当想到孩子身体、行为的不同、营养的不同、外来影响的不同、身体素质的不同时，我们就必须看到孩子的心理素质也是完全不同的。因此程度的不同并不能说明什么，我们必须寻找性质上的不同。仅凭个人的观察还不够。我们必须通过大量文献进行专门研究。[35]

第79节　总则

一个人不需要对孩子有太多的了解就可以知道，孩子通常比成年人更诚实、率真。他们非常善于观察，在提供证据时更加公正无私，但由于他们属于弱势群体，所以更容易受他人的影响。除了有意的影响，还有选择性先入为主的巨大影响。当孩子作为重要证人时，我们永远不能从孩子那里得到真相，直到发现孩子的幻想。当然，每个有幻想的人都会受到这些幻想的影响，但具有冒险精神和想象力的孩子会沉浸在这些幻想中，自己的想法或行为都会被幻想赋予色彩、色调和意义。冒险家所做的事情是好的，不做的就是坏的，它所拥有的是美丽的，它所声称的是正确的。孩子们许多看似无法解释的主张和行为都是通过特定的幻想（如果可以称之为幻想的话）来理解。

通常我们会认为孩子有一定的正义感，在看到任何人受到不公正对待时，他会觉得不愉快。但是在这方面，我们必须考虑到孩子对于美德的定义有自己的看法，而这些看法很少能由我们来判断。同样可以肯定的是，由于缺乏思考或烦恼

[①] ☆本节为"孩子"主题下的起始节，后至第81节都属于该主题。——编者注

的事情，孩子对发生在他们身上的事很感兴趣，也记得很清楚。但是，我们必须牢记，兴趣本身是从孩子的角度发展的，他的记忆会根据其早期的经历生成新的事件。一般说来，我们在他记忆中只能预先假定其日常活动中已经发现的东西。新的或者全新的事物，首先必须找到一个功能，而这非常困难。现在如果一个孩子记起了某件事，他会先试着将其与已经存在的记忆相适应，然后记忆就会吸收这个新事实，无论实际是好是坏。对这一事实的经常性忽视是许多人对孩子所说的话给出错误解释的原因；当他以自己的方式去理解和复述时，被认为是理解与复述错误。

由于孩子们很少对生命的价值有正确的认识，他们会毫不畏惧地近距离观察一个毋庸置疑的死亡事件。这就解释了为什么很多此类事件中大人被吓得无所适从，而孩子却表现出令人难以置信的勇气。因此，对孩子的陈述表示一味怀疑是不公平的，因为你怀疑孩子们的"勇气"，但"勇气"对孩子来说根本不算问题。

关于男孩和女孩的区别，罗别许[36]说得很对，女孩善于记人，而男孩善于记东西。此外，他补充道："沉默寡言的女孩天生具有观察事物的能力，这表明她比心怀恶意、想象力丰富的男孩更容易接受教育，而后者的理解力较差，因为他的目的是更好地在广泛的知识领域进行更多的实际探索。"总的来说，女孩对事物更好奇；男孩则更渴望知道事物的真相。他会将其所缺乏的以及没有被爱或天分驱使去做的固执地抛在一边。当女孩忠诚且满怀信念地接受教导时，男孩会对没能探知原因、方式或证据而感到不满。每天他们更多渴望进入概念的世界，而女孩不把事物看作是一个类，而是把它看作明确的特殊事物。

第 80 节　孩子作为证人时

曾经在考察儿童证词的价值时，我发现这在某些方面非常有价值，因为孩子不像成年人那样容易受激情和特殊兴趣的影响，同时我们可能会认为人们很少会对孩子分类；虽然孩子对一个事件不理解，但却本能地感知到它意味着混乱，因此对它产生了兴趣。之后，孩子会有更广阔的视野，理解以前不理解的东西，尽管可能不是完全正确的。

我进一步发现，就教养而言，刚刚迈出幼年时期的男孩是世界上最好的观察者和证人。他饶有兴趣地观察周围发生的一切事情，毫无偏见地综合各种事件，准确地再现它们，而同龄的女孩往往是一个不可靠，甚至危险的证人。当女孩在某种程度上有才华、冲动、梦幻、浪漫和冒险时，几乎无一例外地表现出一种与厌倦有关的悲观主义。这种情况发生比较早，如果一个处于这个年龄的女孩被卷入了可疑的事件，我们总是免不了被带入极端夸张的情况。最轻微的盗窃案也会变成小型抢劫案；一次赤裸裸的羞辱变成了引人注目的攻击；一句愚蠢的俏皮话变成了有趣的诱惑；一次愚蠢幼稚的谈话变成了严重的阴谋。

所有法官都知道产生这种错误的原因，但与此同时，这种情况又一次次地重现。

唯一的安全方法是尽可能清晰地理解孩子的精神世界。我们一般对它的认知非常少，因此，我们非常感谢公立学校的教师为提供此类信息所做出的努力。我们都知道必须要对城市孩子和农村孩子进行区分，对于那些没有看到煤气灯、铁路或类似设施的农村孩子，我们也不必感到惊讶。斯坦利·霍尔试图从六岁孩子的身上发现他们是否真的知道这些东西，以及他们随意使用的东西的名字，结果显示，14%的孩子似乎从未见过星星，45%从未去过乡村，20%不知道牛奶来自奶牛，50%的孩子不知道木材来自树木，13%至15%的孩子无法区分绿色、蓝色和黄色，4%的孩子从未见过猪。

卡尔·兰格对一些来自小城镇的33所学校中的500名学生进行了实验（该实验在《超级假设》一书中有记载，普劳恩，1889年）。实验表明82%的学生从未见过日出，77%的学生从未看过日落，36%的学生从未见过玉米地，49%的学生从未见过河流，82%的学生从未见过池塘，80%的学生从未见过锁，37%的学生从未去过树林，62%的学生从未爬过山，73%的学生不知道面包是粮食做的。不知不觉间问题就出现了：大城市里那些不幸的孩子，他们的处境究竟如何？而且，对于那些既不懂这类事情，又很容易谈起这类事情的孩子们，我们又能指望他们说些什么呢？成年人也不能摆脱这种困境。我们从来没有见过活生生的鲸鱼，也没有见过撒哈拉沙漠里的沙尘暴和古老的条顿人，但在谈论它们时是自信而深刻的，我们从来没有因为自己从未见过它们而束缚自己。我们是古条顿人，林中的孩子也是如此。他们都未见过古条顿人，但二者的描述拥有相同的价值。

关于感官的结合，比内和亨利[37]研究了7 200名儿童，他们模仿样本线的长度，或者从一组线中挑选出长度相似的线。后一个实验非常成功。

孩子的感官特别敏锐，发育良好。解剖学上的事实告诉我们，幼儿听力不好；不过处在这个年龄段的孩子是没有什么可能出现在证人席上的。据豪辛格说，孩子嗅觉非常迟钝，在青春期才得以发育，但随后观察人员，尤其是像哈克、克洛凯和其他研究过嗅觉的人，对此却只字不提。

关于孩子表达的准确性，权威人士持反对态度。蒙田说所有孩子都撒谎，还很固执。布尔丹证实了他的话。莫兹利说，孩子们经常会产生幻觉，在他们看来，这些幻觉无疑是真实的形象，而米德迈尔说，这些幻觉是肤浅的，是年轻人的幻想。实践经验不能证实这一判断。经验丰富的赫尔德一再把孩子视为天生的人相学家，索登非常重视孩子们的无私。根据罗别许的说法，孩子只有在说谎时才没有撒谎。他们只说心里所想的，却不知道、也不在乎心里的内容是否客观，是否存在于外界，是否是一半真实、一半虚幻。法律经验也证实了这一点，它还向我们表明，孩子故事的主观部分很容易识别。这与真实事件有明显的不同，两者不可能混淆。

我们不要忘记孩子对所感知的事物的理解存在缺陷。例如，当他观察一件事时，可能完全理解第一部分，但发现第二部分完全是新的，无法理解，而第三部分又是可理解的。如果只是半感兴趣，他会试图通过条件反射和综合反应来填补这些空白，并且可能会犯严重的错误。错误和不准确的事情发生得越早，孩子就越早进入青春期。真正的记忆力可以追溯到很久以前。普莱尔[33]表示孩子可以正确讲述他们在32、24、甚至18个月时所经历的事情。当然，成年人不会回忆起这么早的经历，因为他们早已忘记。但是很小的孩子就能回忆起这样的经历，尽管在大多数情况下他们的回忆毫无价值，他们的思想圈如此之小，以至于最普通的经历都无法用适当的言语描述。但是，当一个纯粹的事实受到质疑时或将被质疑时（如你被打了吗？有其他人在吗？那个男人当时站在哪？），这些记忆内容是值得考虑的。

孩子们对时间的判断不可靠。昨天和今天很容易被小孩子搞混，要把昨天和一个星期前、甚至一个月前区别开来，对孩子来说需要相当高的智力。不言而喻，在这种情况下，我们需要证人正确的个体化。我们首先要研究的是孩子的成长环境、他所学会的东西。如果手头的问题能够符合孩子的见解力，而这个孩子没什么天赋，那么他会比一个聪明的、不熟悉情况的孩子回答得更好更多。在这种情况下，智力是次要的，我建议放弃区分聪明与不聪明的孩子，而把实际、不实际的孩子分开。后者有着本质上的区别。聪明的孩子和愚蠢的孩子都可能是实际或不实际的。如果一个孩子有才华且实际，他将成为一个对社会有用的人，在任何地方都感到自在，在任何情况下都能自助。如果一个孩子很有天赋但不实际，他可能会像人们通常期望的那样成为一名教授。如果一个孩子没有天赋，但是可能比较务实，那他会比较适合确定的岗位，如果运气好，同时很努力，他甚至可能获得很高的地位。如果没有天赋且不实际，他就会成为一个可怜的人，永远不会有任何成就。对于证人的角色来说，孩子的实际性很重要。实际的孩子会看、观察、正确理解和再现一组不实际的孩子没有观察到的东西。当然，孩子有天赋也很好，但我要重申作为证人时，最不聪明、最实际的孩子比最聪明、最不实际的孩子更有价值。

"实际"这个词代表什么很难说，但每个人都知道，也都看到过这种孩子。

第81节 少年犯罪

历史证明，很多作家会给孩子身上设置一大堆缺陷，自龙勃罗梭起，在某一特定领域中，人们习惯找出已在孩子身上有预兆的最严重的罪行。如果这个世界上有人天生是罪犯，那么他一定藏身于孩子中。结果表明最残忍无道的男性，如尼禄、卡拉卡拉、卡利古拉、路易十一、查理九世和路易十三在幼年时都表现出残忍的迹象。佩雷斯列举孩子因愤怒导致的袭击事件；莫罗列举了孩子早期复仇意识的发展；拉方丹认为他们缺乏同情心。纳斯呼吁人们关注孩子残忍和残暴的倾向，如果孩子喜欢恐怖故事，他们讲的故事结尾乱七八糟，或者虐待动物，则表明他有这种迹象。布鲁赛[39]曾说："几乎所有的孩子都会有虐待比他弱小的孩子的倾向。这是他的原始冲动。如果本质上没有暴力倾向，那么被他欺负的孩子一旦因疼痛哭泣，他就会暂停对其施暴。但有可能第一次后，他会继续这一原始本能。"

甚至教养对他的束缚力量也减弱了，正如谚语中所说，孩子和国家只记得他们最后遭受的殴打。以前，青春发育期似乎是一个糟糕的阶段，据瓦赞[40]和弗里德里希[41]说，现代人认为这段时间是孩子行为反常并令人疑惑的主要原因。自从埃斯基罗尔发明了偏执狂这一说法，就出现了详细的文献，重点讲述了关于青春期女孩中发生的纵火事件。弗里德里希甚至断言所有青春期的孩子都有纵火癖，而格罗曼认为堕落的孩子通常会有偷窃的习惯。

当对类似文献进行检验时，结果不言而喻，有些概括过于鲁莽大胆，这一点毋庸置疑。当然，一些孩子确实有不好的行为表现，但我并不同意这类文献中意大利实证主义者所说的："很多罪犯甚至在童年的时候就一无是处。"我们在这里关注的是孩子到底有什么具体天赋，将这种天赋设定的比其成熟后拥有的天赋低确实比较夸张。如果被问到，假如孩子没有接受教育和培养就表现得很好，那么这种教育和培养会有什么影响时，我们可能会立刻回答，这些足以抵挡生活中不良社会风气，比如那些逐渐觉醒的激情和环境对他们造成的影响。

幼年时表现不好很容易被注意到。他们制造噪音，招惹麻烦，众多表现好的孩子不会这么做，一些表现差的孩子会被当成是所有孩子的典型代表。安静和不引人注目本身不会给人留下什么印象，即使它的重要性无可比拟。特殊和吵闹的那些需要更多关注，因为他们会对整个班级有影响。占卜、梦、预兆和预言也受到类似的对待。如果它们没有与现实对应，就会被遗忘，但是如果它们在一件事上与现实对应了，就会名声大噪，因此它们似乎诱使人们错误地将其解读为典型案例。一般来说，人们倾向于对孩子做出笼统的评论。孩子们经常被这样告知，如果你明白了这件事，同样也就明白了那件事，但大多数时候这是不公正的。当这件事和那件事经常发生一个孩子身上，且这个孩子足够聪明、有经验，能通过鉴别的方式将这件事应用到那件事上去，那么这个孩子就应被当成大人对待。举一个比较夸张的例子，孩子都知道偷窃可耻，犯罪是罪恶的。但是他不知道伪造、背叛和纵火是禁止的。然而，这些差异可能会缩小到毫厘之间。他知道偷窃是被禁止的，但他认为可以"弄坏"邻居的水果。他知道说谎是一种罪，但不知道某些谎言被称为欺诈会受到法律的惩罚。因此，当一个男孩告诉他的叔叔，父亲派他去要钱，因为他家里碰巧没有钱的时候，或当这个小淘气花钱买糖果时，他可能会认为撒谎不好，但由于没有受到任何实质性惩罚，因此他完全意识不到这是不对的。让孩子变得主观化同样很困难。孩子的自我主义比成年人表现得更强烈。另一方面，从事物的本质来看，他不需要照顾任何人，只需要被人照顾，以免出现意外。自然而然的结果就是，他们不清楚什么是允许的，什么是不被允许的。正如克劳斯所说[42]，未成年人在区分对错的时候会表现出一种特质。如果要求这个年龄的孩子去判断一种行为或人与人之间的关系，不会得到适合的答案，但如果这种行为涉及自身或自我，他所做的判断就会扭曲，无法保持客观。因此，"难道你不知道你不应该做这件事吗？"这样质问孩子是不对的。孩子会回答："是的，我知道。"但他不敢补充，"我知道别人不应该这样做，但我可以。"被宠坏、娇生惯养的孩子没必要这么说；所有孩子都有这种偏颇的态度。他如何知道什么是被允许的，什么是不被允许的？大人必须工作，孩子只负责玩耍；妈妈负责做饭，孩子只负责吃饭；妈妈负责洗衣服，孩子只需要穿上干净的衣服；大人照顾孩子的衣食住行，他们不需要担心温饱；在做一些不恰当的事或说一些不恰当的话后，一句童言无忌便可为他们开脱。现在他因继续利用这种特权而突然受到责备。我们要是可以记得孩子身上发生的这种虚假但又必需的利己主义，那可能就都会对这种幼稚的犯罪行为宽容很多。另外，我们一定不能忽略这样一种事实，孩子所做的很多事都只是出于盲目的模仿。人们对这一事实进行了更加准确的观察，结果表明孩子的模仿力非常强。当然在某种限制范围内，责任也是存在的，但如果一个孩子模仿了身边亲近的人，如老师或父母，那么他的责任就结束了。

总而言之，我们可以这么说，没有人能够拿出任何证据表明孩子比成年人表现得更糟糕。经验告诉我们，虚伪、精于算计、有目的的自私自利和故意撒谎等恶劣品质发生在孩子身上的概率远远低于成年人，总体来说，他们善于观察也愿意去观察。除了青春期少女，我们可以将孩子作为善良可靠的证人。

第 82 节　老年人

我们律师似乎没有充分考虑到老年人的特点。这些特征与童年时期的特征或性特征一样具有决定性，忽视它们可能会导致严重的后果。我们忽视了所谓"第二童年"的老年阶段。在这个阶段，如果我们不应对由此产生的愚蠢行为或明显的、无法忽视的感觉和记忆衰退，会出现严重的问题。

更加需要关注的是之前的一个阶段，就是精神力量的衰退还无法被察觉的时候。正如我们看到当男孩和女孩之间的区别变得明显时，则意味着少年时期的第一阶段结束，所以可以观察到，当这种区别开始退化时，生命过程中重要的活动已经结束了。本质上它是由两种性别的外表——声音、内在性格和态度——之间的近似值来决定的，典型的男子阳刚之气或女子阴柔之美都消失了。此时此刻，极端的衰老开始了。年龄、智力水平、受教育程度等差异都不重要了，考虑到极端衰老的性质，可以很容易地推断出随之而来的特殊性。生命的任务结束了，因为身体的力量已逐渐消失。出于同样的原因，对敌人的抵抗减弱了，勇气减少了，对健康福利的关心增加了，一切事情发生得更慢、更难了，而这一切都是新近出现的弱点造成的，从现在起，这种弱点就成了整个人性的指示特征。因此，龙勃罗梭[43]秉持的观点是正确的，老年特征性疾病在女性中比在男性中更为罕见。这是因为女人的变化不那么突然，也不那么强烈，因为她们一开始就很弱小，而男人则是由于男子气概的完全消失，突然变成了一个虚弱的白胡子老人。变化如此之大，差异也是如此之大、如此令人痛苦，其结果必然产生一系列令人不愉快的特性，如利己主义、兴奋、阴郁、残忍等。值得注意的是，年事已高的老人会表现出我们在太监身上看到的所有阴郁的特性，而这些特性都是由于意识到自己失去了力量而产生的。

正是从这个事实，克劳斯对老年犯罪进行了推测。老人易激动的弱点使老年人很有可能成为罪犯。兴奋与思维的缓慢和片面是对立的；老年人很容易为不相干的事感到惊讶；他从昏睡中挣扎着醒来，行为像个昏睡的醉汉，老人对休息很狂热——每一次休息被打扰都会使他烦恼。因此，他所有的愤怒、嘲弄和争吵，所有的固执和强硬都只有一个目的，即让我一个人待着。

这种嗜睡的醉态有着完全不同的价值。亨利·荷兰在一篇"零碎论文"中表示，老年是一个近似于梦境的状态，在这个梦境中，幻想和现实很容易混淆。但这只适用于极度衰老的最后阶段。在这个阶段，生命已经变成一种非常虚弱的、植物性的机能，任何罪行都已无力实施。

简单地说，老人的虚弱为其年轻时的早期倾向指明了一个可能导致犯罪的明确方向。所有的疾病都朝着新出现的弱点发展。但自私或贪婪并不是新近产生的。因此，我们必须假定，最初老人变成守财奴是由于谨慎，但他并没有拒绝自己和朋友，因为知道能够在以后重新获得已失去的东西。但现在他年老体衰，无法再轻易做到这一点了，也就是说，他的钱财和房产是年老时的唯一倚仗。因此，他非常害怕失去这些东西，以至于谨慎变成了吝啬，后来又变成了疯狂的占有甚至更糟；最后，这可能会把他变成罪犯。

性方面也是如此。老年人虚弱的身体无法满足成年人的自然欲望，于是他就会去攻击幼女，由于害怕那些自己无力反抗的人，他就会变成了一个投毒者。德罗比什发现，对特征改变的分析，可以区分出每个阶段的自我确定要素有什么。在衰老和极度衰老的过程中，最显著的识别标准是力量的失去，如果记住了这一点，就能解释这一时期的各种不同现象。

老年人作为证人需要特殊对待。然而，一项针对此类人群和相关少量文献的准确研究将会为后来的研究提供足够的基础。心理学教科书中最重要的是什么？老年阶段的心理结构本质上被简化并缩小到几种类型，这对单独案例的分析大有益处。大脑的活动减少了，影响和目标被压缩了，得到的和被记住的都很少，所以它的共同特征是由一个结果决定的，而这个结果是由那些影响了其过去生活的力量组成的。准确的观察只能揭示两种类型的衰老[44]。一种是痛苦的类型，另一种可以用一句话表达——"理解一切就是原谅一切"。衰老很少能客观地呈现事实。老年人告诉我们的一切都与自己的判断有关，而他的判断既可以是消极的，也可以是积极的。相较于老人的情感特征，判断的本质更取决于他的生活经历。如果他很痛苦，大概会如此描述一件可能有害但不算坏的事情，以便能够抱怨这个世界的邪恶和发泄曾发生在他身上的不幸。老人会以"天哪，没么糟，这些人如此年轻善良"作为借口。很明显，每件事都以完全不同的方式呈现。幸运的是，老人很容易被看穿，他的第一句话显示了他看待事物的方式。他主要通过引入记忆来制造困难，而记忆总是会歪曲和改变证据。人们都知道，相比眼前发生的事情，老人对很久以前的事情记得更清楚，这可以用一种情况来解释，即老人的大脑只保留它经常经历的事情。以前的经历会在记忆中循环播放成百上千次，因此，这些经历可能会在那里扎根，而新的经历可能只会被重复几次，因此没有足够的时间找到一个合适的地方保存下来，所以很容易被遗忘。如果老人讲一些最近发生的事情，一些类似的遥远记忆也会生动地在他的脑海里重现。然而，后者即使没有更生动，但至少也有同样强烈的色彩，所以老人的故事常常是由很久以前的事情组成的。我不知道如何从这个故事中抹去旧的记忆，总是存在各种各样的困难，尤其是个人的痛苦经历支配着记忆时，正如一句很恰当的谚语所说"老人会将年轻时做过的蠢事记得清清楚楚。"

第 83 节　观念上的差异

我想补充一点，衰老同时还呈现事实和判断。从某种意义上说，每个时代和每个人都是这样做的，正如一再说过的那样，断言我们有权只要求证人提供事实

| 第二部分 | 刑事侦查的客观条件：被调查者的心理活动

是愚蠢的。撇开在大多数感觉-知觉中的推论不谈，每一个论述都无一例外地包含了对其主题的判断，尽管也许只是几个干巴巴的词。它可能存在于一些选择的表达方式、语气、手势中，但它确实存在，需要仔细观察。以一件简单的事为例，两个醉汉在街上吵架。假设要求其中一个证人将实情告诉我们。他会这样做，但随之会说一些介绍性的话，"这是一个非常普通的事件""完全是一个笑话""完全无害""很恶心""非常有趣""道德史令人作呕的一幕""太悲哀""不值得同情""非常危险""很有趣""好像在地狱""只是未来的一幅画"等。现在，你还会认为对同一件事有如此不同看法的人会对纯粹的事实做出同样的描述吗？他们按照自己的生活态度看待一件事。有的人什么也没看见；有的人看到了这个；而有的人看到了那个；虽然一件事持续的时间非常短，但给每个人留下的印象各不相同，因此复述这件事时每个人的说法各有不同。[45]正如沃尔克玛所说，一个国家的人在雷声中听见了号角声、神马的蹄声、龙在天上的打斗声；另一个国家的人听到的却是牛的哞哞声、蟋蟀的唧唧声、祖先的抱怨声；甚至别的国家的人听到的是圣人转动天穹的声音和格陵兰人的声音，甚至是被施了魔法的女人因皮肤干燥而争吵的声音。伏尔泰曾说："如果你问魔鬼什么是美，魔鬼会告诉你，美是一对角、四只蹄和一条尾巴。"然而，当我们问一个证人什么是美，这就像是在问一个毫无理性的事实，并期待得到好像数学公式一样可靠的答案，或者正如询问一个认为将屋里的灰尘从一个角落扫到另一个角落就是整理房间的人，什么是清洁一样。

　　为了对男性智力态度的种类进行对比，我们必须从感觉入手，结合心理感受，这样每个个体之间的巨大差异就可以显现出来。天文学家首先发现了这种差异的存在，因为他们证明了同时发生的各种事件的观察者所处的观察时间却不尽相同。这个事实被称为"个人观察误差"。造成这种个人观察误差的无论是感觉速度上的差异，抑或是理解力上的差异，还是二者的综合差异，都是造成个人误差的因素，虽然是未知的、但这种差异已经被证实（甚至是一秒钟内）很重要，因为连续迅速发生的事件可能会造成不同个体形成完全不同的认识。我们几乎不知道观察者是越慢越准确，还是越快越准确；正如我们不清楚什么东西人们会更快地察觉到，而什么东西人们会较慢地察觉到。既然不能用特殊的工具来检验个体间的差异，那么我们就必须使自己相信这样一个事实：观念是千差万别的，而且在一些可疑的情况下，诸如打架、突然袭击、打牌作弊、扒窃等，观念的差异是特别重要的。

接下来是观察的差异。席勒说过，观察者不是看事物，而是看事物是由什么组成的人。拥有这种眼光的人才是罕见的。一个人对事实真相的部分忽视是因为他注意力不集中或看错了地方；另一个人用自己的推论来代替事物，还有人则倾向于观察事物的质，而忽略了它的量；还有的人把整体拆开来看，或把分开的东西结合在一起看。如果我们牢记这样做会产生什么样的重大分歧，就必须认识证人矛盾推断的根源。我们必须承认，如果不要求证人立即或稍后谈论这一事件，而是使证人脑中不同的概念慢慢变得接近某种平均值，那么这些差异将会扩大且变得越来越显著，因此我们经常发现当证人确实没有机会讨论此事，或从第三方处听说过这件事，或者没有看到该事件的后果，那他们的讨论就会因纠正机会或标准的缺乏而显示出明显的本质上的区别。然后我们会假设目击者所说的内容有一部分是不真实的，或者假设他们疏忽、没有看见。

各种不同的观点也具有类似的重要性。[46] 费耶斯都声称："掏空一个鼓鼓的钱袋是可耻的，挪用 100 万美元是无礼的，但偷一顶王冠却是伟大的。羞耻感会随着罪恶的增加而减少。"埃克斯纳认为古代人对俄狄浦斯的想法与我们不同，他们认为俄狄浦斯的不幸是可怕的，但我们认为这种不幸只是令人不快而已。

案件以各种不同的视角呈现在我们面前；如今，我们对诗歌以及日常生活中的同一行为有着非常不同的理解。例如，尝试让不同的人描述他们对同一片云的判断。你会听到有的人说这片云是盛放的精神之花的花茎、贫穷的学生、波涛汹涌的海面、骆驼、猴子、打斗的巨人、一群苍蝇、留着飘逸胡须的先知、傻瓜等。由此会看到对事物的判断来自说话者的人生观和私生活等。从日常生活中对普通事件的解释可以观察到这一点。即使判断相差不大，但仍然是不同的，这足以表明他们所持的观点不同。这个例子曾多次帮助我解释那些似乎毫无关联的证词。

态度或感觉——这种不确定因素对概念和诠释产生了很大的影响。它甚至比事态的发展或命运本身还要奇妙得多。每个人都知道什么是态度（情绪）。每个人都有过这样的经历。每个人都利用过它，但没有人能完全定义它。根据费希尔的观点，态度包含在所有内在条件和有机体变化的综合感受中，表现在意识中。这将使态度成为一种至关重要的感觉，是我们的器官时而有利时而不利地发挥作用的结果。然而，这种描述并非完美无缺，因为对感官单一、明显无关紧要的影响可能在很长一段时间内创造或改变我们的态度，但却不会揭示它对任何器官的影响或它与其他精神状态的结合。我知道好天气或坏天气是如何决定态度的，一支好雪茄如何能立即起作用，我们多少次或高兴或沮丧地度过了一天，却发现原因是昨晚做了一个美好或糟糕的梦。这一点在一次正式访问期间的经历中表现得淋漓尽致。起因是年轻农民之间的一场普通斗殴,其中一个人伤得很重,正在接受检查。走到一半时,我们不得不在路边一家小旅馆里等着,我想会有一个警察前来支援。停了一刻钟,我们又上路了,结果我发现自己被一种无以言说的悲伤包围,这种司空见惯的争吵在我看来尤其令人不快。我同情那个受伤的男孩、他的父母、打架的另一方、所有对我来说陌生的人,我发现了人类的幼稚和对酒精的热爱等。这种情绪如此突然,我开始寻找原因。首先在沉闷的地方寻找,然后在餐厅所喝的热咖啡中寻找,它可能有毒;最后在悲伤的如小三和弦般的马蹄声中找到了它。马车夫急急忙忙地忘了带铃铛,为了不违反交警的规定,他在旅馆里借了一只铃铛。我从一听到铃声就感到难过。我消除了铃声,立刻发现自己又可以欣赏周围美丽的风景了。

我深信如果在悲伤的状态下被传唤作证,我就会以不同寻常的方式讲述这个故事。音乐对态度的影响是众所周知的。外界条件的未知影响也会影响态度。费奇纳说:"如果你沉浸在思考中,你既没有注意到阳光,也没有注意到草地上的绿色,那么你的情绪状态就会和你在黑暗房间里的情绪状态没什么大不同。"

所谓漠不关心的态度尤其重要。由于强烈的影响、痛苦、悲伤、重要的工作、反省、疾病等因素,当自我意识开始作祟时,它就会出现。在这种情况下,我们低估了发生在周围的每件事的重要性。一切事物都与我们个人直接的条件相联系,从我们利己主义的观点来看,或多或少根本无关紧要。这种漠不关心的态度无论是发生在感知的时候,还是在审讯期间的重述环节,都无所谓。在任何一种情况下,事实都被剥夺了真实性、意义和重要性;白色或黑色被描述为灰色。

还有另一种相似的态度,其特点是我们从没有完全地意识到它,但更多地受制于它。根据利普斯[47]和洛策[48]的观点,在神经质的态度中可以观察到一种并非罕见的、对感情完全漠不关心的态度,以及在意识层面,可以观察到感情中的感觉属性的缺乏。那么,在我们看来我们自己的存在,似乎是一种外来的东西,与我们无关——一个我们不必认真考虑的故事。很清楚,在这种情况下很少有人关注周围发生的事情。这些经历是模糊和肤浅的,它们是无关紧要的,而且只是作为一种表现形式。这种情况在法庭上非常危险,因为在这种情况下,一个相对清醒的证人可能会告诉我们一些与之前不同的东西,例如,在事发或审讯期间他生病了或状态不好,所以之前告诉我们的是不正确的。一个完全超然于现实之外的人是不会告诉法官他对情况的判断结果,这可能是因为他并没有这种意识。

一些密切相关的心理和生理状况导致了截然不同的观点。那些身体上遭受痛苦的人、深受伤害的人、因忧虑而憔悴的人，他们的检查方法和正常人一样，但他们需要用完全不同的标准来衡量。同样，我们有时可能会认为，早已逝去的伟大激情会像其鼎盛时期那样具有影响力。我们知道爱与恨会随距离拉远而消逝，这种消逝的爱和迟来的恨往往表现为一种温和、宽恕的感觉，尽管来源不同，这种感觉却大同小异。如果审判员知道这种强大情感的存在，无论是爱还是恨，那么当发现得到的却是完整、冷静和客观的判断而不是基于这种情感所做出的判断时，他就会认为自己被愚弄了。他认为这是不可能的，因此他要么不相信这个证人，要么就会利用这种认知来粉饰这份证词。

身体状况更能影响观点上的分歧。如果感觉不会改变，那么就不会出现感觉错觉。这些变化是在感觉之后、判断和解释过程中出现的。我们躺下时认为好的主意，在站起来时也许会令我们心生不快。试验证明这种态度差异是由躺下和站立时大脑的血供应量不同造成的，这一事实可以为我们解释这一系列现象产生的原因。首先，它与计划的制定和执行有关。我们都知道，当躺在床上时，脑海中想到的很多主意似乎都不错。而起床后，我们会重新思考，可能有一半已决定的计划渐渐被搁置。第一种情况可能会对当时做出的决定有约束作用，但只要在躺着的情况下没有采取任何行动，那就没有任何影响了。例如，两个人躺在床上制定了一个明确的计划，但双方都羞于在另一方之前退出这个计划。因此我们经常听到一些罪犯说他们对确定的计划感到抱歉，但由于已经决定，最终还是执行了。很多这样的现象表面上看起来令人不敢置信，但都能找到相似根源。

当证人躺在床上回想某件事时，这种情况会经常发生。当他再次想起这件事的时候，就会确信这件事的发生方式与他最近所料想的完全不同。那么他会使自己相信，回忆的时间更接近这一事件，因此，这些回忆的事情才是正确的，这种情况下，他会坚持之前所说的，尽管事实并非如此。亥姆霍兹[49]曾说过一些类似情况："当人们歪着头看或倒立着看一幅风景画上的颜色时，会发现比以正常的姿势看更加栩栩如生和清晰。当倒立时，我们会试图正确地判断事物并了解它，例如，当你从一定距离看一块绿草地时，你会发现它的颜色有变化。我们习惯这样一个事实，并忽视变化，根据远距离物体周围其他物体上的绿色来判断该物体的颜色。另外，用不同姿势我们会把这幅风景画看成一个平面图像，偶尔在正确的视角，我们也会把云和风景看成平面图像，就像平常看到的云一样。"当然，这是众所周知的。在一个犯罪案件中，这样的考虑也许并没有什么用。但是另一方面，这些差异背后可能蕴含很多尚未发现的原因，这一点对刑事专家来说至关重要。

这是关于对比的情况。席勒特别重视这样一个事实，不一样长的两条线在分开时看起来似乎长度相同，但把它们平行放在一起，并在一起或放在一个水平面上你会立刻看出它们的长度差异。他表示这种情况在所有的比较中都是类似的。如果事情是并列的，那么可以对它们进行比较；如果不是，那么这种对比肯定不妥。这里不会有什么错觉产生，只是为了方便操作。并列通常很重要，但不是为了方便实际对比，而是因为我们必须知道证人是否发现了正确的并列。只有这样，他才能进行正确对比。为了观察他是否发现了这种并列，我们需要仔细研究。

概念和诠释在很大程度上取决于对被研究对象的兴趣。有一个关于一个孩子对一个老人记忆的故事，记忆中这个老人的整体形象并没有出现，只是出现一个绿色的袖子，一个布满皱纹的手拿着一块巧克力蛋糕。这个孩子可能只对巧克力蛋糕感兴趣，因此记忆中只有这个巧克力蛋糕和它周围的物体，即手和袖子。我们可以很容易观察到类似案例。在某次激烈的争吵中，证人可能只看到了发生在他兄弟身上的事。钱币学家可能只在一堆偷来的贵重物品中发现了一个镶着稀有硬币的手镯。在一篇冗长的无政府主义演说中，证人可能只听到了威胁到他自身利益的东西等等。不管出于什么原因，如果一件事很无趣或非常有趣，那么这件事看上去就会完全不同。当一种颜色流行时，你会觉得它大不相同；当知道一朵花是假花时，你也会觉得它很不同；故乡的月亮更明亮；自己家栽种的水果更香甜。但是，仍有其他因素影响我们对概念和理解的看法，这些例子不断增加，词语代表了很多概念，简单的词甚至可能包含了数学和哲学的概念。可以想象，两个人同时用"象征"这个词时，可能都会有不同蕴意。

甚至在思考、分析和利用感知到的事实时，通过使用对一个人来说意义非凡的符号向另一个人展示事实，也会有不同概念产生。这种差别也许并不大，但如果把它与所使用词的联想和暗示关联起来时，小错误就会成倍地增加，其结果与以另一种意思为出发点可能会出现的情况大不相同。外来词的使用在某种程度上不同于我们以往使用的词，可能会使我们更加迷惑。我们必须记住，这个外来词的意思经常与它在字典里的意思不一致。因此，当必须严格遵守一个意思时，引用外来词的表达是危险的。泰纳有一点说得很对："爱和恋情，女孩和年轻姑娘、歌曲和小调尽管可以互相替代，但含义却不相同。"另外，人们还指出孩子特别喜欢替换和更改一个词所代表的意思，以便随意地扩大或缩小它的意思。"Bow-wow"可能刚开始代表狗,然后是马,再然后是所有动物;一个孩子在树林中看到一棵冷杉树,说它不是冷杉树,因为冷杉树只在圣诞节才有。

这一过程并不仅限于孩子。曾经听到过一个词,只要我一听到这个词,就会将它和一个想法联系起来。这种联系很少是对的,主要是因为我们第一次听到这个词。后来从这个词所涉及的事件中得到我们的想法,当然,这与使我们瞬间理解该词意思的对象有关。我们很快又学到了一个词,无论是正确、错误,词和其意思不断变化。将个体的这些变化进行比较,就会发现意思上很容易产生相似度和多样化。由此必然会产生很多误解,长期以来,正义和正派的观念发生了许多变化,这在表明词义变化方面非常重要。很多时候如果意识到词的含义所发生的变化就代表一个可疑的事实,并牢记于心,那么我们就会掌握道德的来历。如果争吵中的人能在感情上明白对方的意思,那么即使最严重的争吵也会偃旗息鼓。

在这一点上,很多例子都是关于荣誉问题的。众所周知,德语词汇很丰富,有很多表达个人不喜欢的词汇,其中大部分都是无害的。当人们听到这些词时,一个人理解成这个意思,另一个人理解成那个意思,最终德语陷入了一个尴尬境地,成为世界上造成攻击荣誉和诽谤案件最多的语言。法国人开朗幽默,德国人阴沉、无礼、爱找麻烦。对无关紧要、毫无意义的东西神经敏感,法国人称之为德国式吵架。法庭上很多诽谤案件都是通过向人们解释词的意思而得到解决的。许多人抱怨说他们被称为一种生物、一种人,等等,而当明白了这些词的全部意思后,就心满意足地走了。总之,这只是一个有关时间影响概念的词。决定一个事件重要与否的因素不是过去时间的长短,而是时间跨度的价值。据赫尔巴特所说,时间就是一种短暂重复的形式。如果这种说法是对的,那么不可避免的是,无论是快还是慢时间一定会影响事件的概念。众所周知,随着时间的推移,单一性使时间看似过得很慢,但如果发生很多事情,感觉时间会过得很快,但在记忆中似乎很长,因为很多地方需要充分考虑。明斯特伯格认为我们在每一个单独的点都会停留,因此,在记忆中时间似乎很漫长。但这并不是普遍有效的。亚里士多德已经指出熟悉的路似乎总是比陌生的路显得漫长,这与第一个命题相矛盾。因此,如果我们在乡村安宁平静地度过一个度假,就会觉得时光飞逝,快得惊人。然后当生活发生了一些重要的事情,紧接着就是一段平静无事的日子,那么在记忆中,这段时期会显得很漫长,虽然它发生的时间看起来应该很长,但过后却觉得很短。这些事件和类似现象都无法解释,经过多次实验,能说的就是,我们把短的时间看成是长的时间,而把长的时间看成是短的时间。我们还可以补充说明另一个显而易见的事实，即大多数人不知道非常小的时间单位的持续时间，尤其是一分钟。随便找一个人让他安静地坐着，不要数数，什么也不要做，每过一分钟就要指出来，最多五分钟。于是人们总在不超过一分半钟的时候会说已经过了五分钟。因此，在估算时间方面，证人总会出错，这些错误以及其他毫无意义的话则会被记录在案。

为此，有两种纠正方法。让证人以某种熟悉的形式确定时间，如祈祷词等，或者给他一块手表，让他观察秒针。在后面一种情况下，他会断言，他的十分钟、五分钟或者二十分钟最多不超过半分钟或一分钟。

当需要做有关长时间（周、月或年）估算的测试时，这就更难了，因为没有办法做任何测试。唯一能够通过经验明确表明的是，此类估算的确定性主要依赖于这些估算涉及的特定事件。如果有人说 A 事件发生在 B 事件之前四五天，我们可能会相信他，如果他补充说："因为当 A 事件发生时，我们开始收玉米，当 B 事件发生时，我们已经收好玉米了，这两件事情之间有四到五天。"如果他不能作出类似的判断，就不能完全依靠他的说法，因为事情可能已经发生了，可能对他的时间概念影响很大，以至于他作为证人的判断可能完全是错误的。

这些情况下，在冗长解释的过程中做出的有缺陷的估计常常会突然成为参考点，然而如果估计错误，就会造成误解。假设一个证人曾说四年前发生了一件事。很久之后人们对时间进行了再次估算，结果显示这份草率的陈述将该事件的发生时间定在了 1893 年，随后的所有重要结论都是从中加以论证而得来的。按照惯例，通常最好自我检测一下这些对时间估计的不确定性和不准确性。可以假设在本案中证人可能会做出更好的估计，但也可以假设他没有做到。简而言之，处理时间段概念的问题再谨慎也不为过。

第 84 节　先天与后天 [①]

叔本华是第一个根据先天和后天对人进行分类的人。虽然不清楚他在哪里第

[①] ☆本节是"先天与后天"主题下的起始节，后面至第 90 节的内容都属于该主题。——编者注

一次使用了这种分类，但我知道他会对这种分类负责。"先天"指的是身体和心理上的特征以及性格，占据着很大的部分；"后天"是广义上的培养、环境、研究、学术和经验。两者结合在一起就会呈现一个人是什么，能做什么，想去做什么。然后说到分类，先天和后天的分类是根据本质和特征进行的。我们了解或者试图了解一个人的先天因素对他表面的影响，但是他的后天因素可能带来的犯罪关系我们却完全不知道。文明女神所发现的所有各种手段、联系和差异，只能通过简单和自然的回归才能得到证明。

第85节 后天的影响

在犯罪学上，如果后天因素能够解释道德、荣誉和对真理的热爱，那么它对人类的影响就很重要。犯罪学家必须研究关系、行动和表述，重视和比较它们，才能对后天培养上存在差异的人进行评估和对比。关于这个问题最有启发性的工作是塔德[50]和奥尔泽特·纽因[51]。老一辈作家莱布尼茨曾经说过，"如果把教育留给我，我将在一个世纪内改变欧洲。"笛卡尔、洛克、赫尔维提斯都认为后天培养的价值很高，而卡莱尔则认为文明不过是一块遮羞布，狂野的人性就好像地狱般的火焰一样永远地燃烧。对于现代人来说，这是一个褒贬不一的事情。里博说，训练对两种极端的人来说几乎没有影响——对白痴几乎无用，对普通人来说很有用，但是对天才来说也是无用的。可以补充一下，即白痴和天才的圈子必须非常大，这种说法才成立，因为只有当普通人的数量非常少，智力训练的增加才不会在犯罪曲线上造成统计学的差异。这是阿道夫·瓦格纳[52]得出的结论之一，它证实了执业法律人的经验，而我们这些在大众教育的发展过程中有机会从刑事的角度进行观察的人，对其影响一无所知。如果一般断言是正确的，增加的国民教育减少了争吵、财产损失等，但增加了诈骗、盗用等，那么我们犯了很大的错误。对于犯罪者的心理评估，犯罪行为本身并不是决定性因素；总会有一个问题存在，就是犯罪行为对于这个人本身造成了怎样的破坏。那么，如果一个农村小伙子用椅子的腿撞击他邻居或者摧毁围栏，或者整个村庄，他可能仍然是最光荣的年轻人，后来成长为一个受到普遍尊重的人。许多最优秀和最有用的村长在他们青年时期的斗殴、财产损失、对权威的抵抗以及类似事情中都有罪。但是，如果一个人曾经欺骗或杀死过任何人，他就失去了荣誉，而且，他的余生仍然是个歹徒。如果将第一类犯罪分子替换成后一种类型，我们的前景将非常糟糕。

每个人都有类似的经历。一个受过培养的人最重要的特征是，不仅能够阅读和写作，而且能够利用他的知识，对他所处的境遇大声地表达不满。如果曾经有了阅读的欲望，那么他所拥有的那么短的时间就不足以满足它，当有更多的时间，他总是被迫放下诗歌来养猪或清理马厩。此外，他从所看的书中了解到了一些无法满足的欲望，然后这些无法满足的欲望最终都会通过我们犯罪学家熟知的哪些手法去进行满足。

在许多国家涉及此类案件的法律都考虑了情有可原的情况和有缺陷的提案，但没有一个犯罪学家之前考虑过人们可能因为无法读写而犯罪。尽管如此，我们经常与一位老农民保持联系，作为一个给人以绝对正直、可靠和智慧印象的见证人，任何人都可以与他交谈。虽然阅读和写作对他来说在整个生命中都可能是陌生的，但没有人会因为有缺陷的成长背景而对他提出任何指责。

向人类展示无法实现的物品是良心问题。当然，我们必须假设教育的不足本身并不是怀疑证人或使个人倾向于犯罪的理由。在破坏、严谨、疏忽及其后果、懒惰、欺骗和盗窃等错误中犯下的罪行具有足够邪恶的结果。这些人有多过分以及个人本身的性质，只能在每个具体案例中自行确定。任何人都不会想要恢复野蛮和无政府状态，因为我们对心灵训练的价值很低。道德训练仍然存在，其重要性不容小觑。一般来说考虑到这个主题，我们可以说教育的目的是同情其他思想的感受、理解和意愿的能力。也许还可以补充一点，同情必须是正确、深刻和含蓄的，因为外在、表面的或倒置的同情显然是不行的。仆人只知道她主人争吵和吐痰的方式，但绝对不会了解主人的内心世界。文化和文明的黑暗方面在人类的外部接触中最为明显。

当我们开始计算一种明智的同情时，必须遵循的是只有在可以想象的问题上才能表示同情，必须从根本上排除思维构想上的科学道德范畴。这样就只剩下宗教这种可以称得上对民众有影响力的道德了。

歌德认为，历史上最根本的冲突就是怀疑的信仰冲突。这里不必讨论这种冲突，只是说明犯罪学家可能可以依赖的唯一一种训练来自真正的宗教。一个有真正信仰的人是一个可靠的证人，如果他成了被告，我们至少还可以假设他是无辜的。当然，很难确定他的信仰是不是真的如此虔诚，但如果能够确定这种信仰的虔诚，那我们就有了一个安全的起点。对于教育的优缺点有无数作家进行过讨论。据统计，在俄罗斯只有10%的人口可以读写，而在36 868名被判刑者中，不少于26 944名判刑者是识字的。在七十年代，苏格兰的罪犯中21%是绝对文盲，52.7%受过部分教育，26.3%受过良好教育。

宗教统计数据完全没有价值。这其中一部分与宗教无关，例如犹太人的犯罪行为。其中一部分毫无价值，因为它只涉及受洗的新教徒或天主教教徒的犯罪行为，最后一部分可能非常有趣，即信徒和非信徒的犯罪行为是不确定的。统计数据显示，在国家A的N年中，有x%新教徒、y%天主教徒受到惩罚。该声明有什么用处？在x和y的百分比中有许多是绝对不信教的人，无论他们不信的是新教还是天主教，这都无关紧要。知道天主教徒和新教徒中有多少人真正忠诚是很有意思的，因为如果合理地认为一个真正的信徒很少犯罪，我们应该能够从犯罪学家的角度说出哪个宗教应该鼓励并继续发展。当然，肯定是真正的信徒占比例更高的那个宗教，但是我们永远不会知道是哪一个。"新教徒"罪犯的人数以及"天主教徒"的罪犯人数在这件事上至少无法帮助我们。

第86节　未受教育者看待问题的角度

"谈话是天性，吸收谈话的内容则是文化。"歌德用这句话说明了文化缺陷的出处，同时也揭露了这样一个事实——没有文化的人无法理解别人的话。这并不是说他们记不住别人所说的话，而是无法完全理解这些话，且无法通过自然、简单的方式进行复述。在庭审此类人时，这一点是观察所有事物的根源。不同领域的思想家也注意到了这个事实。例如，米勒发现，当一些未受教育的人试图描述一种自然现象时，很明显他们在区分感知和推论方面显得力不从心。道格拉斯·斯图尔特注意到，乡村药剂师在不直接使用术语（里面包含的每一个词都代表一个理论）的情况下，很少对一个最简单的案例进行描述。对一种现象简单而真实的描述会直截了当地表明我们的头脑是否能够自然地做出准确的解释。这就说明了为什么我们经常会使用一种迂回的方式来描述一个本身简单的事实。这种复杂的陈述方式是因为说话者不知道如何用简单的方式描述。因此，康德表示："普通人的证词通常比较真实，但往往不太可靠，因为证人没有长时间关注的习惯，所以把自己的想法误认为是从别人那里听到的。因此，即使在法庭发誓，他们的证词也很难让人相信。"休姆也在一篇文章中表示,大多数人会很自然地摒弃与之不同的言论,因为他们看待事物比较片面,从不考虑反对意见,并且由于他们希望用一种极其生动的方式进一步证实自己秉持的观点,从而忽视了从另一角度得出的意见。任何一个看待事物片面的人所看到的只是这个事物呈现在他面前的样子,而那些拒绝考虑反对意见的人,已经主观地为面前的事物涂上了"颜色",而无法看到其本来的样子。

在这方面,我们发现这类人定义事物的倾向很有趣。他们感兴趣的不是直接的感知,而是抽象的形式。其中最好的例子就是著名的"营房荣誉定义":荣誉属于拥有它的人。那些看待事物片面、只能感知事物周围最明显特征的人会犯一个相同错误。米特迈尔指出,头脑简单的偶然目击者只能看到最近处的特征。同时他还说:"众所周知,未受过教育的人通常只会注意到被问及的最后一个问题。"[53] 这一点非常重要。如果一个证人突然被问及是否杀了A,抢了B,并从C身上偷了一颗珍珠,他可能会冷静地回答:"没有,我没有偷珍珠。"但是他会忽视另外两个问题。辩方经常会利用这一点。法律人在庭审一个重要的证人时问道:"你能说一说被告是如何进入房间、四下打量、接近衣柜并拿走那块表的?"而这个证人则会干巴巴地回答:"不,我说不了。"尽管除了那块表他看到了整个过程,但他否认了整件事,因为他只注意到了最后一个问题。只要禁止法律人向一个证人连环发问,或使用最简单明了的方式提问就可以轻易避免这一点。令人欣慰的是,简单的问题较之那些长而复杂的问题可以得到更好的回答。

出于同样的原因,未受过教育的人永远看不到发生在他们身上的事情,对正义的热爱取决于他们对成为不公正主体的避之唯恐不及。因此,弱者永远不会诚实,大多数未受过教育的人会通过责任了解别人的做法。责任是每个人应尽的义务,但要求别人尽责任更容易,因为只有这样才能了解责任。这可能是由于教育培养了安静、冷静的品质,从而能够更正确、更客观地看待事物和义务。

还有一些行为也具备此类未受过教育之人的思维特点。例如,在小心使用救生用具、灭火器和其他逃生设施(如有需要,立即使用)方面,有一个反复发生的心理过程。人们会发现这些设施用具通常被小心地锁起来,或藏在柜子里。这可能是因为这些人认为自己并不会遇到需要使用这些器械的紧急情况,反而这些东西被偷的概率会比较大。

为什么未受过教育的人需要仔细感受所有展示在他们面前的,或者他们另外发现的新东西?孩子们甚至能"嗅"到这些东西,而受过教育的人则满足于观看它们。所以，公共场所提出的"请勿触摸"等警示就有了很好的解释。我认为一个人的文化程度可以轻易通过他是否触摸面前的新鲜事物来确定。产生这种渴望的原因很难确定，但毫无疑问，未受过教育的人希望从更根本的角度来研究这个物体，从而发挥比视觉更重要的其他感官的作用。这可能是因为受过教育的人由于观察力受到过专门培训而看得更多、更透彻，而未受过教育的人除了看，不得不通过触摸来刺激其他感官以获得更多感知。另一方面，可能因为未受过教育的人无法感知这个物体的本来面目，当它以物体A或以另外的形式呈现时，他更倾向于怀疑，因此必须通过仔细感受来说服自己它就是A[54]。可能"联想训练"这个概念能够帮助解释这件事。

对一个物体特性的理解依赖于训练，观察力是否受过训练已多次被证实，但偶尔也通过这样一个事实得到证实，即未受过教育的人发现他们在描述一件事时很难流畅自如。这不能仅仅归咎于他们的做法有问题。有这样一个古老但极富教育意义的故事，一个农妇问她的儿子在看什么书，黑的还是白的，每当给他们看图片、照片时，就会想起这个故事。很长一段时间，我都未曾注意到他们认为背景是需要重点注意的事。例如，当你给一个未受过教育的人看一张半身照时，他可能会通过肩膀和头部的周围环境联想到这张半身照下部的轮廓背景，这确实可以说明一些事实。假如这恰好是一条狗的轮廓，那么这个人会看到"一只白色的狗"。这种情况比我们想象的要频繁，因此不必太在意照片上的人未被认出来。[55]再讲一个故事——一位摄影师抓拍了一张十二名骑兵游行的照片，他拿到了这些骑兵的地址，但上面没有其父母的街道号码。因此，他把这张照片寄给了12对父母，让他们辨认。每张照片随附一张便条，上面写着，如果有任何差错，会予以改正。但没有人抱怨摄影师未把自己孩子的照片寄给他们，每个人都"收到了"一名士兵照片，而且似乎很满意对这名士兵进行确认。因此，同样未受过教育的人对照片身份的否认完全没有价值。

另一方面，图像对儿童和此类人具有特殊的意义，因为他们的思想根深蒂固，尤其在尺寸大小方面。每个人都能够生动形象地回忆起他读的第一本图书及其内容。我们仍然记忆犹新，即使认为这本图书的作者犯了一个很大的错误。在回忆一个物体的大小时，我们通常会产生错误的认知，例如，当一匹马和一头驯鹿出现在同一画面时，后者看起来比前者大，因此在想象中驯鹿个头通常比较大。无论后来是否知道驯鹿的实际大小，或者已多次亲眼见过驯鹿，我们仍然觉得这个动物"都太小了，它必须比马大"。受过教育的成年人不会犯这样的错误，但是未受过教育的人则不然，许多错误的陈述来源于图片。如果来源是已知的，我们可能会发现错误的来源，但如果错误是无意识发生的，我们就必须结合情况进一步研究找出原因。

最后，未受过教育的人无法看清事物的本来面目，通过两个典型可以说明这一点对其情感基调的普遍影响。布尔沃讲述了一个遭受主人殴打的仆人，随后受到唆使上诉法庭寻求保护的故事。他愤怒地拒绝了，因为他的主人太高贵，不受法律的约束。古特伯莱特讲述了一个拉文纳警察局长塞拉菲尼的故事。塞拉菲尼听说一个臭名昭著的杀人犯威胁要开枪打死自己。于是命人把这个人带来，给了他一把上了膛的手枪，请他开枪。但这时此人却脸色发白，充满恐惧，塞拉菲尼打了他一耳光，让他滚蛋。

第 87 节　片面教育

这里我们要讲一下受过片面教育的人所作证词中存在的重大问题。总的来说，未受过教育的人会以自己独特的方式给我们警示，但是那些受过一定训练，至少在某一方面受过训练的人，会给我们留下了深刻的印象，从而误导我们认为他们在其他方面也受过教育。

我们很难说清楚一个受过教育的人到底是什么样的。当然，我们会说他需要有一定的知识，但具体需要有多少知识我们也说不清楚，更不用说它的主题了。值得注意的是，在这个以自然科学为重的时代，即使受过教育的人也对这门科学知之甚少。对历史、经典甚至现代小说的无知、对剧院和画展的不了解、对法语和英语的忽视等，都将一个人立刻归纳到缺乏基本"文化"那一类人中。但是，如果他了解上述这些事情，同时又以最天真的方式表现出对动物学、植物学、物理学、化学、天文学的无知，虽然这些令人难以置信，但其仍可被称为"受过教育"。这种矛盾无法解释，但确实存在，也正因为如此，没有人能够明确地说出何谓片面教育。然而，许多例子说明了这种片面性的程度。在这里我们只举其中的两个例子。林奈本人的画作中随附的阿夫采里乌斯的评论表明，尽管他对植物学有着丰富的知识和惊人的记忆力，但他仍对外语一窍不通。他在荷兰待了三年，仍听不懂荷兰语，即使这门语言与他的母语非常相似。据说，汉弗莱·戴维爵士在巴黎参观卢浮宫时，对画框的非凡雕刻工艺和希腊最著名的雕塑所用的华丽材料赞叹不已。

现在，当这些人站在证人席上，我们该怎么办？当他们表示出对所提的问题一无所知时，我们不会大惊小怪。假设就某个学科询问一个语言学家，这个学科只需要些许自然科学的知识，而这些知识是任何一个受过普通教育的人都可能具备的。如果他诚实地回答，大学里学到的有关这门课程的所有知识都已全部忘记，那么他很容易被当成"未受过教育的人"。然而，如果他并没有立即诚实地承认自己的无知，那么除了通过提问让他看清自己的立场，甚至在提问时也要小心行事之外别无他法。如果这时由于其他人的出现而停止对该人的盘问，实在是不明智的。

对自学成才的人和对什么都一知半解的人也必须采取同样的态度，他们总是用自己在获取知识时所付出的努力来衡量知识的价值，因此总是高估自己的学识。我们可以看到，他们所说的话超不出他们所掌握的信息范围，从展示知识的方式很容易了解他们的性格。自学成才的人最终只是知识的"暴发户"，正如暴发户很少隐藏自己的性格一样，自学成才的人也很少掩盖自己的性格。

我们还必须注意另一种特性，即较之自己的课题，专家们倾向于对一些不同的、偶然的、不太重要的小事引以为豪。伟大的腓特烈和他惨不忍睹的长笛演奏就是其中一个例子。此类人很容易犯错。他们在某一领域取得的成就会使我们不由自主地尊重他们的其他主张。如果现在他们的主张与自己的爱好有关，那么许多愚蠢的事情就会被表面价值所掩盖，而这种价值也只是伪造出来的假象而已。

第 88 节　倾向性

倾向性是否可能存在科学表征，这一概念的范围能否被界定，它是自然、文化的结果，还是二者结合的结果，这些问题都无法得到确切的答案。在这里不谈喝酒、赌博、偷窃等个人的倾向，这些相对来说是现代社会面临的最困难的问题。我们应该概括性地、简单地对这些问题加以考虑。就如一句古老的谚语所说，树木和男人一样，会朝着倾斜的方向倾倒。现在如果我们对曾经遇到的无数堕落者的倾向进行研究，就会在确定和审判罪行时变得游刃有余。一般说来，我们很难把倾向性从机会、需要、欲望中分离出来。正如阿尔菲耶里所说，倾向性诱导了邪恶行为的发生，而这一观点很好地表明了倾向性的作用。能力可能是某种邪恶倾向进一步发展的原因，而频繁的犯罪行为得手则可能会导致一种倾向性的产生。

莫兹利指出，感情一旦出现就会在潜意识中留下痕迹，而这些痕迹会改变一个人的性格，甚至会作为特定经历的结果重新构建道德观念。一种倾向或类似倾向可能会以这种方式得到发展，这一点确定无疑，因为我们甚至可能在某些条件下继承一种倾向。流浪汉的特征证实了这一事实。有关流浪者的执法是刑事法官心理学研究中最有趣的问题之一。即使是真正善良的流浪汉和可怜、即使努力也没有工作的恶棍之间的区别，也需要考虑大量的心理因素。无须对此类情况进行描述；这种区别必须通过研究成千上万个细节来确定。长期的实践过程表明，在真正的流浪汉中，几乎所有人的职业都不涉及异常艰苦的工作。农民、铁匠、掘井工人、登山运动员很少会变成流浪汉。大多数人的工作不需要真正的辛勤劳作，其工作类型也不统一，例如面包师、磨坊主、服务员等，不胜枚举。前者的工作和休息时间分配比较均匀；后者有时很忙，有时很闲，时间分配不均。如果现在推断，由于前者的工作比较辛苦，而且工作和休息时间的分配相等，所以他们不会变成流浪汉，而后者不具备这些，就会变成流浪汉，那我们就错了。事实上，前者自然而然需要并倾向于艰苦的工作和规律的生活，因此，没有流浪的倾向，正因为这样他们才选择了比较辛苦的职业。另一方面，后者则倾向于从事较轻、较不规律的工作。他们已经有了流浪的倾向，因此选择了烘焙、研磨或侍应生这样的工作。因此，真正的流浪汉不是罪犯。流浪生活无疑是孕育罪犯的温床，因为许多罪犯藏匿于流浪汉中，但真正的流浪汉只是一个喜欢流浪的人，而这种生活方式只是他自己的选择。

同时也可能会出现其他类型的类似解释。如果它是通过基于基本心理学原理的统计数据得到的，就会为我们的重要假设提供一些依据。这有助于作出类似的推断，因为我们可以通过考虑一个人的职业、工作方式、所处环境、择偶标准、喜爱的娱乐项目来确定这个人的基本倾向。倾向性和性格之间的关系很难确定，一个人天生倾向一些东西或因教育而倾向一些东西，那么他的性格就会受到这些东西的影响，这时，这种一致性才具有普遍意义。但可以肯定的是，一个好的或坏的性格实际上只有当其欲望和行动准则表达出来的时候才存在。重点必须放在事实上；事实的东西可能会被发现，而这些发现可能会很有用。

第89节 其他区别

在古代按性情把人进行分类是毫无用处的。其中有四种性情，称之为"幽默"，每一种都具有一系列特征，但任何一种都不会同时具备所有特征。因此，根据这四个范畴所确定的性情实际上并不存在，这种范畴的区分也没有实际价值。然而，如果我们利用的是性情最普遍的含义，那么与这种区分有关的情况就变得多余了。如果把积极定义为易怒，好斗称作乐观，深思熟虑称作冷漠，悲伤称作忧郁，那么你只是简单地在描述这些事情成千上万个形容词中的几个形容词上加了一个专业表达而已。这四种形式并不是唯一的。除了无数的中间形式和过渡形式外，还有很多形式不属于上述任何一类。此外，性情会随着年龄、健康、经验和其他意外而改变，因此这种区别甚至不能用恒久不变的现象来证明。然而，在某种程度上它显得至关重要，因为它的任何形式都表明了某种权威，同时这四类中的每一类都将一系列现象联系了起来，并且假定这种联系是不容置疑的，尽管这并不是绝对必要的。马基雅维利说世界是属于冷漠式幽默的，彼时他一定没有想到那些被习惯性地理解为冷漠式幽默特征的复杂现象。他只想表达，在日常生活中，极端的行为导致的结果和在政治活动中一样少；每件事都必须经过反思和反复试验才能实现；即使缓慢，但只有这样才能取得进展。如果他说，世界属于谨慎或善于思考的人，我们就会发现他所表达是相同意思。

当试图清楚地了解一个人的本性和文化时，对其性情的研究就没有什么用了。那么，让我们来考虑另一种以个人判断为基础的特征。谚语说"笑会背叛一个人"。在剧院里，如果你知道笑的主题、笑的方式以及具体笑点，你就知道坐在哪里的人受教育程度最高，哪里的人受教育程度最低。叔本华说聪明的人觉得一切都很有趣，逻辑严谨的人对此则毫无知觉；埃德曼则表示，一个物体痛苦或可笑的特征，并不能反映它的本质，但可以反映出观察者的本质。刑事专家似乎可以通过观察被审查者的笑来节省很多工作。观察能力差的证人会发出尴尬、愚蠢的窃笑；无辜的囚犯或被判有罪的人会露出痛苦的微笑；证人很高兴看到因他所造成的伤害从而露出残忍的笑；被判同谋的共犯会露出邪恶的笑。无辜的人在找到证据证明自己清白的时候会露出高兴、如释重负的笑；还有无数其他形式的笑，所有这些都随着发笑者的性格特点而千差万别，并且意义重大，什么都不能与其价值相提并论。此外，当你知道人们很难在笑的时候隐藏真实情绪（至少在笑停止的那一刻），你就会明白在做决定的时候笑是多么重要。

与笑同等重要的是人在很短的时间内可能会发生某些变化。如果在日常生活中发现一个人在没有任何明显原因的情况下发生了很大变化，以至于我们几乎认不出他来了，那么这种变化在内疚或者监禁的影响下就会变得十倍强烈。有人说，隔离会暴露最伟大的人、最伟大的傻瓜和最伟大的罪犯。那么，监禁这种强制隔离会有什么样的影响呢？幸运的是，我们没有生活在因一件小事就被监禁数月或数年的时代，但在某些情况下，即使几天的监禁生活也可能完全改变一个人。在被拘留期间，愤懑和野性在别人眼里可能会变成悲伤和温柔。因此，不经常见到和处理此类案件的刑事专家就很难履行其职责。当然，我并不是说，他应该怀着从这种病态状态中得到忏悔的心情去看待这类人。我的意思是，这只是得到一个公正、正确概念的方法。凡是有经验的犯罪学家都会承认，他所看到的事情的本质，特别是罪犯的犯罪动机，是在第一次审讯后而不是后来的审讯获得的，而他后来的观点比较正确。如果我们撇开不谈那些不幸的案件——在这些案件中，接受审讯的人受其狱友指使，变得很坏，那么可以这样说，监禁往往能更准确地显示出这个人的本来面目；并且这种陌生的环境，之前立场的转变，以及利用这次机会认真思考其目前处境，可能在没有相反影响的情况下，会为刑事专家提供很大帮助，相对之前的审讯结果，这一事实在后来的审讯结果中更好地得到了证实。

另外，囚犯的身体情况和健康状况也会发生改变。不幸的是，我们必须承认全新的生活方式、食物结构和生活环境的改变、运动的缺乏以及道德效应会直接影响人类的身体健康。然而，在一些案例中，监狱生活会使一些人的健康得到改善，尤其是那些放荡不羁、生活毫无规律、每天烂醉如泥的人，或者是那些每天对自己的健康忧心忡忡的人，但这些都是例外。一般来说，囚犯的身体机能会受到损害，但幸运的是这只是暂时的。同样，众所周知，这些因素对思想的变化也有一定程度的影响。身体上的创伤会使人的道德本质发生翻天覆地的变化。健康是黑暗中一往无前的精神支柱。如贝恩所说，这一事实可以解释人们前去忏悔的缘由，而这些忏悔在关键时刻可以拯救一个无辜的人。

我们也不要忘记时间——对囚犯来说，监禁的那段时间具有与生俱来的"魔力"——可以修复一切创伤。我们都知道十恶不赦与完美无缺一样世间罕见。我们无缘得见前者，也很少遇到后者。跟"坏人"打交道的时间越长，我们越倾向于将十恶不赦看作是需要和孤独、脆弱、愚蠢、疯狂和简单、真实、精神匮乏的结果。现在，我们的发现在这些年被重新区分，堆积在一起，短时间内分崩离析。今天，囚犯在我们眼里是一个可怕的罪犯；然而几天后，当冷静下来，学会从另一个角度看问题，同时这个罪犯更清晰地向我们展示他真实的一面时，我们对他的认知也会悄然发生改变。

我经常会想起一个关于瑞典国王查理十二世突然驾临德累斯顿的故事。市政府高级官员立即召开特别会议讨论第二天的应对措施——正如这位瑞典国王预想的一样——这其实是他们前一天就应该做的事。每一个接受审讯的囚犯都是如此。当离开法庭时，他已经在想应该换一种说法，并且不停反复练习直至第二次庭审。因此，他们通常会做出各种各样令人费解的陈述，而这些陈述需要我们甄别。

最后，米特迈尔指出了刑事专家本身文化和性格的重要性。"如果一个女孩为情人出庭作证，指认她的兄弟，在判断时就会产生问题，哪一个声音更有力量？法官无法轻易将这一判断标准和自己的人生观区别开来。"这种现象经常发生。如果你全面考虑一个令人头疼的心理学案例，没有丝毫头绪，不知道怎么办，原因是什么，但突然间，你找到了一个解决办法："事情一定是这样的，而不是那样的，由于这个原因，他做了这样或那样的事。"仔细研究这样一个明确的推论会使你相信这是由于感情的误置，即你这样推断，是因为在类似的情况下你会这样做、这样想、这样要求。感情误置对法官来说是最危险的。

第90节　聪明和愚蠢

最令刑事专家头疼的问题分别是邪恶的本性、不诚实、愚蠢。最后一个最难对付。没有人能躲过愚蠢的攻击；它是人类的普遍特性，通常在人们的偏见、成见、自私以及本性中体现。犯罪专家必须在证人身上、陪审员身上、上级的固执、愚蠢、可笑的自负上与之斗争。犯罪专家的同事以及被告的思路通常会受其妨碍，而刑事专家自己的思路也会因它受到阻碍。最大的愚蠢就是认为自己不愚蠢。最聪明的人通常会做出最愚蠢的事。一个人只有牢记自己所做的一系列蠢事，并试图从中吸取教训，才会获得最大的进步。一个人只能安慰自己，相信没有人比他更好，吃一堑长一智。世界就是这样，每一件愚蠢的事都会有人去做。

愚蠢是一种孤立的特性。不像寒冷与温暖的关系那样，它与智力无关。寒冷是热的缺失，但愚蠢不是智力的缺失。这两个特性看似相同。因此，不能单独将智力和愚蠢分开讨论。无论谁涉及其中一件事，都会涉及另一件事，如果把它们看作是一系列不断发展的问题，一端是智慧，另一端是愚蠢，那就大错特错了。这种频繁的转变会引发许多非同寻常的情况，如其中一个转变为另一个，会与之混淆或将其掩盖。因此，一件事可能同时是聪明的、也是愚蠢的，在一个方向上聪明，在另一个方向上愚蠢；所以，人们说到的聪明的傻事、完全愚蠢的聪明行为都是正确的。

愚蠢的重要性不仅在于它可能会导致严重的后果，还在于某些情况下人们很难意识到这一点。在所有正确的事情面前，愚蠢的人往往显得非常聪明，而且通常只有频繁的交往才能看出一个人愚蠢的程度。但是在工作中，我们很少能与要认识的人交往，事实上，有些人我们第一眼就会觉得是愚蠢的，而经过进一步了解，就会发现他们确实愚蠢。即使已经获知了一个人愚蠢的种类和程度，但我们还没有发现他表达愚蠢的方式，而这个发现需要智慧。此外，人们通常会不遗余力地、执着并狡猾地去实施极其愚蠢的行为。每个人都知道一些长期搁置、无法解释的刑事案件，仅仅是因为某一相关事件可以用愚蠢到令人难以置信的程度来解释。这一点尤其适用于受到广泛讨论的"一种重大的愚蠢"，罪犯在几乎所有的犯罪中都会表现出这种愚蠢。如果假定这样的愚蠢不会发生，那么就无法对这件事进行解释。我们永远不能忘记，聪明人拒绝考虑愚蠢的可能性。正如对于爱干净的人来说一切都是干净的、对于哲学家来说一切都是有哲学意义的、对聪明人来说每件事都是明智的。因此，令人费解的是认为一件事可以用纯粹的、非理性的观点来解释。所以，聪明人的责任就是尽可能准确地了解愚蠢的本质。

在这个世界上，几乎没有什么书能像埃德曼的小小说《关于愚蠢》那样记载如此多聪明的事情。作家以自己的经历为切入点。例如，他曾经早早地抵达汉堡火车站，在候车室遇见了一家人，孩子众多，从他们的对话中作者知道他们要带着孩子去基里茨的爷爷家。车站的人越来越多，家里最小的男孩开始害怕，当车站爆满时，这个孩子突然大声说："看啊，这些人想要去基里茨的爷爷家做什么？"这个孩子认为他自己要去基里茨，因此这里的其他人也要去基里茨。在埃德曼看来，这种狭隘的观点，或把自己的狭隘观点概括为人类的行为准则凸显了愚蠢的本质。从另一个例子可以看出一个人在这个过程中怎么做才不会显得愚蠢。当一个六十多岁的陌生人站在巴黎一条大道上用羡慕的口气称赞道路两旁的苍天古树时，巴黎人会习惯这么回答："所以你也不赞成豪斯曼的主张吧？"因为每个人都知道巴黎的行政长官巴龙·豪斯曼想要砍掉这些树来美化巴黎。然而，当听到有人称赞一个小村庄教堂后院生长的树木时，如果当地农民回答："所以你也知道我们的斯密斯想要砍掉这些树吧？"那么这样的回答就是愚蠢的，因为这些农民无权认为世界上的所有人都知道一个小村庄村长的意图。

现在，如果你适当摒弃一些观点，缩小视野，就会得出这样一个观点，即各种思想的圆周与其中心都是一致的，这一观点就是愚蠢的核心——白痴。愚蠢是一种思想状态，在这种状态下，一个人可以自行对所有事情进行判断。这一点又能通过一种修辞手法得到最好的诠释。如果你在一个房间里四处走动并观察这个房间的内部陈设，很快就会发现房间内物体的位置和外观是如何随着视角的改变而改变的。如果你顺着锁眼往里看，你就意识不到这一事实；一切似乎都是一样的。白痴就是这样的人，他的眼睛以自我为中心，就像唯一的钥匙孔，他可以通过这个"钥匙孔"看到装饰华丽的客厅，我们称之为"世界"。因此，有缺陷的个体思想比较狭隘，没什么主意和观点，因此视野会受到限制，也变得狭隘。视野越狭隘，这个人就越愚蠢。

愚蠢和自我主义是孩子的特质，每个人生下来都是愚蠢和幼稚的。只有光明才能磨炼我们的智慧，但由于这个过程非常缓慢，因此每个人都会有一些棱角（缺陷）。辨别物体就是聪明，混淆物体则是愚蠢。人们能够首先从有缺陷的人身上注意到的是其言论的无条件普遍性。对愚蠢的人进行概括被不公正地称为夸张。当他说"总是"的时候，聪明的人会说"两三次"。愚蠢的人打断他的同伴，因为他认为自己才是唯一有道理的发言者。愚蠢的人最大的特点是试图把自我意识置于最显著的位置，"我总是做这件事""这是我的一个特点""我会用另外一种方式做这件事"。确实，每一个高级别的愚蠢者会表现出一定的力量，受到质疑的傻瓜会用它来展现自己的个性。当他谈论起到达北极时会说："当然，我从未到过北极，但我到过安诺图克，"当谈话的主题是某项伟大的发明时，他会向我们保证他没有发明过任何东西，但他会做扫帚，偶尔还会对这项发明吹毛求疵，一个人越愚蠢，他所犯下的错误就越多。

尽管愚蠢的程度和界限没有绝对的固定形式，但是必须对这些特点进行区分，不能将愚蠢与相关特质进行混淆。例如，克劳斯将白痴、傻瓜、低能和没主意的人进行了区分，并且对每一个不同的性格特点进行标示。但是，由于这些表达所代表的概念差别很大，这种分类是不合理的。一个国家的傻瓜可能与另一个

| 第二部分 | 刑事侦查的客观条件：被调查者的心理活动

国家的傻瓜有所不同，南方的白痴与北方的白痴不同，甚至同一地点同时将不同个体进行分类时，每一个个体都似乎多多少少有些不同。例如，如果我们将克劳斯对白痴的定义当成最不关心、最不了解因果关系的人、连因果关系的概念都搞不懂的人，我们会认为这同样适用于低能、不聪明的人。克劳斯说得很对，因为愚蠢的人通常自大，活该被贬低，"愚蠢"这个词只能用在"自大"的傻瓜身上，而不能用在善良诚实的傻瓜身上。但是康德在这里并没有对愚蠢和天真进行区分，而是对自负和善良的诚实进行了区分，从而得出前者是愚蠢的必要属性。另一种区分模式是通过观察，发现健忘是注意力有缺陷的傻瓜的特点，而不是眼界狭窄的傻瓜的特点。很难说这是对还是错。还有另一种区别，即愚蠢和简单的区别在于不够广泛或集中。

我们很难定义什么是天真，也很难区分天真和愚蠢。毫无疑问，虽然这两个概念无论在任何方面都不一致，但当一个人不确定一件事是愚蠢还是幼稚的时候，这种联系才会出现。真正的傻瓜从来不天真，因为愚蠢有某种思想上的懒惰，而这绝不是天真的特性。真正的天真和虚假的天真很难区分。许多人成功地利用了后者。要做到这一点，需要表面表现出足够的愚蠢，让真正的傻瓜相信自己是这两个人中比较聪明的一个。如果傻子相信了，那么"哑剧演员"就赢了，但他没有模仿出真正的愚蠢，只模仿出了天真。康德把天真定义为一种行为，这种行为不会注意到其他人的判断。这不是现代意义上的天真，因为现在我们称天真是对环境的一种不加批判的态度，它在我们职业中的重要性，也许是因为——请原谅——我们许多人都对它有过实践。浑然天成、开放的心、可爱的简单、开放性思维，以及任何其他可称之为天真的情况，都是孩子和女孩身上的迷人特性，但不会成为判断犯罪的依据。诚实地接受被告和证人最明显的否认是天真的；不知道受审查者之间是如何相互沟通的也是天真的；允许罪犯在听证会上与另一个人用行话交谈更是天真的；在这种情况下，与罪犯亲切交谈更显幼稚；不知道这种行话最简单的表达是天真的；认为犯罪分子可以通过法规、法规说明、法规解释来表明自己的责任是最天真的想法；企图以赤裸裸的狡诈欺骗罪犯是天真的；不承认罪犯的天真是最幼稚的行为。一个进行自我研究的刑事专家会意识到，他如此天真，因为经常会忽视一些细枝末节的重要性。弗朗索瓦·德·拉罗什富科曾说道："最大的智慧在于了解事物的价值。"但是，如果总是试图直接指出那些似乎隐藏在天真背后的东西，则是错误的。意志不会思考，但它会把注意力转移到知识上，但不指望得到任何特定的结果。只有不偏不倚的时候人的大脑才能正常工作。

　　这种善意的正确运用，在于设法找出对方可能认为理所当然的聪明和愚蠢的程度。我曾经表示，认为罪犯比自己更愚蠢是一个很大的错误，但是，人们不会被迫认为罪犯比自己更聪明。在更确切地了解罪犯的本性之前，最好相信罪犯和自己一样聪明。这可能会犯错，但影响不大。甚至在某些情况下，可能会意外地找到正确的解决方法，而在其他情况下可能会犯大错误。

　　智慧意义上的智力是谈话者身上的重要特质。证人通过这一点为我们提供帮助，被告用它来欺骗和回避我们。康德曾说，当一个人拥有实际判断的能力时，他就是聪明的。多纳表示，有些人天生拥有特殊的直觉，有些人具有实证研究的能力，还有一些人具有思辨综合能力。前者的作用是清晰地呈现物体，对其进行敏锐的观察，分解成元素进行分析。后者有较强的综合能力，能发现影响深远的关系。我们经常听说聪明的人善于发明创造、思维敏捷的人善于发现、思想深刻的人善于寻找；聪明的人善于结合、思维敏捷的人善于分析、思想深刻的人善于发现；聪明的人善于全面思考、思维敏捷的人善于阐明、思想深刻的人善于阐释；聪明的人善于劝说、思维敏捷的人善于指导、思想深刻的人善于说服。

　　个别情况下，通过以下俗语可以对一个傻瓜进行了解："这个世界上有两种方式的沉默，一种是傻瓜的沉默，另一种是智者的沉默——二者都是聪明的。"康德曾说过，在某些情况下聪明的人自由而大胆，明智的人深思熟虑，不愿做出结论。我们在某种程度上可以从特别的证据中得到启示。因此，郝林[56]表示："片面性是精湛技巧之母。纵然蜘蛛可以结出漂亮的网，但其他什么也做不了。人类在网中没有发现猎物时，会制造弓箭，而蜘蛛只能挨饿。"这将笨拙的聪明与有意识的智慧完全区分开来。具有相同启发性特质的性格如下列格言所述："傻瓜从来不按所说的去做，聪明人从不说他要做什么。""你可以愚弄一个人，但无法愚弄所有人。""愚蠢是天生的，智慧是艺术的衍生品。""依赖意外是愚蠢的，利用它才是聪明的。""愚蠢的事情只有聪明人才会做。""智慧不同于愚蠢，就像人不同于猴子一样。""蠢人说聪明人想的话。""聪明是有缺陷的，愚蠢永远不会。"在个别情况下，这些格言与其他无数格言会为我们提供很大帮助，但并不会为我们提供对智慧功能的一般描述。因此，我们可以对一个断言中的行为进行实用性探究："聪明就是能够牺牲眼前的小利益换取后来更大的利益。"这一论断似乎没有涉及广泛范围，但仔细研究后发现这一点似乎适合所有情况。聪明人按照法律生活，牺牲眼前令人愉悦的小利益以换取之后令人振奋的大利益；他们行事谨慎，为了未来无忧无虑的生活而牺牲掉眼前的小乐趣；他们对自己的推测很谨慎，为了获得之后利润丰厚的大成功，而牺牲眼前瞬间可疑的小成功；他们沉默不语，会把所有目前可能有的利益都放弃，从而避开了因此惹上大麻烦的可能；他们不违法，牺牲暂时可得的利益，从而躲避了之后的惩罚。因此，随着对案件的进一步深入分析，我们会发现每个案件中涉及的任何智慧都可以用这种方式来解释。

在每一个需要确定某人真正或明显参与某一罪行的案件中，都有可能用到这一解释性论断。如果一个人的智慧程度可以用这种分析来确定，那么用这种分析就不难甄别出其是否涉及所讨论的罪行。

最后，通过对不同案例的反复观察，非常愚蠢的人——白痴和疯子——由于焦虑、恐惧、头部受创或回光返照等可能会突然在短时间内变得非常聪明。可以想象，当脑部缺陷主要取决于抑制中枢的病态优势时，这些案例中白痴和疯子的智力活动将会有所改善，这种异常加剧的活动抑制了其他重要中枢系统（急性、可治愈的痴呆、偏执狂）的活动。智力活动轻微、短暂、实际的增加，也许可以用一个熟悉的事实来解释，即早期脑贫血通常会呈现兴奋状态而不是呆滞状态。从理论上讲，这可能与参与大脑解体的分子细胞的变化有关。这两种原因产生的影响并无明显差别，但是基于这种精神活动性质的改变所做的证词却并不可靠。幻觉、错误记忆、忧郁的自我谴责尤其可以用这种兴奋来解释。作为刑事专家，我们常常要与具有上述情况的人打交道，当从他们那里得到聪明的回答时，我们决不能置之不理，必须仔细观察，并根据专家的意见加以评估。

我们经常遇到从不做傻事的傻瓜，这是一个有趣的现象。这并不是说，他们被误解了，因此显得愚蠢。事实上他们确实愚蠢，他们的每个行为都得益于某些条件。首先，他们没有愚蠢到欺骗自己；因此，他们对自己的弱点有一定的认识，不会去尝试那些对他们来说太过分的事情，并且他们在事业上有一定的运气。有一句谚语说，自负是蠢人背后的力量，而如果这些蠢人把自负运用到适当的场合就会成功。此外，他们有时也察觉不到危险的存在，因此，他们就会避开即使对最聪明的人来说都很危险的圈套。谚语说得好："愚蠢的人会绕开聪明人经常跌入的陷阱。"如果固定的模式可以被称为天赋的替代物，那么我们就可以假设习惯和实践在许多情况下可能会让最愚蠢的人也获得成功。

根据埃塞尔的观点，愚人的思维方式是这样的："在某些方面相似的东西都是相同的，而在某些方面不同的东西则是完全不同的。"如果这是真的，傻瓜只有在作出这种推论时才会失败。然而，如果他的生活中没有一件重要的事情涉及这些推论，就没有机会表现出他本质上的愚蠢。兴趣也是如此。没有傻瓜真正渴望知识，相反，他有好奇心，这一点永远无法与求知欲区别开来。现在，如果这个傻瓜足够幸运的话，他似乎义无反顾地显示出自己的兴趣，而没有人能够证明这种兴趣只是出于愚蠢的好奇心。傻瓜会使自己免受行为的伤害。行动中的愚蠢是幼稚的——真正的幼稚是愚蠢的，不会被误解。

在这里，我们再次得出一个不同寻常的结论：作为刑事专家，我们应该像在所有其他情况中一样，不能根据一个人在大多数时候的表现做出判断，而应根据其在特殊情况下的表现做出判断。

专题 15　孤立的影响

第 91 节　习惯

　　习惯在刑法中至关重要。首先，我们要知道自己的思想和行为在多大程度上受习惯的影响；其次，在判断证人的证词时，重要的是要知道证人是否在按照习惯行事，以及证人在多大程度上受习惯影响。因为通过这一点，我们也许能够看到许多事情的可能性，而这些事情在其他情况下似乎是不可能发生的。最后，我们可以通过考虑被告的习惯来适当评估其所提供的诸多借口，特别是当我们在处理那些本应在昏迷、中毒、分心等情况下发生的事件时[57]。休姆认为习惯是最重要的。他的所有理论都把习惯作为解释原则。他指出，我们所有事实推论的本质都与因果关系的原则有关，因果关系所有的理论基础都来源于经验，而经验推理的基础则是习惯。事实上，奇怪的是，一件本不为人知的事情往往会因为对习惯的探究而突然变得清晰起来。甚至我们所谓的时尚、习俗、推定，说到底也不过是习惯，或者可以通过习惯进行解释。当人们习惯了服装上设计的新样式、物品上附加的新用途，自然而然会喜欢上这些新事物。风俗和道德也必须服从习惯的铁律。如果我的祖母看到一个女人快乐地骑着自行车穿过街道，她会说些什么？当看到法国人在洗海水浴时，德国人为什么会如何惊讶不已？如果我们不知道有一个四百人的舞会，那么当我们听说，一个男人在晚上遇到了很多半裸的女人，那个男人热情地拥抱、追逐她们、在大厅里蹦跳嬉闹，发出阵阵令人恶心的声音，直到她们累得不得不停下来，擦汗、休息，我们会怎么说呢？但是我们已经习以为常了，所以我们见怪不怪。想知道习惯对我们看待问题有什么影响，只需在舞会上紧紧地堵上耳朵，观看舞蹈演员跳舞便可窥一斑。一旦听不到音乐，你就会觉得自己在疯人院。事实上，你不需要选择如此愚蠢的方式。亥姆霍兹建议用望远镜观察一个在远处行走的男人，和周围路人相比，你就会发现这个男人的移动显得很特别。有许多这样的例子，如果询问某些事件的可容许性，我们只需要在提出问题的时候把习惯因素一起带进去就好。猎杀无害的动物、活体解剖、表演累死人的把戏、跳芭蕾舞，以及其他许多事情，如果不习惯，在我们看来都是令人震惊、不可思议、令人作呕的。这里需要思考这样一个事实：我们刑事专家经常对不知道的情况做出判断。当农民、非技术工人或工匠做任何事情时，我们对其性质和真实地位的了解只停留在表面。一般来说，我们对行凶者的行为习惯一无所知，当我们认为他的某些行为——争吵、侮辱或虐待他的妻子或孩子——应该受到谴责，他会露出震惊的表情。他不习惯别的事情，我们也不能通过惩罚来教授他更好的方法。

  然而，这类问题涉及人性的普遍性，与我们没有直接关系。但直接要求我们对有关习惯的证词作出正确的判断，有助于做出更公正的解释，减少矛盾的产生。这是因为当证人表示所描述的事情是出于习惯，那么很多断定看起来是可能的。技能和习惯之间没有明确的界限，也许可以这么说，技能只有在习惯存在的情况下才是可能的，而习惯只存在于已经获得某种技能的情况下。一般来说，技能是快速适应环境的能力。但是尚有区别。习惯使行为变得简单。习惯化使行为成为必要。这一点在身体技能（如骑马、游泳、滑冰、骑自行车）和一切习惯与技能不可分离的情况表现得最为明显，在这些情况下，我们不知道为什么我们和其他未经训练的人无法立即做同样的事情。当能做到的时候，我们会不假思索地去做，就像半睡半醒一样。这种行为不需要什么技巧，只是习惯性的。一部分是由身体本身决定的，无须大脑指挥。

  在我们看来，猎人能够看到这么多动物足迹的能力实属不可思议。一旦掌握了复杂晶体的原理，我们就会无法理解为什么以前没有这样做。对于一幅模糊不清的图画、一条新路、一些身体活动等，我们也有同样的感觉。没有养成这种习惯的人可能要花一整天的时间来学习穿衣脱衣的技巧，但是像行走这种对我们来说下意识就可以作出的行为，如果一个机械师想做出一个可以和我们一样行走的模型，那简直是太困难的事情了。

  并非所有人都同样受制于习惯。只是性格问题，即过去的思想或倾向的重现。我们必须假设观点 A 所表达的倾向可能会产生观点 a'、a'' 和 a'''。习惯可能会根据这些倾向而发展，但是我们还不知道这种发展的条件。然而，我们倾向于假设著名的历史学家 X 和著名的女伯爵 Y 不会养成喝酒或吸鸦片的习惯——但在这种情况下，我们的假设是根据他们的环境而不是他们的性格推导出来的。因此，很难肯定地说一个人不能养成这种或那种习惯。当有疑问时，这一点对找出在明显矛盾的条件下被断言的隐含习惯至关重要。例如，当执业医生声称他在没有手表的情况下数了一分钟的脉搏，或当商人准确地估计了几克以内的货物重量时，这一含义的正确性就有了某种推定。对于这种推定，还是要测试一下，因为如果不进行测试，出错的可能性仍然会很大。

例如，有人说他一时走神没有注意到旁边两个人说了些什么。而当他突然开始注意他们的谈话时，会发现自己能够把他们之前所说的话全部复述出来。再比如，一位几乎全聋的音乐家说，他对音乐已经非常习惯了，尽管耳聋，但仍能听到管弦乐队中出现的任何一丁点不协调。再比如，我们听说在刑事案件中，一些不重要的、难以控制的习惯会在不经意间变成关键所在。因此，纵火犯的罪行被他的邻居看到了。邻居只有把身子探得远远的，才能透过窗户看到这一行为。当这位邻居被问到在寒冷的冬夜为什么要打开窗户时，他回答说，每天睡觉前他都有向窗外吐痰的习惯。再比如，一个人在睡梦中被偷偷潜进来的小偷吓了一跳，用一把大刷子把小偷打伤了，"因为他碰巧手里拿着刷子。"这是由于他有个习惯——手里没有刷子就睡不着。如果这些习惯是可以证明的事实，那么就可以用它们来解释其他无法解释的事件。

孤独的人的习惯似乎更难被发现——老单身汉和老姑娘——因此很难得到他人的证实。另一方面，我们每个人其实都知道，自己或朋友肯定有一些不太能够让别人相信的习惯，而在需要的时候又很难证明。习惯对无关紧要事情的影响可以通过许多例子来证明。康德曾说，如果有人碰巧给他的医生送去了9个金币，那么这个医生就会认为是这个人偷了第10个金币。如果你送给新娘一件漂亮的亚麻制品，但只有十一个，她会哭的。如果有十三个，她一定会扔掉一个。如果把这些根深蒂固的习惯牢记于心，你可能会说它们一定对你的身心产生了确切的、决定性和替代性的影响。例如，从古时起，人类就把服药时间按照一定的时间间隔来划分，如每小时、每两小时等；因此每隔七十七分钟服一次药，会使我们大吃一惊。我们是通过什么来确定身体对时间和分量如此精确的要求的呢？再者，我们的演讲，无论是公开演讲或是私人演讲，需要多少时间才合适呢？当然，如果教授的授课时间只有52分钟，那就太不方便了。然而，要习惯整整60分钟的授课时间，大脑一定不会遇到多大的困难！这种习惯已经持续了很长一段时间，现在的孩子就像国家一样，以旧的眼光看待新的事物，所以旧的事物，尤其是当它被语言固定下来的时候，就成为大脑控制新事物的工具。事实上，我们经常在语言上坚持使用古老的东西，尽管它们早已过时。

还有一种特殊的精神状态，我们可以把它叫做一种思想对另一种思想的折射。例如，习惯在开始演讲前说："没有准备，就像我已经准备好了。"说话人的意思是他还没有准备好，但实际上他已经准备好了，这两种表达方式同时出现。这种对真实思想习惯性的赞同是很重要的，并且有纠正我们思维上所想表达的内容的作用。这个过程类似于手势与陈述相矛盾的过程。我们经常听到："我必须接受它，因为它就在那里。"这一论断表明，人会因为有需求才去实施盗窃行为，也需要机会去进行盗窃。我们再一次听到："我们以前并不同意。"这种说法否定了同意，而且仅仅因为加上了"以前"，就可以表明这种同意并没有持续太久。我们还听说，当我们摔倒在地为了自卫，将某人杀了。这里所说的是自卫，而承认的是敌人藏在说话者下面。这种思想的折射经常发生，而且非常重要，尤其是当证人夸大其词或没有说出真相的时候。然而，很少有人注意到这一点，因为它们需要准确地观察每个词，而这需要时间，但问题是我们没有时间。

第 92 节　遗传[58]

无论遗传问题在心理上对法律人多么重要，它无法在法律层面得到应用。一方面，它需要研究所有与之相关的文献，以及达尔文和其弟子、龙勃罗梭及其弟子的特殊学说。对犯罪心理学的研究尚未建立。尤其是通过德国调查人员的调查，龙勃罗梭主义者毫无根据、大胆和武断的主张遭到了反驳。但其他一些人，如里尔的德比尔、莫斯科的瑟尔诺夫、泰因、迪尔、马尔尚德也有机会反驳意大利的实证主义者。同时，遗传的问题没有消失，也不会消失。这一点在马尔尚德的反驳中表现得特别明显，他在圣彼得堡人类学协会设立的少年罪犯收容所和科斯洛先生一起就这一点进行了检测。在绝对否认遗传的巴克尔与最新的现代学说之间，有许多中间观点，其中一种可能是正确的。每一个刑事专家都应该研究大量的文献。[59]

然而，这些文献无法告诉我们遗传前提的合法性。每一个受过教育的人仍然相信达尔文的学说，而那些试图将自己从这些学说中解放出来的新理论，只能被推出主流的大门，然后从小后门潜入才能达到目的。但是，博伊斯 - 雷蒙德认为，达尔文主义提到的仅仅是孩子从父母那里继承的遗传变异原则。每个人都知道真正的遗传特征，并且引用了许多这样的例子。里博表示，自杀是遗传的；按照斯丁的说法，盗窃癖是遗传的；卢卡斯认为，激烈的性行为也是遗传的；而达尔文说，笔迹是遗传的。我们的个人认知表现出特征、体型、习惯、智慧，尤其是聪明程度的遗传，如空间感、时间感、定向能力、兴趣、疾病等方面。甚至思想也有像人类一样的祖先，我们从对动物的研究中了解到，本能、能力甚至后天获得的能力是如何逐步遗传下来的。然而，我们拒绝相信"天生的罪犯"这一说法！但矛盾是显而易见的。

毫无疑问，一项对达尔文、魏斯曼、德弗里斯学说的研究表明，没有任何权威人士能断言首次出现在个体身上巨大变化的遗传性。至于后天特征的遗传，一些权威人士断言这是不可能的。

在达尔文之前，古老的物种法则要求一个物种的特征无论经过多少变迁都不应该改变。达尔文主义的原理表明了微小变异的遗传，而这种遗传通过性选择得到了强化，并在一段时间内发展成巨大的变异。现在没有人会否认真正的罪犯与大多数人都有所不同。这种巨大而本质的区别，是由一种习惯、一种单一的特征、一种不愉快的倾向等情况推断出来的，并不构成犯罪。如果一个人是小偷，就不能说他在其他方面像正派人，只是在偶然的盗窃倾向上有所不同。我们知道，除了偷窃的倾向，我们还认为他不喜欢诚实的工作，缺乏道德力量，在被捕时表现出对法律的漠视，缺乏真正的宗教意识。简而言之，要使一个人成为窃贼，偷窃的倾向必须与许多极具特征的品质结合在一起。总之，他的整个性格必须发生彻底而深刻的变化。个体身上如此巨大的变化从来不是直接遗传的；只有特定的特性才能遗传，但这些特性不构成犯罪。因此，一个罪犯的儿子不会变成罪犯。

这并不意味着在犯罪类型形成之前，人的性格不会在一代又一代的进化过程中相互结合，但这就像动物中出现新物种一样罕见。物种经常被选择，但几乎不会继续进化。

第93节 偏爱

偏爱、偏见、预判是刑事专家最忌讳的三种危险观念。人们认为这三种观念带来的危害并不大，因为很多情况下，偏爱只能掌控一个个体，而刑事案件需要几个人共同处理，但这证明不了什么。当一个优雅的骑马师展示其精湛的技巧，优雅地摘下帽子向观众致敬时，观众在这个时候才意识到刚才的表演如此惊艳，他们热情的掌声并不是因为了解到马术表演有多难，而是因为骑马师向他们鞠躬。这种情况经常发生在我们身上。一个人手头上有一个案子，并致力于这个案子，如果在一个合适的时候，他说道："可不是嘛"，其他人会附和道："太好了"或"上帝保佑"。他受到先入为主的想法指引，但其他人却还没有意识到这一点。因此，尽管我们假想的可能性很高，但必须承认错误的基本观点，哪怕是无意识的一种信念，充斥着我们的头脑，以至于事件本身并没有得到客观的看待。没有偏见会使我们拥有健康、有活力的头脑。这种能力表现在，一旦偏见被证明无效，就会被搁置一旁。这种论证是困难的，因为当某种看法被认为是偏见时，它就不再是偏见了。在其他地方，[60] 在"预判"的标题下，我指出了审查正义会面临的危险，并试图表明，即使是对地点的错误观念，也可能导致有利于某种有偏见的观点的形成。第一个证人的影响有多大呢？因为我们很容易被最早获得的信息迷惑，后来又没有时间去说服自己，这件事可能不是我们最早描绘的那样。因此，错误的信息必然隐藏着危险，我们需要努力才能知道这是一种假想的犯罪，还是一个隐藏犯罪事实的意外事故。人们都很清楚这一点，即经过一场争吵、经过相互矛盾的证词等，双方都急于呈递事先准备好的信息。谁先提供信息谁就有优势。他的故事对观点产生了有利的影响，需要努力使自己适应对方的观点。这之后，证人和被告的角色就很难互换了。

但是，除了自己，我们还要处理其他人的偏见，如证人、被告、专家、陪审团、同事、下属等。我们知道的越多，就会对新事物越新奇。然而感知区域变得坚硬紧凑，内部重组停止，感知新经验的能力也随之消失，因此才会有那些顽固不化、固执己见的法官存在。感知的不确定性会导致统觉的均匀运动。不明白概念复合的人几乎不会发现所陈述事实的独特性，只局限于脑中所想的事情。

统觉的片面性常常包含着观念上的错误。在大多数情况下，造成最大影响的往往是利己主义，它使人们倾向于将自己的经验、观点和原则强加于人，并根据

| 第二部分 |　　刑事侦查的客观条件：被调查者的心理活动

这些预设情况建立了一套适用于新情况的偏见体系。类似的经历尤其危险，因为这些经历往往导致人们坚定地认为，目前的情况绝不会与之前的情况大相径庭。如果有谁曾参与过类似的早期案例，他现在的表现往往与当时一样。他当时的表现会成为判断现在的标准，任何不同都被称为错误，尽管这两种情况之间的相似之处显而易见。

这是自我主义的特点，它使人们允许自己中途被收买。赢得大多数人的喜爱和好感，最容易和最彻底的莫过于表现出真正或明显的恭顺和兴趣。如果做法得当，几乎没有人会拒绝，这样对他们有利的偏见就完成了。有多少人对丑陋、畸形、红头发、口吃的人没有偏见，又有多少人不偏向英俊可爱的人？即使是最正直的人，也要努力不偏不倚地看待他的邻舍，不因自己天生的禀赋而存在偏见。

行为和小确幸几乎是同样重要的。假设一个刑事专家辛辛苦苦工作了一上午。由于这样或那样的原因，他希望尽早回家。就在他把帽子戴在头上准备离开的时候，来了一个人，带来了一些有关之前伪证的信息。这些信息已被此人搁置多年，直到今天才再次得见天日。他大老远前来，很明显无法立即返回。另外，他所说的方法听起来似乎不太可能，并且表达也语焉不详。最后，在拟定议定书时，没人能听明白他的陈述，何况他还增加了许多不相干的东西。简而言之，这个人让人觉得忍无可忍。那么现在，我想知道这个犯罪学家会不会对这个原告产生强烈的偏见？与此同时，我们可以要求这种偏见只能是短暂存在的，而且随后当感情平静下来时，每件事都要小心谨慎地处理，以便修复最初可能受到的伤害。

讨论所有特殊形式的偏见既没有必要也不可能。如果有任何迹象（即使是最遥远的迹象）表明它们的存在，都需要无条件进行彻底仔细的寻找。对于可能产生偏见的所有最极端的情况来说，其中甚至有时候包括了名字。一个人可能会因为名字而产生偏见，虽然这听起来像是开玩笑，但却是真的。谁会否认他偏向某人是因为这个人的名字很好听，谁又会否认他从没听到这句话"这个家伙的名字让人反胃"。我清楚地记得有这么两个案例：第一个案例，帕特里奇·赛文庞德和埃默恩齐亚·欣特科夫勒被控告欺诈，我的第一感觉是这么高贵的名字不可能属于诈骗犯吧。另一个相反的案例，阿瑟·菲尔格雷签署了一份关于袭击他的证词，我的第一感觉是这份证词就像他的名字一样胡说八道。我还听说一个人没有得到私人秘书的工作只是因为他的名字叫基利安·克劳特尔。就像应聘他的老板说的："这个人一听就不正派，哪个正派的人会起这样一个愚蠢的名字？"还有这样一个故事，某个圣奥古斯丁修道士在大城市颇受欢迎，而受欢迎的部分原因则是他那韵律感十足的姓氏——帕特尔·皮特·普默。

诗人们都非常清楚地知道，对于我们这些目光短浅的"蚯蚓"来说，名字这样一件无关紧要的事情是多么重要，最著名的诗人对名字的选择十分谨慎。名字在某种程度上来说可以决定一个人是否成功，可以这么说，如果俾斯麦当初叫迈尔，他就不会取得今天这样的地位。

第 94 节　模仿和群体

长期以来，人们一直在研究动物、孩子甚至人身上模仿的本质特性和它对群体的影响。模仿被视为判断聪明与否的根本特性以及所有教育体系的基本条件。后来，人们开始观察模仿对群体的影响，拿破仑曾说："群体犯罪不涉及个体行为"。韦伯提及道德传染，长期以来人们都认为自杀具有传染性。贝尔在他的《监狱》一书中表示，自杀者都有模仿倾向。显而易见，自杀者通常会选择经常被用到的方式——在树上上吊。在监狱里，人们经常会观察到这样一种现象，在隔了很长时间后，一系列自杀事件会突然出现。

一旦某个人用一种特殊方式实施犯罪，这种犯罪形式就会经常重复出现，比如儿童谋杀。如果一个姑娘闷死了自己的孩子，那么就会有其他十个人选择这样的方式；如果一个姑娘选择把孩子压死或放在胸前闷死，那么其他人也会这么做。塔德认为犯罪完全可以通过模仿法则来解释。我们仍然不知道模仿和统计原则是如何联系起来的，但这种联系对我们来说才是最令人头疼的。如果几个人用同样的方式实施谋杀，我们称之为模仿，但当疾病或外伤的明确形式在医院几年内都未发现，然后突然大规模爆发，我们称之为繁殖。医院的医生都熟悉这种现象，如果一种疾病只发生过一次，他们通常会等到第二个病例出现再做定夺。此类疾病通常来源相同，并具有相同的异常表现，因此模仿一词难以表达这种现象。现在，如何在个体情况下区分模仿和繁殖？它们的限制是什么？它们触碰了哪里？哪里可以掩盖彼此？这种群体在哪里组成？

对于有关模仿问题的相关犯罪政治学解释以及宽恕行为的权力是行为的主要依据，目前尚无解决办法，但这些问题具有很大的象征和判断价值。至少，我们能够在某个特定模仿的刺激源头找到唯一能解释犯罪性质或方式的可能性。在年轻人中，尤其是女性中，会有能够称之为计划的某种预期表象，这至少可以解释一些其他无法解释和多余的伴随情况，如不必要的残酷和破坏。了解这一预期表象甚至可能会为我们提供有关罪犯的线索，因为这种预期表象可能会显示该罪犯的本性。同样我们的这个行业也存在"案例重复"。

群体活动的条件具有显著的特点。最具教育意义的是，面对巨大的不幸，几乎每一个人都会表现得失去理性，并且对待自己的同伴残忍冷血，因为牺牲同伴是为了自己的安全，而不是真正的需要。撤退部队在过桥时，骑兵愚蠢地从自己的战友身上踏过，就是这类人一个典型的例子。另外，还有一些历史上有名的事故，如路易十六的婚礼，1 200人死于拥挤造成的踩踏事件；拿破仑婚礼上的火灾事件；1881年维也纳环形剧院的火灾事件；1904年游船"斯洛库姆将军号"号上的火灾事件。这些鲜血淋漓的事件都是由这些惊慌失措的人群的愚蠢行为导致的。施塔利亚的一首诗中说道："一个个体是一个人，几个个体是几个人，一群个体就是畜生。"塔德在他一本有关模仿的书中这样说道："在人群中，最冷静的人也会做出最愚蠢的事。"1892年，在犯罪人类学大会上，他说道："人群从不在前面，也不在后面，而在中间。它总是包含一些幼稚的、天真的和非常女性化的东西。"他与加尼叶、德克鲁在这个大会上表示，暴民会对疯子和醉汉所做的一切过激行为感到兴奋。龙勃罗梭、拉斯其等人讲述了许多叛逆的人无缘无故犯下的暴行[61]。新近发明的新词"群众的灵魂"与叔本华的"宏观人类"并没有什么不同，而我们的重要任务就是确定究竟有多少"人类"，以及究竟有多少"宏观人类"应该为所有罪行负责。

第95节　激情和情感

激情和情感能够轻易混淆我们和证人的观察结果，甚至影响被告的罪行，并能够在受审时解释许多事情。任何心理学都会讨论激情或情感的本质、定义、影响、生理和心理解释。这些讨论用于法律的目的却很少有人提及，可能更多是因为比较难谈。激情所做的事情本身就是这样，在这方面不需要特别审查。我们要做的是发现如果没有激情会发生什么，尤其是使自己免受激情或感情的控制。毫无疑问,刑事专家中最"喜怒无常"的人表现最好,因为黏液质和抑郁质的人往往都是经不起检验的。活泼热情的法官做事最具成效,但他们的这些品质也存在缺陷。没有人会否认,人们在面对一个无耻否认自己罪行的人,或面对一些惨无人道的可怕罪行时很难保持冷静的态度。但必须要克服这一困难。我们每个人都必须回忆那些让位于激情的可耻记忆,或许这是公正的。当然,尽管性情非常喜怒无常的吉迪恩·拉迪伯爵通过立即绞死一镇之长,很快将该镇人民从无数抢劫案中解救了出来,但如今这种喜怒无常是不被允许的。我们很容易回想起一位出色的主审法官在一场谋杀案审判中所处的痛苦处境,他对被告进行了猛烈的攻击,但最终不得不接受对后者真正合理的惩罚。

避免这种困难的唯一方法就是不要争吵。在上流社会,只要说出一个不恰当的词,一切都将无法挽回。这个词就像是滚动的雪球,能积聚多少冲力取决于其性质和法官的素养。纯粹的侮辱并不常见,一个不恰当的词就会打破界限。罪犯知道这一点,并经常利用这一点。一个人如果完全压制了另一个人,他就不再危险,而会变得冷静和平和,并本能地感到有必要修补"过分行为"所造成的伤害。然后,他就会表现出一种夸张的温暖以及可能被许多罪犯所依赖的关怀,因此他会故意挑衅审判长,直到让审判长做出一些感到抱歉的事,说出一些令人感到抱歉的话。

证人的情绪,特别是那些受害人和可怕事件的目击者的情绪,以及那些对此事兴致勃勃的旁观者的情绪,都会为我们造成许多困难。经验丰富的法官会针对这些人所做证词的无条件可靠性采取"防御措施"。此类相关人员缺乏冷静;他们的兴奋、焦虑、生气、个人兴趣等会使我们预见到即将产生的麻烦,或者会使麻烦升级。当然,我们说的不是伤口被严重夸大、甚至是为了钱而编造出来的情况,而是处于情绪压力下的人经常说出一些无法想象的有关对方的事情,只是为了让其受到惩罚。然而,造成严重伤害的情况下,这种事情相对少见。一个失去了眼睛的男人、一个被奸污女子的父亲、一个因纵火一贫如洗的受害者,常常对罪犯表现得非常平静。他不会做出特别指控,不夸大,不侮辱。然而,如果一个人的果园遭受损失,那就要另当别论。

通常,受害者和被告相互仇恨。这不一定是因为其中一个人打破了另一个的头,或者抢了他的东西;通常,出庭作证的表面原因是长期而深远的仇恨。众所周知,这种情绪无所不用其极,因此有必要去寻根溯源,尽管这样做并不容易。仇恨可能存在于同龄人之间,或者存在于某种关系上是同龄人的人之间。一般说

| 第二部分 | 刑事侦查的客观条件：被调查者的心理活动

来，国王不会仇恨他的火枪手，但是当他们同时爱上同一位姑娘，这种仇恨就会生根发芽，因为他们是恋爱关系中的"同龄人"。同样，有教养的贵妇也不会讨厌她的侍女，但是如果她注意到这位侍女的头发比自己的还要柔顺飘逸时，她就会讨厌这个侍女，因为对头发的喜爱没有阶级差别。

真正的仇恨只有三个来源：痛苦、嫉妒或爱。仇恨的对象给他的敌人造成了无法弥补的痛苦，或者嫉妒、仇恨现在已转变成爱，或过去曾经是爱，或将来会变成爱。一些权威人士认为，当我们伤害了某人时，仇恨的另一个来源就会显现出来。这可能表现为仇恨或类似于仇恨的情感，但在大多数情况下，它可能是一种深藏内心的羞耻感和悔恨感，这与仇恨有某些共同的特点。仇恨难以隐藏，即使是经验不足的刑事专家也只会在特殊情况下才会忽视它。嫉妒比仇恨更缺乏宽容，更内敛，更深刻、更广泛，要发现它的踪迹可谓难上加难。真正的仇恨，就像细腻的情感，需要性情，在某些情况下可能会激发人的同情心，但不友善的嫉妒却是任何无赖都能做到的。也许没有别的情感会像这样危及、摧毁人的生命，阻挠仪式的举行，让如此多重要的事情变得不可能，最后，对很多人进行误判。此外，当你想起它被夸大的程度，用卑劣、简单的方式对其进行隐藏时，你就不会高估它的危险性。我们法律人更容易受到嫉妒的危害，因为不会轻易让别人在我们面前受到表扬；在大多数情况下，我们需要证人不断地叙述案件相关问题，所以我们无法轻易看出他们是否嫉妒。

不管一个人如何随意抨击另一个人，我们可能会认为他说的是实话，或者最坏的情况是他对这件事的看法错误，或者受到了错误的引导，但很少会认为是他的嫉妒在作祟。当他要表扬别人时，我们就想到了这个主意。然后，他表现出一种谨慎、试探性和狭隘的态度，以至于即使是一个没有多少经验的人也会推断出他的嫉妒。在这里，一个被广泛讨论的事实表明，真正的嫉妒需要某种程度的平等。例如，人们通常认为小店主会嫉妒比他幸运的竞争对手，但不会嫉妒那些拥有船只周游世界的大商人。士兵对将军的感情，农民对地主的感情，并不是真正的嫉妒，而是想成为他那样的人。生气别人比自己过得好，由于这种情绪缺乏嫉妒所需的有效力，因此我们不将之称为嫉妒。当以阴谋诡计或邪恶的交流等方式对被嫉妒的人实施某种行为时，它就变成了嫉妒。因此，这种纯粹的感觉就会变得众所周知。人们会说："我多么羡慕他这次旅行，羡慕他那壮实的身体，羡慕他那豪华的汽车，等等。"但不会说："我嫉妒到说他的坏话、做这样或那样的事故意针对他。"然而，嫉妒的真正情感正是以后者的形式表现出来的。

嫉妒者虚假陈述的能力使他们在法庭上变得尤其危险。如果想了解一个人的任何情况，我们自然而然会询问他的同事、亲戚等。但这一点也正巧符合嫉妒法则。你若询问那些没有势力的人，就无法从他们那里获得有用的信息，因为他们不知道这件事。如果你询问专业人士，他们言语中散发的嫉妒或自私会使我们无法判断信息的真实性，令人左右为难。被询问者犹豫和含蓄的回答可能会将我们的注意力引向嫉妒这个层面。这在各种类型的案例中都是一样的，它极富价值，因为可以使我们避免产生非常糟糕的误解。

一般来说激情是犯罪的根源，这是不言而喻的。假设激情经历三个阶段。第一个阶段主要是旧时记忆的一般或部分复发；第二个阶段，相对于旧观念，新想法消极或积极的支配地位——激情达到高潮；第三个阶段，被强行干扰的情绪平衡得以恢复。众所周知，大多数情绪都伴随着的一些物理现象。相关人员已对其中一些现象进行了彻底研究，例如，恐惧——法律上比较重要的一种情绪。如果一个人处于恐惧当中，呼吸会紊乱，吸气中断，呼吸急促并伴随深呼吸，吸气短促，呼气延长，甚至啜泣。所有这些现象都是呼吸变化增加的单一结果。不规律的啜泣会引起咳嗽，进而影响说话，这是由于下颌肌肉的不规则动作引起的，部分是由于呼吸加快引起的。在与恐惧相呼应的阶段，打哈欠会发生，随着情绪的发展，瞳孔还会放大。当被告否认自己罪行时，从他身上便可看到上述身体反应。

最值得注意、也最无法解释的是这些现象不会发生在无辜的人身上。人们可能会认为，无辜者被定罪时的恐惧会导致害怕、愤怒等情绪，但这并不会导致真正的恐惧。我只有关于这一事实的实验性证据，因此还需要更多观察才能从一个人有罪或无罪推断出任何新的结论。我们应牢记，在这种情况下，激情和情绪往往会按照规则朝相反的方向去转化。吝啬会变成奢侈，反之亦然。爱会变成恨。许多人由于绝望的恐惧而变得过于鲁莽。有时候恐惧会变成无动于衷、冷漠，随后会出现非恐惧特征。但是，这种无情的冷漠和它的自身特点同样暴露了自己。正如激情转化为对立的东西一样，它们也带有明显的从属特征。因此，惧怕或恐惧伴随着惊慌失措的鲁莽，肉欲伴随着残忍。后者的这种联系对我们很重要，因为它通常会帮助我们解决犯罪解释过程中遇到的难题。残忍和肉欲有着相同的根源，这一点早已为人所知。危险而浓烈的爱情所带来的狂喜往往与某种残酷的倾向联系在一起。一般说来，女人比男人更残忍。[62] 据说，恋爱中的女人总是对自己的男人有一种强烈的肉体欲望。如果这是真的，那么前面的陈述就得到了充分的解释。从某种意义上说，性欲和残忍之间的联系与不满足有关，而这种不满足是几种欲望的典型特征。这一点通常会在对财产的欲望中表现得淋漓尽致，尤其是涉及对金钱的感觉。当听到别人说起金子能压倒一切、恶魔般的力量，在钱堆中打滚的欲望、令人无法抗拒的昂贵戒指，我们都会感同身受。金钱对人的影响就像血对食肉动物的影响一样，这一观点也同样正确。我们也见过很多类似的例子，非常正派的人也会因为一点点钱犯下严重罪行。了解这种倾向会帮助我们找到一些有关罪犯性格的线索。

第96节　荣誉

康德说男人的荣誉在于人们对他的看法，女人的荣誉在于人们对她的说法。另一位权威人士认为，荣誉和荣誉感是自我意识在他人身上和通过他人的一种延伸。我认为荣誉的精髓是相信我是为别人而存在的，我的行为不仅会被我自己，也会被别人评判和评价。福斯塔夫把荣誉称为葬礼上的一幅画。我们作者说的有对有错，因为荣誉仅仅是一个人对这个世界所持的一种态度，所以即使是流浪儿也有荣誉感的。不愿看到这一点可能会给刑事专家带来相当大的麻烦。在我的职业生涯中遇到过这样一个男人，他犯下了最十恶不赦、无耻至极的罪行，以至于他体面的父母羞愧自杀。在判刑结束时，他说了这样一句话："我对此判决没有任何法律异议。不过，我请求休庭三天，这样我就可以写几封告别信，而作为一个囚犯我是写不出来的。"即使在这样一个人心里，仍然存在着别人所谓的荣誉感。我们经常发现一些可以让审讯更具优势的东西。当然不是为了让目标招供、控告同谋等目的。这也许确实符合本案的利益，但是，人们很容易把顺从的态度同高尚的倾向联系起来，但绝不能利用这一点，即使是怀着最好的意图。而且，在地位低的人中间，正派的倾向不会长久，只会暂时地让位于坏人常有的那种倾向。然后，他们为自己在那一瞬间的高尚感到遗憾，并诅咒利用了这一时刻的那些人。

在看到罪犯会在某些时刻寻求所谓的"荣誉"时，的确非常讽刺。盗贼以为合宜的，强盗认为不合宜。窃贼不愿被当成是扒手。当有证据表明他出卖同党，或者在分配赃物的时候欺骗同伴时，许多人发现自己的荣誉感在这方面受到了严重的攻击。我记得有一个小偷,他非常伤心,因为报上说他在一次入室盗窃中愚蠢地漏掉了一大笔钱。这说明罪犯有职业野心,追求职业名声。

第 97 节　迷信

有关迷信的讨论,详见我的《验尸官手册》等(英语翻译:J. 亚当,纽约,1907 年)和 H. 格罗斯档案 I,306 页;档案 III,88 页;档案 IV,340 页;档案 V,290 和 207 页;档案 IX,253 页;档案 IV,168 页;档案 VI,312 页;档案 VII,162 页;档案 XII,334 页。

| 第二部分 | 刑事侦查的客观条件：被调查者的心理活动

专题 16　错觉

第 98 节　总则

  由于感觉是认识的基础，感觉过程必然成为法律程序正确性的基础。我们从感官中得到的信息以及用于构建结论所依据的信息，总的来说可以认为是可靠的，这样，就没有理由过于谨慎地来处理那些我们认为依赖于感官的事物。然而，这种看法并不总是完全正确的，对其错误的认识必然能帮助我们，甚至使我们怀疑自己有没有犯更大的错误。

  自从赫拉克利特的时代以来，对感性知觉的心理研究就一直在进步。我们所发现的大多数错觉都被用于从体育到科学的方方面面。它们令人惊讶，吸引并维持着公众的注意力；因此人们对它们耳熟能详，但它们对其他现象的影响及其在日常生活中的后果却很少得到研究。这里有两个原因。首先，因为这样的心理错觉似乎很微小，而且它们的深远影响很少被考虑到，例如，在纸上画出的一条线，看上去比它实际长度更长。其次，我们认为感官错觉在实际生活中并不容易造成影响。如果我们发现了错觉，那么它就会变成无害的，不会产生任何效果。如果没有发现，后来导致了严重后果，就不可能找出原因——因为就其本身而言，它不会被承认，而且由于中间有如此多的步骤，不可能对其进行正确的逆推。

  这说明了人们很少有对感知的实际考虑，但并不能证明这种稀有性是合理的。当然，在广泛的条件下应用有限的实验结果存在着很大的困难。它们产生于这样的假设：与科学家研究的条件相似，在较差的实验条件下出现了某些现象，这种情况也会在完备的实验条件中显示出来。但事实并非如此，正是由于这个原因，现代心理学的结果实际上仍然是无效的。当然，这并不是对实验心理学学科进行指责，也不是对其研究价值的侵犯。如果想发现任何明确的东西，就必须带着其狭隘的局限性。但是一旦发现了这一点，条件就可能改善，一些实际的东西可能会实现，特别是在错觉的问题方面。这种可能性解决了这些心理错觉不受关注的第二个原因的问题。

证人们当然不知道他们受到了感官错觉的困扰，无论如何，我们很少听到他们抱怨这件事。正是由于这个原因，刑事专家才必须去寻找。这一要求存在很大的困难，因为我们很少能够从有关这一问题的大量文献中得到什么帮助。实现这一目标有两条道路。首先，我们必须理解这一现象出现在工作中，并通过追溯它来确定是否由于某种错觉可能导致了一桩不正常或其他不明确的事实。另一条道路是理论性的，我们姑且可以称它为预备之路。它要求我们掌握所有已知的感官错觉，特别是那些本性存在隐蔽性的例子。然而，这类材料大多与我们的目的无关，特别是在医学领域所有涉及疾病和谎言的材料。当然，如果某种疾病的性质不确定，或者它本身的存在性未知，那么我们也可以考虑这个问题，也可以考虑医生的情况。但最重要的是我们有责任向医生进行咨询。

除了专属于医生的信息之外，还存在着与我们以外的其他行业有关的材料。尽管不断增长的认识可能要求我们甚至得利用这一点，但是这一点必须被搁置在一边。毫无疑问，我们进行了大量的观察，在这些观察中得出了一种绝对印象，尽管不能准确地指出它们是什么，似乎与我们无关的感官错觉问题存在于某些证人观察的背后等等。当这种情况出现时，唯一要做的事情就是要么证明它们存在的可能性，要么等待着利用一些稍后的机会，用它们来测试证人。

分类法将大大减轻我们的任务。很显然，最重要的划分是"正常"和"不正常"。然而，由于两者之间的界限不明确，那么不妨考虑一下，有没有一种不能归入任何一类的第三类存在。这种类别，特别是在存在一系列可能导致错觉产生的身体状况下，例如肠胃超负荷、头部充血、彻夜失眠、身体或精神的过度劳累。这些状况并非异常或病态，但由于不是日常性的，所以它们也是不正常的。如果肠胃超负荷已经转变为轻度消化不良、供血量增加甚至充血等，那么就很接近病态，但这与其他条件之间的界限尚无法确定。

另一个问题是，在感官出现错觉时，如何才能将它们与正确的认知进行区分。实现这一点的可能性取决于人的感觉器官的特有结构。我们不可能自己确定哪一种感觉在本质上是正确的，哪一种是错觉。在相同的条件下，所有的人都会产生许多错觉，所以大多数人的判断是不可能规范的。一种感觉被另一种感觉控制，也不能区分虚幻和正确的知觉。在许多情况下，可以通过触觉来测试视觉，或者用视觉来测试听觉，但事实并不总是如此。最简单地说，在不同的情况与条件下，当联系到其他感官，并由不同的人使用不同的工具观察的时候，感觉—印象是正确的，并能暗示现实。当条件不是那么恒定的时候，那就是错觉。但在这里，"错觉"一词的适用范围也很难说明。遥远的事物似乎比实际要小、铁轨和街道的两边似乎融合一处，这在本质上是真实的感官幻觉，但它们并不被如此称谓——这被称为透视定律，因此我们似乎必须在感官印象的概念中加入一些新东西，即对罕见或非同寻常的现象的感官印象。

我还发现了另一个我认为重要的区别。它存在于真实的幻想和错误的概念之间，其中错误来源于错误的推理。在前一种情况下，器官的感觉实际上是错误的，例如，当瞳孔被侧向按压时，眼睛所看到的一切都是双倍大小。但是当我透过一块红色的玻璃看到一片风景，并且相信面前的风景真的是红色的时候，这仅仅是一个推理错误，因为我没有把玻璃的效果包含在结论中。所以，当我在雨中相信山比它们真实位置更近时，或者当我相信水里的棍子真的弯曲时，我的感觉是完全正确的，但推理是错误的。在最后一种情况下，即使是一张照片也会显示出棍子在水中是弯曲的。

这种错觉本质上的差异在人们往往错称为"感官错觉"的现象中表现得尤为明显。如果在教堂里，任何人听到一种沉闷、微弱的声音，他就会认为风琴的声音马上就要响起了，因为这是恰当的假设。在一列蒸汽火车旁边，你可能很容易就会产生一种错觉，认为它已经开始行驶。现在，在这种情况下产生错觉有什么意义呢？耳朵确实听到了噪音，眼睛确实看到了火车，两者都确定了，但其作用并不是对已记录的印象进行定性，所以如果依据想象力产生了错误的推理，那就不能称它为感官错觉。

当我们可以对错误推理的存在进行数值的、算术运算的论证时，这种分类法的不准确性就更加明显了。举个例子，如果我透过窗户，看到一个人在很远的地方用斧头清理了很多东西，我很自然地能看到斧头在我听到打击的声音之前就落了下去。现在，可能出现的情况是，距离可能足以让我在看到第三次敲击的那一刻听到第二次敲击的声音。因此，尽管距离很远，我还是同时感觉到光和声音的现象，就好像我就在现场一样。也许我一开始会怀疑这些物理异常，随后，假如我在推理方面犯了简单的错误，我就会告诉别人我今天所拥有的非同一般的"感官错觉"——尽管从来没有人认为我可能被（眼睛和耳朵）欺骗了。叔本华提醒人们要注意这样一个熟悉的事实：在短暂午睡后醒来，所有的定位显然都是错误的，而大脑不知道前方有什么，后面有什么，右边有什么，左边有什么。由于头脑不完全清醒，并且没有足够的定位来清楚地知道它的状况，我们也称这种感官错觉为错觉。当我们不恰当地对一种不习惯的感觉印象进行估算时，事情就不一样了。哪怕是对身体不习惯的部位的轻触，也能感觉是一种重压。在掉了一颗牙后，牙医在牙齿上钻孔时，我们感到嘴里有了一个巨大的洞，我们对正在发生的事情的想法是多么的荒谬啊！在所有这些情况下，感官已经收到了一个新的印象，但是这些新印象还没有被准确地判断，因此，作出的对所有新印象根本性错误的判断，都必须归因于此——例如，当黑暗中出现了一片明亮的光线时，我们发现它非常刺眼；当我们在冬季发现一个我们觉得在夏季很冰凉的地窖时；当我们认为自己第一次骑在马背上就身处空中的时候，等等。现在，感官错觉的实际存在对我们来说尤为重要，因为我们必须进行某些测试，以确定证词是否取决于此。这是一个很重要的时刻，我们可以知晓这些幻觉是取决于个人的思想，还是取决于他的感官。我们可以从一开始就相信一个人的智力，而不是他的感官，反之亦然。

谈论感官错觉在某次宣判中的重要性是多余的。判决的正确性取决于所传递的观察的正确性，而理解感官错觉的本质及其经常性就能知道它对惩罚的意义。法官们犯下的许多错误完全是基于对这件事的无知。有一次，一个人声称尽管天黑，他还是认出了打他眼睛的嫌疑人，人们完全相信他的话，仅仅因为人们认为那一拳的力量太猛了，受伤者可以借助眼前闪烁的火花认出对方。然而亚里士多德已经知道，这样的火花只是主观印象，但人们相信这样的事情。这是值得注意的一种警告[63]。

第 99 节　视觉错觉

最好在开始研究视觉错觉的同时，也考虑到那些引起异常、疯狂图像的条件。它们之所以重要，是因为这种错觉可以被任何观察者解释的不同可能性所辨认出来，也是因为任何人都可以根据错误的光学性质的论点为自己进行尝试。如果我们只立足于最简单的条件进行论证，那么往往会出现粗疏的错误，因为感官提供的"无可辩驳的证据"就会显示出它需要被证实,这些东西会在法律层面产生显著的效果。"我亲眼看见"这句话是不能成为任何证据的,因为一种错觉在某一点上显示出它在所有其他方面都有同样错误的可能性。

一般来说,可以说直线的位置对其尺寸的估计并非没有影响[64]。垂直方向的直线会被认为比实际要稍长一些。在两条交叉线中,垂直的那一条似乎更长,尽管其长度实际上等于水平的那一条。长方形,以长边为底边,会被认为是一个正方形;如果我们用短边为底边,那么它似乎比它的实际长度更长。如果我们把一个正方形分成等角,那就会把靠近的水平角看得较大,所以我们通常用30°的角来表示45°。在这里,习惯有着很大的影响。很难相信,当然也不一定,在字母S中,上部分曲线的半径肯定比下部分曲线的半径要小,但倒置的S马上就证明了这一点。其他的错误也属于这种类型:斜坡、屋顶等在远处显得如此陡峭,据说没有特殊的助力是不可能在上面移动的。但无论谁在那儿向前走,就会发现它们的倾斜程度其实没有那么大。因此,每当有人宣称攀爬某一个斜坡是不可能的时候,就有必要询问声明者是否在那里,或者他是否在远处对它做出了判断。

我们低估了轻微的弯曲。埃克斯纳[56]正确地提请人们注意这样一个事实,即在维也纳的普拉特公园围绕着圆形大厅行走时,速度总是比他预期的要快得多。这是由于存在一些微小的偏差,而这些偏差基于对距离的错误估计而来。还有一个奇怪的事实——人们在夜间的树林中迷路,往往在一个明显的小圆圈里绕来绕去。我们经常注意到由于某种原因,那些因为抢劫、虐待、入室行窃等因素而逃亡的人在黎明时总会发现,尽管他们在逃跑,却总是离犯罪地点很近,因此,他们逃跑行为的有效性似乎难以令人相信。尽管如此,即使在白天,逃亡者对树林的情况了如指掌,这种情况仍然有可能发生。他只是低估了自己的偏差,因此会认为自己最多是在一条非常平坦的弧形路线上移动。假如他要往前走,离开树林,他确实是在画一条尖锐的弧线,而且总是朝着同一个方向偏,最后他的路线确实是圆形的。

这种错觉的一些佐证是因为左眼看到物体的左边部分太小,而右眼低估了物体右侧的尺寸。这一低估幅度从0.3%到0.7%不等。这些是大自然具有重要意义的量值,在黑暗中,最具备影响的偏差就在眼睛的内侧——即左眼对左侧或右眼对右侧的偏差。

将其他的估计值加入其中进行考量,这种混淆就变得非常棘手了。只要举报者知道他只是在估计，那么危险就不会太大。但在通常情况下，举报者并不把他的想法看作一种估计，而是把它看作定论。他没有说"我估计"，他说的是"就是这样"。奥伯特讲述了天文学家福斯特是如何让许多受过教育的人以及医生等人来估算月球直径的。他们的估算值从 1″ 到 8″ 以上不等，其实，月球的精确直径在距离为 12″ 时为 1.5″。

众所周知，一间没有家具的房间比一间配备家具的房间看上去要小得多，一块被雪覆盖的草坪，比生长着茂盛草木的草坪似乎小得多。当我们在一片看上去很小的土地上发现一处巨大的新建筑物时，或者看到一块地被分成更小的建筑群时，我们经常会感到惊讶。当地面被铺上木板时，我们对能铺在地面的木板数量感到惊奇。当我们抬头仰视的时候，错觉还会更强。我们更习惯于在水平方向，而不是在垂直方向进行估量。放在屋顶排水沟上的物体似乎比地面上类似距离的物体要小得多。如果一个已经在房顶放置数年的物品被取下来，就很容易看出来。即使水平距离是房子高度的两倍，这件物品似乎仍然比以前要大。这种错觉是由于有缺陷的做法所致，这一点可以从儿童犯下成年人认为不可想象的错误这一事实中看出来。亥姆霍兹说过，在孩提时代曾经要求妈妈从一座非常高的塔的楼座里给他拿来小玩偶。我记得自己五岁的时候向我的玩伴们提议，让他们握住我的脚踝将我举起，这样我就可以从房子的二楼把一个球拿到院子里。我所估计的高度是它实际高度的 1/12。在需要判断尺寸的物体与我们了解的物体的大小相近时，我们的某些低估和高估的标准就出现了。在所谓的史诗性景观中，树木和建筑物有着如此理想尺寸的原因是艺术缩小了规模。我意识到几乎没有几幅画给我留下了如此可怕的印象，除了这幅覆盖着半堵墙的克劳德·洛林风格的大型风景画。在近景中，有一位牧师骑着马在峡谷里飞奔。骑手和马都有几英寸高，正因为如此，本来就已经很大的景观变得大得可怕。我在学生时代就看过这幅画，即使现在我也能描述它的所有细节。假如画中没有那位矮小的牧师，画作就不会有什么特别的效果了。

在这一点上，我们绝不能忘记，与我们有关的事物的尺寸之间的关系，由于透视原理是如此的不确定，以致我们不再注意它们。利普斯[66]说："我觉得很难相信，放在房间角落的烤箱在离我眼睛一英尺远的地方看上去并不比我的手大，或者说更近地看，月亮也没有别针的针尖大……我们不要忘记比较的习惯。我比较手和烤箱，是从烤箱的角度来看待手。"这是因为我们知道手和烤箱实际有多大，但是我们经常比较那些并不了解的东西，或者不太容易得到的东西，然后就容易想入非非。

关于所引用的估量月球直径的事例,托马斯·里德有一种错觉,他认为用直视的眼光看月球就像盘子一样大,但通过一根管子看时却能看到月球像一美元硬币大小。这种错觉确立了一项重要的事实,即孔口的大小对通过它看到的物体的大小有很大的关系。通过钥匙孔观察的情况在刑事案件中并不是很重要。这种对尺寸的低估是很惊人的。

空中视角对这些现象的确定有很大影响,特别是发生在野外和远距离的现象。这种影响将通过远距离物体不同的外观、远山的各种颜色、地平线上月亮的大小以及空中视角给画家们造成的困难来显现。许多图片的成功或失败都要归结于使用了空中视角。如果它在一幅画作的小范围内产生了很大的影响,那么自然中的幻觉则很容易产生巨大的意义,特别是在极端条件下对未知区域物体进行观察的时候。大气的状况,有时有雾,不透明,而在另一段时间特别清楚,这样就对观察结果造成了巨大的差异,无论是距离、大小、颜色等,统统不可靠。一位曾经多次在朦胧的天气中观察一个未知区域,并在非常晴朗的天气下对之进行过重要观察的证人是不可信的。

我们可以在所谓的虚幻线条中找到许多对感官错觉的解释。对它们的研究已经很多了。但是,佐尔纳[67]首先揭示了它们的特性。因此,我们把斜线或交叉线共置一处,能使真正的平行线看上去并不平行。图 1 和图 2 中的两条水平线实际上是平行的,这可以通过各种方式来确定。

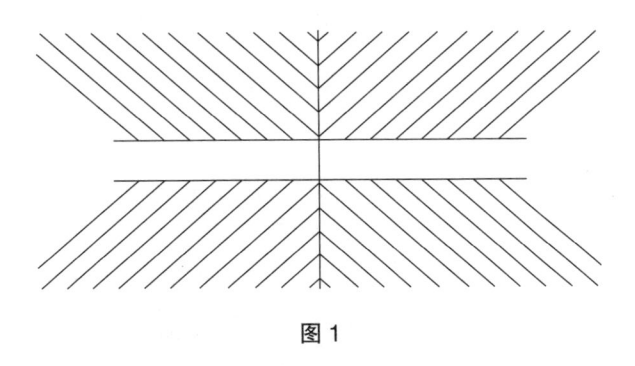

图 1

在图 1 中,正着看和反着看的同条直线看起来是向外凸出的,而在图 2 中它们是向内凹进的。

图 2

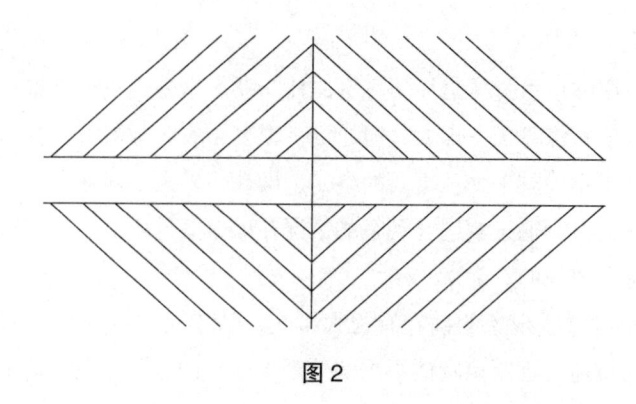

更重要的是图 3 造成的视觉错觉，直线的凸出非常清楚。线条的长度等因素对错觉没有影响。

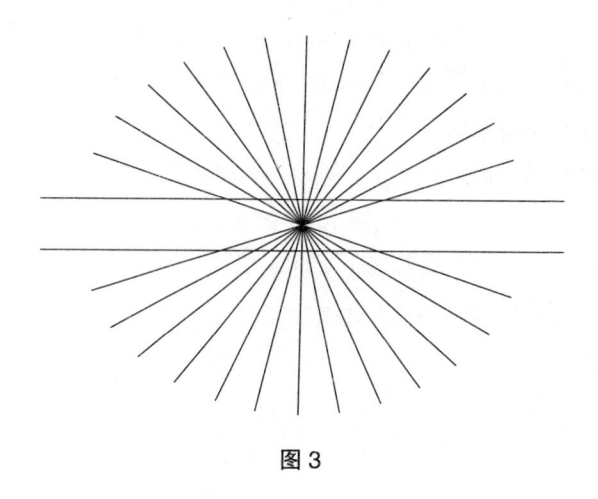

图 3

另一方面，在图 4 中，如果斜线不是平行的，那么斜线看上去一定比平行的水平线更粗。这种倾向破坏了平行线的外观。如图 5 所示，从 a 到 b 的距离和从 b 到 c 的距离一样长，但在视觉上，前者的距离却明显短于后者。

更具欺骗性的是图 6，箭头向内的第一条线看似比箭头向外的第二条线要长得多。

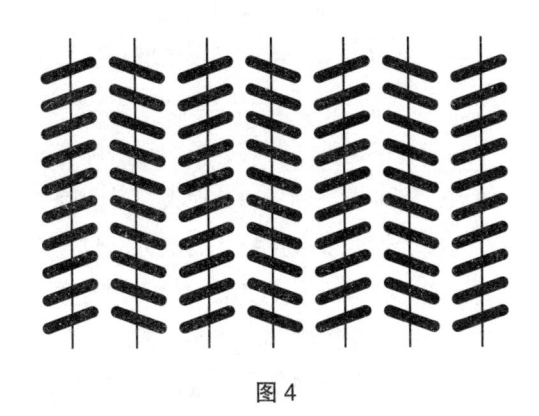

| 第二部分 | 刑事侦查的客观条件：被调查者的心理活动

图 4

所有描述过这个显著现象的人都试图进行解释。拥有这样的解释有可能使我们能够对大量的实际现象进行理解。虽然事实的确如此，然而我们依然不了解其成因和方式。我们可能相信图 1 和图 2 中所示的现象，某个区域的边界直接通到一条有着平行边缘的街道，结果是在相交的点上街道似乎是弯曲的。或许我们经常在没有意识到的情况下观察到这一点，而且并没有特别强调它，首先，因为它真的不重要，其次因为我们认为这条街道在那一点上并不是笔直的。

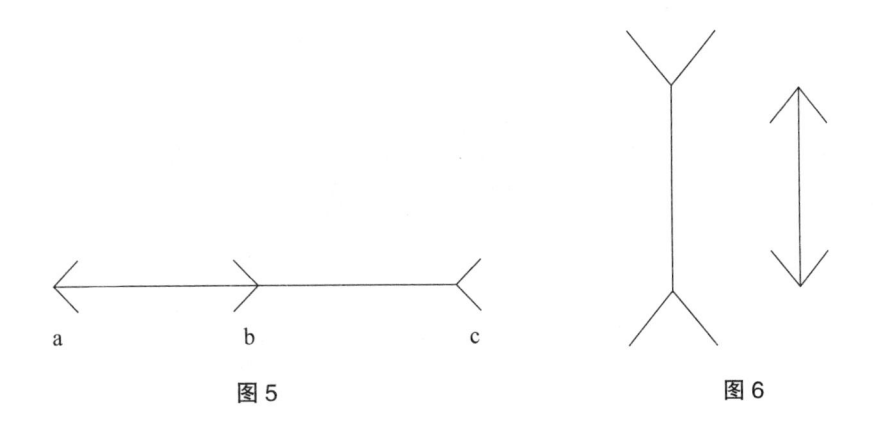

图 5

图 6

以同样的方式，我们可能已经看到了角度的影响，如图所示。图 5、图 6 的房屋或房屋前墙是以对角线建造的。由于我们没有理由寻求对未注意的位置进行一个准确的判断，那么，拐角之间的线看上去显得更长或更短。如果被要求对此作出判断的话，我们对长度的估计就应该是错误的。我们也很可能认为，房子的墙面上有一条实际的或栓状的短线，以山墙的角度围起来，但到目前为止，对这

367

一假设的认知还没有实际价值。然而，不应低估这些设想的重要性。最重要的是，它们意味着我们真的可以被许多观察到的现象欺骗，甚至到了对一件简单的事情进行赌咒发誓的程度，然而这是相当无辜的错误。此外，这种可能性还表明，根据合理标准所作判断的确定性还不够，我们无法确定这种不足的程度。我们已经表示，我们只知道佐尔纳、德勃夫和其他人列举的例子。它们很可能是偶然发生的，类似的事件是经验性的或故意的。因此可以假定这样的错觉数量巨大或者范围很广。例如，汤普森发现了他熟悉的"光学圆错觉"（六个圆排列成一个圆圈，另一个圆圈在中间。每个圆圈都有弯曲的弧度，如果整幅画本身是一个圆圈，它就会单独转动），这是由于他偶然看到了一个小学生画出的一张几何装饰绘画。凡是处理这种视觉错觉的人，在几乎每一件女式服装的样品中都能看到非常引人注目的现象，尤其是在高级密织棉布面料以及各种地毯和家具上。这些就太复杂了，无法描述。随着时间的推移，他们将找到另一组这样的错觉，并会对它们做出解释，然后可能确定出如何将我们对它们存在性的认识转化为实际用途。

在所谓的视觉对象反演过程中，实际应用会更容易。图 7 显示出最简单的例子——中间位置的那条垂直线看上去比其他的垂直线有着更深远或更高的可能性。在第一种情况下，出现在你面前的是一条排水沟；而在第二种情况下，出现在你面前的是一个房间。在图 8 的立方体中，我们也可以观察到类似的关系，在这种情况下，角 a 可以被认为是凸出的，也可以是凹进的。当我们在菱形立方体中用直线连接 x 和 y 这两个点时，情况就更清楚了。随后，x 或 y 可以交替地被视为更近或更远的点，从而可以将图形变换到不同的位置（图 9）。我们可以自由地重复这一过程。

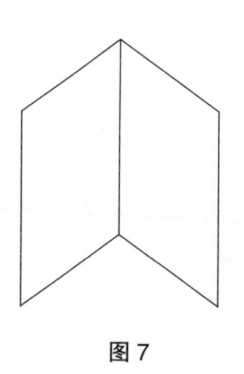

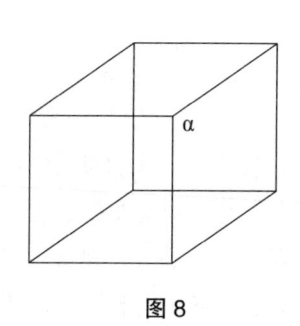

图 7　　　　　　　　　　图 8

图 9

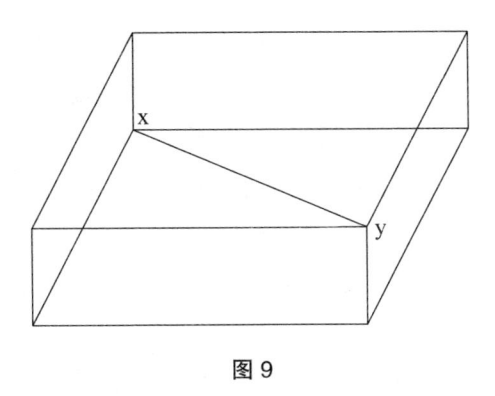

这些错觉有许多实例。一天晚上，辛斯顿在明亮的背景下看到了风车的轮廓。风车叶片似乎在右面，又似乎在左面——这显然是因为看不见磨坊本身，他可能同样认为自己从前面或后面看到了它，风车叶片起初在右面，而在另一种情况下则是在左面。伯恩斯坦引用了一个类似的事例。如果由细线条构成的十字代表风向标的杆，而粗线代表风向标本身（图10），那么在来自北面的光线条件下观察，可能无法区分风向标的指向是东北还是西南；这里就没有确定运动起点的方法。我们可以肯定的是，风向标位于东北和西南之间，它的角度指向两条线的交汇处，甚至不能在很近的距离上确定箭头的指向。这种错觉的两种形式都可能在刑事案件的审判中出现。一旦获得了某种形式的、秩序明确的概念，这样的错觉就不会被抛弃或质疑，甚至（证人）会为此赌咒发誓。例如，如果被问到磨坊的风车叶片是向右还是向左移动，观察者几乎不会在上百次的回答中考虑到是否存在视觉错觉。他会简单地向我们保证，这件事是他自己亲眼所见，而他是否正确地看清了这件事，纯粹是运气的问题。

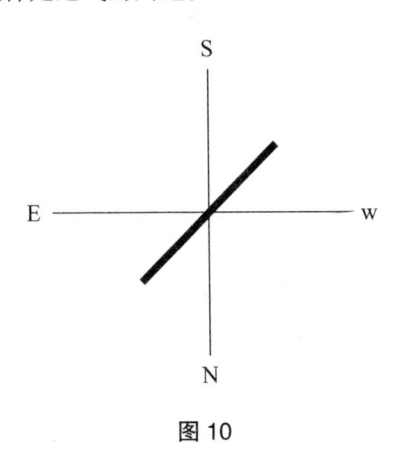

图 10

除了以上这些错觉外,还可以加上那些与运动有关或通过运动暴露出来的错觉。在某些物体的运动过程中,我们只有在一定的条件下才能区分它们的形象。随着运动量的增加,从运动方向来看,它们似乎更短了,当运动量减少时,它们看起来比平时更宽些。一列有许多节车厢的特快列车在我们附近行驶时,看上去显得短些;成排行军的队列,似乎更长些。当我们透过一个固定的小开口观察时,这种错觉最强。同样的事情发生在与别人擦肩而过的时候,因为当我们经过时,他们看起来较矮。

在这种情况下,错觉并不能构成充分的解释;它必须辅之以考虑某些推理——在大多数情况下,这些推理比较复杂[68]。例如,我们知道在夜间(特别是在黑暗、多云的夜晚)意外出现的那些物体,看起来似乎过分的大。这是一个极其复杂的过程。假如在某个阴天的夜晚,我看见跟前竟然出现了一匹马,由于有雾的缘故,马的轮廓模糊不清。现在我从经验中得知,在模糊环境中出现的对象通常相当的遥远。我还知道,比较远的物体看起来要小得多,因此我必须假定,虽然距离并未改变马的实际大小,但是看上去确实比实际要大。思路如下:"那匹马我看得并不清楚。好像很远。尽管距离遥远,它还是很大的。当靠近我的时候,它肯定会更大!"当然,这些推理既不是慢吞吞的,也不是有意识的。它们以闪电般的速度发生,对瞬间判断的确定性没有任何影响。因此,我们经常很难发现其中包含的过程和错误。

然而,如果观察者在碰巧注意到的事件中发现了某种莫名其妙的停顿,他会觉得很奇怪,因为这无法理解。这样他就产生了这种奇怪的想法,这种想法在对证人的讯问中往往发挥着很大的作用。因此,当处于其他不适当的条件下,我看到一匹马在奔驰,而没有听到马蹄声;我看到树木摇摆而当时并没有发生任何风暴;我遇到某个没有影子的人,尽管身处月光下,我也会觉得它们很奇怪,因为这缺乏逻辑性。现在,从某件事对某个人来说变得奇怪的那一刻起,他的看法就不再可靠了,在他的世界变陌生之前,他是否知道自己真正经历过什么,这是值得怀疑的。此外,很少有人不愿意承认他们感到不自在,也许他们都不知道[69],你会得到超复杂的感官错觉和神秘感受的替代,其中的一种导致另一种,另一种导致第三种,而第三种的效果被放大,直到整件事情变成某种难以辨认的东西。因此,我们会发现自己正面临着一种无法解释的、得到了最值得信赖的个人保证的现实情况。

为了放大这种现象,我们只需要考虑一些异常轻微的案例。我们已经指出很多看上去好像不是疾病的问题并没有在法庭上得到重视。当有些疾病没有什么特殊症状，法官又是一个外行的时候，传唤专家就变得没有什么必要了。如果我们把所有与光学错觉有关的真正的疾病都放在一边，认为它们与我们无关，那仍然有足够的例子。例如，任何一本医学教科书都会告诉你，吗啡的瘾君子和可卡因的受害者都具有很强的光学错觉倾向，这是因为他们常常受到毒品的折磨。如果这类疾病发展到严重的程度，医生应该一眼就能认出这些人，但外行并不能快速地做出判断。他将得出这样的印象：自己正在处理一个非常紧张的无效事件，而不是和一个受光学错觉影响的人打交道。所以，我们很少遇到了解这类人的证人，当然也不知道他自己就是这样子的。一位非常著名的眼科医生希姆莱首先进行了这样的观察——在视网膜的病变应激性中，每种颜色都处于一种高光的色调。明亮的黑色看起来呈现蓝色，蓝色看起来呈现紫色，紫色看起来呈现红色，红色看起来呈现黄色。视网膜的麻木颠倒了视觉效果。

迪茨[70]讲述了病人在患有轻微消化不良之后出现的色彩错觉。福德雷认为，癔病患者会把一切都颠倒过来，他和霍普[71]说："如果视网膜的视杆细胞和视锥细胞的顺序受到炎症感染的影响，那么视力的平衡性就会改变，物体的大小、形态或外观都会发生变化。"当然，刑事专家在检查证人时，不能察觉到轻微的消化不良、微弱的癔病或视网膜发炎的区域，然而，像上述这样的错误观察可能对案件的判决产生一定的影响。

如果缺少这种不正常的情况，那么光学错觉的原因就属于另一种性质。通常，当视网膜、运动感和触觉之间的交流中断时，或者当我们的视网膜图像的变化慢于我们身体或眼睛的运动时，就会产生光学错觉。这种缩减是不知不觉的，以至于我们会把物体的概念和它的条件同等看待。同样，毫无疑问，当我们用固定的视角观察人时，其运动速度似乎比我们用眼睛跟着时更快。这两者之间的差异可能如此之大，因此，在刑事案件中，在很大程度上取决于确定某些行为的速度时，值得去问一下这个事情是怎样被看到的。

费奇纳已经对一个老生常谈的事实进行了深入的研究，即地面上的东西在我们乘车飞驰而过时似乎也在奔跑[72]。这一事实可以与另一件相比较，当你从一座低矮的桥上直接看到快速流动的河水时，水似乎突然就会迅速地向上游移动，虽然河水看上去并非静止不动。在这里，一些未知的因素在起作用，可能会对许多其他现象产生相当大的影响，而我们却无法观察到结果。除了这一类之外，还有一种不寻常的现象，从火车上看物体看起来特别近，因此显得比它们实际上要小。然而，反过来可能是正确的。物体看起来更小，或者至少更短，而且由于我们习惯于把物体的尺寸缩小归因于与它们之间的距离，我们认为后者是错误的。有很多事情是肯定的——每当我们自己处于快速运动时，就会对大小、距离甚至颜色做出错误的判断。最后一种原因可能是，在快速运动的过程中，颜色可能出现融合的情况，绿色和红色变为白色，蓝色和黄色变为绿色等等。我相信，随着自行车的普及，所有这些错觉都会增加，因为许多的观察是在迅速运动的车轮上进行的，而且这样的运动会大大地增加错觉。关于动作方面的差异，斯特里克[73]说："如果我仰面躺着，看到一只鸟在蔚蓝的天空中飞翔，虽然没有什么参照物可以比较，我也会认出它的品种。这不能用视网膜的各种细胞受到影响来解释，因为当鸟停下来的时候，我的眼球转动了一下，我知道鸟并没有动。"最后一个论点是不对的。如果这只鸟站在树枝上，我知道尽管我所有的枕骨都在活动，鸟也是静止的，只是由于我感觉到并且观察到鸟没有动。然而，如果我采取与斯特里克相同的仰卧姿势，看到我的头顶上有一只鸟，它在空中一动不动地静止了几分钟，然后我转过头来，就不会知道这只鸟什么时候开始动了。在这里，我们对日常规则的看法也不例外，我们总是说，从任何位置发出的光线逐渐接触视网膜上的各个细胞时，就是所讲的光学感知运动。因为这个过程发生在我们处于运动的状态下，以及物体处于运动状态下，碰巧我们还不能确定运动的位置，就不能说是我们在运动，还是物体在运动。

当然，在运动过程中出现错觉图像的可能性是众所周知的。如果我静静地坐在森林里，隔着一段距离看到一块石头、一块木头或一堆枯叶，等等，也许是出于某种幻觉，我把它当成一只蜷缩的刺猬，当我看着它的时候，我可能是如此确信这个物体的本质，以至于我看到了刺猬是如何伸展身体，伸出爪子并做出其他动作的。我记得有一年冬天，由于一些延误，我所服务的一个委员会未能赶到离首都不远的一个村庄。我们去调查一起谋杀案，发现尸体冻僵了。房间里的烤箱被加热了，掘墓人把僵硬的尸体放在烤箱附近以便解冻。当时我们正在检查这个地方。过了一会儿，检查法官指示我看看尸体的情况，令反感的是，我发现尸体坐在炉子跟前，弯着身子。它已经解冻并塌下去了。在随后的尸体解剖中，我清楚地看到了尸体做着各种动作，甚至在宣读拟定验尸草案的过程中，在我脑海中仍然能看到这具尸体的一只手或一只脚在动。

想象力也可能导致颜色发生变化。有一次，我看着一扇窗户下的桌面，左边有一滴很大的圆形水珠，反射着窗格（图11）。这一切离我的眼睛只有一米远。

| 第二部分 | 刑事侦查的客观条件：被调查者的心理活动

在工作的时候我反复地看到它，最后我想问自己，这么大的一滴水是怎么出现在那里的。我在办公桌前一动不动坐了几个小时。如果它滴落在桌面上，我一定能注意到。我故意不走得更近，就开始思考这是如何发生的，但没有结果。过了一段时间，我检查了那滴水，发现它是一滴墨迹，很久以前就完全干了，它的左边有几粒白色雪茄烟灰。我把这些当成了窗户的形象，于是，我立刻就想到了那一滴闪闪发光的水滴。我完全忽略了它的深黑色。在证人席上我发誓，即使知道关于这件事的证据是重要的，我看到的也是一滴水。

在许多情况下，对想象力进行控制是可能做到的，但前提是只有人们知道图像并不像他们所看到的那样。每个人都知道在远处有一个被半覆盖着的物体，或者偶然以这样或那样的方式组合的物体，天知道那是什么。有一次，我从办公桌望向吸烟的桌子，看到了一把很大的裁缝剪刀，上面半盖着一封信。经过多次反复的扫视，它仍然是那样的。只有当我极力认定这样的东西不可能出现在我的房间里时，它才消失了。几磅灰烬，火柴保险盒的下半部分，两个雪茄烟盒的金属饰物上面半盖着一封信，被一束不确定的光线穿透树枝反射出来，这些共同组成了那把裁缝大剪刀。如果房子里有这样的东西，或者我相信房子里存在这样的东西，我就不会再去寻找真相，我应该发誓我已经看到了裁缝大剪刀。重要的是，从我理解这一现象的那一刻起，我就无法在头脑种恢复剪刀的形象。类似的事情在刑事审判中该有多重要啊！

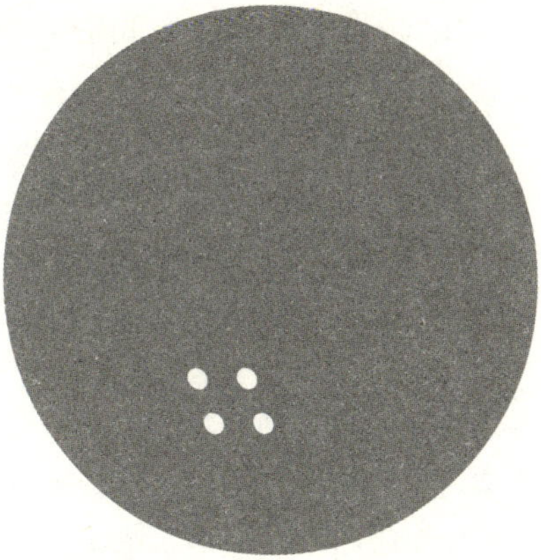

图 11

所谓视觉能力的诱惑在把准确的视觉从虚幻的视觉中区分出来起着重要的作

用。为了准确地看清事物，我们必须直视并且充分地观察物体。怀疑性的目光只能给出一个近似的形象，并允许想象自由发挥。任何一个迷失在幻想中的人，如果用他的眼睛在对面的房间里画出某些点状物，那么他很容易把一只苍蝇误认为是一只大鸟。同样，如果把目光固定在书前或书上方一定距离的铅笔尖上，那么书的尺寸肯定会变小。再一次，如果你站在离注视点90度的位置上，去看一面暗色墙上的一扇白色门，以余光来观察事物，你会发现它比直接注视要高得多。

这些例子表明，间接视觉可能被稍后的正确视觉纠正，但这样的纠正很少发生。我们间接地看到了一些东西，并发现它毫无意义，也没有直接去观看。当它后来变得重要时，也许会涉及刑事案件，我们会觉得自己已经看到了这件事，并且经常赌咒发誓说苍蝇"是一只大鸟"。

有许多意外情况会导致错觉。如果一只苍蝇被观察者间接看到，并被当作一只大鸟，碰巧与某只猛禽的叫声同时被听到，把这两者结合起来，我就会确信见过那只猛禽。这就可能会增加，甚至使我们可能产生一系列的感官错觉。我来举一个剧场装潢艺术家的例子吧，他可以用少量但非常有特色的油墨制作出最迷人的图像。他通过强调我们认可的特点——例如一棵玫瑰色乔木——进行布置，这样在剧场的照明条件下，我们就会想象自己真的远远地看到了一棵美丽的玫瑰色乔木。如果布景画师能提供明确的规则，那么他将给予法律人很大的帮助。他却并未提供，而是根据经验继续工作，无论他犯了什么错误都无法改正。如果这棵玫瑰色乔木没能给观众留下他想要的印象，他也不会试图修改它——而是重新绘制一棵。这可能会引出结论，并非所有的人都需要同样的特征才能识别某一事物，因此，如果我们将这棵玫瑰色乔木单独放在舞台上，只有一部分观众会承认画得好，而另一部分观众可能根本认不出来。但是如果在一个晚上，舞台上有着大量的装饰，观众们会发现这棵乔木非常的漂亮。这是因为人类的感官在某些情况下容易受到交感神经的影响。在玫瑰色乔木的例子中，我们可以假设艺术家有特色地向一部分观众表现出这棵植物的必要特征，对另一部分观众表现的是城堡的特征，对第三部分观众表现的是森林的特征，对第四部分观众表现出背景的特征。但是，一旦有人发现这个对象是正确的，他的感官就已经受到了影响，也就是说，被整体布景的正确性所吸引，从而使正确性从单个对象传递到整体。现在，这种精神过程在最近公开展览的那些视觉错觉中是最清晰的（格拉维洛特战役、奥地利王储在埃及的旅程等）。突现这些表象的主要技巧就是在前景中呈现真实的物体，如石头、轮子等，使它们与背景画面不明显地融合在一起。观众的感觉建立在塑料物体上,确信它们的物质性,并将这种可塑性的想法转移到那些仅仅被画出来的事物上。因此,它们便整体呈现为三维图像。

19 世纪初,大型公园里面的装饰表明光照条件和兴奋的想象力并不是造成这种错觉的唯一原因。韦伯欣喜若狂地讲述过一条小巷的事例,这条位于施韦青根的小巷尽头有一堵灯火通明的凹墙,墙体上画着一幅山峦和瀑布的风景画。由于眼睛受到了迷惑以及适当的影响,每个人都会把这片虚假的风景当成了现实。在心理层面,艺术家的工作必须是准确的,必须利用观众在观察和智力上的弱点。埃克斯纳指出了一个简单的情况,即我们不希望看到在某些条件下不确定的事情。如果我们画出一条直线,用一张纸盖住一端,每个人都会想,当纸被拿开时,这条线不会显得更长。

我不知道在刑事诉讼程序中,这种错觉是不是很重要,但可以想象到这种错觉会在无数案例中出现。当我们第一次仓促地看到某个区域或物体,然后更准确地细看时,这种情况特别容易被观察到。我们感到惊讶的是,前一种想法犯下了多大的错误。这种错觉的部分原因可能在于记忆的错误,然而假如时间很短,若是能够回忆起这种错误的想法是在我们观察到有关情况时出现的,那么这些错觉就很少或根本不起作用。错误想法的根本原因在于,我们错误地引用了第一个仓促形成的观点,从而导致了像戏剧一样的幻觉。这样就有可能使用带有点状绿色苔藓的木板栅栏,还有被苔藓覆盖的一块岩石,然后用它们做成一处被人们看到的陡峭悬崖。某些阴影可能会放大客栈小窗户的大小,让我们把它想象成如同客厅窗户一样大。如果我们只看到这一扇窗户,就会认为所有人看到的都一样,并确信这家客栈是一座大楼。或者我们透过一片树林,再一次看到了远处一个被半覆盖的水池,随后我们在记忆中就看到了可能的,但不一定是现实的河流。也许我们看到了一个教堂的尖顶,可能就在它附近,一座房子的屋顶在树顶出现;然后我们被意识引进了一个村庄,尽管实际上只能看见教堂和房子。

我必须重复一遍,假如这些错觉遭到了质疑,那就无关紧要了,因为这样就能确定真相。然而,当它们没有遭到质疑,也没有为此宣誓时,它们会在审判中造成最大的混乱。发生在酒吧间的争吵、挥舞的拐杖和头上的红手帕,足以让人们证明自己看到了一场血腥斗殴。一只咬人的老鼠,一扇不小心开了一夜的窗户,以及一些没有立即发现的东西都是入室盗窃案的原材料。一个人如果看到一列快速行驶的火车,并听到了刺耳的汽笛声,还看到一片巨大的云彩,他可能会认为自己就是一场交通事故的目击者。此外,所有这些现象都揭示了我们过去观察事物的习惯。我还要在这里重复一遍，摄影设备只要没有安装折射透镜，就能显示出比我们的眼睛更真实的事物，而我们看到的事物总会被记忆纠正。如果我给一个坐在椅子上的人从前面的视角拍照，他的腿交叉着，伸得很长，结果就是一幅滑稽可笑的照片，因为靴子看起来比人物的头部要大得多。但是照片并不是错误的，因为如果被摄者保持相同的位置，然后测量头部和靴子的尺寸，我们就能精确地得到与照片上相同的关系。根据经验，我们知道一个人的脑袋有多大。因此，我们通常看到所有的大小关系都有着适当的比例。但是在照片中，我们就不能应用这个"自然"标准，因为它反映的并非实际情况，我们就会归咎于照相机不好。

假如在某桩刑事案件中，我们处理的是对尺寸的描述，而这是从经验中得到的，而不是真实出现的，那么经验就欺骗了我们，尽管我们假装是基于直接的感知而作证，那我们的证词也是错误的。

可能由于事后图像的持续时间很短，它们在犯罪学方面并无重要性。我曾经相信，它们可能对证人的看法具有相当大的影响，但我并未成功地找出可以看出这种影响的哪种例子。

另一方面，光照条件——黑暗物体被相邻的光束覆盖了表面——是很重要的。亥姆霍兹和普拉托对这种现象的解释众所周知，但它并没有得到充分的应用。人们只需要在黑暗的地面上放置一个白色的正方形，同时在白色的正方形表面放置一个同样大小的类似的黑色方形，然后将它们置于强光下，才能看出白色正方形有多大。这种现象在自然界中经常出现，这一点毋庸赘述。当我们处理尺寸问题时，确有必要考虑物体的颜色及其环境背景和由此产生的光照条件有关。

第 100 节　听觉错觉

从刑事专家的观点来看，听觉错觉并不比视觉错觉更重要，然而更重要的是，错误听觉比视觉错觉更加常见。这是因为音调之间拥有着更大的相似性，而这种相似性是由于声音只有一个维度，而视觉不仅涉及三个维度，还涉及颜色。当然，大炮的隆隆声和翅膀的沙沙声之间有着更多的区别，但各种各样的声调现象可以说只是程度上存在差异。此外，为了进行比较，我们只能使用同一层面上的声音素材，例如人类的声音等。真实的声音错觉与听觉误解密切相关，两者之间的区别无法严格划分。通常，误解可以通过几乎任何外部条件来表示，例如音高、回声、重复、声波的假重合等。在这种情况下，可能会产生真正的错觉。

听觉错觉的研究由于其罕见的重复性而尤为困难，这使得我们不可能在观察中排除意外和错误。只有两种现象可以得到准确和充分的研究。在过去的三个夏季里，一个男人骑着自行车在我住的那条长长的街道中穿行。他过去常卖冷饮，会拖着尾音大声叫喊："卖冰棍啦！"这个词听得清清楚楚，但如果那个人走到街上某个特定地点，我也会听到"哦，天哪"这几个字。如果他继续向前骑行，这句话就会变得含糊不清，随后逐渐变成正确的"卖冰棍啦"。我每天都在观察，也有很多人是这样的，我没有把这种错觉告诉他们，尽管"卖冰棍啦"和"哦，天哪"之间存在着明显的区别，但每个人都听到了同样的声音。

我在教人骑自行车的时候做了一个类似的观察实验。众所周知，初学者经常可以自己骑，但在组装和拆卸自行车时需要帮助。为了获得帮助，他们会叫自己的老师"迈尔先生"。在某个地方听来，这种喊声听起来明显是在叫"妈妈"。一开始，我为听到老人们兴高采烈地大喊"妈妈"，感到很惊讶。后来，我发现了这个词的真正含义，也发现了我对此事的关注能证实我的观察。这类事情并非无所谓，它们表明，迥然不同的声音可能会造成彼此误会，对误会的检验往往会指向错误的结果，因为只有在对错觉的测试中，倾听者和说话者才能准确地处于相同的位置，才能知道有没有错觉。最后，这些事情表明，整体而言，想纠正一些听觉错觉是非常困难的。然而，人们可能会认为，这种纠正工作在听觉方面更容易。例如，如果有人断言在某个地方看到了一支左轮手枪，而且假如人们知道这是不可能的，那么几乎不可能确定此人看到的是什么物体。只有在最罕见的情况下，它才会是一种完全相似的东西，例如一支手枪；大多数情况下，它将是一个无论怎么组合都无法推断的物体。相反，在听讯过程中，如果一旦确定听觉出现了错误，那么纠正工作虽然困难，但也不一定是毫无办法的。弄清楚最原始的表述内容对犯罪学家来说是一项必需的工作，因为他们经常听到各种混乱的表述，而倾听和口述中都存在错误。这种错误相当令人不安，如果案情重大，就必须推断它们的来源和状态。这几乎总是可以办到的。当然，陌生又听不清的专有名词是不能被纠正的，但是其他的东西可以。

关于听觉错觉的一般处理，首先必须考虑它们的许多重大差异。起初，有各种各样良好的聆讯。众所周知，正常和不正常的听者在听力程度方面存在差异。

也有一些特殊的条件，例如所谓的高听力者，他们的听觉比正常人更敏锐。当然，那些引用诸如声称能听到硫黄在石英晶体的两极摩擦声的说法是不正确的，但毫无疑问，只要稍加注意，就会发现有着惊人数目的人士，他们的听觉远比正常人敏锐。除了孩子，这个群体是由音乐家、少女和情绪非常紧张激动还有病态的人组成的。事实上，音乐家之所以如此，是由于他们的耳朵；少女们的听力很好，很大程度上是因为她们的耳朵结构非常精细；而情绪紧张的人们也是这样，是因为他们对噪音所带来的痛苦相当的敏感。证人之间的许多不同看法，应通过听觉的差异来解释，不能否认显然没有听见的事实，而必须在合适的条件下加以检验。这些条件其中之一就是地点。在喧闹的白天或者在宁静的夜晚、在城市的喧嚣中，还是在群山的寂静中，听觉的区别是很常见的。例如共振和音高的影响、回声和音调的吸收、声音的位置都是非常重要的。最后，别忘了人们的听觉能力是随天气而变化的。感冒会降低听力，而且有不少人会受到温度、气压等因素的影响。这些事项表明，听觉错觉的重要程度，甚至在对它们的性质和存在的测试中也一样。它们首先表明了在相同的条件下，每一次测试都必须使用相同的比较对象。否则，必然会产生许多混乱。

大家都知道当一个人在生病、发烧、癔症发作、神经质、酒精中毒以及与之有关的状态或患有精神紊乱、超敏症、耳朵疾病时都可能出现听觉错觉，但我们只关心必须立即请医生前来的情况。这些问题都有其明确的特点，所以即使你是个外行，也应该尽快就医。我们面临的更大问题可能是那些不知道的会导致听觉错觉的疾病，或者是那些外行意识不到的疾病。例如，众所周知耳道中存在大量的耳垢可能会引起各种耳鸣，甚至产生真正的幻听。然而一个耳垢量超多的人，他的听觉可能完全正常。在这种情况下，医生是如何猜测的呢？同样，鼓膜穿孔，特别是伴随着白内障的鼓膜穿孔，可能使人对声音产生一定的听觉错觉，或者这种错觉可能受到耳道皮肤的刺激、贫血、颈动脉脉搏强烈和血管扩张的影响，就像酒精中毒时发生的那样。许多人在发烧之初对声音异常敏感。女性在更年期会听到各种各样的声音。由于这些很快就过去了，他们的听力异常和误听难以确定。分娩也会起这样的作用。年长的、工作认真的助产士声称听到了未出生的孩子的呼吸和哭泣声。

这类例子不胜枚举，它们告诉我们，每当对听到的事物做出任何有疑问的断言时，医生都必须到场以确定证人就算没有患病，是否在不正常的条件下产生了听觉错觉。此外，仅仅由于偶然或习惯性的普通兴奋会强化一切声音，而要考虑到证人是否处于这种状态,这只能由专业的医生来确定。

辨别完全正常的人产生的听力错觉是最困难的。数量和频率都很难去估计。医生和他们没有任何关系。物理学家、声学家和生理学家都不关心刑事专家在这个方面的需求,我们自己也很少有时间和机会来对待这件事。因此我们手头的信息非常少,没有人能说出还有多少种情况仍未被发现。一个朋友提醒我注意这样一个事实:在睡意蒙眬的时候,如果你试图去数时钟发出的滴答声,那可能就会多数一次。经过对这种观察结果的测试,经验证实了这一点。现在,如果考虑频繁地确定时间对刑事案件造成的影响,以及在整整一个小时内很容易出错,我们就可以了解到这种错觉的重要性。想解释它很困难,它可能仅仅是基于同一原因的一系列未知听觉错觉中的一个罢了。另一个类似的现象是"锤子的双击"。如果你的一个助手用锤子敲桌子,你用手捂住两只耳朵,然后在敲击后半秒钟或一秒钟松开,你会再次听到敲击的声音。如果迅速捂住和松开耳朵,你就能听到几次敲击声。这可以通过这样一件事实来解释,即房间里有大量声音的反射,而这些反射只能通过未疲劳的耳朵才能听到。这个解释不能令人满意,因为这个实验有时在公共场合是成功的。就其本身而言,这件事似乎非常理论化而没有实际价值。但这种行为可能会自然而然地出现。众所周知吞咽会把咽鼓管关闭一段时间,尤其是在躺下的时候。现在,假如这时出现了一次敲击、一声枪响,等等,那么声音必然会被听到两次。此外,还可能会发生这样的情况,由于噪音的缘故,一个人处于半睡半醒状态,并在害怕中咽下了口里的唾液;然后,这件本身似乎并不重要的意外,可能会导致他做出非常重要的证词。这种情况经常发生。

已经被听到的声音其强度可能具有相当大的影响。某些实验人员已经指出,声音具有轻微强化效应的显著特征。如果你把一块手表放在离耳朵较远的地方,能清楚听见它在走动,但声音很小,那么这个声音就会减弱,直到最后完全听不见,过了一段时间,你又能听到了等等。这样可能会导致听到由许多种音调组成的明显的声音,而不是在手表的滴答声中表现出的任何明显的错觉。但它也可能与更强、更遥远的声音有关,例如小溪潺潺流动的声音、火车的急驶声、远处工厂里的撞击声。远处的噪音受到声波、空气波动等反射的影响,使人有可能在一种完全单调的噪音中听到各种各样的声音。比如在夜晚聆听远处小溪的轻柔低语,就是明显的一个例子。考虑到这条不为人知的小溪的特点和存在,人们很容易在人的声音、叹息、尖叫声等背景噪声中听到它单调的低语。

另一项值得注意的观察表明，在黑暗中吹奏精巧的乐器——例如口琴时——我们会听到非常明显的声音。嗡嗡声接近并远去，然后在各个方向出现，最后使人产生一种感觉，整个房间充斥着嗡嗡声和有翅膀的昆虫。这种情况可能会无限期地持续。这种单调的声音一再重复的原因有很多。每个人都知道，奥里安竖琴是由相同的音符组成的，它的旋律似乎就像是火车在铁轨上行驶的撞击声。当某人处于半梦半醒的状态就会变得相当清楚。如果思维开始被困意压倒，那么这种有节奏的撞击声就会开始支配意识。然后，节奏变为适当的旋律，并逐渐变得更加强烈，如果此人突然清醒过来，那么他会感到奇怪，为什么清楚听到的音乐消失了。同样的人们经常断言，尽管每只天鹅只会发出一声鸣叫，一排正在水里游动的天鹅会演奏出令人愉快的和弦。距离的差异和空气的变化导致了和弦的出现。

辨别声音强弱的难度也很重要。费奇纳从小提琴家瓦西列夫斯基那里了解到，一个400人组成的男性唱诗班听起来并不比200人的声音更响亮。同时，一声钟鸣在很远的地方没有被人们听到，而100声钟鸣被听到。人们听不到一只蝗虫进食的声音，而一千只蝗虫进食的声音能被听到，所以万物都必须发出明确的声音[74]。早期，有些权威人士已经指出，要凭借响声来辨别出铃铛的数量是一件多么困难的事情。即使是音乐家，也常常会把2（re）或3（mi）当作5（suo）或6（la）。

在这方面某些倾向会产生不同的影响。手术医生听到病人在手术后低声呻吟，但在手术中没有听到他大声的叫喊。在手术期间，医生不能听到任何可能干扰手术的声音，但是低沉的呻吟已经出现在他身边了。这位熟睡的母亲常常对相当大的噪音充耳不闻，但当她的孩子做出不同寻常的深呼吸时，她马上就醒了。磨坊工人、工厂工人、旅行者等人士听不到他们习惯的环境噪音轰鸣声，但他们能听到细微的声音，每个人都会对世上相当多的细微声音和远处噪音的混合加以关注，只有在夜晚的寂静中才会漏掉它们。

声音来向的错觉很常见。据说，即使是动物也会受到影响，而且人人都知道，几乎没有人能分辨出街头音乐、行驶的马车或铃声的来源和方向。即使经过长时间的练习，使人能够正确地确定方向，偶然出现的情况——也许是天气，特别是声音，街道上不同群体的人员——可能会导致严重的错觉。我试着从办公桌上学着判断马车的铃声来自上方还是下方。我做得非常成功，以至于无法理解为什么没了解到这种区别是多么困难，然而在判断上却很多次完全失败了，原因尚未明确。

所有这些列举出的情况都必然表明，一切听觉感知都有多么的不确定，如果在类似条件下不仔细地测试，那么它们的可信度会有多少，还有最重要的是，它们是否是孤立的。在这里，我们又回到了旧的原则，即每一项观察都不是被证明的结论，而是证明的手段，只有在得到许多真正一致行动的证实时才能信任它。就算此后这些错觉可能是真实的，但"此后"指的是我们做了人类力量范围内的一切事情。

第101节　触觉错觉

众所周知，触觉的崇高地位使它在某些方向甚至成了视觉的控制器官，孔狄亚克的历史性尝试，以触觉感知到的一切信息仍然似乎是可信的结论。如果要准确地看清所看到的东西，就会自动求助于触觉的验证性帮助，从而理解眼睛错过的东西。因此，我们发现许多视力并不完全可靠的人士（例如年迈的老者、视力发育不完全的孩子、未受过快速观察教育的人员）依靠触觉，此外，某些东西只能通过触摸来确定，如纸、布等的细腻度、仪器的锐度或棱角，或者物体的生硬程度。即使亲切地拍拍一只狗，我们这样做的部分原因是想看看它的皮毛是否像眼睛看到的那样光滑细腻；此外我们还想通过触觉来测试视觉效果。

但是，尽管触觉是重要而且可靠的，但当它是唯一的感知手段时，也会变得不值得信任。我们绝不能单独依靠证人完全以触觉感受为基础的证词，而受伤者对于其伤口的时间、受伤方式等方面的陈述也是不可靠的，除非在触觉之外还亲眼看到了这些。我们知道，大多数刀伤和枪伤，也就是危险性最强的伤口，刚开始的时候会被认为感觉不会非常的强烈。对四肢的伤害不是这种刺伤的感觉，而是疼痛，对头部的打击伤通常也是根据疼痛程度来估计的，而且我们对打击力量的估计也可能是错的。如果这种力量足以使人失去知觉，那么它是非常沉重的，但如果没有产生这种效果，这种打击力量会被最诚实的目击者描述得比它实际上更强。考虑到背部、身体侧面、甚至上臂等位置受伤的情况，伤者只能给出一般的指示，如果正确地指出了伤口的位置，这也是他后来得知的，但并不知道是什么时候发生的。根据亥姆霍兹的说法，几乎腹部的一切知觉都归因于前腹壁。现在，当某人在一次打架斗殴中多处受伤，并且肯定地说自己在 X 出现时，A 处受伤，Y 击中他时，B 处受伤等这样的话，这些事情就很重要。这些认定几乎都是错误的，因为伤者很可能会用过后的疼痛来反向确定受伤时的疼痛。例如，如果某人受了很长但很浅的刀伤和背部的一记深刺，第一处伤可能会给他很强的烧灼感，而后者只会让他感受到一次沉重的打击。后来，在案件审理时刀伤的伤口愈合了，不再疼了；但是深入肺部的刺伤却很危险，引起疼痛和呼吸困难，因此伤者将刺伤带来的疼痛感算在了刀伤的头上，而刀伤的疼痛感则变成了刺伤的。

人们对受伤者受到创伤的各种看法是惊人的，我已说服一名具有相当学识和独创性的警察外科医生收集大量材料并对之进行解释。最好的办法是按照伤口的位置、大小、形状和重要程度分类，对伤口进行准确的描述，伤者对于受伤时感觉的陈述、愈合的后果，并在最后对伤者真实或不正确的感觉的原因进行解释性观察。由于这样做只具有心理价值，无论伤者是否诚实都无关紧要。我们想知道的是人们对自己感知的看法。是真是假到时候自然会水落石出，其目的是将真实的主观感受与真实的主观行为进行比较，甚至有可能概括出某些抽象规则。

有许多例子表明，不受控制的触碰会导致错误的感觉。由于压力、刺伤或其他接触到皮肤的方式带来的错觉，现代心理物理学已经指出了一大堆错误的看法。最著名、最重要的实验就是那些使用了开放式罗盘的实验。把它们压在身体、背部、大腿等不那么敏感的部位，尽管相距很远，参加实验的人总会感觉它们像是一个整体。弗卢诺伊的实验再次表明，要判断重量是多么困难，而这些重量并不是依靠眼睛对它们的形态和外观的观察来判断的。让 50 个人根据重量来判断十件不同形状的物体，只有一个人发现它们的重量相同。

同样，仅仅通过触碰并不能使我们对身体器官进行适当的控制。苏利说，在床上，我们可以自由地想象某条腿处于与它实际位置完全不同的位置。让我从我的《法官调查手册》中举出一些类似的例子。如果我们的拇指和食指之间捏着一颗豌豆，虽然它的触觉形象是通过两根手指到达大脑的，然而我们能简单地感觉到。现在，如果我们把第三根手指交叉在第四根手指上，把豌豆夹在这两根手指的尖端，我们就会真切地感觉到双重触觉形象，这是因为手指没有在它们的惯常位置，因而产生了双重的效果。从某种角度来看，这种双重感觉是对的，但当我们很自然地接触豌豆时，经验会让我们感觉到只有一种触觉。另一个例子是把双手交叉，掌心向内向上转动，使左手手指向左转动，右指向右转动。在这种情况下,手指的位置都乱了,如果另一个人指着其中一个手指而没有碰到它,并让你抬起它,你一般会举起另一只手的对应手指。这表明,触觉并未处于很高的发展阶段,一旦失去了长期经验的帮助,它就需要视觉的辅助作用。因此仅仅通过触觉来感知并不重要,推理是基于很少和更粗糙的特征印象做出的。

这是通过一项我们过去常玩的老游戏揭示出来的。它包括把一些无害的东西放到桌子下面(一块生面团、粘着剥去皮的湿土豆的一小块木头、一只装满沙子的湿手套、一棵甜菜的螺旋状外皮等)。不管谁拿到了这些东西,却没有看到它,他会以为自己拿着一些恶心的玩意儿,就把它扔掉了。他的触觉只感觉出潮湿、寒冷和活动,也就是爬行动物生命最粗糙的那些特征,而想象力则把这些塑造成了一只爬行动物,并引发了随后的行动。虽然这个游戏看起来很笨,但从犯罪学的角度来说,它有着教育意义。它表明了触觉能够造成难以置信的错觉。除了关于这种触觉想象的不足之外,还可能存在特定触觉的转移问题。例如,如果蚂蚁在我的座位附近忙碌,我马上就会感觉到有蚂蚁在我的衣服里面爬来爬去;如果我看到一个伤口或者听到对伤口的描述,那么我身体的类似部位时常会感到疼痛。显然,这可能会对情绪激动的证人造成相当大的错觉。

最后,这种对触觉的依赖可以补充一个事实,即它只不过被相对地计算出来,而且它的价值随着个体的不同而变化。我们发现地窖冬天温暖,夏天寒冷,是因为只感觉到那里与外部空气的不同之处,当我们把一只手放在热水里,另一只手放在冷水中,然后把两只手都放在温水里,一只手感到温水冷,另一只手感到暖和。在我们的实验报告中,触觉的记录很常见,并且需要不断地考虑它的不可靠性。

关于疾病的问题,当然还是由医生来接手。我们只需要提到氯仿、吗啡、阿托品、曼陀罗素会导致轻微中毒,而且士的宁会增加触摸器官的敏感性就可以了。

第102节 味觉错觉

只有出现中毒的情况时,我们才需要受害者的帮助,或者希望尝一下毒药,以确定其性质时,味觉错觉对我们来说才是重要的。味道和气味很难会得到一致的意见,这是老生常谈的话题了,因此,我们更难以清楚地理解这些感官可能出现的幻象。患病的时候会引起味觉错觉，这种情况广为人知。但前面例证的中毒情况也可能造成味觉出现错觉。因此，观察显示，服用蛔蒿素（一种尽人皆知的、儿童对之异常敏感的驱虫药物）中毒会导致长期口苦；皮下注射吗啡的中毒会产生苦味和酸味的错觉。在间歇性发热尚未发作，病人自我感觉良好的阶段，往往会导致口中有着大量的金属——特别是铜的味道。如果确实如此，可能会被误判为中毒，因为间歇性发热的症状多种多样，并不能全部识别。

在这里，想象力有着很大不同的影响。泰纳在某个地方讲过一位小说家的故事，他在作品中非常生动地描述了女主人公中毒的情节，以至于他感觉到了砷的味道，并且出现了消化不良。这或许是合理的，因为也许人人都感受过错误的食物观念的巨大影响。如果一些腌肉被当作甜糕点，味道就会变得恶心，因为想象中的味道和实际的味道似乎混合在一起。视觉也有着特殊的影响，有一个被引用和否定了一百次的说法，即在黑暗中红酒和白葡萄酒、鸡和鹅是无法区分的，（从烟盒抽取）没有记号的雪茄等等，这些都是真的。闭上眼睛，有可能吃到的是洋葱而不是苹果。

先前的口味可能会导致明显的味觉错觉。因此，在听取有关味觉的断言时，我们总有必要从开始就询问对方以前吃过或喝过什么。经验丰富的家庭主妇在布置饭桌和料理酒水时会考虑到这种情况。葡萄酒的价值被完全的味觉错觉大大地提高了。总之，我们绝不能忘记，不能过低地估计味觉的可信度。尤其在某样东西被带着先入为主的观念品尝的时候，产生的错觉是最严重的。

第 103 节　嗅觉错觉

嗅觉错觉在健康人中非常罕见，因此意义不大。不过，精神病人却是嗅觉错觉的常客，在大多数情况下都与性有关，其表现一般会被描述的异常生动，以至于法官几乎不觉得需要请医生前来。某些毒物会破坏嗅觉。例如，士的宁会使嗅觉变得更敏锐，而吗啡使嗅觉更迟钝。在大多数情况下，肺功能衰弱的病人表现出呼吸困难，并觉得自己吸入的是有毒的空气、煤气等。如果在这方面考虑到很多肺病患者时常表现出的偏执，我们就可以解释很多毫无根据的指控，即（罪犯）使用有毒或无法呼吸的气体企图进行谋杀。如果法官不了解这种典型的幻觉，他可能找不到任何理由要求医生前来，然后进行错误的判决。

绝大部分的嗅觉错觉要归咎于想象力。卡朋特经常引用的一个例子是，办案人员在挖掘棺材时闻到了尸体的气味，直到最后才发现棺材是空的，这类事情发生过很多次。有一次，我侦察一起纵火案件，走近村子时闻到了一种特殊的气味，这种气味是由燃烧的动物或者人散发出的。当我们得知被烧毁的农场离村子还有一个小时的车程时，这股气味立刻消失了。回到家后，我以为自己听到了一位访客的声音，于是立刻闻到了她身上特有的香水味，然而那天她没有来过。

对于这种错觉的解释是，空气中有许多种气味，它们的差别并不大，因此可以通过想象将其转化为感觉可能最为明显的那种气味。

这些事例的主角是那些嗅觉极度敏感的人，他们认为自己能闻到磁铁的磁极或溶入玻璃中的化学物质这一类的气味。可以假定他们这样做是出于好心，但是，想通过融化的玻璃来辨别气味是不可能的。因此我们必须相信，这些人确实在某个地方闻到过某种气味，而且已经确定过这些地点。这样的事情发生时，一种气味原本是令人愉快的，然而当来源未知时，它就会突然变得恶心，令人难以忍受。一个人无论多么乐于品尝油腻的沙丁鱼，当闭上眼睛的时候，把一罐打开着的沙丁鱼放在他鼻子底下，他很可能会转过身去。只要奶酪的来源未知，那么许多清淡可口的奶酪就会散发出令人恶心的气味。吃完螃蟹后，我们手上散发的气味让人受不了，然而如果你记住这种气味就是螃蟹的气味，它就不会那么难闻了。

联想会有很大的影响力。有很长一段时间我不喜欢去某个市场，那里有鲜花、花束、花环等等，我却闻到了死尸的味道。最后发现是由于我知道大多数的花朵都是放置在棺材上的——这种气味是在下葬时闻到的。还有，许多人发现因为对使用者的态度有所不同，导致香水闻起来香气扑鼻或者恶心难闻，而对气味的舒适或难受的判断主要取决于联想记忆的愉悦性或非愉悦性。我儿子是一个天生的素食主义者，他不会被感动得去吃肉。他成了一位医生，我觉得他永远也无法忍受解剖室的气味。不过，这股味道竟然没有对他造成任何困扰。他解释说："我不吃带有那种味道的东西，我也想不到你怎么能吃从肉店买来的食物，那里的气味和解剖室里完全一样。"哪种气味被认为好闻或难闻，让人感到舒适或恶心，这纯粹是一件主观的事情，它从来没有被当作判断的通用基础。除非另有证实，否则证人对气味的看法其实毫无价值。

第104节　幻觉和错觉

幻觉和错觉之间的界限，在任何意义上都不能被确定，原因是其中一种现象可以应用于另一种，反之亦然[75]。最有把握的说法是产生幻觉的原因可能在于感官的性质，而幻觉和错觉则存在于大脑活动中。后者更可能属于医生的权限范围，而不是感觉方面的幻觉，但是与此同时，许多错觉必须由法律人来确定，因为它们确实发生在正常人或刚刚患病的人身上，因此医生还不会出现。然而，每当法律人发现自己面对的是一种假象或者幻觉时，他就必须请医生来。因为很少能有逻辑或心理学规则，甚至任何受过教育的人具有的其他知识或经验可以解释一种普通的感觉错觉，因此，在幻觉和错觉时常出现的情况下，至少需要医生的生理学知识。因此，我们的活动必然局限于对幻觉或错觉的感知方面，剩下都是精神病医生的事。尽管我们所关心的问题很微小，但它很重要而且困难，这是因为一方面我们不能把罪犯说出的每一个愚蠢的幻想或谎言求助于医生；另一方面，如果把一个真正的幻觉或错觉当作一次准确而且真实的事件观察，那么我们就要承担沉重的责任。因此，要了解这些事物的本质，这一点就必须要强调及重视。

幻觉和错觉的区别在于，幻觉并不意味着任何外部对象，而在错觉中对象是被误解的。假如把一件事物当作另一件事物——例如，把一个人当作一只烤箱，把一首歌曲当作沙沙的风声——我们就会产生错觉。如果客观对象并不存在——例如，某人被别人看到走进来，某个声音被别人听到，某个触摸被感觉到——尽管当时没有任何事情发生，那么产生的就是幻觉。错觉是局部性的对外部对象的补充，而幻觉是完全的虚构。错觉和幻觉之间没有恰当的明确区别，因为现实存在可能与被感知的事物轻微地联系在一起，以至于这只不过是一种刺激，因此错觉可能变成真正的幻觉。某个权威把错觉称为一个实际存在的外部事件，它是由次要器官以一种与事件并不一致的想法感知的。这种错误不在于感官活动的缺陷，而在于感知的观念被感知的想法所取代。在幻觉中，每个外部事件都是不存在的，因此，人们所看到的东西来自周边的刺激。一些权威人士认为，幻觉是由感觉神经痉挛引起的。另一些人则认为错觉是一种对外部刺激的感觉——感觉与刺激没有互相对应，还有一些人则认为，错觉在本质上是正常的。大多数人不时受到错觉的影响；事实上，没有人能在他的一切知觉和信念中始终保持着清醒和理解力。我们智能感知的光明中心被一种半阴暗的模糊错觉所覆盖。

苏利[76]想通过日常用语来区分错觉的本质和特征。在他看来，错觉常常被用来表示错误，而这些错误并不意味虚假的感受。我们说某人有一种错觉，他认为自己考虑得太多，或当他讲故事的时候由于记忆力差而使情节失真。错觉是各种形式方面的错误，无论是来自感官感知还是任何其他形式，它取代了任何直接的、不言自明的或直观的认识。

当前我们在大脑—脊髓系统的过度兴奋中寻找产生幻觉和错觉的原因。由于这种刺激在强度和意义上可能有着极大的不同，从短暂的血液涌动到完全的精神错乱，因此幻觉和错觉可能是微不足道的，或者是一种非常严重的精神障碍迹象。在寻找这些现象的表现形式时，我们发现所有这些心理事件都附属于没有被故意地执行或撒谎的情况。布鲁图看到恺撒的鬼魂；麦克白看到班科的鬼魂；尼古拉斯看到他儿子的鬼魂——这些都是明显的幻觉或错觉，与我们的护士"千真万确"地看到的一样。这些人的故事对刑事专家来说没有任何意义，但是假如某人看到一个溜进来的小偷、一个正在逃跑的杀人犯、一具血腥的尸体，或者一些类似的刑法对象，这些都是像古典鬼魂一样的幻觉，那么我们可能会被欺骗吗？霍普[77]列举了听上去很明显的幻觉：1.一位牧师由于精神疲劳而感到劳累，在写东西的时候，看到一个男孩正在严密地监视自己。如果他转身，男孩就消失了，如果他继续写下去，男孩就会再次出现。2."一个非常聪明的人"总能看到一具骷髅。3.帕斯卡被重重地打了一下，随后他看到了一片燃烧的深渊，他害怕自己会掉下去。4.一个曾见过一场大火的人，在很长一段时间后能一直看到火焰。5.在许多起案件中，罪犯，特别是杀人犯，他们眼前总会出现受害者。6.贾斯特斯·莫塞尔非常清楚地看到了人人都认识的花朵和几何图案。7.波内特认识一个"健康"的人，他把眼睛睁大能看见人物、鸟类等。8.一个左耳受伤的人，在几个星期后眼前出现一只猫。9.一个88岁的老太太经常看到鲜花覆盖着一切，原本她的健康状况"很好"。

这些故事中有一部分似乎相当虚假，有一部分则适用于明确的病理病例，其中某些在其他地方得到了证实。杀人犯，特别是杀害过儿童的妇女，经常会看到她们的受害者，这些已经被我们刑事专家所熟知。因此我们必须指出，在犯罪周年纪念日把囚犯关在黑暗的牢房里长达24小时的惯例，这是一种微妙而且彻底的中世纪的虐待行为。我一再听到受此虐待的人们对他们在受难的日子里出现的幻象感到恐惧。据说，有便秘症状的囚犯出现了各种视觉和听觉幻觉，例如，在沙沙作响的稻草中听到了各种各样的话语。与世隔绝使人很容易受到这种事情的影响，这与便秘会导致血液涌向头部的事实一样为人所知，因此，造成了紧张与兴奋。囚犯经常讲述关于强盗的著名故事并不总是恶意发明的产物。其中不小的部分很可能源自幻觉。

霍普讲述了一大堆在清醒和半清醒的情况下产生幻觉的事例，并断言当中的每个人都产生幻觉，如果当事者注意到这些幻觉，就能把它们记录下来。这恐怕是夸张了，但是一个健康的人，无论以何种方式感到兴奋或害怕，都可能在炉火的噼啪声、在烟雾中、在云彩中等等听到各种各样的声音，也可能看到各种各样的东西。肖像画和塑像的移动是特别有特色的，尤其是在昏暗的光线、不稳定的情绪之下。我有一座被吉贝尔蒂称为"肉体的崛起"的浮雕，内容是七只狐猴围着一具尸体又唱又跳。如果晚上，我把书房里的灯关掉，让月光照在浮雕上，那七只狐猴就在我的眼睛从灯光适应月光的这段时间内像是活的一样。我在一张旧的雕花梳妆台上也看到了类似的东西。雕刻相当的精致，以至于在昏暗的光线下，它呈现出像天主教会炼狱中"可怜的灵魂"那张画中的小脑袋和火焰。现在，在一定的照明条件下，当眼睛从长时间的阅读或写作中转向其他的东西时，并不需要什么异常的兴奋，仅仅是对夜晚的疲惫感受，我就能看到火焰在闪烁，人物的头部在移动，从火中出现的双臂伸向飘浮在空中的云朵[78]。这样的情况在我童年的早期就发生过。体温过高很容易引起幻觉。因此，行进中的士兵被指引着向并不存在的动物以及似乎正在接近的敌人开火。身着制服和精神疲劳也是幻觉的来源。费奇纳说，有一天他利用秒表做了一次长时间的实验，之后整个晚上他都听到了它的滴答声。因此，当他再一次研究过去经常在暗夜中看到的长串数字时，它们特别清晰，使他可以念出来。

还有一些有关触觉的错觉，这可能是非常重要的。对某个正走过来的人来说，空气的运动是当然的事儿。被勒紧的衣领或领结可能会激发出一个窒息者的形象！老年人在吃东西时，常会感到像在咀嚼沙子——如果那时候有人告诉他们，这可能是由于砷的粗糙粉末造成的——但这可能只是一种错觉。

最轻微的异常会非常容易产生幻觉和错觉。处于严重危境中的人有着各种各样的幻觉，特别是有关人的幻觉。在法庭上，当遭到过殴打的证人作证说见过此人时，他们证据的基础往往是幻觉。饥饿或失血也会引起各种幻觉。月经和痔疮可能是某些周期性幻觉的根源，剧烈疼痛可能伴随着从疼痛开始就出现的幻觉，随着疼痛的增加更加明显，并在疼痛停止时消失。

看来，在这一问题上结果也具有破坏性，证人的证词是不真实和不可靠的。我并不是说对这些说法的估计会从所有可能的方向加以核实，但我确实说过，我们认为正确的东西只取决于广义上的错觉，而且有义务对作为我们研究基础的一切进行事前的严格检验。

第105节　富有想象力的想法

感官错觉、幻觉和幻象作为一个整体，与想象性表象是不同的，因为出现状况的人员或多或少处于被动状态，受到了它们产生的事物带来的影响，而后者则更有主动性，并通过现有或仅仅想象的条件结合创造出新的形象。不管它们是否仅由意识构成，或者它们是不是文字、手稿、图画、雕塑、音乐等的产物，都是无关紧要的。我们肯定只处理它们的出现和结果。当然，想象的想法和知觉之间没有特别明显的界限。许多现象难以被分类，甚至在语言用法上也不确定。"错觉"这个概念表明了许多错误的想象，其中许多都是不连贯幻想的产物。

从一般意义上说，首先需要对想象的活动进行分析。

根据迈农[79]的说法，想象产生的形象有两种——一种是创造性的，另一种是推理性的。第一种展示元素，第二种将它们结合在一起。因此我想象一些熟悉的房屋，然后我再现了火的想法（创造性），现在将这两种元素结合起来，并想象着这座存在于思想中的房子被火焰包围（推理性）。这涉及几个条件。

对于想象活动来说，创造方面的条件并不困难。困难之处在于推理方面，因为我们几乎无法从第四个维度想象自己，虽然总是要利用这些定量，但我们都有这样的想法——一维是一条线，二维是一个正方形，三维是一个立方体。然而，一旦必须说出五维、六维等代表的是什么，我们的数学语言就到此为止了。即使透过一片红色的玻璃看到十二个男人或一团绿色的火焰，或者两个人说着不同的话，这些几乎都无法进行任何清晰的想象。我们有元素，但不能构造出它们的化合物。在考虑某些对象时也会出现这种困难。假设我们看到的是一位完美无缺的天使，我们总是被他的翅膀太小而不能飞翔的想法所困扰。如果一位外形像人的天使要依靠翅膀飞翔，那么他们的体型一定是特别巨大，以至于一位艺术家是不可能创造出来的。的确，一个身材稍微矮小、对解剖学感兴趣的人，一眼看到最美丽的天使雕像，就会费尽心机地讨论四肢的构造、翅膀及其与骨骼的关系等话题。因此，在某些方向上，想象力太弱，无法想象出飘浮在空中的虚幻人物。此外，一位权威人士指出，我们更多地想到的是人首马身的形象，而不是人首蛇身的形象，这不是因为人首马身更有美感，而是因为马比蛇更大。我不相信这是真正的解释，我们本来应该想象出人首狗身的形象，因为我们看到的狗和马一样多——如果不是更多的话。但事实是正确的，可能的解释是，我们想象一个人首马身的形象是因为它的大小合适，也蕴含着力量，它不是一个从骑手到人首马身的大飞跃。简而言之在这里我们能看到，想象力喜欢在困难较少的地方发挥作用。因此，随着对物体的想象更容易，它就有了确定的可能性。我认识一位住在A区的老先生和另一位住在B区的老先生，他俩从来没有见过面，但我很容易想象着他们在一起说话、打扑克等等，只有在困难的情况下，我才会想象着他们在吵架或者赌博。在可能的情况下，想象力总是可以塑造出具有一定舒适感的场景。

　　重要的是，如果有人帮助我们，而在其中又碰巧找到乐趣的时候，我们就会对想象力提出非常困难的要求。在一场歌剧中，剧情对现实的背离如此强烈，以至于对一个不习惯它的人来说，这似乎摸不着头脑。但我们不需要不习惯的人。我们只需想象一场歌剧中最普通的一幕场景，也就是一曲爱的宣言；一支拒绝的咏叹调；自杀前的一支咏叹调；对这场悲剧有着道德寓意的一段演唱。在现实生活中有没有见过类似的东西呢？但是我们会默默地接受，发现它的美好与感人之处，仅仅是因为别人在我们面前轻松地表演，同时我们愿意相信它的可能性。

　　从上述的方方面面得出的规则是这样的。每当相信一种建立在想象基础上的陈述，或者是源于某种想象力的东西，我们就必须始终把它与它最接近的相邻元素联系起来，并逐步找到其他组成要素，然后以尽可能简单的形式将它们组合起来。以这种方式，我们很可能得到这件事物的完整内容。当然，它不需要产生另外一个想象的图像。如果在这个方面失败，就会对最终的组合和组合结果的运用造成一些妨碍。但事实并非如此。所有这一切都需要从霍奇-波奇的不确定性和不可解性的大杂烩中得到一个特定的起点。在构建过程中，必须将其与手头的所有材料进行比较，并由该材料进行测试。如果两者符合，并且只有在两者符合的情况下，才能假定我们选择了正确的起点。但是，绝不要让这种构建出现失去目标的感觉，在真正开始行动之前就放弃了。

　　让我们举一个这种情况下最简单的例子吧。两个年轻人A和B，在保龄球馆里发生了激烈的争吵，其中A拿着一只保龄球，威胁要把球砸到B的头上。B吓坏了，跑开了，甲追出几步后把球扔到草地上，随即抓住了B，然后在他的后脑勺上轻轻地打了一拳。于是B摇摇晃晃地倒在地上，昏迷不醒，出现了头部骨折的所有迹象（昏迷不醒、呕吐、瞳孔扩大等）。这起事件的一切细节都得到了许多目击者的一致证实，他们并不是A和B的死党朋友，其中还有教区牧师。B假装头部骨折的可能性被完全排除，因为这个单纯的乡下少年当然不了解脑膜炎的症状，也不想让贫困的A付出损害赔偿。那么，我们现在考虑一下最接近事实的情况是什么。这桩案件的要素是B看到A手中的一个沉重的保龄球；A用它威胁B，然后追赶他；B感觉头部受到了一击。这些元素综合在一起，导致了B的强烈假设，即A用保龄球砸到了他的头部。这种富有想象力的感觉造成的结果是，如果B真的被击中头部，所有的病理迹象自然会随之而来。

如果说这些案例十分罕见，在实践中毫无用处，那是错误的。我们只是没有观察到它们，这是由于它得到了可靠的证实，我们需要很多的时间才能落实。更精确的检查将显示出许多东西仅仅出自想象。我们在案件中遇到的很多矛盾可以通过这样的事实来解释：有人是幻想的受害者，而其他人则不是。很多幻想都是在这样的环境下产生的，在正常人最简单的幻想与疯子的胡思乱想之间，简直找不到什么区别。每个人都经常想象一个不在场的朋友的模样、一片他曾经见过的风景。画家甚至能画出一个不在场的模特儿的形象特征；老练的象棋大师在没有棋盘的情况下也能下棋；处于半睡状态的人看到缺席者的到来；夜晚在树林里迷路的人看到鬼魂和幽灵；情绪非常紧张的人也会在家里看到它们，而疯子会看到最不寻常和最恶心的东西——所有这一切都是从日常生活事件开始的想象，以病态的人类形象告终。区别的边界在哪里，缺失的空隙又在哪里？

与日常生活中的所有事件一样，在这里，从平凡到异常的自然发展就是这些事件频发的无可辩驳的证据。

当然，切不可凭自己来判断事物。一个不相信鬼，而且从小都没有想到过鬼的人，就不会出现鬼的幻觉。无论哪个从开始就想象力有限且贫乏的人，他永远无法理解另一个由自己想象中的生物伴随而来的人。我们进行过数百次观察。我们知道，每个人都会从云彩、烟雾、山顶、墨迹、咖啡污渍等事物中看到不同的东西；他们都会根据自己想象的特点和强度来对之认定，而任何看似混乱和难以理解的东西，都应由表达或拥有它的人来解释。

所以在研究任何艺术时，我们会发现艺术都是有着具体形式的某种概括性的写照。任何一个足以辨认混凝土的人都能认得它。只有具有相似想象力的人才能发现当中的共性，因此每个人都能从同一件艺术作品中得到不同的印象。这种多样性也适用于科学问题。我记得当时有三位学者试图破译象形文字，当时考古学的这个分支还很年轻。其中一位学者将碑文视为游牧部落发出的宣战书，另一位则把它视为从某位外国国王那里获得的一位皇室新娘；第三位把它看作对犹太人被强迫劳动过程中所消耗的洋葱的记述。"科学"观点本身不可能产生如此巨大的差异，只有想象力才能将学者们推向完全不同的方向。

我们很难理解别人的想象并且对其进行评判。这表现在这样一件事实中——我们不能辨别那些在想象中把一切都生动化的孩子是否真的会认为他们的幻想是活的。不可否认的是，野蛮人把他们的偶像视为活物，那个给玩偶赋予生命的孩子，会怀疑自己喜爱的东西和玩偶是否表现出了活力。但他们是否真的把它们当作活着的东西，这对于成年人来说是未知的。如果我们不能同情地理解自己在年轻时代的想法和想象，那么能理解别人想法和想象的可能性就更小了。此外，我们还必须在这一事实的基础上考虑到影响不够强烈的这种特殊情况。想象力更多的是被轻微而平和的印象所激发，而不是由旺盛的精力所激发。后者使心灵震荡并感到不安，而前者则引导心灵走向平静。一股轻微的烟草烟雾比一根火红的烟柱更能激发思想的发挥；溪流的低语比狂风暴雨的咆哮更能刺激想象力。如果事实正好相反，要对其他人想象力的作用进行观察就会容易得多。如果我们看到一种主要的印象在起作用，那只需要把注意力集中在那里，然后我们很容易就能观察到它对别人产生的影响。但是，我们观察到微小的、微不足道的现象越少，它们对他人想象的影响就越不明显。这种微小的印象就算出现几百次都没有效果。然而，有一次，它们找到了一颗适当的心灵，那是它们的土壤，于是它们开始发酵。但是，我们如何以及何时才会在别人身上观察到这一点呢？

我们很少能分辨出一个人的想象力是否起作用。然而，有着无数的故事阐述了名人们在发挥想象力时所做的事情。拿破仑不得不把东西切成碎片；莱诺过去经常在地上挖坑；莫扎特惯于用桌布和餐巾纸打结而且撕扯；其他人则是经常到处跑；还有一些人过去常抽烟、喝酒、吹口哨等。但并不是所有的人都是这样。在想象力发挥作用的时候我们并不在场，但是我们却又想对想象力对证人或罪犯产生的影响进行判断。通过证人了解这些太不安全了。贝恩曾经正当地提议让（证人或罪犯的）身体保持平静，以此作为战胜愤怒的一种手段。因此，我们可以肯定地发现某人在某一特定时刻是否相当愤怒，这可以通过观察他的手脚当时是否平静，但这些指标可不是提供给想象力的。

而且，大多数想象力丰富的人对此一无所知。杜波伊斯-雷蒙德曾说过："我的人生中出现过一些好想法，当这些想法在头脑中涌现的时候，我就观察自己。它们完全不由自主地进入我的意识，我从来没有想出过它们。"我不相信这一点。他的想象力如此具有创造性，如此毫不费力地起作用，以至于他没有意识到它们的活动，而且他的基本思想这么清晰，以至于一切都会自然而然地在他后来没有意识到的情况下进入角色。对于幸运儿来说，这种想象力的"作用"毫不费力，以至于它显得很普通。歌德讲述了一件事，一朵假想的花，它破碎了，重新组合，再次破碎，以另一种形式组合等。他的讲述揭示出对于知觉进行错误描述的原因之一。知觉是正确的，那么想象会引起思想活动，问题是两者中哪一个更有活力，是知觉还是想象？如果是前者，那么记忆是正确的；如果是后者，记忆就是错误的。因此从法律人的角度来看，研究证人想象力的性质和强烈程度是很重要的[80]。我们只需观察想象活动对于强有力的意识产生的影响，就能清楚地看出，即使是它们的微弱反映也可能对普通人产生怎样的影响。通过想象，叔本华找到了每件艺术品的主要闪光点；歌德发现，没有人会在没有成效的情况下体验或享受任何东西。

最具有启发性的是霍夫勒[81]提出的富有想象力想法的汇编，并将学者、调查人员、艺术家和其他重要人物的经验汇集起来。为了实现目的，最好由别人提供一些可靠的陈述，以表明正常人是如何被想象力引入歧途的。然后，我们可以大致了解想象力可以做到什么，以及它们的极限会有多大。苏利提醒人们注意，狄更斯笔下的人物对读者来说是真实的，因此读完小说之后，书中的角色就变成了个人记忆。也许所有富有想象力的人都会把自己的想象当作真实记忆的事件与人物。如果这种情况发生在证人身上，将会给我们带来多大的麻烦！

一位名叫海德坎普的医生说，他在切开静脉之前，经常能看到血液在流动。另一位医生施迈瑟博士证实了这种体验。这种情况能被生理控制，在手术刀拿开之前无法看到血液的流动。然而，现在在没有这种控制的情况下，至少按照时间顺序，类似的误会会经常发生吗？这里有一位妇女的故事，她能准确地描述一根针被吞进体内之后所引起的症状，结果医生们被蒙骗了，给她做了手术，这只能证明这位妇女只不过想象到了这一切。类似的情况是，某人相信吞下了自己的假牙。他甚至产生一种严重的窒息感，然而，当他在床头柜下发现假牙时，这种窒息感立刻消失了。一位著名的眼科医生告诉我，他曾经为一位著名学者治疗过一段时间，因为这位学者非常准确地描述了视网膜衰弱的症状，以至于医生尽管有着客观的发现却被欺骗了。只有在这位伟大的学者似乎被自己的想象力忽悠的时候，他才意识到了错误。莫兹利讲述了冯·斯威登男爵曾经看到一具腐烂的狗的尸体发生了爆炸。多年后，无论何时他来到同一个地方，都会看到同样的事情。有许多人——歌德、牛顿、雪莱、威廉·布莱克和其他人能够完整地重现过去的图像。费奇纳讲述了某人的事情，他声称自己皮肤的任何地方都能感受到压力、热量和寒冷的刺激，但不会产生割伤、刺痛或瘀伤的感觉，因为这种想象往往会持续很长一段时间。还有另一个人的故事，由于看到他的孩子压碎了一根手指，结果他类似的手指疼痛了三天。

　　阿伯克龙比讲述了一个非常容易激动的人的事情，他相信某个算命的人会给自己带来现实的好运。一些权威人士认为，几乎每一个热切等待朋友的人都能听到朋友的每一个声音。霍普的观察表明，外阴瘙痒会激发富有想象力的妇女被强暴的错觉，这相当重要，我们刑事专家必须在某些情况下对之加以注意。利伯讲述了一位有色人种牧师的事情，他生动地画出了地狱中的受难图，以至于他自己只能每次发出呼喊，还有几分钟的咕哝。缪勒引用了一位女士的例子，她被允许闻闻一个空瓶子，当她被告知瓶子里含有笑气时，就会失去知觉。女性们经常断言，当她们打算改变家居布置时，就经常会在梦中看到新的住宅，其布置就像后来真正出现的那样。还有一个故事讲的是一个失明十四年的人看到了熟人的面孔，并为此感到非常不安，结果著名的格雷菲医生切断了他的视神经，使他从想象中得到解脱。

　　泰纳描述了巴尔扎克曾经告诉迈德·德·吉拉尔丹的精彩一幕。他打算给桑道一匹马，然而他没有这样做，却就此事说得太多，因此他常常问桑道，马现在状况如何。泰纳评论说，很明显这种错觉的出发点是一种自觉的虚构。当事者从开始就知道这一点，但在结束时却忘记了这一点。这种虚假的记忆在野蛮民族原始的、未经训练的、幼稚的头脑中数不胜数。他们看到了一个简单的事实；他们对它想到得越多，就越能看到它；他们用周围环境来夸张和粉饰它，最后把所有的细节融合在一起，形成一种完整的记忆。这样，他们就无法区分什么是真实的，什么是虚假的。大多数的传说都是这样发展而来。一位农民向泰纳保证，他在妹妹去世的那天看到了她的灵魂——尽管这确实是夕阳下白兰地酒瓶的闪光。

　　最后，我想引述刚才提及的一桩个案，我认为这是很重要的。学生时代，我在度假期间参观了一个村庄，其中有个年轻的农民有生以来第一次进城。他从小就是我的度假玩伴，了解我绝对致力于真相的习惯。当他参观过城市归来时给我讲述了城市里的奇观，其中的高潮是参观过的那座动物园。他很清楚地描述了所看到的一切，但也说过看到了一条大蛇和一头狮子之间的一场搏斗。大蛇吞下了狮子，接着许多摩尔人赶来，打死了那条蛇。正如我马上要推断的那样，正如我返回城里所证实的那样，这场战斗只会出现在张贴于每一座动物园门前的海报上。那小伙子的想象力被他那天看到的东西所激动，以至于真实和想象完全混为一谈。我们的证人可能经常发生这种事。

如果想象的概念仅限于表象活动，我们就必须将影响到未受教育者的征兆和预先警告归类于它。由于缺少可靠观察，而不是在事后验证的基础上简单相加，所以对它们没有任何确切的说明。关于这一问题的无数论断和半科学性文献的存在，通常为人们所熟悉。不可否认的是，预测、征兆等等可能非常生动，并对身体层面具有相当大的影响。因此，预言某人临近死亡、某些威胁或者知道某人正在向死神祈祷等等情况，可能会对兴奋的人产生致命的影响。特别是后一种迷信有着相当大的影响。向死神祈祷这类事是很原始的行为，可以追溯到 12 世纪，到今天仍然存在。十二年前，有人告诉我，一位老太太由于受到一个仇人对她的死亡诅咒而死。这位老太太简直是被吓死的。在某种程度上，我们必须注意这些看似遥远的问题。

第 106 节　误解——言语误解[①]

在这里，我们不可能在听觉错觉和误解之间划出一条绝对明确的界限[82]。口头上我们可以说，前者发生时，至少就其主要特点而言，错觉是由于听觉机制而产生。后者是指在理解一个词或句子时出现的错误。在这种情况下，耳朵的活动效率很高，但头脑不知道该如何处理所听到的东西，因此，它通过与之有关的别的东西进行补充。因此，误解在外来词方面频频发生。比较一下移民学生的歌声吧（歌词的发音很接近）——"My can't three teas of tea" 和 "My country'tis of

---

[①] ☆本节是"误解"主题下的起始章节，后面第 107 节也属于该主题。——编者注

thee", 或者 "Pas de lieu Rhone que nous" 和 "Paddle your own canoe"[83]。（"你就是我的祖国"被错误地唱做"我不能分别三种茶叶"，或者"我们的罗恩好地方"被错误地唱做"划自己的小船"。）

在法律上，误解及其发展还有解决方法是非常重要的，因为不仅证人，书记员和秘书都会受到误解的影响。如果误解没有被发现，就会导致危险的错误，而即使发现了，在找正确解决方法的时候也面临着很大的困难[84]。确定语境不仅需要付出努力，还需要心理知识和与罪犯换位思考的能力。由于距离，想进行质疑往往是办不到的，也可能是无用的——因为证人不再知道他说了些什么或想说些什么。当考虑到古典文献学者们做出的大量工作，必须要确定一些误拼单词的正确写法，我们可以猜测一件绝对正确的协议文本该是多么的有必要。某人清白与否可能取决于一个拼错的音节。现在，要确定文本的合适和正确通常很困难，而且在大多数情况下是不可能的。无论证人或书记员是否误解了工作的性质，这都没有区别。它的重要性依然没有受到影响，但在后一种情况下，只要检察官正确地记得他所听到的东西，可能会避免差错。假如所有的协议立即被阅读，不是由书记员，而是由检察官自己来读，那么书记员的错误在任何情况下都可以被降到最低限度。如果作者亲自来读这些，他还会犯同样的错误，只有非常聪明的证人才会察觉到这些错误，并提出来。除非发生这种情况，否则错误依然存在。

我列举了观察到的几种误解。来自嫌疑人的记录："我在12月12日离开玛丽·托米齐尔"（而不是"我的住所"，音近Marie Tomizil）。也不是"无关紧要"，而是"她的大象（音近her elephant）"，很多时候都是书面形式，法官只是顺便说一声——例如"进来""继续""快点""小心"，等等。如果这样的词进入文本，我们就很难弄清楚它们是如何进入的。人们是多么容易和频繁地产生误解，这从他们的誓言中就可以看出。基本上每天都会有至少一名证人在重复情况时，讲出一些没什么意义的废话。

对于这种误解的发现和改正，使我们捡起了一条老规矩——仅仅研究自己的案例不能教会我们任何东西，因为视野太窄、材料太一致、刺激太轻微。我们必须研究别的学科，并从日常生活中寻找案例。在这儿，歌德特别地在他的短篇论文《听、写、印刷错误》中教育我们。他第一次告诉大家，当他重读口述的信件时，发现了最稀奇的错误，如果不立即处理，这些错误会造成很大的困难。他说，解决这些错误的唯一方法是："大声朗读这些错误之处，要彻底理解它的含义，并重复这个莫名其妙的词汇，直到语言的流动中出现正确的词为止。没有人能听到他了解的一切，也没有人会意识到他感受到的一切是能够想象出来的，或者是能够思考的。从未上过学的人往往将之看作德语、拉丁语和希腊语。同样的事情同样会发生在来自外语的单词，而这些单词的发音对作者来说是未知的。进行听写的时候，听者会把他内心的倾向性、激情和需要放在所听到的词的位置上，代之以某人所爱之人的名字，或一些人们非常渴望的美好事物的名字。"我们找不到比歌德的建议更好的错误检测策略，但必须阅读协议或其他任何东西，否则得不到任何帮助。正如明斯特伯格所指出的，事实是许多错误都是由于这个词只是一瞬间才被看到，而且如果之前听到或看到过类似的词，那么很容易误读这个词。经常会发生无意识的文本错误，而它们被忽视的方式看上去非同寻常。安德烈森指出，所有比较流行的解释的原因都在于语言意识，这种意识反对让任何名字成为空洞的声音，更重要的是，它尽可能地赋予每个词一种单独的含义和一种明确的理解。在这里，人类的头脑会本能地、简单地活动，没有任何反射，这是由感觉或偶然性来决定的。然后，头脑对外来词汇进行各种形式的转换。

这与一种类似的观点吻合，即一群天主教庇护圣徒的性格取决于他们名字的特征。圣克拉拉描绘出清晰的愿景；圣露西听起来像是"清醒"的意思，是盲人们的圣徒；圣玛默图斯类似于母亲、女性乳房，是护士和哺乳期妇女的守护神。有启发性的替代词是，杰克·斯皮尔代表莎士比亚，阿波尔达代表阿波罗；勒芒的伟大胜利代表着莱曼的伟大胜利；"石膏仓库"代表的则是休息的地方。

安德烈森警告我们不要在分析方面走得太远。由于（书写）风格的模糊性，很容易出现夸大其词的情况，特别是在我们想找出误解根源的时候。我们的任务首先是要弄清所说或写的内容的正确性，否则就没有什么可做的了。只有在做不到这些的时候，我们才能假定存在误解，并寻找它们。因此，这种过程必立足于语言学和心理学，需要这两个领域的专家进行协作。在未受过完全教育的人放弃自己的方言，或者受过完全教育的人改变他们的表达方式，试图转化为高级德语的情况下，就会产生一些最明显的有启发性的误解。

要理解外来词意义的转换，这时常显得很重要。例如，洗脸台、菲德尔和壮丽的。在德语中，洗脸台绅士指的是一个柔顺的人；而一个"菲德尔"小伙子指的并非一颗忠诚的心灵，而是一个快乐的、寻欢作乐的人；"壮丽的"这个词最初指的是"著名的"，意味着昂贵或愉快。也许理解名字是如何被更改的并非不重要。我认识一个人，他奇怪地被称为凯莫迪纳尔，他父亲是一个叫卡马迪纳的意大利移民。我还认识两位老人，是兄弟俩，他们住在该国的不同地区，其中一个叫约瑟夫·瓦尔德豪瑟，另一个叫利奥波德·巴尔塔萨。在这一代人的人生中这个名字已经完全变了，而且很难说哪个正确。还有一个有着法国血统姓西奥博尔德的家庭，曾经被称为杜瓦尔。两百年前，施泰尔马克的居民与土耳其人混居，有着许多土耳其血统的姓氏。因此，哈塞内尔可能来源哈桑·奥里、萨拉塔来自萨拉丁、穆伦包克来自穆林贝格、苏曼来自索里曼。

第 107 节　其他误解

现代心理物理学的定量方法也许可以对上述错误概念和误解进行精确实验测定，但尚不成熟，没有任何实用价值。因为它需要在人为的条件下发生作用，所以其结果仅对人为条件产生价值。冯特试图简化设备，并将实验与现实生活联系起来。但是，从心理实验室到生活中的事物还有很远的距离。关于误解情况当然是这样的，即大多数发生在我们听不清楚别人在说什么，并用自己的想法对之进行补充。在这里误解并不是语言上的问题，因为单词并没有被弄错。误解的根源在于没有理解我们听到的东西，并且采用了错误的解释。有时候我们可能通过简单的解释，无须听清每一个词就能完全理解一个演说家的演说内容，但是，这些补充内容的正确性总是值得怀疑，这不仅由于每个人的教育背景和性格有差异，还有当时的条件和倾听者的态度，都有着很大的不同。最糟糕的一点就是没有人可能意识到他已经做出了某些解释。然而，我们不仅在倾听的过程中这样做，在看的过程中也是这样做。在远处的屋顶上我看到四个白色的球，它们到底是什么并不能确定。当看着它们的时候，我观察到其中一个伸出了头和尾巴，还拍了拍翅膀等等，我立刻想："哦，那是四只鸽子。"现在，也许它们是四只鸽子，但是我有什么理由可以解释和概括一只鸽子的行为呢？毫无疑问，在这种情况下我很难犯错误。但有许多情况不是很明显，也被人自行进行了理解，这种时候误解就会产生。有一次，我和妻子在车厢的座位上看到一位火车站的烟囱清扫工。当他弯下腰寻找一枚丢失的硬币时，我那眼睛近视的妻子大声喊道："看看那只漂亮的纽芬兰狗。"对于一个眼睛近视的人来说，这是一个可以想象的错觉，但我太太是根据什么把人判断成了纽芬兰狗,而且还是一只漂亮的狗呢?泰纳用一个孩子的故事讲述了类似的过程,孩子问母亲为什么要穿一件白色的连衣裙。母亲说要去参加一场聚会,为此不得不穿上节日盛装。在那之后,每当这个孩子看到别人穿着绿色、红色或其他任何颜色的节日盛装时,都会喊道:"哦,你穿了一件白色的衣服啊!"我们成年人也会这么做。正如迈农所说的,我们把同一性和约定俗成的东西混为一谈。我们假如能把这句话牢记在心,将会免于许多错误和误解。

  一个简单却在心理层面很重要的游戏说明了我们做事情是多么的频繁和仓促。问问身边的人四点钟和六点钟在手表是什么样子的,让他画出来。每个人都平静地画四点钟和六点钟(IV 和 VI),但如果看你的手表,你会发现四点钟看上去是这样的,IIII,并且可能根本就没有六点钟。这就提出了一个被忽略的问题:"如果没有看到数字,那么在看表的时候我们会看到什么呢?"还有另一个问题:"我们是不是对一切事物都犯了如此美丽的错误?"

  我断言只有已经画出来的被看到的东西是可靠的。我父亲要求美术老师不要教我画画,而要教我观察。我的老师没有让我模仿,而是给我一张多米诺骨牌,然后两张、三张、一张接一张,然后是一个火柴盒、一本书、一个烛台等等。即使在今天,我也只不过确切地知道我画的那些东西家里都有。然而,我们经常要求证人准确地描述他们只见过一次的东西,而且是仓促地要求。

  即使人们经常看到这种情况,地点和时间问题也可能造成很大的困难。关于第一类问题,埃克斯纳[85]举出了他从格蒙登到维也纳的一次旅行为例,在这段旅程中,尽管他对整条道路都很熟悉,但由于道路上的某处急转弯,他看到朗巴什的一切都颠倒过来。铁路上的列车、公共建筑、河流,一切显著的地点似乎都在反方向上。如果一列火车在晚上通过铁路终点站进入一座城市,并且机车连接在列车的尾部,这样的特点就非常明显了。在日常生活中,物体的位置变化司空见惯。尽管在白天或夏季已经被观看了几百次,一处景观在夜间或冬季看起来有着很大的差异。如果想记住回去的路,你在路上就要经常环顾四周,特别是在十字路口。起点的不同也可能会对位置的判断产生干扰。例如,你多次乘坐从 A 地到 B 地的火车,而你第一次从 C 地踏上旅程——这个地方比 A 地远——那么从 A 地到 B 地你熟悉的那段路看起来就很不一样,甚至可能会认不出来。对时间的估计也可能对类似地点的判断产生相当大的影响。众所周知,在大多数情况下我们倾向于减少主观上出现很大的时间跨度,因此,当一个事件所需的时间超过平常时，它就会在主观上变短——不仅是整个事件，而且它的每个部分都是如此。以这种方式，事情原来延长了一段明显很长的时期，现在似乎被压缩为一段较短的时期。随后感觉一切都来得太快，增加了我们对事物的陌生感。

时间差异的情况也一样。奥普修斯[86]引用了一个例子："如果某人有段时间没有听到钟声或别的任何声音后再听到钟声，在那段间隔的时间当中是不是有钟声存在其实并不是我们关心的问题，因为只要钟声响起，我们就可以立刻识别出来，这就足够了。"当然，这对我们来说已经足够了，但这是否真实、是否真的是同样的现象，还是注意到了只有相似性的现象，这是另一个很少被问到的问题。如果这个人或钟和我们现在重新感觉到的一样，那么就会得出这样的推论：它们一定是持续存在的。我们完全排除了时间的流逝，不自觉地假设有关的实体在整段时间都在现场。一个人只需要观察证人用于识别物品的速度有多快，例如刀、信、钱包等。接受身份证明和说"是的"，这往往是瞬间的事情。证人很不自觉地以这种方式争辩说："我只给了法官一条线索（也许与所讨论的不同），现在又有了一条线索，因此这一定是我给他的线索。"事情可能已经有了变化，有些混乱，也许其他证人也提供了类似的东西，这一点都没有被考虑到。在这方面我们必须再次提防将同一性与约定俗成的东西混为一谈。

最后，我们必须考虑疲劳和其他的刺激条件。每个人都知道深夜读书看起来是多么的荒谬，如果第二天再读就会变得简单明了很多。同样地我们在晚上劳累的时候对事物产生的看法，很可能会在隔天早上变成一个极大的误解。霍普讲述了一位医院实习生的情况，频繁接电话让他相当地兴奋和疲惫，以至于听到手表的滴答声变成了"噢—医—生"。经过长时间劳累检查的证人也处于类似的状况，在（法庭调查）结束时比开始时知道的东西要少得多。最后他完全误解了向他提出的问题。当被告受到这样的讯问，由于疲劳等原因而卷入著名的"矛盾问题"时，情况就变得更糟了。如果在对证人或被告长时间的讯问结束时出现"令人信服的矛盾"，最好查明讯问用了多长时间。如果花费的时间很长，矛盾之处就没什么意义了。

疲劳现象甚至可能引发对疏忽的怀疑。医生、受过训练的护士、幼儿园的女佣、年轻的母亲等因对残疾人和儿童"疏忽"而被定罪，在许多情况下，他们只是因为疲劳出现了"误解"。正是由于这个原因发生了许多起可悲的案例，其中机器管理员、开关管理员等因疏忽而受到惩罚。如果这种岗位的人员年复一年地连续工作二十三个小时，然后休息七个小时，然后再工作二十三个小时，他就会不可避免地被疲劳和放松所压垮，在这种松弛中，信号、警报、电话铃声等就会被简单地误解。统计数据显示，事故数量最多的阶段出现在一段工作结束时，也就是疲劳最严重的时候。但即使不是这样，也必须提到慢性疲劳。如果某人在紧张的劳动后只有七个小时的休息，那么一定会有部分疲劳因素。疲劳随着时间积累，最后积少成多，甚至在工作开始的阶段也能发挥影响。社会工作者们对这种情况怨声载道。长期疲惫不堪的人员处于责任最重大的岗位，当自然规律起作用时，遭到惩罚的就是这些无助的人员。

与货币有很大关系的人员——税收、邮政、银行和金库的工作人员也是如此，他们不得不严格地进行单调的工作——货币的接收和分配，因此很容易感到疲倦。在这个行业经验丰富的人向我保证，他们经常在疲劳时拿钱数一数，签一张收据，然后把钱还给带来钱的人。幸运的是，他们在接钱者的惊愕中意识到了自己的错误。但是，如果没有发觉出错，或者接钱的人很狡猾地带着钱走了，如果这笔钱数目巨大而且不容易赔偿，还有，如果该人员碰巧受到上级的恶劣待遇，在被起诉盗用公款的指控中，他就没有多少机会申辩[87]。任何情感、任何刺激、任何疲劳都可能使人处于被动，因此他们更不可能保护自己。

一位著名的柏林精神病学家讲述了这样的一个故事："当我还是一名精神病院的学生时，总是随身带着禁闭室的钥匙。有一天，我去歌剧院看演出，在剧场的大厅就座。幕间休息时，我走进走廊。回来的时候，我犯了一个错误，我看到面前有一扇门，它的锁和精神病院禁闭室的门锁是同一款式的，我把手伸进口袋，掏出钥匙——这把钥匙正好能插进锁孔，我突然发现自己走进了一间阁楼。现在，难道光凭本能行为就不可能变成窃贼吗？"当然，如果一个我们都认识的窃贼要讲一个这样的故事，我们几乎就不该相信他。

第 108 节　谎言——一般考虑因素 ①

从某种意义上说，刑事专家大部分工作是同谎言作斗争。他们必须发现真

---

① ☆本节是"谎言"主题下的起始章节，第109节也属于该主题。——编者注

相，必须与谎言对抗，而且每走一步都会遇到这种情况。被告通常会供认不讳，而许多证人企图利用被告。当被告意识到事情正朝着不能完全为自己辩护的方向发展时，往往必须经过一番激烈的思想斗争。彻底消除谎言无疑是不可能的，尤其是在刑事工作中。详尽描述谎言的本质，相当于写一部人类自然史。我们必须考虑一定数量的方法，无论大小，这些方法都能减轻刑事工作量，提醒我们欺骗行为的存在，并阻止其发挥作用。我已尝试根据意图归纳欺骗行为的几种形式，在此将补充几句。[88]

所谓的谎言是指以欺骗为目的、有意识地释放虚假信息。世人对谎言的看法千差万别，比如是否可以容忍所谓必要的谎言、虔诚的谎言、教化的谎言、传统的谎言等。在此，我们必须假定绝对严格主义立场，用康德的话[89]说就是："纯粹的谎言就是违背自己的本性，是一种让人在自己眼中声名狼藉的恶习。"事实上，我们找不到任何可以说谎的理由，因为法律人无须承担教育责任，也无须教授人们礼仪。通过说谎来拯救自己，这种情况无法想象。当然了，我们也不会说出所知道的一切。的确，适当沉默是一个优秀刑事专家的标志，但我们永远不需要说谎。初学者必须特别认识到一点，出于审理案件的"善意"以及所谓的"尽职尽责"这种借口，貌似会让小谎言显得合理，但这种借口完全没有价值。共犯偶然说出貌似招供的话语、暗示隐瞒实情的用语、对证人早先陈述的曲解，以及类似的"擦边球诡计"，这些作法都很低级。采取这种作法只会给自己带来耻辱，一旦诡计失败，辩护就有了优势。机会一旦失去，永远不会再来。[90]

不仅仅通过语言，通过手势和动作说谎也不允许。事实上这些作法都很危险，因为在某些情况下一些手部动作，如伸手拿铃、突然抬手等，都明显说明法官对案情的了解程度比他实际知道的还要多，或者暗示有所隐瞒等等。此类动作会让证人或被告认为法官已经确定案件性质、决定采取重要措施等。目前，此类动作并不会被记录在案，在被问责也不会很严重的情况下，年轻的刑事专家很容易因追求成功的效率而被误导，即使是意外事件，可能也会推动误解的产生。曾经有一次，我在审理一起案件时需要听取一个智商很低的小伙子的证词。这个小伙子被怀疑盗窃、藏匿了一大笔钱，但他坚决否认这一罪行。审理期间进来一位同事，说要跟我谈件公事，由于当时我在做笔录，所以他想等到审判结束再谈。在此期间，他偶然看到从学生斗殴事件中取证的两把剑，便拿起其中一把剑仔细端详着剑柄、剑尖、剑刃。被告看到这一幕吓了一跳，马上举起双手，跑到持剑同事面前大喊："我认罪，我认罪！我偷了钱，把钱藏在了空心的山核桃树里。"

| 第二部分 |　　刑事侦查的客观条件：被调查者的心理活动

　　这起案件很有意思。然而，另一起案件却让我感到不安，我倒不是说自责。案件中，一名男子被怀疑杀害了自己的两个孩子。由于没有找到尸体，我仔细搜查了他的住所、烤箱、地窖、排水沟等。在排水沟里，我们发现了大量动物内脏，看起来像是兔子内脏。因为不清楚这些内脏的来源，所以就把内脏带走保存在酒精里。后来我请被告过来回答几个可疑问题，当时写字台上放着装有内脏的玻璃容器。他紧张地看着玻璃容器，突然说道："既然你已经找到了证据，那我只好承认。"我几乎是下意识地问："尸体在哪儿？"他马上回答说，他把尸体藏在了郊区，我们果然在那里找到了尸体。显然，装有内脏的玻璃容器让他产生了这样的想法：尸体已被发现，而且其中一部分就放在这个容器里。当我问尸体在哪里时，他并没有注意到这一点：如果真找到了尸体，那么我的问题就极不合逻辑。对于这起案件，一切都只是个意外，但我仍然觉得这种认罪形式并不恰当，也仍然觉得，在被告被带到我这里之前，我就应该想到玻璃容器的作用，从而做好防备。

　　当然，在日常生活中，这种现象不太可能出现。如果按表面情况来处理就会出现很多纰漏。例如，人人都知道幸福的婚姻屈指可数，但我们是如何得知的呢？只不过是因为经过仔细观察，婚姻关系绝不像世人想象得那么幸福。那从外部看来呢？在受中等教育的圈子里，有没有人见过一对夫妻在街头争吵？他们在社会上彬彬有礼，很少表现出对彼此的厌恶，这些都属于言行上的谎言。而在处理刑事案件时，我们会纯粹依据自己和他人所观察到的外在因素进行判断。社会因素、对公众舆论的顺从、对孩子的责任感等，常常迫使我们欺骗这个世界，总体来说，我们高估了幸福婚姻的数量。[91]

　　在对待财产、父母子女的态度、上下级关系，甚至健康状况等方面，情况也是一样——其中的所有行为都不能反映真实情况。世人一次次被愚弄，直到最后全世界都相信一切所说，而法庭也会听取被宣誓为绝对真实的证词。或许与其说我们被文字迷惑，不如说被表象迷惑，公众舆论最不应该强加于我们。然而，正是通过公众舆论，我们才能了解周围人的外在关系。这就是所谓的民粹主义民意，实际上却是一种腐败。"据说""人人都知道""没有人怀疑""大多数邻居都同意"这类词语，无论是否认定为不诚实或诽谤词语，都必须杜绝出现在我们的文件和程序中。语言是表象——只是人们想要看到的东西，并不能揭示真实和隐藏的东西。法律过于频繁地将"糟糕的世界只说不信，美好的世界选择相信"这句格言用作规范，甚至由此构建判决依据。

谎言的背后往往需要有行动支持。众所周知，我们只有通过手势、模仿及身体姿态来激发情感时，才会表现出快乐、愤怒、友好等情绪。拳头放松、双脚不动、眉头自然，这些身体姿势很难模拟愤怒情绪，真正愤怒的表现则相反。手势和动作越真实，其所表现的情绪就越真实。因此我们得出，那些坚信自己无罪的人最终会有点相信或完全相信自己真的无罪。而说谎的证人，也往往会倾向于坚持自己的证词没错。由于这类人未表现出谎言的共同特征，所以处理起来异常困难。

或许，我们应该指责这个时代太倾向于这种影响深远的谎言，因为这种谎言会让谎言制造者相信自己编造的内容，基弗[92]引用过这种"自欺的骗子"的事例。让人绝望的是，骗子如此聪明，他们甚至把说谎当成游戏。然而幸运的是，这些谎言就像每一个谎言一样，最终都会因太过追求呈现真实而被戳穿，太过追求呈现真实是说谎的重要标志，这一标志其实相当明显。谎言的数量和力度表明，我们更容易忽略谎言的可能性，而非谎言根本不存在。很久以前，我读到一篇看似简单的故事，但对我的刑事工作带来了很大的帮助。卡尔和父母以及两个表亲一起吃饭，饭后他在学校说："我们今天总共有十四个人一起吃饭。""怎么可能？""卡尔又撒谎。"无论一件事情看起来多么频繁，多么莫名其妙、神秘、令人费解，但如果你认为"卡尔又撒谎了"，就可能会引向更准确的观察，从而发现一些漏洞，通过这些漏洞，或许可以让整件事情水落石出。但矛盾依然倾向于被解释为它们并不是矛盾，而之所以把它们当成矛盾，是因为我们对语言的理解不足，对状况一无所知。我们往往过分关注谎言和矛盾，而且有这样一种偏见，即认为被告就是真正的罪犯。这种偏见会让我们为少数事实提供不合理的理由，从而导致明显的矛盾出现，这种现象自古以来就有。

如果要问谎言何时对人类的影响最小，我们会发现当处于情绪压力之下时影响最小，尤其是在愤怒、喜悦、恐惧、临终之际。[93]我们了解很多此类案件，比如一名男子，因被同伙背叛而愤怒、因即将被释放而高兴，或担心被捕等因素，突然宣布："从现在开始，我要坦白。"这是引发认罪的典型形式。但一般情况下，坦白的决心不会太持久。一旦这种情绪过去，被告就会后悔，而且很多人会考虑翻供。如果案件审理时间很长，最后就会很容易出现翻供的现象。

众所周知，醉酒时不容易说谎。[94]临终遗言一般也被认为是实话，尤其是虔诚教徒的临终遗言。大家都知道在这种情况下，即使是精神失常的人甚至是傻子，意识也会变得异常清晰，结果往往会产生令人惊讶的启示。如果垂死之人的意识已经模糊，我们就很难对事实进行判断，因为这种情况下的遗言都是寥寥数语，极为简单明了。

第109节 病态型谎言

正如人类许多其他的表达方式一样，说谎过程中通常经历这样一个阶段：正常状态已经过去，而病态型状态尚未开始。

其中一部分为无害谎言，如猎人、游客、学生、中尉等，他们一般有吹嘘的成分，另一部分则为病态型谎言，比如精神完全失常的中风患者，讲述自己如何拥有数百万财产、成就如何巨大等等，这是一种典型的空想谎语症，晚期歇斯底里的谎言。比如给自己、仆人、高官或神职人员写匿名信，疑神疑鬼等，这些都属于病态型谎言。癫痫患者的典型谎言，也许还包括接近老年痴呆患者的谎言，都是将经历、阅历以及所见所闻混合起来，当成自己的亲身经历。[95]

然而仍有一类人，从任何方面都看不出有什么疾病，但仍然会制造病态型谎言。这种谎言的形成，大体上可归因于渐近的习惯性撒谎。这类谎言制造者可能是非常有才华的人，正如歌德所说，他们可能"渴望虚构故事"。其中大多数人，我们不能说他们贪图荣誉，但仍然很有天赋，愿意扮演一些重要角色，渴望展现自己的个性。如果他们在日常生活中很失败，就会试图通过编造故事来说服自己和他人，使其相信自己是个大人物。我曾经有机会、现在仍然有机会准确地研究这类人。他们的共同点不仅包括说谎，而且还有共同的聊天主题。他们喜欢讲述重要人物如何向自己征求意见、渴望与他结交、向他表示敬意等。他们意在展现自己有着巨大的影响力，渴望给予别人恩惠与保护，暗示自己与高层人士关系密切，谈到财产、成就、工作时夸大其词，而且一般会否认对自己不利的一切。他们与普通"叙事者"的区别在于，他们说谎时根本不考虑谎言马上或很快就会被戳穿。因此，他们会让某人感恩自己，尽管听者很清楚真实情况。或者他们再次向某人讲述自己的工作成就，而听者碰巧与此项工作密切相关，能够准确估计说谎者与此项工作之间的关系。哪怕听者知道他们根本做不到，他们依然会继续吹嘘，夸耀自己的财富，尽管听者可能很清楚他的财产数额。如果在吹嘘过程中遭到反驳，他们就会拙劣地辩解，这一行为反而再次印证了他意识上的病理特征。

入室盗窃案件，案发时，受害者受到了巨大的惊吓。事发第二天，受害者的十岁或十二岁女儿，十分肯定地说她在小偷中认出了邻居的儿子。这两起案件都对嫌疑人采取了严厉的法律措施。在这两起案件中，儿童经过长时间思想斗争，最后都承认可能在做梦时才想起自己所控诉的全部过程。

这类案件的特点是儿童不会马上作出断言，而是经过一两个晚上。因此，无论何时发生这种情况，我们都必须考虑到现实与梦境是否被混淆。

另外还有很多类似案件，例如据泰纳讲述，拜劳格曾经梦见自己被任命为某家杂志社的主任，他坚信这是真的，还把这件事告诉了许多人。然后是朱利叶斯·斯卡利杰的类似梦境，莱布尼兹写道，斯卡利杰在诗歌中赞美意大利维罗纳的名人。在梦中他见到一个叫布鲁格努斯的人，这人抱怨自己被人遗忘了。后来，斯卡利杰的儿子约瑟夫发现确实有一个叫布鲁格努斯的人——一位著名的语法学家和评论家。很显然，老斯卡利杰以前认识这个人，但后来完全把他忘了。在这种情况下，梦只是一种记忆的恢复形式。这种梦境也许很重要，但并不可靠，所以必须谨慎对待。

欲了解有关睡眠性质及任何特定个人梦境的出发点，我们可参照以下内容进行分类[99]：1. 梦境生动程度随着频率的增加而增加；2. 睡眠越浅，梦越频繁；3. 女性睡眠质量不如男性，因此做梦更多；4. 随着年龄的增长，梦会越来越少，睡眠也越来越浅；5. 睡眠越浅，睡眠需求越小；6. 女性的睡眠需求更大。关于最后一点，我想补充一下，女性更能忍受照料儿童或残疾人，这一事实明显与最后一点相矛盾。女性对睡眠的需求并未减少，但善意和牺牲精神却比男性更强。

人们在半梦半醒和睡梦中往往会出现不同寻常的行为，这一点在杰森身上得到了大量印证。其中大多数取自早期文献，但相当可靠。经过一项比较，结果表明梦游行为最常发生于年轻、相对强壮、过度紧张的人群，比如连续两夜没有睡觉，然后从深度睡眠中醒来。值得注意的是，在这种情况下，他们往往表现得非常聪明——比如医生开出正确的处方或主管做出正确指示，但他们后来都对此一无所知。在犯罪学上，它的意义一方面在于可调查其正确性，另一方面这种情况也会出现在那些没有理由造假的人身上。如果被告谈及此类经历，由于我们缺乏对此进行精确审查的手段和权力，所以可能会因此而倾向于不相信被告。此外，被告的立场也会让人对他的陈述产生怀疑。但这只是对可信之人身上发生类似事件进行详细研究的基础。[100] 所有权威机构一致认为，嗜睡期间的行为[101] 通常发生于过度疲劳、身体强壮人群的深度睡眠第一阶段，该阶段容易受梦境干扰。

其中一个重要情形是杰森等人引用的现象——一些人在极度兴奋状态下仍能安然入睡，因此，拿破仑在莱比锡最危急时刻仍能进入沉睡状态。这种现象有时被视作无罪证据，但并不能令人信服。

我们尚未提及入睡前出现异常现象的奇特感觉。据帕纳姆讲述，有一次他吸入乙醚，然后躺在床上观察，墙上的画时近时远，不停前后移动。困倦之人也会发生类似情况，因此，教堂里的牧师似乎逐渐后退又回来。这种幻觉在犯罪学上的意义可能在于观察入睡者的动作，例如小偷似乎正在靠近目击者的床，但实际上却站着未动。

入睡者可能会受到某种特定方式的影响，这一点毋庸置疑。在这些案例中，入睡者可能会相信任何现象，他们会梦到这些现象，然后把梦境当成现实。关于这一点有一个案例：一名官员以这种方式让一位年轻女孩爱上了他。起初，这个女孩很讨厌他，但当他一次次在她入睡时当着她母亲的面向她表达爱慕和忠诚之后，女孩逐渐对他改观，并且最终爱上了他。事实上，一些窃贼也相信类似的理论，他们利用红光催眠人，帮自己从大多数案件中脱罪。据称，在装有红色玻璃灯的房间里，他们可以对入睡者做任何事情，比如用红光照射入睡者的脸、对入睡者耳语等方式，加强入睡者的睡眠。奇怪的是，这一点被山里人的一种习惯所证实。山里人习惯用红布盖住灯，然后把灯带到入睡女孩的窗前。据说，当红光照在入睡女孩脸上时，如果有人轻声叫她起身向外走，她就会照做，中途若有石头挡路，她就会在踩到石头后醒来，这一粗俗的恶作剧也就至此结束。不过，能够获取有关红光对睡眠影响的科学信息，至少还是有意义的。

O. 莫宁斯霍夫和 F. 彼斯贝尔根[102]对睡眠的深入性提出了一些看法。例如，为什么一个人是今天而不是其他时间听到一件事，为什么一个人被叫醒而另一个人没有被叫醒，为什么一个人对很大的噪声充耳不闻，等等。这些权威人士发现，睡眠深度在第二小时的第三刻钟达到顶峰。通常，睡眠深度持续加深，直至第二个小时的第二刻钟。在第二个小时的第二、第三刻钟，睡眠深度迅速加深，然后迅速降低，直至第三个小时的第二刻钟。此时，睡眠逐渐变浅，直到清晨第五个小时后半段。此后，睡眠强度再次提升，但明显轻于第一次，而且所需时间较长。然后，睡眠在五个半小时内达到顶峰，持续一个小时；从顶峰开始降低，直至达到一般睡眠水平。

第 111 节　醉酒

关于醉酒，除了病理性症状之外，尤其是对酒精的极度不耐受性（这属于医学研究范畴），另外还有一系列其他症状，种类繁多，需要更精确地研究其原因及后果。通常，人们仅通过询问若干常规问题来确定醉酒程度：他走路稳吗？能跑步吗？他说话有条理吗？知道自己叫什么吗？他能认出你吗？他力气大吗？只要有两名证人给出肯定回答，就足以让一个人定罪。[103]

一般说来，这样定罪是合理的，而且可以恰当地说，如果一个人仍然能够完全控制自己去做上述事情，那么他一定有能力判断对错。但情况并非总是如此，我并不是说当醉酒者无法忆起其在醉酒期间所做的事时，就必须把醉酒当作自己不理性的借口。无行为能力并不具有决定性，因为行为之后没有反射效应。即使在行为之后，一个人对其所做之事一无所知，他仍有可能在行事之时意识到事件的本质，而这种可能性才是决定性因素。但对所做之事知情，本身并不能给行为者定罪。如果一个醉酒者打了警察，那么他肯定知道自己在和人打架，因为如果没有这种意识的话，他就不会出手打人。而醉酒者的理由是他在醉酒时并不知道自己正在和警察打架，只要有判断力，他就会认为那是在反抗坏人，所以必须进行自我防卫。

反过来说，如果醉酒者在醉酒时做了清醒时不会做的事而不用负责，那么这也是夸大其词。至于原因，很多被侮辱、被揭露秘密、轻微醉酒后意气用事等事件都给出了答案。如果醉酒者没有喝醉，这些事件就不会发生，但这并不代表这些事件在不负责任的状态下发生。

因此，我们只能说，当一种行为直接地、完全地作为一种冲动反射而发生时，或者当醉酒者分不清其所达目的之性质以致认为自己行为正当时，醉酒就可以成为借口。因此在实践中，法律用语（如奥地利刑法中的"完全醉酒"、德意志帝国刑事法典中的"无意识"）会比一般用法提高一级。例如，完全醉酒或醉酒后失去意识，通常是指醉酒者僵硬地躺在地上的状态。但在这种情况下，醉酒者没有行为能力，无法实施犯罪。必须注意的是，法律不考虑这一点，而是考虑醉酒者的意识仍然活跃，并且能够支配肢体实施犯罪，但无法控制自己肢体的情况。

对比日常报纸、警事新闻、法律文书中关于醉酒者言语可靠性方面的无数事例,我们发现很多这种情况:在一个寒冷的夜晚,一个醉酒者在雪堆上铺床,脱下衣服,小心翼翼地把衣服叠放在身边,有警察靠近时,他马上跑开,翻过篱笆,侥幸逃脱。这种人不仅可以很好地控制自己的肢体,而且在脱衣服、叠衣服和逃跑时动作也相当利索。如果现在有人经过醉酒者的立足处,如果醉酒者认为有窃贼闯入家中,并且可能会伤害路人,那么在讲述这件事时,有谁会相信他呢?

我们经常在大街上看到警察逮捕对人拳打脚踢甚至咬人的醉酒者,必须动用手推车才能将其押往警局。现在,我们假设这个醉酒者在第一次辩护时认出了警察,并且准确地说出警察的名字,我们就会说他"明显有责任能力",然后判他有罪。但在大多数情况下,这只不过是他那颗死灰般心灵的瞬间闪现(也许是警察一句相当尖刻的话刺激了他,使他认出了那个警察,也听到了警察的名字),然后又迅速消失,接着是本能的自卫。只要有人经常看到醉酒者与三四个人或更多人进行力量悬殊的打斗,醉酒者不停挣扎,甚至完全被制服,都必须相信这种人不再有责任能力。

同样地[104],我们必须永远记住对某些习惯性活动进行起诉,在任何意义上都不能作为行为者应当负责的证据,尤其是当某些行为有非常微妙的限制、且行为者知道万一把控失误就会带来麻烦的时候,就会本能地做出习惯性的动作。例如,士兵按规定服兵役,马车夫驾车回家、解下马具、照看马匹,甚至机车工程师也会毫不停歇地完成艰巨任务——然后喝得酩酊大醉,昏昏沉沉睡去。现在假设在这种习惯性活动过程中出现意外干涉,尤其是遭到反对、无谓劝诱、纠正错误或类似情况,醉酒者就会完全失去常态,无法恢复正常,也无法以正常的方式提出意见。因此,其行为具有反射性,而且在大多数情况下具有爆发性。

人们可能会认为这类醉酒者的行为属于无意识行为:由于突然被一句话打断,无法完成他想做之事,从而形成一种绝望的情绪表达,而其对这种情绪表达完全不负责任。无数格言表明,最流行的观点是最好远离醉酒者,永远不要向其提供帮助,因为他们完全可能照顾好自己。从理论上讲,公众似乎对此非常认可,但实际上没有哪个妻子会在丈夫喝醉酒回家后适用这一理论;实际上警察会照料醉酒者;实际上农民或主人总会与他们喝醉的仆人和学徒争吵——可是上司突然受伤、残废或遭到反抗时,大家又都感觉到很震惊。

关于醉酒者固定但明确的典型行为的最好证据,科姆[105]引用了一个搬运工的例子。该搬运工在醉酒时送错了一个包裹,后来他想不起来把包裹放在什么地方了。但在一个偶然的机会，他又喝醉了，居然在醉酒的状态下找到了那个包裹，把包裹送到了正确的目的地。这一过程表明，"酒后吐真言"不仅表现在言语上，而且还表现在行为上。实际上，这被视为人们在醉酒期间表现得如此无礼的真正原因。这类现象最好在初始醉酒状态进行研究，在此期间，所有醉酒状态在极短时间内集中在一起，因此呈现得更加清晰。在这种情况下，醉酒者内心深处的想法会不自觉地迸发出来，这一点可以通过一件发生在外科诊室里的事例来印证：一位老农需要接受一项风险不大但很罕见的手术，负责手术的是一位著名的大学外科医生。这位医生让不同学生挨个对老农进行诊断，然后问他们老农需要做什么手术。老农对此完全误解，他在半昏迷状态哭喊道："这个老家伙居然问这些游手好闲的人，他们什么都不懂，却要给我动手术。"他内心想法的表达就像醉酒时的无意识表达一样，因此而产生辱骂等无礼行为。

为醉酒后行窃的犯人辩护，这种案例从来没有人相信，但也许是真的。据我所知，曾经有一个才华横溢、心地善良、品行高尚的年轻人，微醉时偷了所有他能拿走的一切。他的醉酒程度很轻，能熟练地拿走同伴们的烟盒、手帕，甚至房门钥匙，但他第二天很难记起这些物品的主人是谁。现在，假设一个小偷在法庭上陈述这样一个故事，会有什么样的下场！

在此引用霍夫鲍威尔的优秀著作《醉酒的形成过程》[106]："起初，饮酒会增强身体健康感，或改善健康状况，对思维能力似乎也有类似影响，比如头脑灵活、语言表达更流畅、更充分等。人们总是希望自己和朋友拥有这种状态和情绪。在此之前，看不出醉意，但思维流动只会越来越快。一边表达优秀、适当的见解，一边抑制思维不规则流动。想要努力讲述自己所涉之事时，就会出现这种状态。思维流动得太快，很难做到有条理地表达。此时此刻，醉酒症状开始显现。在醉酒形成过程中，思维流动越来越快，感官失去敏锐度，进而想象力越来越强。此时，饮酒者的语言，至少在特定的表达和说话方式上变得更加丰富和理想化，而且音量比平常大得多。前者表现为想象力的增强，后者表现为神志不清醒，神志不清在醉酒过程中变得越来越明显。尽管醉酒引发的精神亢奋和思维快速流动也在其中起了作用，但饮酒者之所以音量变大，主要是因为听不清自己的声音，而且还会以此来判断其他听者的听觉。很快，其神志越来越不清醒。例如，一个人喝得酩酊大醉，以至于连熟人都分不清，即使只有一分钟，他会认为自己轻轻地把酒杯放在桌子上，但实际上杯子掉到了地上，接着还会有其他形式的身体失控感。从他的话语中，我们可以判断出其思维连贯性已经大大降低。虽然思维仍然非常灵活，但此刻就像无序迸发的火花，毫无逻辑。这种思维灵活性或迅速流动，使醉酒者的欲望达到理智无法控制的程度。不出意外的话，他会立即失去理性、身体失控、说话结巴、走路不稳，直到最后进入深度睡眠，进而身体功能和智力开始恢复。"

如果把醉酒症状分为几个阶段，我们可以得出以下结论：在醉酒第一阶段，思维非常活跃。行为理解力并没有完全失去，对于自己心里的想法和周围发生的事完全有意识。但是思维快速流动阻碍了思考能力，导致兴奋度增强，尤其是流动性更为快速的情感表达。这是由于常见的心理规律，根据这种规律，一种情绪状态会导致另一种情绪状态，从语气可分辨处于何种状态。因此，没有受过教育的人更容易出现愤怒、欢乐等情绪。在情感表达上，他们不习惯受主流世界的限制。而没有了这种限制，每一次刺激都会加剧情绪的发展，因为每一种自然表达都会使其更鲜活。在这一阶段，由于饮酒者在自我满足的同时，情绪更加不受控制，因此，易怒本身就不那么占主导地位。一些偶然情况会加剧和传播这种情绪，加剧醉酒者的兴奋度，使其近乎爆发式的欢闹，然后引发口头争吵，这种争吵不一定是真正的争吵，也可能出现在朋友之间。在大多数情况下，易怒似乎归因于醉酒者的自我满足感很快消失，或归因于其在夸夸其谈时受到干扰。只要醉酒症状不超过这一阶段，其后果和激情爆发就可以得到抑制。饮酒者在此时仍然具有自控能力，除非越来越兴奋，否则不太可能失控。

"在醉酒症状的下一阶段，醉酒者仍然具有感知能力，尽管其感知能力比平时要弱得多，而且有点神志不清。由于完全失去记忆力和理解力，所以此刻其意识里只有行动，而无法思考行为背后的后果，无法搞清两者之间的联系。而且由于过去的记忆已经全部从其脑海中消失，所以无法再去思考其他情况。因此，如果对其所处环境的记忆，以及对其行为后果的思考都已经无法控制其行为，那么醉酒者就会尽其所能地采取行动。最轻微的刺激即可唤醒其最强烈的激情，然后彻底失控。与此同时，极小的借口也可能使其改变主意。在这种情况下，醉酒者对自己和他人更具危险性，因为他不仅被自己无法抗拒的激情所驱使，而且几乎不知道自己在做什么，看起来就像一个十足的傻瓜。"

"在最后一个阶段，醉酒者完全失去理智，进而对周围环境失去判断力。"

就具体情况而言，可以认为饮酒量无关紧要。关于一个人的饮酒量，我们只能从其喝了多少升葡萄酒、多少升白兰地来判断，除此之外，对于究竟喝了多少酒，我们一无所知。事实上，有些年轻而有权势的人喝半杯葡萄酒就会变得相当愚蠢，尤其是他们生气、害怕或激动时；还有一些看似虚弱的老人，酒量却大得令人难以置信。简而言之，饮酒量问题完全不可靠，一个人的外貌和体质与饮酒量之间没有太多必然的联系。而了解一个人对饮酒的态度实际上更加可靠。海伦巴赫断言，葡萄酒对同一个人总是产生同样的影响，有人更健谈，有人更沉默，有人更悲伤，有人更快乐。在一定程度上，这种观点是正确的，但问题在于极限是什么？因为许多人在不同阶段有着不同的情绪状态。通常情况下，在第一阶段想要"拥抱世界，亲吻每个人"的人，其情绪可能会向危险的方向发展。因此，任何多次看到此人经历第一阶段的人，都可能会错误地认为此人无法通过这一阶段。在这方面，如果不存在虚假和欺骗性，必须非常谨慎地进行解释。

　　了解一个人的饮酒方式也同样重要。众所周知，如果把面包反复浸泡在葡萄酒中，然后再吃，即使是少量的面包也能使人醉酒。在地窖酒吧里喝酒也有同样的效果，比如饮酒时嬉笑、愉快、烦恼，或是大量喝酒、空腹喝酒。关于酒精的各种效应，以及酒精在不同条件下对同一个人的影响，请参阅明斯特伯格的《实验心理学研究》第四卷。

　　酒精对记忆力也有很大影响，因此许多人经常发生小范围失忆现象。许多人不记得名字，有些人不记得住所，有些人不记得自己结婚的事实，还有一些人不记得朋友（尽管他们认识所有的警察），最后一类人是搞不清自己的身份。就像许多其他事情一样，这些事情由朋友讲述时是可信的，但被告在法庭上讲述时完全不可信。

第112节　暗示

　　催眠和暗示的问题太老了，不能只参考几本书，但又太新，无法解释大量文献。在我的著作《审查法官手册》中，指出了刑法主体与刑事专家对刑法的正确态度之间的关系。这里我们只需要记住特征暗示的问题：法官对证人的影响、证人之间的影响、案情对证人的影响。而这种影响的产生，并非通过说服、想象或引用，而是通过那些仍然无法解释的远程效果。与"决定性"效果相比，远程效果也许是最好的。暗示和语言一样普遍，我们可通过朋友的故事、陌生人的例子、自己的身体状况、食物或各种经历来获得暗示。最简单的行为可能由暗示引起，而一个人的暗示可能会影响整个世界。正如爱默生所说，大自然通过创造天才来完成一项任务，追随天才，你就会明白这个世界在乎什么。"暗示"一词被多次使用，破坏了最初的含义，使其等同于"暗示性问题"一词。老一辈刑事专家对真相有着自己的见解，并严格限制提出暗示性问题。与此同时，密特迈尔知道发问者往往无法回避这些问题，而且也知道许多问题都暗含着答案。例如，如果一个人想知道 A 在一次长谈中是否说了某些话，不管是好是坏，他都会问："A 是否说过……"

米特迈尔对这个问题的态度表明，他早在二十五年前就已经看清楚了这种暗示性问题是最没有攻击性的，并且困难的真正原因在于证人、专家和法官都受到了影响，特别是在重特大的案例中尤其明显，涉及公众舆论、报纸的影响、他们自己的经历，最后是他们自己的幻想，因此，在不受真理指导而是由这些影响引导的情况下，给出了见证和判决。

在慕尼黑的贝希托尔德谋杀案审判中已经证明了这种困难的存在，其中优秀的精神病学家什伦克-诺青和格拉希在建议的影响下，全力以赴地回答和避免有关证人的问题[107]。这项有试验意义的审判的发展向我们展示了建议对证人的巨大影响，以及关于确定其价值的意见是多么的矛盾——无论这种价值意见是由医生还是由法官来决定；以及最终无论如何，我们对建议知之甚少。一切都归功于建议。尽管文献很多，但我们仍然掌握着太少的材料，进行了太少的观察，也缺少了科学上的某些推论。研究建议对我们的刑事工作的影响无疑是很诱人的，最好的方式可能是等待并把我们的注意力主要集中在观察、研究和收集资料层面。[108]

注释

[1] For the abnormal see — Näcke: Verbrechen und Wahnsinn beim Weibe Leipzig 1894.

[2] H. Marion: Psychologie de la Femme. Paris 1900.

[3] Romantic Love and Personal Beauty. H. Fink. London 1887.

[4] Dictionary of Christian Antiquities.

[5] Bilder altgriechischer Sitte.

[6] Die Lehre vom Beweise. Darmstadt.

[7] E. Reich: Das Leben des Menschens als Individuum. Berlin 1881.

L. von Stern: Die Frau auf dem Gebiete etc. Stuttgart 1876.

A. Corre: La Mère et l'Enfant dans les Races Humaines. Paris 1882.

A. v. Schweiger-Lerchenfeld: Das Frauenleben auf der Erde. Vienna 1881

J. Michelet. La Femme.

Rykère: Das weibliches Verbrechertum. Brussels 1898.

C. Renooz: Psychologie Comparée de l'Homme et de la Femme. Biblio. de la Nouv. Encvclopaedie. Paris 1898.

Möbius: Der Physiologische Schwachsinn des Weibes.

[8] J. B. Friedreich: System der gerichtlich. Psychol. Regensburg 1852.

[9] Icard: La Femme dans la Periode Menstruelle. Paris 1890.

[10] Cf. Nessel in H. Gross's Archiv. IV, 343.

[11] Cf. Kraft-Ebing: Psychosis Menstrualis. Stuttgart 1902.

[12] Der sensitive Mensch.

[13] C. Lombroso and G. Ferrero. The Female Offender.

[14] La Folie devant les Tribunaux. Paris 1864.

Traité de Medicine Légale. Paris 1873.

[15] Les Voleuses des Grands Magazins. Archives d'Anthropologie Criminelle XVI, 1, 341 (1901).

[16] A. Schwob: Les Psychoses Menstruelles au Point du Vue Medico-legal. Lyon, 1895 .

[17] Neumann: Einfluss der Schwangerschaft. Siebold's Journal f. Geburtshilfe. Vol. II.

Hoffbauer: Die Gelüste der Schwangeren. Archiv f. Kriminalrecht. Vol. I. 1817.

[18] Archivio di Psichiatria. 1892. Vol. XIII.

[19] A. Kraus: Die Psychologie des Verbrechens. Tübingen 1884.

[20] Lehrbuch des Anthropologie. Leipzig 1822.

[21] Cf.H. Gross's Archiv. VI, 334.

[22] Mantegazza: Fisiologia del piacere.

[23] Several sentences are here omitted.

[24] Chronique des Tribunaux, vol II. Bruxelles 1835.

[25] Cf. Lombroso and Ferrero, The Female Offender: Tr. by Morrison. N. Y. 1895.

[26] Loco cit.

[27] Fisiologia del dolore. Firenze 1880.

[28] Bogumil Goltz: Zur Charakteristik u. Naturgeschichte der Frauen. Berlin 1863.

[29] Sergi: Archivio di Psichologia. 1892. Vol. XIII.

[30] Cf. H. Gross's Archiv. I, 306; III, 88; V, 207; V, 290.

[31] Wigand: Die Geburt des Mensehen. Berlin 1830. Klein: Über Irrtum bei Kindesmord, Harles Jahrbuch, Vol. 3. Burdach: Geriehtsärtztliche Arbeiten. Stuttgart, 1839

[32] Parerga and Paralipomena.

[33] Introduction to the Study of Sociology.

[34] Menschenkunde. Leipzig 1831.

[35] Tracy: The Psychology of Childhood. Boston 1894.

M. W. Shinn: Notes on the Development of a Child. Berkeley 1894.

L. Ferriani: Minoretti deliquenti. Milano 1895.

J. M. Baldwin: Mental Development in the Child, etc. New York 1895.

Aussage der Wirklichkeit bei Schulkindern. Beitragez. Psych, d. Aussage. II. 1903.

Plüsehke: Zeugenaussage der Schüler: in Rechtsschutz 1902.

Oppenheim: The Development of the Child. New York 1890.

[36] Löbisch: Entwicklungegeschichte der Seele des Kindes. Vienna 1851.

[37] Le Développement de la Mémoire Visuelle chez les Enfants. Rev. Gen. des Sciences V. 5.

[38] W. Preyer: Die Seele des Kindes: Leipzig 1890.

[39] "Irritation et Folie."

[40] Des Causes Morales et Physiques des Maladies Mentales. Paris 1826.

[41] System der Gerichtlichen Psychologie. Regensburg 1852.

[42] Die Psychologie des Verbrechens. Tübingen 1884.

[43] The Female Offender.

[44] H. Gross: Lehrbuch für den Ausforschungsdienst der Gendarmerie.

[45] Cf. H. Gross's Archiv XIV, 83.

[46] Marie Borst: Recherches experimentales sur l'éducation et la fidelité du temoignage. Archives de Psychologie. Geneva. Vol.III.no.11.

[47] T. Lipps: Die Grundtatsachen des Seelenlebens. Bonn 1883.

[48] R. H. Lotze: Medizinische Psychologie. Leipzig 1882.

[49] Handbuch der physiologischen Optik. Leipzig 1865.

[50] G. Tarde: La Philosophie Pénale. Lyon 1890. La Criminalité Comparée 1886. Les Lois de l'Imitation. 1890. Psych. Économique. 1902.

[51] Kosmodicee. Leipzig and Vienna 1897.

[52] A. Wagner: Statistisch-anthropologische Untersuchung. Hamburg 1864.

[53] Die Lehre vom Beweise. Darmstadt 1843.

[54] Cf. H. Gross's Archiv, II, 140; III, 350; VII, 155.

[55] Cf. H. Gross's Archiv, VII, 160.

[56] Über das Gedächtnis etc. Vienna 1876.

[57] H. Gross's Archiv. II, 140; III, 350; VII, 155; XIII, 161; XIV, 189.

[58] Benedict: Heredity. Med. Times, 1902, XXX, 289.

Richardson: Theories of Heredity. Nature. 1902, LXVI, 630.

Petruskewiseh: Gedanken zur Vererbung. Freiburg 1904.

[59] Galton: Hereditary Genius. 2d Ed. London 1892.

Martinak: Einige Ansiehten über Vererbung moralischer Eigenschaften.

Transactions, Viennese Philological Society.Leipzig 1893.

Haacke: Gestaltung u. Vererbung. Leipzig 1893.

Tarde: Les Lois de l'Imitation. Paris 1904. Etc., etc.

[60] Manual.

[61] Cf. Friedmann: Die Wahnsinn im Völkerleben. Wiesbaden 1901.

Sighele: La folla deliquente. Studio di psieologia Collettiva 2d Ed. Torino 1895. I delitti della folla studiati sceconde la psicologia, il diritto la giurisprudenza. Torino 1902.

[62] A. Eulenberg: Sexuale Neuropathie. Leipzig 1895.

[63] For literature, cf. Edmund Parish: Über Trugwahrnehmung. Leipsig 1894.

A. Cramer: Gerichtliche Psychiatrie. Jena 1897.

Th. Lipps: Asthetische Eindrücke u. optische. Taüschung.

J. Sully: Illusions, London. 1888.

[64] Cf. Lotze: Medizinische Psychologie. Leipzig 1852.

[65] Cf. Entwurf, etc.

[66] Die Grundtatsachen des Seelenlebens. Bonn 1883.

[67] Poggendorf's Annelen der Physik, Vol. 110, p. 500; 114, 587; 117, 477.

[68] W. Larden: Optical Illusion. Nature LXIII, 372 (1901).

[69] H. Gross: Lehrbuch für den Ausforschungsdienst der Gendarmerie.

[70] Über die Quelle der Sinnestäuschungen. Magazin für Seelenkunde VIII.

[71] Erklärung der Sinnestäuschungen. Würzburg 1888.

[72] Elemente die Psychophysik. Leipzig 1889.

[73] Studien über die Sprachvorstellung. Vienna 1880.

[74] Max Meyer: Zur Theorie der Geräuschempfindungen. Leipzig 1902.

[75] C. Wernicke: Über Halluzinationen, Ratlosigkeit, Desorientierung etc. Monatschrift f. Psychiatrie u. Neurologie, IX, 1 (1901).

[76] James Sully. Illusions.

[77] J. J. Hoppe. Erklärungen des Sinnestausehungen.

[78] Cf. A. Mosso: Die Ermüdung. Leipzig 1892.

[79] Phantasie u. Phantasienvorstellung. Zeitschrift f. Philosophie u. philosophische Kritik. Vol. 95.

[80] Cf. Witasek: Zeitsehrift f. Psychologie. Vol. XII. "Über Willkürliche Vorstellungsverbindung."

[81] Psychologie. Wien u. Prag. 1897.

[82] Many omissions have been necessitated by the fact that no English equivalents for the German examples could be found. [Translator.]

[83] Cf. S. Freud: Psychopathologie des Alltagsleben.

[84] Cited by James, Psychology, Buefer Course.

[85] S. Exner: Entwurf, etc.

[86] Die Wahrnehmung und Empfinding. Leipzig 1888.

[87] Cf. Lohsing in H. Gross's Archiv VII, 331.

[88] Cf. my Manual. "When the witness is unwilling to tell the truth."

[89] Kant: "Über ein vermeintliches Recht, aus Menschenliebe zu lügen."

[90] A sentence is here omitted. [Translator.]

[91] A. Moll: Die kontrare Sexualempfindung. Berlin 1893.

[92] E. Kiefer: Die Lügeu.der Irrtum vor Gericht. Beiblatt der "Magdeburgischen Zeitung," Nos. 17, 18, 19. 1895.

[93] Cf. "Manual," "Die Aussage Sterbender."

[94] Cf. Näcke: Zeugenaussage in Akohol. Gross's Archiv. XIII, 177 and II. Gross, I 337.

[95] Delbrück: De pathologische Lüge, etc. Stuttgart 1891. "Manual," Das pathoforme Lügen.

[96] Cf. S. Freud: Traumdeutung. Leipzig 1900 (for the complete bibliography)

B. Sidis: An Experimental Study of Sleep: Journal of Abnormal Psychology. 1909.

[97] Maudsley. Physiology and Pathology of the Mind.

[98] Cf. Altmann in H. Gross's Archiv. I, 261.

[99] F. Heerwagen; Statistische Untersuchung über Träume und Schlaf . Wundt's Philosophische Studien V, 1889.

[100] P. Jessen: Versuch einer wissenschaftlichen Begründung der Psychologie. Berlin 1885.

[101] Cf. H. Gross's Archiv. XIII 161, XIV 189.

[102] Zeitschrift f. Biologie, Neue Folge, Band I.

[103] Cf. H. Gross's Archiv. XIII, 177.

[104] H. Gross's Archiv. II, 107.

[105] Andrew Combe: Observations on Mental Derangement. Edinburgh 1841.

[106] J.C. Hoffbauer: Die Psychologie in ihren Hauptanwendungen auf die Rechtspflege. Halle 1823.

[107] Schrenck-Notzing:Über Suggestion u.Errinerungsfälschung im BerchtholdProzess. Leipzig 1897.

[108] M. Dessoir: Bibliographie des modernen Hypnotismus. Berlin 1890.

W. Hirsch: Die Menschliche Verantwortlichkeit u. die moderne Suggestionslehre. Berlin 1896.

L. Drucker: Die Suggestion u. Ihre forense Bedeutung. Vienna 1893.

A. Cramer: Geriehtliche Psychiatrie. Jena 1897.

Berillon: Les faux temoignages suggérés. Rev. de l'hypnot. VI, 203.

C. de Lagrave: L'autosuggestion naturelle. Rev de l'hypnot. XIV, 257.

B. Sidis: The Psychology of Suggestion.